U0965268

教育部　财政部职业院校教师素质提高计划职教师资培养资源开发项目
动物科学专业职教师资培养资源开发（VTNE059）

畜　禽　繁　育

黄国清　主编

中国农业大学出版社
·北京·

内容简介

本教材在内容编排上，紧紧抓住“育种繁殖技术及其应用”这条主线，以工作过程为导向，以畜禽育种、繁殖过程为依据，按照“单元—项目—任务”的结构，构建3个单元（畜禽遗传基础、畜禽育种技术和畜禽繁殖技术）、16个项目（遗传的物质基础、遗传的基本规律、变异、数量性状遗传、选种技术、选配技术、育种方法、杂种优势的利用、生殖激素的功能与应用、采精与精液品质检查、精液的稀释与保存技术、发情与发情鉴定技术、输精与受精、妊娠与妊娠诊断技术、分娩与助产技术和畜禽繁殖管理）和55个学习任务，每个项目在岗位群分析的基础上，提出了知识目标和能力目标，项目后设有自测训练，每个任务在讲授知识的基础上，设有若干个专业技能实训。教材内容贴近生产，有利于知识的掌握和技能的训练，使理论内容实践化，实践内容实训化，突出专业技能培养，充分体现了职业性、专业性和应用性的原则。

本教材具有体例新颖、内容结合生产实际、图文并茂、直观易懂和实用性强的特点，适用于应用型本科人才培养，既可作为“动物科学”职教师资本科专业教材，也可作为“动物科学”应用型本科专业教材。

图书在版编目（CIP）数据

畜禽繁育/黄国清主编.—北京：中国农业大学出版社，2016.7
ISBN 978-7-5655-1640-5

Ⅰ.①畜… Ⅱ.①黄… Ⅲ.①畜禽育种 Ⅳ.①S813.2

中国版本图书馆CIP数据核字（2016）第163116号

书　名　畜禽繁育
作　者　黄国清　主编

策划编辑　赵　中　　**责任编辑**　王艳欣
封面设计　郑　川　　**责任校对**　王晓凤
出版发行　中国农业大学出版社
社　　址　北京市海淀区圆明园西路2号　　**邮政编码**　100193
电　　话　发行部 010-62818525，8625　　**读者服务部** 010-62732336
　　　　　　编辑部 010-62732617，2618　　**出　版　部** 010-62733440
网　　址　http://www.cau.edu.cn/caup　　**E-mail**　cbsszs@cau.edu.cn
经　　销　新华书店
印　　刷　北京时代华都印刷有限公司
版　　次　2016年11月第1版　2016年11月第1次印刷
规　　格　787×1 092　16开本　23.5印张　580千字
定　　价　49.00元

教育部　财政部职业院校教师素质提高计划成果系列丛书

项目牵头单位　江西农业大学

项 目 负 责 人　黄国清

项目专家指导委员会

编写人员

主　编　黄国清（江西农业大学）

副主编　耿明杰（黑龙江农业工程职业学院）

参　编　茆达干（南京农业大学）

舒邓群（江西农业大学）

江中良（西北农林科技大学）

田长永（辽宁农业职业技术学院）

刘　犇（江西宜春学院）

武建中（江西宜春学院）

胡善辉（江西生物科技职业学院）

陆杏华（江西生物科技职业学院）

吴辉生（江西省赣州农业学校）

邓　政（江西绿环种猪育种有限公司）

出版说明

《国家中长期教育改革和发展规划纲要(2010—2020年)》颁布实施以来,我国职业教育进入加快构建现代职业教育体系、全面提高技能型人才培养质量的新阶段。加快发展现代职业教育,实现职业教育改革发展新跨越,对职业学校“双师型”教师队伍建设提出了更高的要求。为此,教育部明确提出,要以推动教师专业化为引领,以加强“双师型”教师队伍建设为重点,以创新制度和机制为动力,以完善培养培训体系为保障,以实施素质提高计划为抓手,统筹规划,突出重点,改革创新,狠抓落实,切实提升职业院校教师队伍整体素质和建设水平,加快建成一支师德高尚、素质优良、技艺精湛、结构合理、专兼结合的高素质专业化的“双师型”教师队伍,为建设具有中国特色、世界水平的现代职业教育体系提供强有力的师资保障。

目前,我国共有60余所高校正在开展职教师资培养,但由于教师培养标准的缺失和培养课程资源的匮乏,制约了“双师型”教师培养质量的提高。为完善教师培养标准和课程体系,教育部、财政部在“职业院校教师素质提高计划”框架内专门设置了职教师资培养资源开发项目,中央财政划拨1.5亿元,系统开发用于本科专业职教师资的培养标准、培养方案、核心课程和特色教材等系列资源。其中,包括88个专业项目,12个资格考试制度开发等公共项目。该项目由42家开设职业技术师范专业的高等学校牵头,组织近千家科研院所、职业学校、行业企业共同研发,一大批专家学者、优秀校长、一线教师、企业工程技术人员参与其中。

经过3年的努力,培养资源开发项目取得了丰硕成果。一是开发了中等职业学校88个专业(类)职教师资本科培养资源项目,内容包括专业教师标准,专业教师培养标准、评价方案以及一系列专业课程大纲、主干课程教材及数字化资源;二是取得了6项公共基础研究成果,内容包括职教师资培养模式、国际职教师资培养、教育理论课程、质量保障体系、教学资源中心建设和学习平台开发等;三是完成了18个专业大类职教师资资格标准及认证考试标准开发。上述成果,共计800

多本正式出版物。总体来说，培养资源开发项目实现了高效益：形成了一大批资源，填补了相关标准和资源的空白；凝聚了一支研发队伍，强化了教师培养的“校—企—校”协同；引领了一批高校的教学改革，带动了“双师型”教师的专业化培养。职教师资培养资源开发项目是支撑专业化培养的一项系统化、基础性工程，是加强职教教师培养培训一体化建设的关键环节，也是对职教师资培养培训基地教师专业化培养实践、教师教育研究能力的系统检阅。

自 2013 年项目立项开题以来，各项目承担单位、项目负责人及全体开发人员做了大量深入细致的工作，结合职教教师培养实践，研发出很多填补空白、体现科学性和前瞻性的成果，有力推进了“双师型”教师专门化培养向更深层次发展。同时，专家指导委员会的各位专家以及项目管理办公室的各位同志，克服了许多困难，按照两部对项目开发工作的总体要求，为实施项目管理、研发、检查等投入了大量时间和心血，也为各个项目提供了专业的咨询和指导，有力地保障了项目实施和成果质量。在此，我们一并表示衷心的感谢。

指导委员会
2016 年 3 月

前　言

“畜禽繁育”是动物科学本科专业的专业基础课程，是在学习“畜禽解剖生理”、“动物生物化学”、“动物微生物学”和“生物统计附试验设计”等课程基础上开设的一门综合性、实践性很强的课程。本教材从养殖企业繁殖和育种岗位的职业能力分析入手，以应用能力培养为重点，打破学科体系，本着“遗传是基础，育种是方向，繁殖是手段”的思路，将传统的“动物遗传学”、“家畜育种学”和“家畜繁殖学”三门课程的内容进行整合和优化，将动物遗传原理、动物育种方法与畜禽繁殖技术有机融合，突出理论知识的应用和实践能力的培养，强化学生综合解决问题能力和职业能力的全面提升，充分体现“以职业为先，岗位为重，素质为本”现代教育理念。通过本课程的学习，使学生掌握畜禽遗传育种、畜禽繁殖的基本知识和基本技能，为后续学习专业课程打下较坚实的基础。

本教材在内容编排上，紧紧抓住“育种繁殖技术及其应用”这条主线，以工作过程为导向，以畜禽育种、繁殖过程为依据，按照“单元—项目—任务”的结构，构建3个单元（畜禽遗传基础、畜禽育种技术和畜禽繁殖技术）、16个项目（遗传的物质基础、遗传的基本规律、变异、数量性状遗传、选种技术、选配技术、育种方法、杂种优势的利用、生殖激素的功能与应用、采精与精液品质检查、精液的稀释与保存技术、发情与发情鉴定技术、输精与受精、妊娠与妊娠诊断技术、分娩与助产技术和畜禽繁殖管理）和55个学习任务，每个项目在岗位群分析的基础上，提出了知识目标和能力目标，项目后设有自测训练，每个任务在讲授知识的基础上，设有若干个专业技能实训。教材内容贴近生产，有利于知识的掌握和技能的训练，使理论内容实践化，实践内容实训化，突出专业技能培养，充分体现了职业性、专业性和应用性的原则。

本教材按照“以岗位能力培养为核心、以项目任务为载体”的要求，“教、学、做”一体化的体例进行编排，有利于“理实一体化”教学的全面实施。每个项目设有若干个学习任务，每个学习任务理论学习与实训操作相结合，让学生边学习，边操作，边理解，边记忆。教材设计的实训项目较多，各院校可根据自己的教学条件有选择地开展。

本教材具有体例新颖、内容结合生产实际、图文并茂、直观易懂和实用性强的特点，适用于应用型本科人才培养，既可作为“动物科学”职教师资本科专业教材，也可作为“动物科学”应用型本科专业教材。

本教材在开发过程中，得到了项目组专家的细心指导，在编写体例、结构和内容选取等方面作了大胆的改革尝试，但由于本教材是三门课程的整合，涉及的内容较广，限于编者的能力和水平，教材中难免有不妥甚至错误之处，敬请同行专家和使用者批评指正。

编　者

2016年2月

目　录

单元 1　畜禽遗传基础

单元 2　畜禽育种技术

单元1　畜禽遗传基础

项目1　遗传的物质基础

项目2　遗传的基本规律

项目3　变异

项目4　数量性状遗传

项目 1 遗传的物质基础

【知识目标】

1. 掌握染色体的形态结构以及在细胞分裂中的变化；
2. 理解染色体的动态变化与生物性状遗传变异的关系；
3. 掌握 DNA 的结构与复制过程，了解蛋白质的合成过程；
4. 掌握基因和基因工程的概念，了解基因与性状表达的关系。

【能力目标】

1. 学会细胞分裂标本片的制作方法；
2. 学会在显微镜下识别细胞分裂的不同时期；
3. 能对染色体进行核型分析；
4. 初步掌握 DNA 的提取方法。

【学习任务】

任务 1-1 染色体

染色体是指细胞在有丝分裂或减数分裂过程中，由染色质聚缩而成的棒状结构。染色质是指分裂间期细胞内由 DNA(脱氧核糖核酸)、组蛋白、非组蛋白及少量 RNA(核糖核酸)组成的线性复合结构，是分裂间期细胞遗传物质存在的形式。在真核细胞的细胞周期中，遗传物质大部分时间是以染色质的形态存在的。

绝大部分生物遗传物质主要存在于染色体上，组成染色体的 DNA 内贮藏着大量的遗传信息，因此，染色体被称为遗传物质的载体。

一、染色体的形成

在光学显微镜下，处于分裂间期的细胞核，其核质一般是均匀一致的，但一经杀死固定，用洋红、苏木精等碱性染料染色处理后，核质则显示出不同的反应，其中极易吸收碱性染料，着色深的物质，叫作染色质，其他不着色或着色极浅的物质，就是核液。当细胞分裂时，核内细长的染色质逐渐变短变粗，高度螺旋化，形成一定数目和圆柱状的染色体。当细胞分裂结束时，染色体又逐渐恢复为染色质。因此，染色质和染色体是同一物质在细胞周期中不同的功能阶段，分别代表间期和分裂期遗传物质的存在形式，二者可以互相转变。

二、染色体的形态、结构与数量

研究染色体的形态，一般是在细胞有丝分裂的中后期，用碱性染料染色，在光学显微镜下进行观察。

（一）染色体的形态

染色体一般呈圆柱形。一个典型的染色体可以分成下面几个部分(图 1-1、图 1-2)。

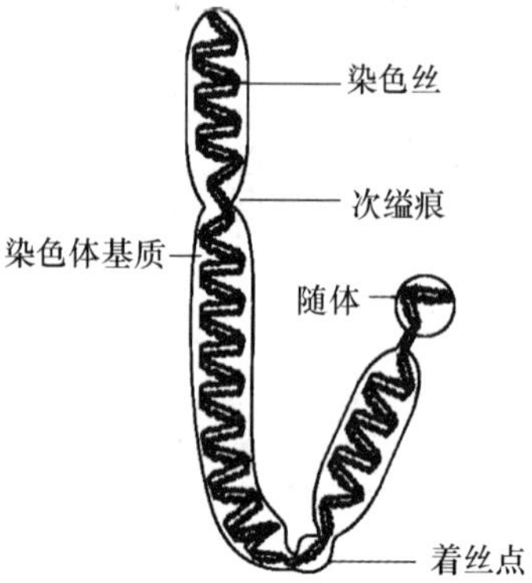

图 1-1　染色体的形态结构

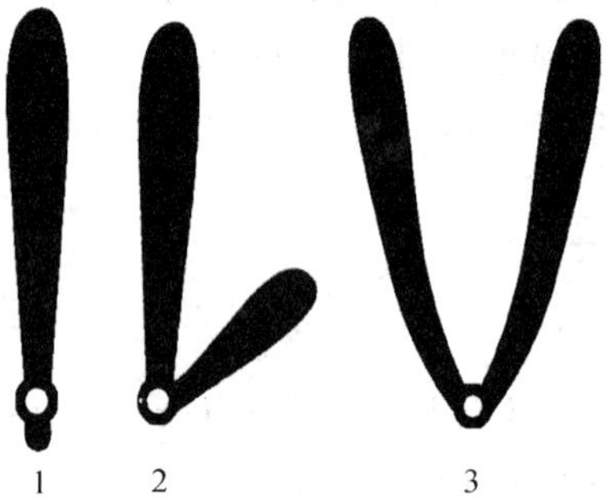

图 1-2　有丝分裂后期染色体的各种形态

1. 棒形　2. L 形　3. V 形

1. 着丝粒　在染色体上的一定位置，有一个染色较浅的区域，叫作着丝粒。每条染色体有一个着丝粒。当细胞分裂时，纺锤丝就附着在这个地方，因而着丝粒的功能与细胞分裂时染色体的移动有关。着丝粒所在的地方，染色体直径较小，所以也叫主缢痕。着丝粒将染色体分为两条臂，长的一端叫长臂，短的一端叫短臂。着丝粒在每条染色体上的位置是恒定的，因此，根据着丝粒的位置可以把不同的染色体区分开来。

2. 次缢痕　有的染色体还有另一直径较小的地方，染色较浅，叫作次缢痕。次缢痕在染色体上的位置和大小也是恒定的，常用于鉴别特定的染色体。

3. 随体　有的染色体的末端还有一个圆形或略伸长的突出物，称为随体。随体的大小变化较大，有的随体的直径可以与染色体直径相等，有的甚至小到难以分辨。但是，一定染色体所具有的随体，其形态和大小是恒定的。

4. 核仁组织区　细胞中某一条或几条染色体与核仁联系的地方，称为核仁组织区。它与核仁的形成有密切的关系。许多生物的核糖体 RNA 就集中在这个特定的位点上。

（二）染色体的结构

染色体外有表膜，内有基质。在化学结构上，染色体是由脱氧核糖核酸(DNA)和蛋白质组成的复合物，由 DNA 紧密复合到蛋白质中去，形成了核蛋白纤丝即染色丝，它是染色体结构的主要基础。每条染色体有两条平行而相互缠绕的染色丝，纵贯于整个染色体。这两条染色丝各自呈小螺旋状而又相互盘旋成大螺旋状。在染色丝上含有许多大小不均、易于着色的颗粒，叫染色粒。染色体四级结构模型见图 1-3。

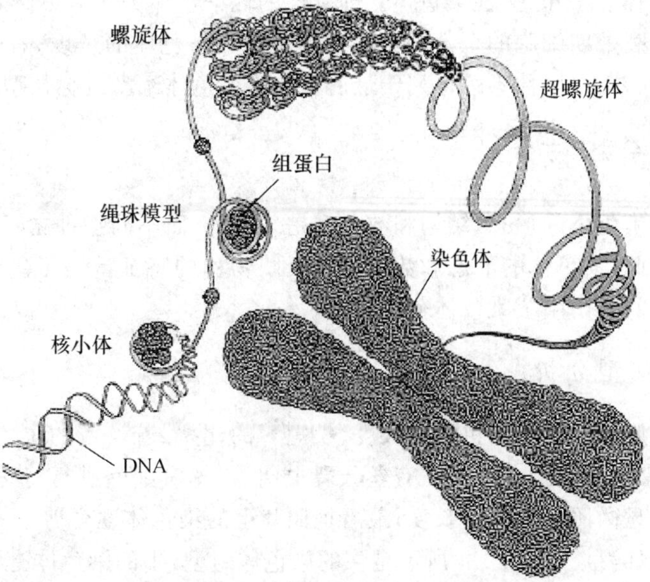

图 1-3　染色体四级结构模型

（三）染色体的数目和组型

每一个物种都有其特定的染色体数目。常见畜禽体细胞染色体数见表 1-1。

表 1-1　常见畜禽体细胞染色体数

种类	二倍体数(2n)	种类	二倍体数(2n)
猪	38	兔	44
水牛	48	犬	78
牛	60	猫	38
牦牛	60	鸡	78
山羊	60	鸭	80
绵羊	54	鹅	82
马	64	火鸡	82
驴	62	鸽	80

同种物种的染色体数目是恒定的。绝大多数高等动物都是二倍体（$2n$），即每个体细胞中有两套同样的染色体，分别来自该个体的两个亲本。来自亲本的每一配子的一套染色体，称为一个染色体组（n）。含有一个染色体组的个体或细胞叫单倍体。所以，在二倍体细胞中染色体都是成对存在的。这种一条来自父方，一条来自母方，大小、形态、结构相同的一对染色体称为同源染色体。在体细胞中，有一对染色体跟性别的决定有关，称为性染色体。除一对性染色体以外的其他染色体，称为常染色体。在哺乳动物中，雌性的两条性染色体的形态、大小均相同，称为 X 染色体；雄性的两条性染色体只有一条与雌性 X 染色体相同，而另一条与 X 染色体存在着很大的差异，称为 Y 染色体。即雄性的性染色体为 XY，雌性的性染色体为 XX。在家禽和鸟类中，性染色体的情况与哺乳动物刚好相反，雄性的体细胞中有两条 Z 性染色体，雌性

中有一条 Z 性染色体和一条 W 性染色体。即雄性的性染色体为 ZZ，雌性的性染色体为 ZW。如果将处于有丝分裂中期细胞的全部染色体按各对同源染色体的长度、着丝粒位置以及随体的有无等，依次排列并编号（性染色体列于最后），称为染色体组型或称核型。

三、染色体分析技术

每一物种所含染色体的形态、结构和数目都是一定的，而不同物种之间在染色体形态和数目上都有差异。因此，染色体的形态和数目可以反映物种的特征。为了研究和分析物种之间的关系，鉴定远缘杂种，产生了染色体分析技术。

（一）染色体组型分析

对某一物种细胞核内所有染色体的长度、长短臂的比率、着丝粒的位置、随体的有无等特征进行分析，称为染色体组型分析。在有丝分裂中期，首先对细胞进行特殊的处理、染色并制片；然后进行镜检、显微照相和测微长度；最后把照片上的染色体逐个剪下来，按照一定的顺序贴在纸上，分别予以编号。如图 1-4 所示是牛的染色体组型，牛的染色体有 30 对（$2n=60$），其中 29 对为常染色体，另一对为性染色体（X 和 Y 染色体的形态、大小和染色表现均不同）（图 1-4）。染色体组型广泛应用于动物染色体数目和结构变异的分析、染色体来源的鉴定、通过细胞融合得到的杂种细胞的研究以及基因定位研究中单个染色体的识别等方面，丰富了人们对染色体进化规律与机制的了解，在动物分类和生物进化研究中也得到广泛的应用。

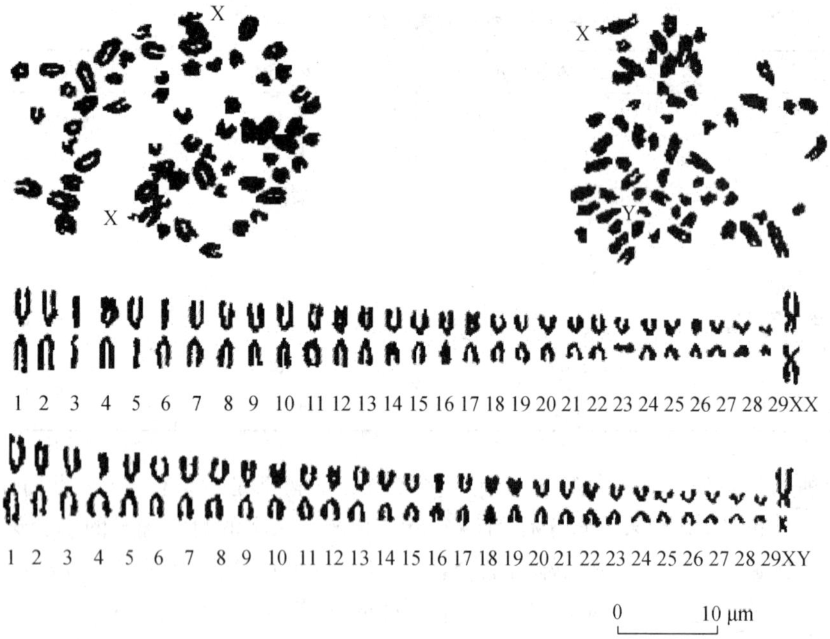

图 1-4　牛的染色体组型图

此外，人的染色体组型分析已被应用于肿瘤的临床诊断、预后及药物疗效的观察。通过对羊水中的胎儿脱屑细胞或胎盘绒毛膜细胞的染色体组型分析，有助于胎儿性别的判定和染色体病的产前诊断。

（二）荧光带型分析

染色体组型分析虽然很有用，但对那些染色体数目多、染色体小、形态相似、彼此不易区分物种的染色体组型进行分析比较困难。20世纪70年代，国外有人首次发现中国大鼠和蚕豆的染色体经荧光染料芥子喹吖因染色以后，由于常染色质、异染色质的分布不同，在荧光显微镜下，经紫外线照射，在染色体的一定部位上显示出荧光带型。这种技术在动物上很快得到应用，特别是在人的染色体研究上，已初步确定了各个染色体的标准带型，以此来研究各种遗传病因。

（三）姬姆萨带型分析

1970年，在动物染色体研究中发现了姬姆萨分带法。由于各种生物的染色体被染上的带纹不一，因此近年来这种分带技术已应用到染色体分析上，对分析物种之间的亲缘关系、染色体结构变异以及远缘杂交的鉴定等起了很大作用。图1-5是人的染色体姬姆萨显带分析图。

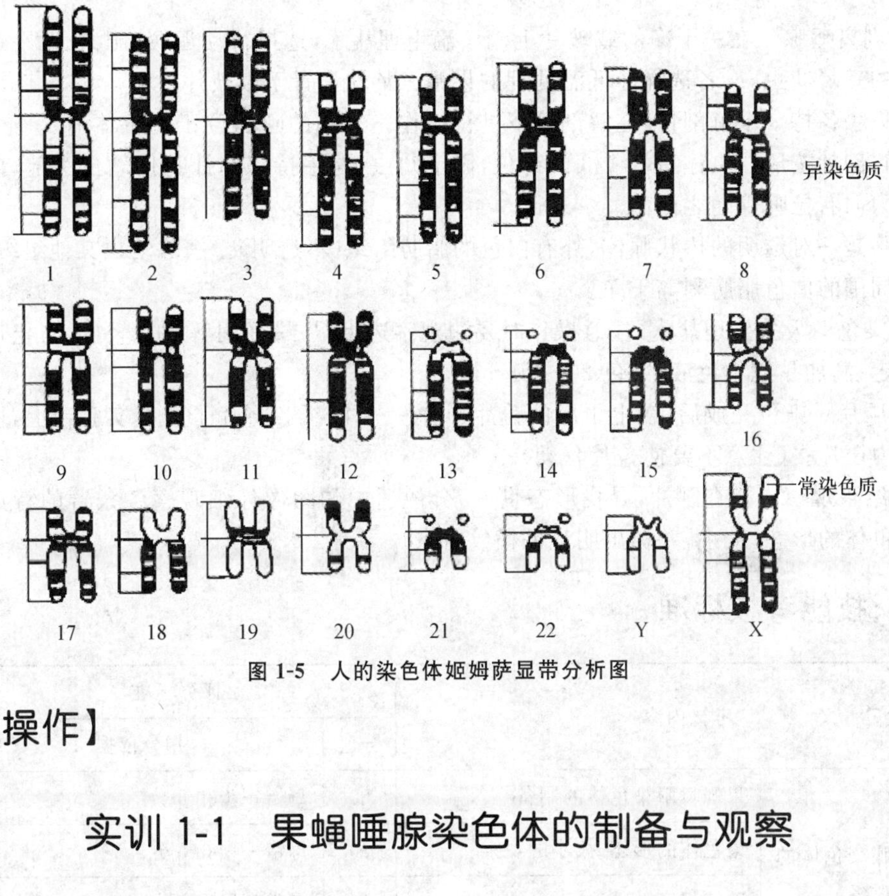

图1-5　人的染色体姬姆萨显带分析图

#【实训操作】

实训1-1　果蝇唾腺染色体的制备与观察

一、实训目的

1. 练习分离剖取果蝇幼虫唾腺的技术，学习唾腺染色体的制片方法。

2. 观察了解果蝇唾腺染色体的形态学及遗传学特征。

二、实训原理

果蝇是双翅目昆虫，幼虫期具有很大的唾腺细胞，其中的染色体是巨大的唾腺染色体。唾腺染色体不断地进行自我复制而不分开，经过许多次的复制形成 1 000～4 000 拷贝的染色体丝，合起来达 5 mm 宽，400 mm 长，比普通中期相染色体大得多(100～150 倍)，所以又称为多线染色体。唾腺染色体具有许多重要特征，为遗传学研究的许多方面，如染色体结构、化学组成、基因差别表达等提供了独特的研究材料。

三、实训器材

三龄幼虫、生理盐水、品红染色液、解剖镜、解剖针、吸水纸。

四、实训内容

1. 剥离唾腺　在一干净的载玻片上滴一滴生理盐水，选择行动迟缓、肥大、趴在瓶壁上即将化蛹的三龄幼虫，或者选择经低温处理的果蝇三龄幼虫置于载玻片上。

每只手各持一个解剖针，在解剖镜下进行操作。果蝇的唾腺位于幼虫体前 1/4～1/3 处，左手持解剖针按压住虫体后端 1/3 的部位，固定幼虫，右手持解剖针扎住幼虫头部口器部位，适当用力向右拉唾腺随之而出。

唾腺是一对透明的棒状腺体，外有白色的脂肪组织(不透明)。去除幼虫其他组织部分，并把唾腺周围的白色脂肪剥离干净。

2. 染色　吸去生理盐水，注意操作时要边观察边吸湿，最好用解剖针轻压，防止连同唾腺一起吸走；滴加品红染色液，染色 20～30 min。

3. 压片　染色完成后，盖上干净的盖片，并覆一层滤纸。将片子放在实验台上，用大拇指均匀用力压片。(注意不要使盖片移动)

4. 结果观察　检查制片，寻找形态良好、分散适中的图像仔细观察各条臂的特点。画出所制染色体的形态、大小，并标出明显的横纹特点。

五、技能考核标准

考核内容		评分标准		考核方法
		分值	扣分依据	
果蝇唾腺染色体的制备与观察	果蝇唾腺染色体的制备	50	每错一步扣 5 分	操作考核
	染色体的形态、大小的观察	30	每错一项扣 5 分	
	熟练程度	10	在教师指导下完成时扣 5 分	
	完成时间(时限 40 min)	10	每超时 1 min 扣 1 分直至 10 分	

任务 1-2　细胞分裂

生物的繁殖是以细胞为基础的，细胞的增殖通过分裂得以实现。细胞分裂是实现生物体的生长、繁殖和世代之间遗传物质连续传递的必不可少的途径。

细胞分裂有3种形式：无丝分裂、有丝分裂和减数分裂。

无丝分裂又称直接分裂，是一种简单的分裂方式。其分裂过程先是细胞体积增大，然后核延伸，分裂成两部分，细胞质也随之收缩分裂为二。原核细胞如细菌，靠无丝分裂进行繁殖。过去认为无丝分裂在高等生物中是病变、衰老或受伤组织的分裂方式，后来发现在某些专门化组织细胞，如某些腺细胞、神经细胞以及愈伤组织的某些细胞中，无丝分裂也是常见的。

真核类的体细胞靠有丝分裂方式增殖生长；性细胞成熟过程采用的方式是减数分裂。

一、细胞周期

生物细胞的生长、分裂是有其周期性的。通常把细胞从上一次分裂结束到下一次分裂结束所经历的时间，称为细胞周期。

细胞周期（图1-6）可分为间期（也叫分裂间期或生长期）和分裂期（M期）两个阶段。细胞群中多数细胞处于间期，少数细胞处于M期。一般间期的时间较长，而M期的时间较短。在间期，细胞完成生长过程，主要为DNA的合成，即遗传物质DNA的复制。在M期，细胞所完成的主要是分裂，即遗传物质的分配。间期又分为G_1、S、G_2三个时期。

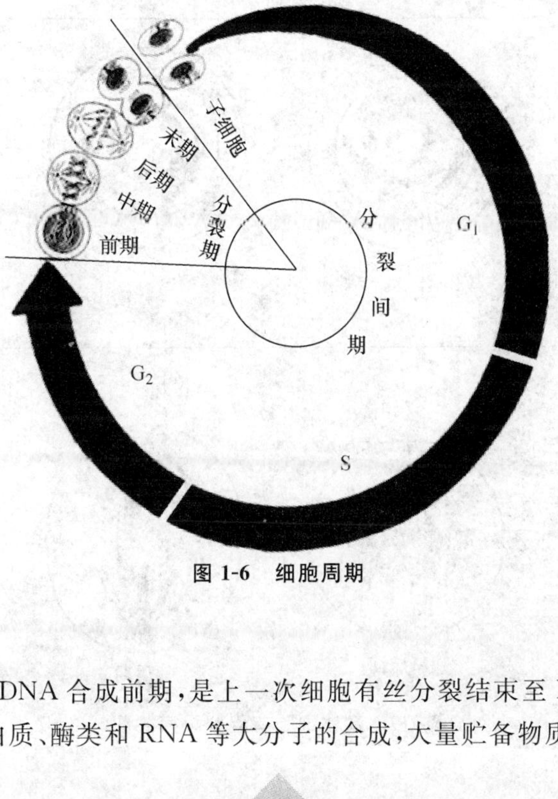

图1-6　细胞周期

（一）间期

1. G_1期　又称为DNA合成前期，是上一次细胞有丝分裂结束至DNA开始复制前的一段时间。主要进行蛋白质、酶类和RNA等大分子的合成，大量贮备物质，细胞生长较快，体积随细胞内物质增多而增大。这个时期所占时间相对较长,一般约占整个分裂周期的 1/2 时间。多数动物细胞的这一时期从几小时到几周,多为 12～24 h。

2. S 期　即 DNA 合成期,是 DNA 复制、染色体合成的时期。在 S 期的开始阶段,DNA 合成的强度较大,以后逐渐减小,至 S 期结束时 DNA 含量将加倍。多数动物细胞这一时期为 6～9 h,超过整个细胞周期的 1/4 时间。

3. G_2 期　DNA 合成后期,又称细胞分裂前期。本期细胞的 DNA 含量已加倍,DNA 的合成终止,另外合成一些核糖核酸、组蛋白、非组蛋白等,继续为细胞分裂做准备,所占时间相对短些,一般动物细胞为 3～5 h。卵细胞的 G_2 期很短,而白血病细胞相对长得多,达 10 d 以上。

(二)分裂期

动物细胞繁殖一般都是以间接分裂即有丝分裂方式进行的。有丝分裂包括核分裂和胞质分裂两个协调进展的过程。动物细胞有体细胞、性细胞两类。体细胞的繁殖和性细胞形成过程中的细胞分裂都是有丝分裂,不过,性细胞形成中的有丝分裂与体细胞的有丝分裂不同,独具特点,称为减数分裂。

二、有丝分裂

有丝分裂是一个连续的细胞变化过程。最主要的是细胞核内的染色质形成染色体,经复制成两份染色体,有规则地平均分配到两个子细胞中去,因而分裂后形成的两个子细胞内分别含有与其母细胞相同的染色体数目。由于在分裂过程中出现纺锤丝,故称为有丝分裂,有丝分裂是高等生物体细胞增殖的普遍方式。有丝分裂过程分为 4 个时期:前期、中期、后期和末期(图 1-7)。

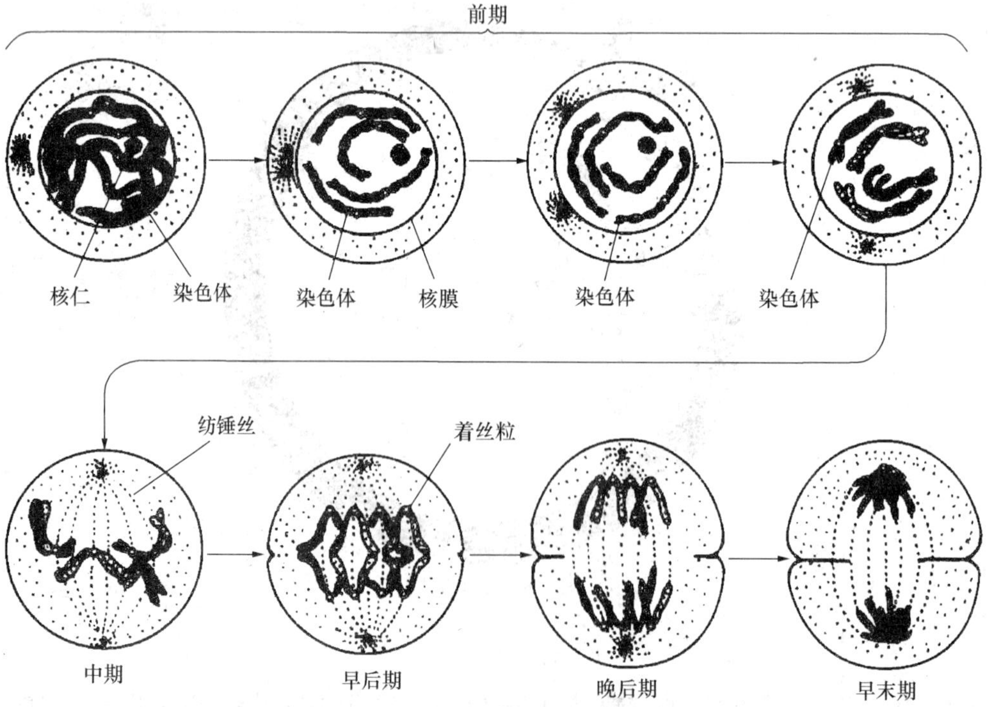

图 1-7　动物细胞有丝分裂模式图

1. 前期　前期是有丝分裂的起始阶段，染色质经过不断的浓缩、螺旋化、折叠和包装，弥漫样分布的线性染色质逐渐变粗变短，形成染色体，由着丝粒连接两条染色单体呈细线状态。同时细胞中心粒复制成两对，在其外周有放射状排列的微管呈芒状，叫星体，星体分别向两极移动，牵拉出纺锤丝，形成纺锤体。染色体进一步短缩变粗，核仁逐渐变小并消失，最后核膜逐渐溶解破裂。

2. 中期　核膜破裂消失，染色体进一步凝集浓缩、变短变粗，形成明显的X形染色体结构，且染色体逐渐向赤道方向移动。所有的染色体排列到赤道板上，纺锤体呈典型的纺锤样。染色体在赤道板平面的排列、同源染色体分布、一条染色体成对着丝粒的取向，都是特异的，并且有利于后期染色体向两极移动。中期是研究染色体形态特征和进行染色体计数的最佳时期。

3. 后期　每条染色体的着丝粒发生纵裂，两条染色单体彼此分离，形成形态和数目相等的子代染色体，并分别由纺锤丝牵引向两极运动。

4. 末期　两套染色体分别抵达两极。末期过程同前期相反，染色体在核膜内逐渐解旋伸展形成染色质，核膜、核仁也开始重新装配，形成两个子代细胞核，RNA合成功能也逐渐恢复。

5. 胞质分裂　胞质分裂开始于细胞分裂后期，结束于细胞分裂末期。胞质分裂开始时，在赤道板周围细胞表面凹陷，形成一环形缢缩的分裂沟；接着肌动蛋白等物质聚集形成收缩环，分裂沟逐渐加深，细胞形状由原来的圆形逐渐变为椭圆形、哑铃形；最后在收缩环处断开形成两个子细胞。

分裂期一般较短，多数动物细胞在1 h内完成。动物细胞周期实例见表1-2。

表1-2　动物细胞周期实例　　h

细胞	G_1	S	G_2	M	合计
人正常骨髓细胞	25～30	12～15	3～4	—	40～45
人宫颈癌细胞	8	6	4.5	1.5	20
小鼠成纤维细胞	9.1	9.9	2.3	0.7	22.0
离体培养的人淋巴细胞	12～24	7	4～6	—	36.0

综上所述，有丝分裂的主要特点是：染色体复制一次，细胞分裂一次，遗传物质平均分配到两个子细胞中。每个子细胞的染色体在形态和数目上都与亲代细胞一致。细胞有丝分裂既维持了个体正常生长发育，又保证了物种的遗传稳定性。

三、减数分裂

有丝分裂是体细胞的分裂方式，其特点是分裂后的两个子细胞内的染色体数目相等，而且与其母细胞的染色体数目一样。减数分裂是一种特殊的更为复杂的有丝分裂方式，是性细胞形成的过程，成熟的性细胞不再进行分裂，所以也称成熟分裂。减数分裂的主要特征是细胞仅进行一次DNA复制，但细胞连续分裂两次，结果使得产生的配子中的染色体数目减半，只含有单倍数的染色体（n）。减数分裂前的间期同有丝分裂间期相似，染色体复制也在S期。构成减数分裂过程的两次细胞分裂，分别称为减数分裂Ⅰ和减数分裂Ⅱ，它们又都可分为前期、中期、后期和末期，减数分裂Ⅰ的4个时期分别称为前期Ⅰ、中期Ⅰ、后期Ⅰ和末期Ⅰ，减数分裂Ⅱ的4个时期分别称为前期Ⅱ、中期Ⅱ、后期Ⅱ和末期Ⅱ(图1-8)。

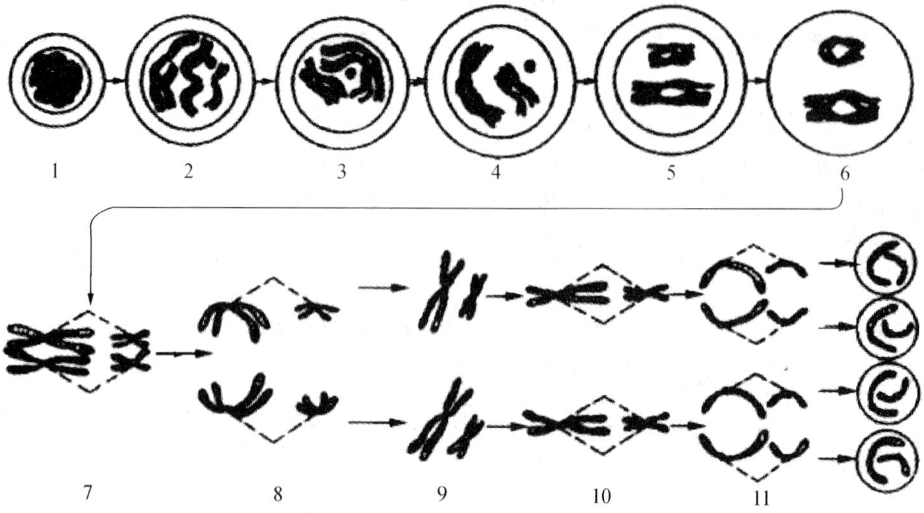

图1-8 动物细胞减数分裂模式图

1. 减数分裂间期 2. 细线期 3. 偶线期 4. 粗线期 5. 双线期 6. 终变期
7. 中期Ⅰ 8. 后期Ⅰ 9. 末期Ⅰ 10. 中期Ⅱ 11. 后期Ⅱ

(一)减数第一次分裂(减数分裂Ⅰ)

1. 前期Ⅰ 是染色体变化较为复杂的时期，根据细胞形态变化又分为细线期、偶线期、粗线期、双线期和终变期五个亚期。

细线期：是前期的早期，染色体呈细线状，还分不清彼此，也看不清一条染色体已由两条染色单体构成的特征。

偶线期：每对同源染色体开始两两配对，这种现象叫作联会，从两端至全长紧密配对形成联会复合体，也称二价体。一个二价体由两条同源染色体组成，包括4条染色单体，故又称四分体。如果两条染色单体是同一条染色体上的，则互称姐妹染色单体；而非同源染色体上的两条染色单体则互称为非姐妹染色单体。

粗线期：这一时期染色体相对地更短缩一些，其最明显特点是一条染色体的两条染色单体显微镜下可分清其双性特征，即四分体可见。而且可见非姐妹染色单体间有交叉现象，即发生了部分DNA片段的交换和重组，这种现象一直持续到终变期，不过随着时间的推移交换的量越来越少。这种DNA片段的交换和重组是生物体产生变异的原因之一。在本期也合成小部分的DNA，有100～1 000 bp，编码一些与DNA切点和修复有关的酶类；同时，还合成减数分裂期专有的组蛋白，并将体细胞类型的组蛋白部分或全部置换下来。

双线期：染色体继续变短变粗，两条配对染色单体开始分开，但分开是不完全的，彼此之间仍有一处或几处保持接触，产生出交叉的形象。在交叉的地方可能发生了配对染色单体间片段的相互交换。

终变期：染色体高度凝缩，形成短棒状结构，二价体均匀地分布在整个细胞核内，是减数分裂期进行染色体计数的较好时期。

2. 中期Ⅰ　核仁、核膜消失，纺锤体开始形成，标志着中期Ⅰ的开始。二价体着丝点由纺锤丝牵引排列在赤道板上，并开始向两极移动。

3. 后期Ⅰ　由于纺锤丝的牵引收缩，二价体中的两条同源染色体分开，随机地分别向两极移动。每条染色体的两个姐妹染色单体仍由一个着丝点连在一起，每一极只有同源染色体中的一条，实现了每一极染色体数目的减半。

4. 末期Ⅰ　核膜、核仁逐渐出现，胞质分裂形成两个子细胞；同时，染色体也不断解旋伸展。也有些物种减数分裂末期Ⅰ染色体并不解旋，直接进入下一时期。

（二）分裂间期

是指减数分裂Ⅰ与减数分裂Ⅱ之间的时期。许多动物细胞减数分裂并不存在这个分裂间期，而是直接从末期Ⅰ进入减数分裂的前期Ⅱ。有些生物种减数分裂即使有分裂间期，时间也相当短，而且，在这一时期染色体并不进行复制。

（三）减数第二次分裂（减数分裂Ⅱ）

此期过程与有丝分裂过程相似。需要强调的是，经过减数第一次分裂形成的每个子细胞中只有 n 条染色体，但每条染色体由两条染色单体组成。经过减数第二次分裂，1 个初级性母细胞共形成 4 个子细胞，每个子细胞的染色体数目都为 n。

四、有丝分裂和减数分裂的特点和区别

归结起来，同减数分裂相比有丝分裂有如下主要特点和区别：

(1)有丝分裂发生在所有正在生长的组织中，从受精卵开始持续个体整个生活周期；减数分裂只发生于有性繁殖过程中性细胞的形成。

(2)有丝分裂中母细胞染色体仅经过一次复制，一次分裂，每个周期仅产生 2 个子代细胞；而减数分裂母细胞染色体经过一次复制，细胞经过两次分裂，每个周期产生 4 个子代细胞。

(3)有丝分裂是姐妹染色单体的均等分裂，子细胞的染色体数目与母细胞的染色体数目相同，均为 $2n$ 组成；减数分裂Ⅰ是联会的同源染色体分离的均等分裂，减数分裂Ⅱ是一个染色体组中姐妹染色单体分离的均等分裂，因此减数分裂子细胞的染色体数目为 n 组成，是母细胞染色体数目的一半。

(4)有丝分裂中子细胞的遗传成分与母细胞的相同；而减数分裂因具有同源染色体联会和同源非姐妹染色单体之间的交叉与互换使得遗传成分与母细胞的遗传成分不同。同源染色体联会是减数分裂染色体数目减半和生物体变异的基础，同源非姐妹染色单体发生片段互换可使染色体上的基因重新组合，配对的同源染色体又是随机移向细胞的两极，这样使生物体产生遗传变异。

【实训操作】

实训 1-2 小鼠睾丸组织减数分裂标本的制备与观察

一、实训目的

1. 了解小鼠睾丸组织减数分裂标本的制备技术。
2. 掌握减数分裂过程中各期染色体的形态特征。

二、实训原理

减数分裂过程中，DNA 只复制一次，细胞连续分裂两次，结果形成的生殖细胞只含有单倍数的染色体(n)，其数目是体细胞的一半，故称为减数分裂。由于这种分裂方式发生在生殖细胞形成的成熟期，故又称成熟分裂。在减数分裂过程中，同源染色体发生配对和分离，非同源染色体重新组合，同时还会发生部分同源染色体间的交换，结果使生殖细胞的遗传基础多样化，既保证了后代染色体数目的稳定，又使遗传基础发生新的变异。减数分裂是生物遗传与变异的细胞学基础。哺乳动物在性成熟以后，雄性个体精巢内的配子(精子)分批分期相继不断地成熟。因此，对小鼠精巢进行一定技术处理，随时都可以获得减数分裂过程中各个时期的染色体标本。

三、实训器材

性成熟小鼠、手术剪、培养皿、离心机、手术刀、显微镜、载玻片、擦镜纸、酒精灯、注射器、柠檬酸钠溶液、秋水仙素、姬姆萨染液、固定液、氯化钾溶液等。

四、实训内容

1. 取材

(1)性成熟小鼠处死前 3 h 注射秋水仙素。

(2)断髓法处死，剥离睾丸，置于盛有柠檬酸钠溶液的培养皿中，剥去外膜露出曲细精管，更换一次柠檬酸钠溶液。

(3)剪碎曲细精管，置于离心管中，加 9 mL 柠檬酸钠溶液，打匀，静置 10 min 后，取上清液移入另一离心管中，2 000 r/min 离心 3 min。

2. 低渗　去上清液，加 8 mL 37℃ KCl，吹打混匀，处理 15 min。

3. 预固定　直接加 1 mL 固定液，吹打混匀，2 000 r/min 离心 3 min，去上清液。

4. 固定　加 5 mL 固定液，吹打混匀，静置 20 min，2 000 r/min 离心 3 min，去上清液。

5. 制片　加 1 mL 固定液，吹打混匀，滴片、干燥。

6. 染色　Giemsa 染色 8 min。

7. 镜检　取上述制片，放在显微镜的载物台上，用低倍镜找到染色体后，取分散适中，染色体形态良好的分裂相，再转换高倍镜进行观察。

(1)精原细胞有丝分裂中期相明确，得出小鼠染色体数目40条。

(2)使用油镜找出减数分裂各期相，着重观察初级精母细胞第一次减数分裂的形态变化。

细线期：染色体细长并相互缠绕，其上常见染色粒。

偶线期：同源染色体联会，形态仍较细长。

粗线期：每条染色体由两条染色单体构成，四分体形成，染色体变得粗短，同源染色体开始分开，其间开始发生交叉。

双线期：染色体继续变粗变短，同源染色体开始分离，只在交叉部位连在一起。核仁显著变小。

终变期：染色体更粗短，相互排斥而分离，四分体出现“X、+、8、0”等形状，核仁、核膜消失。

中期Ⅰ：四分体排列在赤道面上。

后期Ⅰ：同源染色体分开并移向两极。

末期Ⅰ：同源染色体到达两极，新核形成，初级精母细胞分裂形成两个次级精母细胞。染色体数目减半。

第二次减数分裂：第二次减数分裂是次级精母细胞分裂形成精子细胞的过程，在这一期无染色体数目的变化(但DNA的量有变化)，与一般的有丝分裂很相似。

五、技能考核标准

考核内容		评分标准		考核方法
		分值	扣分依据	
小鼠睾丸组织减数分裂标本的制备与观察	小鼠睾丸组织减数分裂标本的制备	50	每错一步扣5分	操作考核
	减数分裂过程中各期染色体的形态特征观察	30	每错一项扣5分	
	熟练程度	10	在教师指导下完成时扣5分	
	完成时间(时限60 min)	10	每超时1 min扣1分直至10分	

任务1-3 遗传信息传递

一、遗传物质应具备的条件

(一)高度的稳定性与可变性

生物在漫长的世代延续中，能够保持物种固有的特性和特征，根本原因在于遗传物质具有高度的稳定性，即遗传物质在细胞中的含量、存在的位置及其化学组成是恒定的，不会轻易受到内外环境因素的影响而发生变化。

遗传物质不仅具有高度的稳定性，而且在一定程度上具有可以变化的潜力，使生物得到不断的进化。

(二)携带遗传信息的能力

遗传物质必须具有复杂的结构和携带各种遗传信息的能力,才能表达出生物的各种性状。

(三)自我复制的能力

遗传物质必须具有自我复制的能力,才能把遗传信息传递给子代,使子代具有与亲代相似的遗传性状。

细胞内含有DNA的生物中,遗传物质是DNA;细胞内不含DNA而含有RNA的生物中,遗传物质是RNA。

二、遗传信息的传递

生物的性状多种多样,但生物性状的表现是细胞内蛋白质在执行不同的功能后呈现出各种各样的形态特征和生理性状,而各种蛋白质是在DNA控制下形成的。简单地说,就是以染色体中的DNA为模板在细胞核内合成RNA,然后转移到细胞质中,在核糖体上控制蛋白质的合成。

(一)遗传信息和遗传密码

1. 遗传信息　DNA分子是由两条多核苷酸链互相缠绕而形成的双螺旋结构,两边是核糖和磷酸根,中间是碱基对。核苷酸包括核苷和磷酸根,核苷包括核糖和碱基(图1-9)。

在DNA分子中,一种碱基对的排列顺序就是一种遗传信息。DNA分子的碱基有4种:腺嘌呤(A)、胸腺嘧啶(T)、胞嘧啶(C)、鸟嘌呤(G),其配对原则是A—T、C—G。DNA分子的核苷酸数量一般有上万对,其碱基对排列组合方式是一个庞大的数字。

2. 遗传密码　遗传密码是核酸的碱基序列和蛋白质的氨基酸序列的对应关系。由3个碱基代表1种氨基酸,称为密码子。4种碱基可以组合成64种密码子,而体内只有20种氨基酸,故存在多个密码子代表一种氨基酸的情况。

由表1-3可以看出,除甲硫氨酸和色氨酸外,其他的氨基酸均有两种以上的密码子。有3个三联体密码子UAA、UAG、UGA是表示蛋白质合成终止的信号,三联体密码子AUG和GUG还兼有蛋白质合成起始密码子的作用。

(二)遗传信息的传递

遗传信息的传递过程,包括DNA的复制,DNA到RNA的转录,RNA到蛋白质的翻译过程(图1-10)。

1. DNA复制　DNA双链解开,以其中一条链为模板,根据碱基互补配对原则,即C—G、A—T的规律,合成两条完全一样的DNA链。

2. 遗传信息的转录　遗传信息从DNA转移到RNA的过程叫转录。在转录过程中,DNA双链解开,以一条链为模板,根据碱基互补配对原则,即C—G、A—U(这里U代替了T)的规律,在RNA聚合酶的作用下,合成一条与DNA互补的RNA短链。最后,新生的RNA分子从DNA分子上脱离,形成mRNA(信使RNA),而DNA的两条单链又重新恢复成双链。这样,就把DNA分子上的遗传信息转移到了mRNA上。

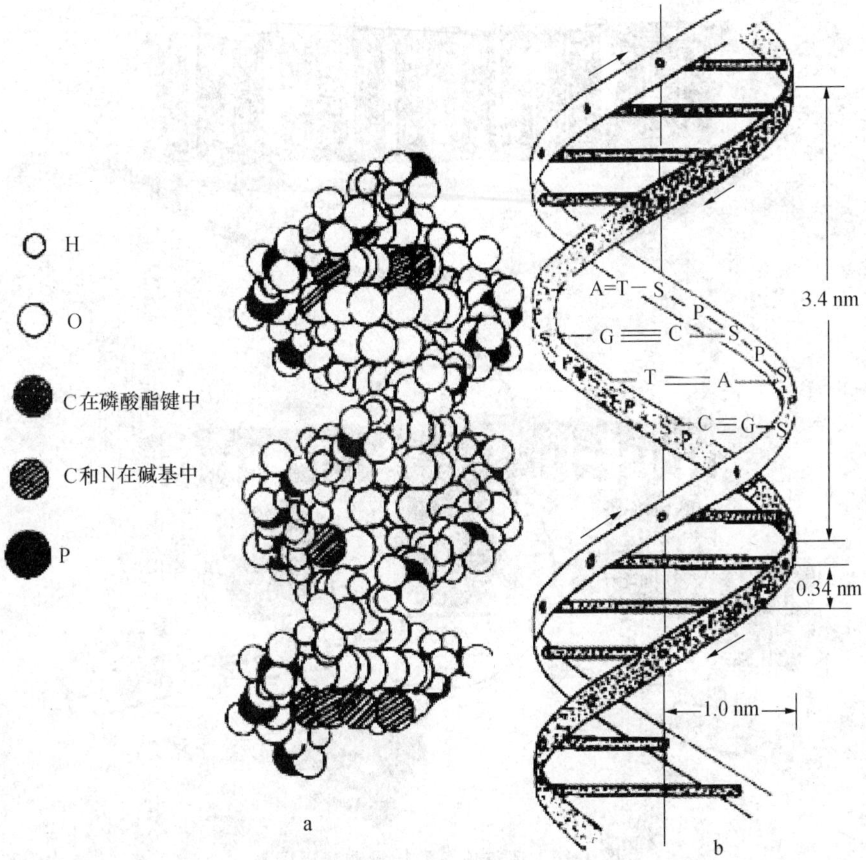

图 1-9　DNA 分子双螺旋结构模型(a)及其图解(b)

表 1-3　氨基酸的密码子表

第一位置碱基	第二位置碱基								第三位置碱基
	U		C		A		G		
U	UUU	苯丙氨酸	UCU	丝氨酸	UAU	酪氨酸	UGU	半胱氨酸	U
	UUC	苯丙氨酸	UCC	丝氨酸	UAC	酪氨酸	UGC	半胱氨酸	C
	UUA	亮氨酸	UCA	丝氨酸	UAA	终止密码	UGA	终止密码	A
	UUG	亮氨酸	UCG	丝氨酸	UAG	终止密码	UGG	色氨酸	G
C	CUU	亮氨酸	CCU	脯氨酸	CAU	组氨酸	CGU	精氨酸	U
	CUC	亮氨酸	CCC	脯氨酸	CAC	组氨酸	CGC	精氨酸	C
	CUA	亮氨酸	CCA	脯氨酸	CAA	谷氨酰胺	CGA	精氨酸	A
	CUG	亮氨酸	CCG	脯氨酸	CAG	谷氨酰胺	CGG	精氨酸	G
A	AUU	异亮氨酸	ACU	苏氨酸	AAU	天冬酰胺	AGU	丝氨酸	U
	AUC	异亮氨酸	ACC	苏氨酸	AAC	天冬酰胺	AGC	丝氨酸	C
	AUA	异亮氨酸	ACA	苏氨酸	AAA	赖氨酸	AGA	精氨酸	A
	AUG	甲硫氨酸	ACG	苏氨酸	AAG	赖氨酸	AGG	精氨酸	G
G	GUU	缬氨酸	GCU	丙氨酸	GAU	天冬氨酸	GGU	甘氨酸	U
	GUC	缬氨酸	GCC	丙氨酸	GAC	天冬氨酸	GGC	甘氨酸	C
	GUA	缬氨酸	GCA	丙氨酸	GAA	谷氨酸	GGA	甘氨酸	A
	GUG	缬氨酸	GCG	丙氨酸	GAG	谷氨酸	GGG	甘氨酸	G

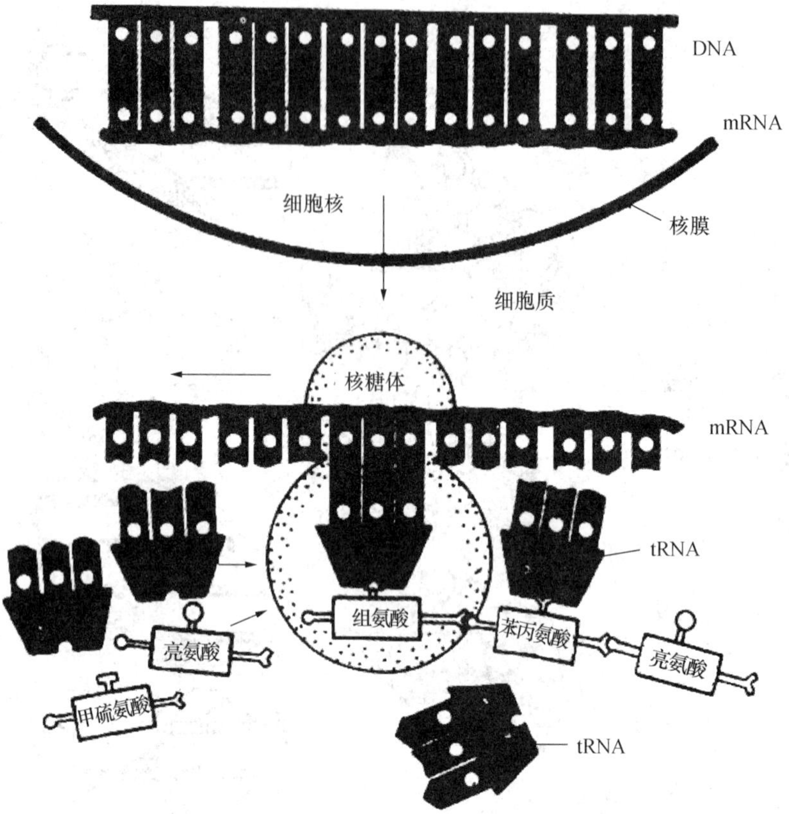

图 1-10 遗传信息的转录和翻译图解

3. 遗传信息的翻译 根据 mRNA 上的密码合成蛋白质的过程叫作翻译，是将核酸序列转变为氨基酸序列的过程。

当 mRNA 单链合成后，便通过核孔进入细胞质，附着在核糖体的亚基上。核糖体能选择相应的氨基酰-tRNA(转运 RNA)。氨基酰-tRNA 一臂连着一个特定的氨基酸，另一臂具有与 mRNA 密码子互补的 3 个暴露的碱基，叫“反密码子”。氨基酰-tRNA 有反密码子，就可以识别 mRNA 上密码子的位置，把特定的氨基酸送到一定的位置上。

在翻译过程中，通常是多个核糖体与 mRNA 分子结合形成多聚核糖体。核糖体附着在 mRNA 单链的一端，逐渐向 mRNA 的另一端移动，识别 mRNA 分子的密码子。同时接受相应的带着氨基酸的氨基酰-tRNA，并一个接一个地将氨基酸结合成多肽。当核糖体移动到 mRNA 单链的终止密码时，形成多肽的过程便告结束，mRNA 便与核糖体脱离。最后，形成的几条多肽链相连，并成为有一定空间结构的蛋白质分子。

三、中心法则及其发展

根据前面的叙述，我们可以把 DNA、RNA 和蛋白质三者的关系概括为以下三点：

其一，生物体的遗传信息以遗传密码的形式编码在 DNA 分子上，表现为特定的核苷酸排列顺序，是产生特异性蛋白质的模板。

其二，在细胞分裂过程中，DNA 双链解开，以每条单链为模板，按照碱基配对原则，合成新的互补链。这叫 DNA 的复制。通过 DNA 的复制把遗传信息由亲代传递给子代。

其三，在子代的个体发育过程中，以 DNA 双链中的一条链为模板，转录成 mRNA。然后根据 mRNA 上的遗传密码翻译成特异的蛋白质，使亲代的性状在子代中得以表现。

以上三点说明，遗传信息通过复制由 DNA 传向 DNA，通过转录过程由 DNA 传递到 RNA，然后翻译成蛋白质，这种遗传信息的流向，称为中心法则（图 1-11）。

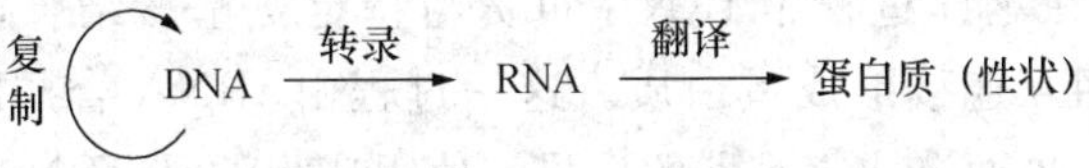

图 1-11 中心法则

后来科学家研究发现，对于那些只含有 RNA 不含 DNA 的病毒，在感染宿主细胞后，RNA 与宿主细胞的核糖体结合，形成一种 RNA 复制酶，在这种酶的催化作用下，以 RNA 为模板复制出 RNA。也就是说，RNA 的遗传信息可以传向 RNA。近年来又研究发现，路斯肿瘤病毒是 RNA 病毒，存在反转录酶，它能以 RNA 为模板合成 DNA，并结合到宿主细胞染色体的一定位置上，成为 DNA 前病毒。DNA 前病毒可以复制，并通过细胞有丝分裂，传递给子细胞，并成为肿瘤细胞。这些肿瘤细胞还可以以前病毒 DNA 为模板，合成前病毒 RNA，并进入细胞质中合成病毒外壳蛋白，最后病毒体释放出来，进行第二次侵染。

由此可见，遗传信息并不一定是从 DNA 单向地传向 RNA，RNA 携带的遗传信息同样也可以复制和传向 DNA，这就是补充和完善的中心法则（图 1-12）。

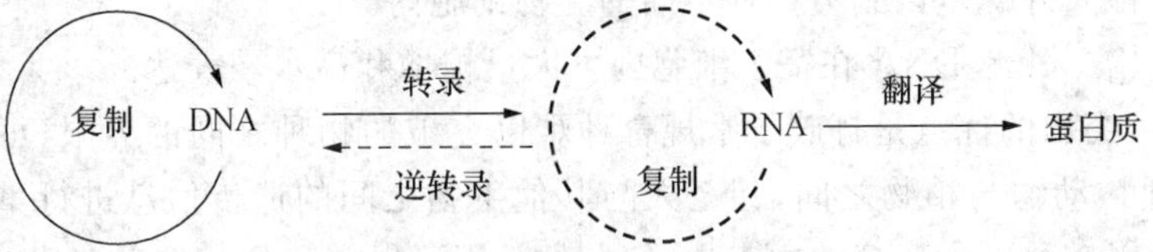

图 1-12 中心法则的发展

四、基因与基因工程

（一）基因

1. 基因的定义　基因是指携带有遗传信息的 DNA 序列，是控制性状的基本遗传单位，亦即一段功能性的 DNA 序列。基因通过指导蛋白质的合成来表现所携带的遗传信息，从而控制生物个体的性状表现。人类有 20 000～25 000 个基因。基因（遗传因子）是遗传变异的主要物质。基因支持着生命的基本构造和性能，储存着生命的种族、血型、孕育、生长、凋亡过程的全部信息。

染色体在体细胞中是成对存在的，每条染色体上都带有一定数量的基因。一个基因在细胞有丝分裂时有两个对列的位点，称为等位基因，分别来自父与母。依所携带性状的表现，又可分为显性基因和隐性基因。

一般来说，同一生物体中的每个细胞体都含有相同的基因，但并不是每个细胞中的所有基因携带的遗传信息都会被表现出来。不同功能的细胞中，活化而表现的基因也不同。

2. 基因的特点　基因有两个特点：一是能忠实地复制自己，以保持生物的基本特征；二是在遗传过程中，基因能够突变和变异。当受精卵或母体受到环境或遗传的影响时，后代的基因组会发生有害缺陷或突变，绝大多数产生疾病，在特定的环境下有的会发生遗传，也称遗传病。在正常的条件下，生命会在遗传的基础上发生变异，这些变异是正常的变异。

3. 基因的表达　基因的表达过程是将 DNA 上的遗传信息传递给 mRNA，然后再经过翻译将其传递给蛋白质。在翻译过程中 tRNA 负责与特定氨基酸结合，并将它们运送到核糖体，这些氨基酸在那里相互连接形成蛋白质。这一过程由 tRNA 合成酶介导，一旦出现问题就会生成错误的蛋白质，进而造成灾难性的后果。值得庆幸的是，tRNA 分子与氨基酸的匹配非常精确，所以基因表达也很准确。

（二）基因工程

1. 基因工程的概念　基因工程（genetic engineering）又称基因拼接技术和 DNA 重组技术。基因工程是利用重组技术，在体外通过人工“剪切”和“拼接”等方法，对各种生物的核酸（基因）进行改造和重新组合，然后导入微生物或真核细胞内，使重组基因在细胞内表达，产生出人类需要的基因产物，或者改造、创造新特性的生物类型。

基因工程是生物工程的一个重要分支，它和细胞工程、酶工程、蛋白质工程、微生物工程共同组成了生物工程。

2. 基因工程的特征和优点　基因工程的特征包括两个：

（1）跨物种性　外源基因到另一种不同的生物细胞内。

（2）无性扩增　外源 DNA 在宿主细胞内可大量扩增和高水平表达。

基因工程最突出的优点是打破了常规育种难以突破的物种之间的界限，可以使原核生物与真核生物之间、动物与植物之间，甚至人与其他生物之间的遗传信息进行重组和转移。例如，人的基因可以转移到大肠杆菌中表达，细菌的基因可以转移到植物中表达。

3. 基因工程的实施步骤

第一步，分离或合成所需的目的基因；

第二步，用工具酶对目的基因和载体进行加工处理，把目的基因与载体结合成重组 DNA 分子；

第三步，把重组 DNA 分子引入受体细胞，并使目的基因和载体上其他基因得以表达；

第四步，转化体细胞的扩增、鉴定与筛选。

4. 基因工程的应用

（1）生产基因工程药品　是利用重组 DNA 技术将生物体内生理活性物质的基因在大肠杆菌、酵母和哺乳动物细胞中体外表达出所需要的蛋白，经过分离纯化获得能用于治疗或其他用途的蛋白质纯品。目前市场上的胰岛素、干扰素、生长激素等基因工程药物，均是重组蛋白质或肽类。

（2）基因诊断　用放射性同位素、荧光分子等标记的 DNA 分子做探针，利用 DNA 分子杂交原理，鉴定被检测标本上的遗传信息，达到诊断疾病的目的。

（3）基因治疗　是指将健康的外源基因导入有缺陷基因的细胞中，达到治疗疾病的目的。

（4）转基因动植物　利用 DNA 重组技术培育高产、优质或具有特殊用途的植物新品种和培育体型巨大、品质优良的转基因动物。

（5）环境保护　将 DNA 重组技术用于环境监测、环境净化等。

【实训操作】

实训 1-3　动物组织基因组 DNA 的提取

一、实训目的

1. 了解提取动物组织基因组 DNA 的原理及要求。
2. 学习动物基因组 DNA 提取的常用方法。

二、实训原理

真核生物的 DNA 以染色体的形式存在于细胞核内，因此，制备 DNA 的原则是既要将 DNA 与蛋白质、脂类和糖类等分离，又要保持 DNA 分子的完整。提取 DNA 的一般过程是将分散好的组织细胞在含 SDS(十二烷基硫酸钠)和蛋白酶 K 的溶液中消化分解蛋白质，再用苯酚、氯仿和异戊醇的混合液抽提分离蛋白质，得到的 DNA 溶液经乙醇沉淀，使 DNA 从溶液中析出。

蛋白酶 K 的重要特性是能在 SDS 和 EDTA(乙二胺四乙酸二钠)存在下保持很高的活性。在匀浆后提取 DNA 的反应体系中，SDS 可破坏细胞膜、核膜，并使组织蛋白与 DNA 分离，EDTA 则抑制细胞中 DNase(DNA 酶)的活性；而蛋白酶 K 可将蛋白质降解成小肽或氨基酸，使 DNA 分子完整地分离出来。通过研磨和 SDS 作用破碎细胞；苯酚和氯仿可使蛋白质变性，用其混合液(苯酚-氯仿-异戊醇)重复抽提，使蛋白质变性，然后离心除去变性蛋白质；再用 RNase(RNA 酶)降解 RNA，从而得到纯净的 DNA 分子。

三、实训器材

1. 器材　猪新鲜肌肉组织、高速冷冻离心机、烘箱、冰箱、水浴锅、微量移液器、高压灭菌锅、生理盐水、SDS、三羟甲基氨基甲烷(Tris)、EDTA、饱和酚、氯仿、异戊醇、无水乙醇、75%乙醇、蛋白酶 K、RNase 酶、手术剪刀、镊子、吸水纸、研钵、1.5 mL 离心管、一次性手套、1.5 mL 离心管架、记号笔。

2. 试剂配制

(1)Tris-HCl　1 mol/L pH 8.0 50 mL。

配制方法：

用 40 mL 双蒸水，溶解 6.057 g 固体 Tris，用浓盐酸调 pH 到 8.0，转移到 50 mL 容量瓶中，加入双蒸水定容，摇匀后，转移到准备好的输液瓶中，贴上标签，高压灭菌后，降至室温，4℃保存备用。

(2)生理盐水　0.85%NaCl 100 mL。

配制方法：

在 20 mL 双蒸水中溶解 0.85 g 固体 NaCl，加水定容至 100 mL，摇匀后，转移到准备好的输液瓶中，贴上标签，高压灭菌后，降至室温，4℃保存备用。

(3)EDTA　0.5 mol/L pH 8.0 50 mL。

配制方法：

将 9.08 g EDTA 溶解于 40 mL 双蒸水，用 1 g NaOH 颗粒(慢慢逐步加入)调 pH 到 8.0，用 50 mL 容量瓶定容。

(4)TES 缓冲液(释放 DNA)　100 mL。

配制方法：

将 0.584 4 g 5 mol/L NaCl 溶解于 80 mL 双蒸水，再分别加入 1 mL 0.5 mol/L EDTA、0.2 mL 的 Tris-HCl (pH=8.0)，加双蒸水定容至 100 mL，摇匀后，转移到准备好的输液瓶中，贴上标签，高压灭菌后，降至室温，4℃保存备用。

(5)10% SDS(变性剂，破细胞壁)　100 mL。

配制方法：

将 10 g 十二烷基硫酸钠(SDS)于 80 mL 双蒸水中 68℃加热溶解，用浓 HCl 调至pH=7.2，定容至 100 mL，摇匀后，转移到准备好的输液瓶中，贴上标签，4℃保存备用。

(6)蛋白酶 K(降解蛋白质)　20 mg/mL。用无菌三蒸水溶解。

(7)RNA 酶(降解 RNA)

配制方法：

将胰 RNA 酶(RNA 酶 A)溶于 10 mmol/L Tris-HCl(pH 7.5)、15 mmol/L NaCl 中，配成 10 mg/mL，于 100℃加热 15 min，缓慢冷却至室温，分装成小份存于−20℃。

(8)氯仿：异戊醇=24：1　100 mL。

按 24：1 的比例加入氯仿、异戊醇，摇匀，转移到准备好的瓶中，贴上标签，4℃保存备用。

(9)TE 缓冲液(溶解 DNA)　pH 8.0 50 mL。

配制方法：

将 0.5 mL 10 mmol/L Tris-HCl(pH 8.0)、0.1 mL 0.5 mol/L EDTA(pH 8.0)加入 50 mL 容量瓶中，调 pH 8.0，定容至 50 mL 摇匀后，转移到准备好的瓶中，贴上标签，高压灭菌后，降至室温，4℃保存备用。

四、实训内容

1. 取猪新鲜肌肉组织，用生理盐水洗去血污，剪取约 0.5 g 组织，放入 1.5 mL 离心管中，剪碎。

2. 加入 0.45 mL TES 混匀，再加入 50 μL SDS(10%)，5.0 μL 蛋白酶 K(20 mg/mL)，充分混匀后，于 56℃保温 4～6 h，每 2 h 摇 1 次。

3. 放置到室温，加入等体积饱和酚(500 μL)，颠倒混匀，10 000 r/min 离心 10 min，分离水相和有机相，小心吸取上层含核酸的水相，转移到新的 1.5 mL 离心管中。

4. 加入等体积酚：氯仿：异戊醇(25：24：1)，颠倒混匀，10 000 r/min 离心 10 min，取上层水相转移到新的 1.5 mL 离心管中。

5. 加入等体积氯仿：异戊醇(24：1)，颠倒混匀，10 000 r/min 离心 10 min，取上层清液转移到新的 1.5 mL 离心管中。

6. 加入 2.5 倍体积的−20℃预冷的无水乙醇沉淀 DNA，观察现象。

7. 12 000 r/min 离心 10 min，除去乙醇。

8. －20℃保存的75%乙醇洗涤，10 000 r/min 离心 5 min，去乙醇，55℃干燥 DNA。

9. 加入适量 TE 溶解 DNA（具体依 DNA 的多少而定），－20℃保存备用。

五、注意事项

1. 抽提每一步用力要柔和，防止机械剪切力对 DNA 的损伤。

2. 在加入细胞裂解缓冲液前，细胞必须均匀分散，以减少 DNA 团块形成。

3. 取上层清液时，注意不要吸起中间的蛋白质层。

4. 漂洗去乙醇时，不要荡起 DNA。

5. 离心后，不要晃动离心管，拿管要稳，斜面朝外。

6. 造成提取的 DNA 不易溶解的原因：不纯，含杂质较多；加溶解液太少，使浓度过大；沉淀物太干燥，也将使溶解变得很困难。

7. 酚-氯仿-异戊醇抽提后，其上清液太黏（含高浓度的 DNA）不易吸取，可加大抽提前缓冲液的量或减少所取组织的量。

六、技能考核标准

考核内容		评分标准		考核方法
		分值	扣分依据	
动物组织基因组 DNA 的提取	试剂的配制	20	每错一步扣 5 分	操作考核
	DNA 提取操作	40	每错一步扣 5 分	
	DNA 提取结果	20	提取结果不理想扣 10 分	
	熟练程度	10	在教师指导下完成时扣 5 分	
	完成时间（时限 100 min）	10	每超时 1 min 扣 1 分直至 10 分	

【自测训练】

一、名词解释

着丝粒　二倍体和单倍体　同源染色体　细胞周期　联会　二价体

二、问答题

1. 细胞分裂有何意义？有丝分裂与减数分裂有何不同？

2. 10 个初级精母细胞和初级卵母细胞经减数分裂后可形成多少个精子和卵子？

3. 转录与复制都是合成过程，二者有何不同？

4. 遗传密码的特点是什么？

5. 亲代与子代之间为什么具有相似性？

6. 简述 DNA 复制的特点和过程。

7. 简述蛋白质合成的基本过程。

8. 猪的正常体细胞内含有 19 对染色体，试写出下列细胞中的染色体数目：

体细胞　受精卵　精子　卵子　极体　初级精母细胞　次级精母细胞

三、技能训练题

1. 在显微镜下观察动物染色体标本，绘制一份染色体组型图。要求在 30 min 内完成。

2. 通过图书馆或网络查阅有关资料，写一篇有关基因工程在畜牧业上应用最新进展的综述。要求在 1 d 内完成。

项目 2　遗传的基本规律

【知识目标】

1. 熟悉分离定律、自由组合定律的基本内容，了解其在畜禽育种中的应用；
2. 了解连锁遗传现象，掌握交换率的计算以及基因定位的基本方法；
3. 掌握性别决定理论、伴性遗传规律及其在畜牧生产上的应用。

【能力目标】

1. 能够熟练应用遗传的基本规律解释生产中的遗传现象；
2. 能够根据双亲的基因型预测后代可能出现的基因型和表现型；
3. 能够根据后代的表现型推测双亲可能的基因型。

【学习任务】

任务 2-1　分离定律

一、遗传的分离现象

性状是生物形态或生理的特征特性的总称，如：高度、颜色等。同一性状的不同表现形式称为相对性状，例如：高度的高与矮、颜色的红与白、耳型的立耳与垂耳、性别的公与母等。以纯种白猪约克夏和纯种黑猪巴克夏作为亲本(P)，进行杂交(×)，得到杂种一代(F_1)全是白猪，将 F_1 代自交(⊗)，杂种二代(F_2)则表现出既有白猪，也有黑猪，分离比为 3∶1(图 2-1)。

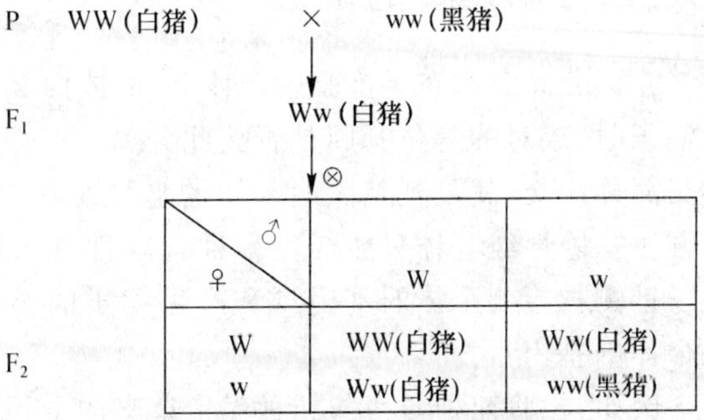

图 2-1　一对相对性状的遗传现象与分析

二、基因与性状

性状是由基因控制的。具有一对相对性状的纯合亲本杂交时，在 F_1 表现出来的性状称为显性性状，由显性基因控制(用大写字母表示，如白毛 W)；不表现出来的称为隐性性状，由隐性基因控制(用小写字母表示，如黑毛 w)，隐性性状在 F_1 未消失，只是未表现出来而已。在同源染色体上占据相同位点，控制相对性状的一对基因称为等位基因，如 W 和 w 是一对等位基因，控制的白毛和黑毛是一对相对性状。F_1 只出现显性性状，不出现隐性性状的现象称为显性现象；F_2 中既出现显性性状，又出现隐性性状的分离现象，称为性状分离。

生物个体的遗传组成称为基因型，是基因的组合类型，代表着生物体内的遗传基础。例如，白猪的基因型是 WW、Ww，黑猪的基因型是 ww。基因型和环境共同作用，使生物体表现出来的性状称为表现型(或称表型)，如畜禽被毛的颜色、鸡的冠型等。基因型是肉眼看不见的，要通过杂交试验等遗传行为加以识别；表型是肉眼能看到或用仪器设备能够检测出的。表型相同的个体，其基因型不一定相同，例如，白猪的基因型是 WW 或 Ww。由相同等位基因组合的基因型的个体称为纯合体，由不同等位基因组合的基因型的个体称为杂合体。

在遗传学上，把两个基因都是隐性的纯合体(如 ww)称为隐性纯合体，把两个基因都是显性的纯合体(如 WW)称为显性纯合体。表现隐性性状的个体，由于其基因型是同质的，故都能真实遗传，后代不出现性状的分离现象；表现显性性状的个体，基因型是同型配子结合的能够真实遗传，而基因型是由异型配子结合的，由于基因的分离，后代会产生分离现象。

三、分离的规律

一对相对性状受相应的一对等位基因控制。在减数分裂产生配子时，同源染色体上的等位基因相互分离到不同配子中。F_1 配子的分离比为 1∶1，配子随机结合的 F_2 基因型之比为 1∶2∶1，显隐性表型之比为 3∶1。

四、分离的实质

杂合体亲本在形成配子时，同源染色体的等位基因相互分离，产生类型不相同而比数相等的配子。

五、分离定律的验证

验证分离定律在于检验杂合体 F_1 的体内是否有显性基因和隐性基因同时存在，以及形成配子时，成对的等位基因是否彼此分离。一般采用测验杂交的方法验证分离定律。测验杂交简称测交，就是把基因型未知的显性个体与隐性纯合体交配，以检定显性个体基因型的方法。隐性纯合体只能产生一种含隐性基因的配子，因此，从测交后代个体表型和数量可以推测被检测个体的基因型和产生配子的类型和比例。遗传学上常用这个方法测定显性个体的基因型。

例如，检验纯种白猪与纯种黑猪杂交的 F_1 是杂合体(Ww)，用 F_1 和隐性纯合体的黑猪(ww)交配，得到的后代中显性个体(白猪)与隐性个体(黑猪)各占 1/2，也就是其比例为1∶1。

六、分离定律的应用

第一，通过分离定律的应用可以明确相对性状间的显隐性关系，把具有遗传缺陷性状的隐性纯合体淘汰。

第二，采用测交的方法判断亲本的某种性状是纯合体或杂合体，检出并淘汰有遗传缺陷性状的杂合体。

【实训操作】

实训 2-1　一对相对性状的遗传分析

一、实训目的

通过对畜禽一对相对性状的遗传现象的观察和分析，加深对分离定律的认识。

二、实训原理

遗传性状由相应的等位基因所控制。等位基因在体细胞中成对存在，一个来自父本，一个来自母本。体细胞内成对的等位基因虽然同在一起，但并不融合，各自保持其独立性。在形成配子时彼此分离，各自进入不同的配子中。F_1 产生不同类型的配子数目相等，即 1∶1。由于各种雌雄配子结合是随机的，即具有同等的机会，因此，F_2 中基因型之比是 1 显性纯合体∶2 杂合体∶1 隐性纯合体，显性与隐性表现型之比为 3∶1。

三、实训器材

选取畜禽中由一对等位基因控制的一对相对性状的遗传资料。

四、实训内容

用基因符号图解一对相对性状的遗传现象，确定杂交后代的基因型和表现型，以及杂交后代的比例。

五、实训作业

牛的无角 A 对有角 a 表现显性。1 头无角公牛分别与 3 头母牛杂交，杂交方式和结果如下，试分析杂交亲本和后代的基因型。

有角母牛 1×无角公牛→无角小牛

有角母牛 2×无角公牛→有角小牛

无角母牛 3×无角公牛→有角小牛

六、技能考核标准

考核内容		评分标准		考核方法
		分值	扣分依据	
一对相对性状的遗传分析	杂交后代的基因型和表现型	50	每错一个扣5分	操作考核
	杂交后代的比例	30	每错一个扣5分	
	熟练程度	10	在教师指导下完成时扣5分	
	完成时间(时限30 min)	10	每超时1 min扣1分直至10分	

任务2-2 自由组合定律

孟德尔的第二规律称为自由组合定律或独立分配规律。自由组合定律揭示位于非同源染色体上的两对或两对以上等位基因的遗传现象。

一、自由组合的遗传现象

用无角黑毛(PPRR)的安格斯牛与有角红毛(pprr)的海福特牛两品种杂交时,P对p为显性,R对r为显性,F_1全为无角黑毛。无角与有角、黑毛与红毛各为一对相对性状,并且无角和黑毛是显性的,有角和红毛是隐性的。若F_1自交,F_2发生性状分离,出现无角黑毛、有角黑毛、无角红毛和有角红毛4种性状组合,其比例为9∶3∶3∶1。无角黑毛与有角红毛是亲本原有性状的组合,称为亲本类型;有角黑毛与无角红毛是亲本原来没有的新组合,称为重组类型。各对相对性状(有角与无角、黑毛与红毛)的分离比例都是3∶1,这与分离定律完全一致。两对相对性状遗传现象与分析如图2-2所示。

P　　PPRR(无角黑毛) × pprr (有角红毛)

↓　　↓

PR　　pr

F_1　　PpRr (无角黑毛)

↓⊗

F_2

♀ \ ♂	PR	Pr	pR	pr
PR	PPRR(无角黑毛)	PPRr(无角黑毛)	PpRR(无角黑毛)	PpRr(无角黑毛)
Pr	PPRr(无角黑毛)	PPrr(无角红毛)	PpRr(无角黑毛)	Pprr(无角红毛)
pR	PpRR(无角黑毛)	PpRr(无角黑毛)	ppRR(有角黑毛)	ppRr(有角黑毛)
pr	PpRr(无角黑毛)	Pprr(无角红毛)	ppRr(有角黑毛)	pprr(有角红毛)

图2-2 两对相对性状的遗传现象与分析

二、自由组合的规律

两对或多对独立基因形成配子时，等位基因相互分离，非同源染色体上的非等位基因以同等的机会在配子内相互组合，不同基因型的雌雄配子以同等的机会相互组合。

F_1 产生四种配子的分离比为 1∶1∶1∶1，配子随机结合的 F_2 有 9 种基因型、4 种表型，表现型之比为 9∶3∶3∶1。非同源染色体等位基因对数的遗传关系归纳于表 2-1。

表 2-1　多对性状杂交基因型与表现型的关系

等位基因对数	性细胞种类	基因型种类	显性完全时表型种类	表型比例
1	$2=2^1$	$3=3^1$	$2=2^1$	$(3:1)^1$
2	$4=2^2$	$9=3^2$	$4=2^2$	$(3:1)^2$
3	$8=2^3$	$27=3^3$	$8=2^3$	$(3:1)^3$
4	$16=2^4$	$81=3^4$	$16=2^4$	$(3:1)^4$
⋮	⋮	⋮	⋮	⋮
n	2^n	3^n	2^n	$(3:1)^n$

三、自由组合的实质

亲本在形成配子时，在同源染色体等位基因彼此分离的基础上，非同源染色体上不同对的等位基因各自独立分配到配子中去，相互之间的分离和组合是自由的、随机的。总之，由于非同源染色体重组，导致非同源染色体上非等位基因间的重组，形成重组型配子，配子在受精中的随机组合又产生性状重组，此过程为：染色体重组⟶基因重组⟶配子重组⟶性状重组。

四、自由组合定律的验证

验证自由组合定律在于 F_1 通过减数分裂形成配子时，非同源染色体上的非等位基因是否分离并自由组合形成四种配子以及它们的数目是否相等。仍采用测交的方法，F_1（无角黑毛，基因型 PpRr）与双隐性纯合体（有角红毛，基因型 pprr）杂交，其后代出现四种表型（无角黑毛、有角黑毛、无角红毛和有角红毛），且比数为 1∶1∶1∶1。说明 F_1 产生四种比例相等的配子。

五、自由组合定律的应用

第一，可以帮助我们预见杂交后代各种类型的比例，从而为研究选育群体的大小提供依据。

第二，可以帮助我们淘汰有遗传缺陷性状的种畜。遗传缺陷大多受隐性基因控制，杂合体表现不出来，所以杂合体就成为携带者，我们在育种工作中可以用测交的方法检验出有缺陷的隐性基因携带者，并把它从畜群中淘汰掉。

第三，培育优良新品种。在畜禽育种工作中，选择具有不同优良性状的品种或品系杂交，根据自由组合定律，可以实现杂交亲本性状的重组，出现符合育种要求的新类型，对出现的新类型继续选育，使之逐步纯化，可培育成优良的新品种或品系。

【实训操作】

实训 2-2　两对或两对以上相对性状的遗传分析

一、实训目的

通过对畜禽两对相对性状的遗传现象的观察和分析，加深对自由组合定律的认识。

二、实训原理

1. 体细胞内位于不同对同源染色体上的两对及两对以上的等位基因在形成配子时，一对基因与另一对基因在分离时各自独立、互不影响；不同对基因之间的组合是完全自由的、随机的。

2. 雌配子、雄配子在结合时也是完全自由的、随机的。

三、实训器材

选取畜禽中由两对等位基因控制的两对相对性状的遗传资料。

四、实训内容

用基因符号图解两对相对性状的遗传现象，确定杂交后代的基因型和表现型，以及杂交后代的比例数。

五、实训作业

1. 用毛腿雄鸡和光腿雌鸡交配，其 F_1 有毛腿和光腿两种，这两种鸡各自交配，结果光腿鸡的后代全是光腿，毛腿鸡的 45 只后代中有 34 只为毛腿，其余为光腿。

(1)光腿和毛腿哪一个是显性性状？

(2)设显性为 F，隐性为 f，则 2 个亲本的基因型各是什么？ F_1 的基因型是什么？毛腿子代相互交配后其后代基因型又如何？

2. 基因型为 AaBBccDdEeFFGg 的个体，可能产生的配子类型数是多少？

3. 绿条纹鹰与全黄色鹰交配，子代为全绿色和全黄色，比例为 1∶1。当全绿彼此交配时，产生比例为 6∶3∶2∶1 的全绿、全黄、绿条纹和黄条纹的小鹰。你如何解释这个现象？

六、技能考核标准

考核内容		评分标准		考核方法
		分值	扣分依据	
两对相对性状的遗传分析	杂交后代的基因型和表现型	50	每错一个扣 5 分	操作考核
	杂交后代的比例	30	每错一个扣 5 分	
	熟练程度	10	在教师指导下完成时扣 5 分	
	完成时间(时限 30 min)	10	每超时 1 min 扣 1 分直至 10 分	

任务 2-3　连锁互换定律

美国遗传学家摩尔根在对两对相对性状杂交实验中，研究发现有时 F_2 表现型比例与自由组合定律不相符合，揭示了生物界中遗传的连锁互换定律。

一、连锁和交换

(一)完全连锁

同一条染色体上的基因构成一个连锁群，它们在遗传的过程中不能独立分配，而是随着这条染色体作为一个整体共同传递到子代中去，即位于同源染色体上非等位基因之间不能发生非姐妹染色单体之间的交换，F_1 只产生两种亲本型配子，其自交或测交后代个体的表现型均为亲本组合，这叫作完全连锁。在生物界中完全连锁的情况是很少见的，典型的例子是雄果蝇和雌家蚕的连锁遗传，现以果蝇为例来说明。

摩尔根用灰身长翅(BBVV)的雌果蝇和黑身残翅(bbvv)的雄果蝇进行杂交，然后用 F_1 中的灰身长翅的雄果蝇和黑身残翅的雌果蝇进行杂交，后代中只出现了两种亲本类型:灰身长翅和黑身残翅。

果蝇的灰身(B)对黑身(b)是显性，长翅(V)对残翅(v)是显性。用纯合体的灰身长翅雄果蝇与纯合体的黑身残翅雌果蝇杂交，F_1 全部是灰身长翅(BbVv)。用 F_1 中的雄果蝇与双隐性亲本雌果蝇进行测交，按照分离定律和自由组合定律，F_1 雄果蝇应产生 BV、Bv、bV、bv 四种精子，双隐性雌果蝇只产生一种 bv 卵子，因此测交后代应该出现灰身长翅、灰身残翅、黑身长翅、黑身残翅 4 种类型，而且是 1∶1∶1∶1 的比例。可是实验的结果与理论分离比数不一致，后代只出现灰身长翅和黑身残翅两种亲本型果蝇，其数量各占 50%，并没有出现灰身残翅和黑身长翅的果蝇。这表明 F_1 形成的精子类型可能只有 BV 和 bv 两种，两对基因之间没有重新自由组合。如何解释这个问题呢?

假设 B 和 V 这两个基因连锁在同一条染色体上，用符号 $\underline{BV}$ 来表示，b 和 v 连锁在另一条对应的同源染色体上，用符号 $\underline{bv}$ 来表示。如果用纯合体灰身长翅果蝇与纯合体黑身残翅果蝇杂交，F_1 是灰身长翅果蝇。用 F_1 雄果蝇再与隐性亲本雌果蝇测交时，由于杂合的 F_1 代雄果蝇在形成配子时只能产生两种配子($\underline{BV}$ 和 $\underline{bv}$)，雌果蝇只产生一种配子($\underline{bv}$)，所以测交后代只有灰身长翅和黑身残翅两种类型，比例是 1∶1，这就是完全连锁的遗传特点（图 2-3）。

（二）不完全连锁（交换）

不完全连锁是指杂种 F_1 个体的连锁基因，在配子形成过程中，同源染色体非姐妹染色单体之间发生了互换的连锁遗传，不仅产生亲本类型的配子，还会产生重组型配子。这样就出现了和完全连锁不同的遗传现象。

在家鸡中有一种白色卷羽鸡。实验得知，鸡羽毛的白色（I）对有色（i）为显性，卷羽（F）对常羽（f）为显性。用纯合体白色卷羽鸡（IIFF）与纯合体有色常羽鸡（iiff）杂交，F_1 全部是白色卷羽鸡，用 F_1 代母鸡与双隐性亲本公鸡进行测交，产生了 4 种类型的后代，其比例数不是预期的 1∶1∶1∶1，而是亲本型大大超过重组型，如图 2-4 所示。

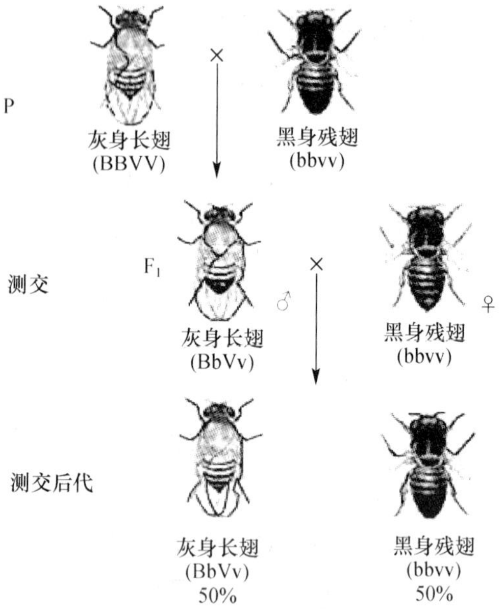

图 2-3 雄果蝇的完全连锁图解

P　白色卷羽 $\frac{IF}{IF}$ ♀　×　有色常羽 $\frac{if}{if}$ ♂

F_1　白色卷羽 $\frac{IF}{if}$ ♀　×　有色常羽 $\frac{if}{if}$ ♂

测交后代

♂ \ ♀	IF	if	If	iF
if	$\frac{IF}{if}$（白色卷羽）（15只）	$\frac{if}{if}$（有色常羽）（12只）	$\frac{If}{if}$ 白色常羽（4只）	$\frac{iF}{if}$ 有色卷羽（2只）

亲本型（81.8%）　　重组型（18.2%）

图 2-4 家鸡的测交实验

从图 2-4 可以看出，F_1 形成的 4 种类型的配子数目确实是不相等的，亲本型（白色卷羽和有色常羽）个体数占 81.8%，重组型（白色常羽和有色卷羽）个体数只占 18.2%。在自由组合情况下，亲本型和重组型应该各占 50%，或者说 4 种类型配子各占 25%，上述测交的结果与这个理论数相差很大。现在的问题是，F_1 所产生的 4 种类型的性细胞数目为什么不相等？为什么亲本型性细胞总是出现得多，而重组型性细胞总是要少些呢？这要从基因和染色体的关系上来寻求答案。

（三）连锁互换遗传的解释

染色体是基因的载体，每条染色体上必定有许多基因存在。存在于同一条染色体上的非等位基因，在形成配子的减数分裂过程中，如果没有发生交叉互换，就会出现完全连锁遗传的现象。例如上述雄果蝇的测交实验，由于 B 和 V 连锁在一起，b 和 v 连锁在一起，因此，F_1 只产生两种配子（BV 和 bv），所以测交后代只有亲本型而没有重组型。但是，在大多数生物中见到的往往是不完全连锁遗传。当两对非等位基因不完全连锁时，F_1 不但产生亲本型配子，而且也产生重组型配子。其原因是 F_1 在形成配子时，性母细胞在减数分裂的粗线期，非姐妹染色单体之间发生了 DNA 片段的互换，基因也随之发生了互换，由此形成的 4 种基因组合的染色单体分别组成 4 种不同的配子，其中两种配子是亲本型组合，两种是重组型组合。

同一染色体上的各个非等位基因在染色体上各有一定的位置，呈线性排列；染色体在间期进行复制后，每条染色体含两条姐妹染色单体，基因也随之复制；同源染色体联会、非姐妹染色单体片段互换，导致基因交换，产生交换型染色单体；发生交换的性母细胞中 4 种染色单体分配到 4 个子细胞中，发育成 4 种配子（两种亲本型、两种重组型/交换型）。相邻两基因间发生断裂与交换的机会与基因间距离有关：一般基因间距离越大，基因交换的机会也越大。

连锁与互换的机制表明，只要某一性母细胞在两个基因座位之间发生一次互换，形成的配子中必定有一半是亲本组合，一半是重新组合，最后 4 种配子的比例恰好是 1∶1∶1∶1。但家鸡连锁互换遗传中，测交实验表明，F_1 产生的 4 种配子比数并不相等，所以通过配子随机结合，产生的 4 种类型后代，其比例数不是 1∶1∶1∶1，而是接近于 1.00∶0.80∶0.27∶0.13。这又如何解释呢？

（1）四分体、染色体已复制，位于其上的基因也随之复制；

（2）非姐妹染色单体发生交叉；

（3）非姐妹染色单体片段交换，随之非姐妹染色单体上的基因也交换了位置（即 f 与 F 交换）；

（4）产生 4 种基因组合不同的染色单体，包括两条重组合，两条亲本组合，经过减数分裂可形成 4 种不同基因组合的性细胞（图 2-5）。

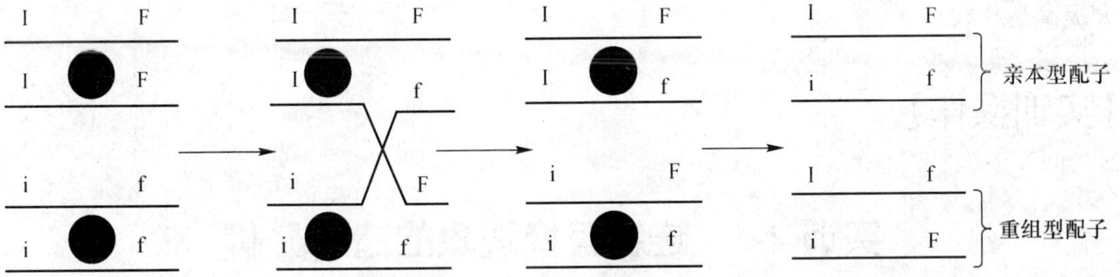

图 2-5　基因交换过程示意图

实际上，多数情况下并不是全部性母细胞都在某两个基因座位之间发生互换，不发生互换的性母细胞所形成的配子都属于亲本组合。当有 30% 的性母细胞发生互换时，重新组合配子占总配子数的 15%，刚好是发生互换的性母细胞的百分数的一半。由此可以推知，如有 80% 的性母细胞在两个基因座位之间发生互换，重新组合配子数占总配子数的 40%。由此可见，在不完全连锁遗传情况下，F_1 产生的 4 种类型配子比数不相等，亲本组合配子多于重新组合配子，原因就在于只有部分性母细胞发生了互换。

二、交换率及其测定

遗传学研究中，通常用交换率（重组率）来表示重组合的比例。交换率是指重组型个体数占测交后代总数的百分比，或重组型配子数占总配子数的百分比。交换率的计算公式为：

$$交换率=\frac{重组型个体数}{重组型个体数+亲本型个体数}\times100\%=\frac{重组型配子数}{总配子数}\times100\%$$

交换率＝0，完全连锁；交换率＝50％，自由组合；1％交换率表示两个基因距离为1遗传单位（图距单位、厘摩，cM），这种通过交换率估算出的距离称为遗传距离。

家鸡的测交实验（图2-4）中，交换率＝6÷33×100％＝18.2％。需要注意的是，不同的连锁基因，交换率是不同的。交换率应该在正常条件下，通过杂交和测交的实验来确定，而且样本资料应尽可能大，这样才能得到比较准确的结果，因为生物的年龄、性别及实验环境都有可能影响重组的发生。

无数次实验证明，在一定条件下，连锁基因的交换率是恒定的，低的可以在0.10％以下，高的可以接近50％。可以设想，在同一对染色体上，如果两对基因相距愈近，交换率则愈低，反之，相距愈远，交换率愈高，即交换率的大小反映了基因之间连锁强度的大小。根据这个原理，可以采用一些方法，确定基因在染色体上的位置。

三、连锁互换定律的应用

根据连锁互换定律，可以进行基因连锁群的测定及基因的定位。这样不仅使染色体理论更趋于完整，而且对进一步开展遗传试验和育种试验具有重要的指导意义。例如，根据连锁图上已知的交换频率，可以预测杂交后代中所需要的新性状组合类型出现的频率，从而为确定选育群体的大小提供依据。

了解由于基因连锁造成的某些性状间的相关性，可以根据一个性状来推断另一个性状，特别是当知道了早期性状和后期性状之间的基因连锁关系后，就可以提前选择所需要的类型，大大提高选择效果。

【实训操作】

实训2-3　连锁互换现象的遗传分析

一、实训目的

通过对畜禽位于一对同源染色体上的两对相对性状的遗传现象的观察和分析，加深对连锁互换定律的认识。

二、实训原理

同一条染色体上的基因构成一个连锁群，它们在遗传的过程中不能独立分配，而是随着这条染色体作为一个整体共同传递到子代中去，这就叫作完全连锁。在生物界中目前只发现雄果蝇和雌家蚕表现为完全连锁遗传。

在大多数生物中见到的往往是不完全连锁遗传。存在于同一对染色体上的非等位基因，在形成配子的减数分裂过程中，非姐妹染色单体之间发生 DNA 片段的互换，基因也随之发生互换，由此形成亲本型配子和重组型配子，但亲本型配子数量大于重组型配子数量，使得后代亲本型个体数量大于重组型个体数量。

三、实训器材

选取畜禽中位于一对同源染色体上的两对相对性状的遗传资料。

四、实训内容

用基因符号图解连锁互换性状的遗传现象，确定杂交后代的基因型、表现型和数量，计算交换率，推算性母细胞发生互换的比例。

五、实训作业

在果蝇中已知灰身(B)对黑身(b)表现显性，长翅(V)对残翅(v)表现显性。现有一杂交组合，其 F_1 代为灰身长翅，试分析其亲本的基因型。如果用 F_1 的雌蝇与双隐性亲本雄蝇回交，得到以下结果：

灰身长翅	黑身残翅	灰身残翅	黑身长翅
822	652	130	161

1. 上述结果是否属于连锁遗传？有无互换发生？
2. 如属于连锁遗传，交换率是多少？
3. 根据交换率说明有多少性母细胞发生了互换。

六、技能考核标准

考核内容		评分标准		考核方法
		分值	扣分依据	
一对同源染色体上的两对相对性状的遗传分析	杂交后代的基因型、表现型和数量	50	每错一个扣 5 分	操作考核
	交换率计算	30	结果错误扣 30 分	
	熟练程度	10	在教师指导下完成时扣 5 分	
	完成时间(时限 40 min)	10	每超时 1 min 扣 1 分直至 10 分	

任务 2-4 性别决定与伴性遗传

一、性别决定理论

性别是动物中最容易区别的性状。在有性生殖的动物群体中，包括人类，雌雄性别之比大都是 1∶1，这是一个典型的一对基因杂合体测交后代的比例，说明性别和其他性状一样，也和染色体及染色体上的基因有关。但生物的性别是一个十分复杂的问题，性别决定也因生物的种类不同而有很大的差异。

在多数二倍体真核生物中，决定性别的关键基因位于一对染色体上，在异配性别中一对同源性染色体是异型的，即形态、结构和大小以及功能都有所不同，这对染色体称为性染色体。除此之外的染色体统称为常染色体，通常以 A 表示。常染色体的各对同源染色体一般是同型的，即形态、结构和大小基本相同。性染色体是动物性别决定的基础。

（一）性染色体的类型

动物的性染色体类型常见的有 XY、ZW、XO 和 ZO 四种类型。

1. XY 型　包括人类在内的全部哺乳动物、某些两栖类、硬骨鱼类、昆虫等的性染色体属于这种类型。雌性是一对形态相同的性染色体，用符号 XX 表示；雄性只有一条 X，另一条比 X 小，并且形态也有很大的不同，用符号 Y 来表示，因此，雄性是 XY。

2. ZW 型　家禽（如鸡、鸭、鹅、火鸡等）和全部鸟类、若干鳞翅类昆虫、某些鱼类等的性染色体属于这种类型。和 XY 型相反，雌性是异配性别（ZW），雄性是同配性别（ZZ），但性别决定的机制不像 XY 型那样研究得比较清楚。按照一般的推测，W 染色体上可能也携带有和雌性发育有关的基因或带有抑制雄性发育的基因。

3. XO 型和 ZO 型　许多昆虫属于这两种类型。在某些双翅目、直翅目和鳞翅目的昆虫中没有异型的性染色体，而是由性染色体的数来决定性别的。

在 XO 型中，雌性的性染色体是 XX；雄性只有一条 X 性染色体，没有 Y 染色体，用 XO 代表。

在 ZO 型中，雌性只有一条 Z 染色体，用 ZO 表示；雄性有两条性染色体，用 ZZ 表示。

（二）性别决定

性别是由性染色体的差异决定的。如：XX 为雌性，XY 为雄性；ZZ 为雄性，ZW 为雌性。生物类型不同，性别决定的方式也往往不同。XY 型染色体，当减数分裂形成生殖细胞时，雄性产生两种类型的配子，一种是含有 Y 染色体的 Y 型配子，另一种是含有 X 染色体的 X 型配子，两种配子的数目相等，雌性只产生一种含有 X 染色体的卵子。受精后，若卵子与 X 型精子结合形成 XX 合子，则将来发育成雌性；若卵子与 Y 型精子结合形成 XY 合子，则将来发育成雄性，Y 染色体决定着个体向雄性方向发展。人的 XY 型性别决定如图 2-6 所示。

ZW 型与 XY 型相反，雄体只产生一种含 Z 染色体的 Z 型精子，而雌体可产生两种类型的卵子，一种是含有一条 Z 染色体的 Z 型卵子，另一种是含有一条 W 染色体的 W 型卵子，两种卵子的数目相等。通过受精，若 Z 型卵子与 Z 型精子结合形成 ZZ 合子，则将来发育成雄体；若 W 型卵子与Z 型精子结合形成 ZW 合子,则将来发育成雌体。家蚕的 ZW 型性别决定如图 2-7 所示。

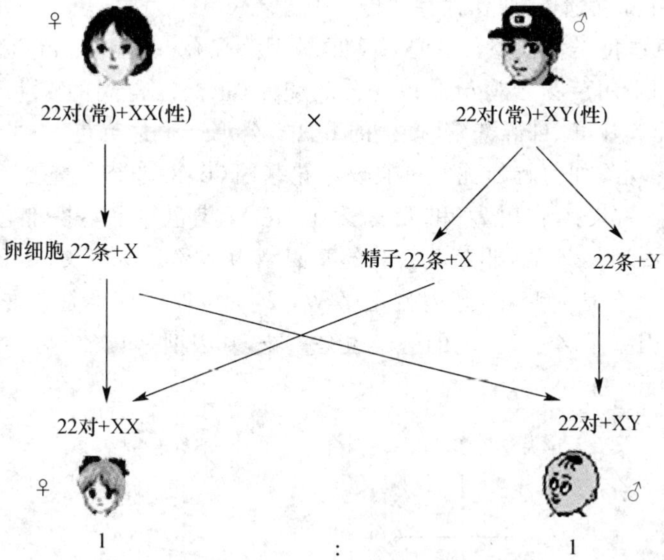

图 2-6　人的 XY 型性别决定

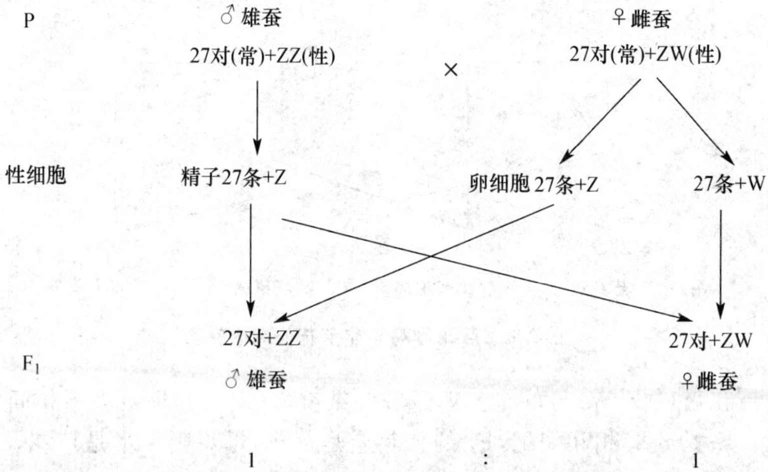

图 2-7　家蚕的 ZW 型性别决定

各种两性生物中,雌性和雄性的比例大致接近 1∶1,其原因在于雄性(或雌性)个体可产生两种类型的配子,比例是 1∶1,而雌性(或雄性)个体只产生一种类型配子,雌雄配子的结合机会相等。这种比数和一对相对性状杂交时,F_1 的测交后代比数完全相同。

二、伴性遗传及其应用

(一)伴性遗传

性染色体上也有许多基因,除了含有与性别决定有关的基因外,还含有某些控制其他性状的基因，由于这些基因与性别决定的基因在同一条染色体上，因此这些基因所控制性状的表现，总是与性别相伴随而遗传，叫作伴性遗传。

芦花鸡的毛色遗传是伴性遗传。芦花鸡的绒羽为黑色，头上有白色斑点，成羽有横斑，是黑白相间的。如果用芦花母鸡与非芦花公鸡交配（正交），得到的 F_1 中，公鸡都是芦花，而母鸡都是非芦花。让 F_1 自群繁殖，产生的 F_2 中，公鸡一半是芦花，一半是非芦花，母鸡也是如此。这个遗传现象如何解释呢？可假设芦花基因（B）对非芦花基因（b）为显性，B 和 b 这对基因位于 Z 染色体上，常用 Z^B 和 Z^b 来表示，在 W 染色体上不携带它的等位基因。这样，芦花母鸡的基因型是 Z^BW，非芦花公鸡的基因型为 Z^bZ^b。两者交配，F_1 公鸡全是芦花，基因型是 Z^BZ^b，母鸡全是非芦花，基因型是 Z^bW。F_2 中，母鸡一半是芦花，基因型是 Z^BW，一半是非芦花，基因型是 Z^bW；公鸡的一半也是芦花，基因型是 Z^BZ^b，另一半是非芦花，基因型是 Z^bZ^b（图 2-8）。

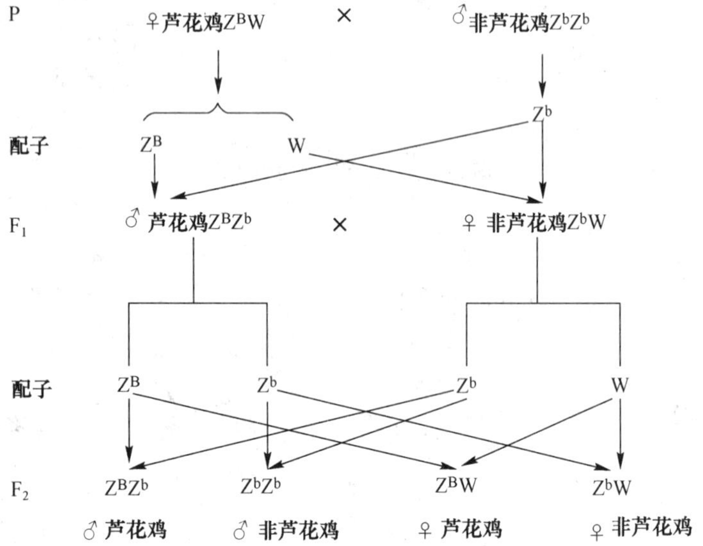

图 2-8 芦花母鸡与非芦花公鸡杂交

如果以非芦花母鸡（Z^bW）与芦花公鸡（Z^BZ^B）杂交（反交），结果就大不相同了，F_1 公鸡和母鸡全是芦花。F_1 公母鸡相互交配，F_2 的公鸡全是芦花，母鸡则一半是芦花，一半是非芦花（图 2-9）。这说明，正交和反交结果是不相同的，两性间的分离比数也是不相同的。

人类色盲的遗传方式同芦花鸡的毛色遗传是完全一样的。色盲有许多种类型，最常见的是红绿色盲，其次是蓝绿色盲。经过调查分析得知，控制色盲的基因是隐性基因 b，位于 X 染色体上，Y 染色体上不携带它的等位基因。如果母亲正常（X^BX^B），父亲是色盲（X^bY），他们所生的子女中，无论男孩（X^BY）或女孩（X^BX^b）均正常，但女孩携带有一个色盲基因，色盲父亲的色盲基因（b）随 X 染色体传给他的女儿，不能传给他的儿子，这种现象称为交叉遗传。如果该女儿以后和一个正常男子结婚（X^BY），所生子女中，女孩均正常，但其中一半携带有一个色盲基因；所生男孩中，将有一半是色盲，一半正常。如果母亲是色盲（X^bX^b），父亲正常（X^BY），他们所生子女中，男孩必定是色盲（X^bY），女孩正常（X^BX^b），但是携带色盲基因。这个女孩以后如果和一个色盲男子结婚，他们所生的子女中，无论男孩或女孩中均有一半为色盲，一半为正常。这两种色盲遗传的情况见图 2-10。

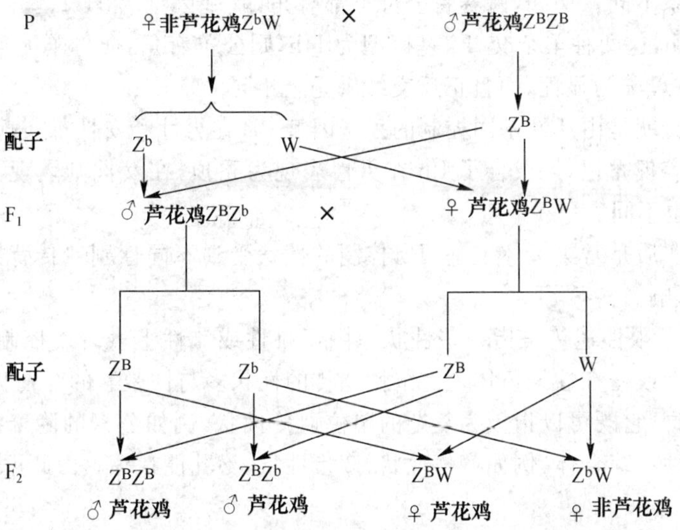

图 2-9　非芦花母鸡与芦花公鸡杂交

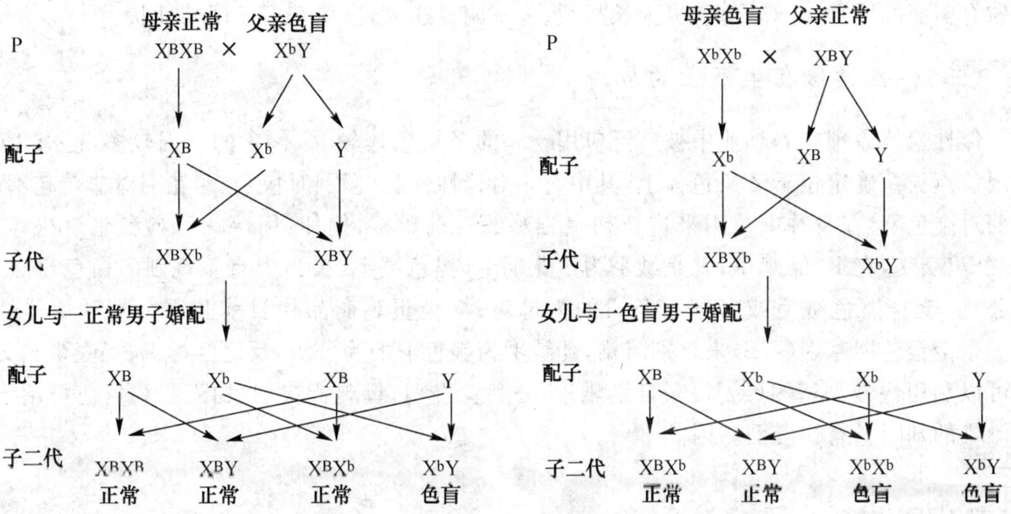

图 2-10　人类色盲遗传情况图解

伴性遗传的特点是:性状分离比数与常染色体基因控制的性状分离比数不同,两性间的分离比数不同,正反交结果也不一样。

(二)从性性状和限性性状的遗传

1. 从性遗传　从性遗传或称性影响遗传,不是指由 X 及 Y 染色体上基因所控制的性状,而是因为内分泌及其他关系使某些性状只出现于雌、雄一方,或在一方为显性,另一方为隐性的现象。

决定从性遗传的基因称为从性基因,一般位于常染色体上,由从性基因控制的性状称为从性性状(又称影响性状)。从性性状是指那些在雌性为显性,在雄性为隐性,或在雄性为显性,在雌性为隐性的性状。从性性状在两个性别中都可以得到表达,但同一基因的表达在不同的性别中显隐性关系不同。例如，陶赛特公母羊都有角，其基因型为 HH，雪洛夫羊公母羊都无角，其基因型为 hh，这两种羊杂交，F_1 基因型为 Hh，则公羊有角，而母羊无角，这表明 H 在公羊为显性，而 h 在母羊为显性，而且正反交结果完全相同。

人的秃顶遗传就是由从性基因控制的。基因型 BB 在男性和女性都表现为秃顶，而 bb 在男性和女性都不表现秃顶，但杂合子 Bb 在男性表现为秃顶，在女性则表现为正常，即性别不同，Bb 的表现型也不同。

从性遗传的实质是常染色体上基因所控制的性状受到不同性别遗传背景和生理环境（内分泌等因素）的影响。

2. 限性遗传　限性遗传是指某些性状只限于雄性或雌性上表现。控制这些性状的基因或处在常染色体上或处在性染色体上。限性遗传的性状多与性激素的存在与否有关。限性性状是一个普通名词，它既可以指极为复杂的单位遗传性状，例如公畜的隐睾症或单睾症，也可以指极为复杂的性状综合体，例如产仔性状、产蛋性状、泌乳性状等。由此可知，控制限性性状的基因极为复杂。

限性遗传与伴性遗传不同，限性遗传只局限于一种性别上表现，而伴性遗传既可以在雄性上也可以在雌性上表现，只是表现的频率有所不同。例如，哺乳动物的雌性有发达的乳房、公孔雀有美丽的尾羽、母鸡产蛋、男人长胡须、公畜阴囊疝等，这些都属于限性性状。

（三）伴性遗传在生产上的应用

伴性遗传原理在养鸡业中被广泛应用。鸡的 Z 染色体较大，包含的基因较多，已有 17 个基因位点被精确定位于 Z 染色体上，其中有 3 对伴性性状（慢羽对快羽、芦花羽对非芦花羽、银色羽对金色羽）在育种中被用来进行初生雏鸡的自别雌雄，例如：用芦花母鸡和非芦花（洛岛红）公鸡杂交，在 F_1 雏鸡中，凡是绒羽为芦花羽毛（黑色绒毛，头顶上有不规则的白色斑点）的为公鸡，全身黑色绒毛或背部有条斑的为母鸡；褐壳蛋鸡商品代目前几乎全都利用伴性基因——金银色羽基因（s/S）来自别雌雄，凡绒羽为银色羽的为公鸡，反之为母鸡；褐壳蛋鸡父母代可以利用快慢羽基因（k/K）来自别雌雄，公鸡皆慢羽，母鸡皆快羽；白壳蛋鸡目前可用于自别雌雄的基因只有快慢羽基因。

【实训操作】

实训 2-4　家禽的伴性遗传分析

一、实训目的

通过对家禽的伴性遗传现象的观察和分析，加深对家禽伴性遗传规律的认识。

二、实训原理

伴性遗传是指性染色体上的基因所决定的某些性状总是伴随性别而遗传的现象。伴性遗传的规律如下：

如配子同型的性别传递伴性的性状，则子一代表现交叉遗传(即儿子带有母亲的性状，女儿带有父亲的性状)。在子二代中伴性和正常的性状在每个性别中各占1/2。

如配子异型的性别传递伴性的性状，子一代全部正常，子二代中，配子同型的性别全部正常，配子异型的性别，正常和伴性的性状各占1/2。

家禽的性染色体类型是ZW型。

三、实训器材

可任选下列材料：芦花母鸡与非芦花公鸡、慢羽母鸡与快羽公鸡、银色羽母鸡与金色羽公鸡杂交一代公母雏若干只。

四、实训内容

1. 在充分了解芦花母鸡与非芦花公鸡(慢羽母鸡与快羽公鸡或银色羽母鸡与金色羽公鸡)亲本性状的基础上，仔细观察杂交一代公、母雏在羽斑(羽速或羽色)上的差异。

2. 分析产生上述伴性遗传现象的原因。

3. 用基因符号图解伴性遗传现象。

五、技能考核标准

考核内容		评分标准		考核方法
		分值	扣分依据	
家禽的伴性遗传分析	杂交一代公、母雏在羽斑(羽速或羽色)上差异的观察	30	每错一项扣5分	操作考核
	正常和伴性的性状比例	50	每错一个扣10分	
	熟练程度	10	在教师指导下完成时扣5分	
	完成时间(时限30 min)	10	每超时1 min扣1分直至10分	

【自测训练】

一、名词解释

性状　等位基因　完全显性　测交　基因型　表现型　交换　连锁　性染色体　常染色体

二、问答题

1. 以毛腿公鸡和光腿母鸡交配，其F_1有毛腿和光腿两种，这两种鸡各自雌雄交配，其结果是光腿的后代全是光腿，毛腿的45只后代中有34只为毛腿，余为光腿，问：

(1)毛腿和光腿哪个是显性性状？

(2)设显、隐性基因分别为F和f，则双亲的基因型各是什么？其F_1的基因型各是什么？

2. 在某种牛中，基因型为AA的个体的体色是红褐色，aa则为红色。基因型Aa的个体中公牛是红褐色，而母牛为红色。一头红褐色母牛生了一只红色小牛，这头小牛的性别如何？

3. 有两个基因位于同一染色体上，它们之间的交换率为50%，另有两个基因位于不同的非同源染色体上，你能将它们区分开来吗？说明之。

4. 牛的皮色由一对基因控制。RR为红色，Rr为花斑色，rr为白色。牛角也由一对基因控制。无角P对有角p呈完全显性。一头双杂合子花斑色无角公牛和一头花斑色有角母牛杂交，将产生什么比例的基因型和表现型？

5. 在果蝇中已知灰身(B)对黑身(b)表现显性，长翅(V)对残翅(v)表现显性。现有一杂交组合，其F_1代为灰身长翅，试分析其亲本的基因型。如果用F_1的雌蝇与双隐性亲本雄蝇回交，得到以下结果：灰身长翅822、黑身残翅652、灰身残翅130、黑身长翅161。

(1)上述结果是否属于连锁遗传？有无交换发生？

(2)如属于连锁遗传，交换率是多少？

(3)根据交换率说明有多少性母细胞发生了交换。

三、技能训练题

1. 某一羊群公羊都有角，另一羊群公母羊都没有角，这两类羊群杂交后，有角的公羊都是显性，母羊都是隐性。白毛对黑毛是显性，不分羊群或公母都是如此。今有纯种有角白毛公羊与纯种无角黑毛母羊杂交，F_1和F_2角和毛色表型如何？有角黑毛公羊与无角白毛母羊杂交，产生下列子代：公羊，1/4有角白毛，1/4有角黑毛，1/4无角白毛，1/4无角黑毛；母羊，1/2无角黑毛，1/2无角白毛。试问其亲本基因型如何？

2. 一对正常双亲有4个儿子，其中2人为血友病患者。以后，这对夫妇离婚并各自与一表型正常的人结婚。母方再婚后生6个孩子，2个儿子中有一人患血友病，4个女儿表型正常。父方再婚后生了8个孩子，4男4女都正常。问：

(1)控制血友病的基因是显性基因还是隐性基因？

(2)血友病是性连锁遗传，还是常染色体基因遗传？

(3)这对双亲的基因型如何？

3. 人的白化表现为毛发、皮肤无色素。有一对正常夫妻，他们的多个子女中出现了一个白化的儿子，这个白化的儿子娶了一个正常的女子为妻，结果他们的后代中有2个儿子也为白化。试问白化是由显性基因控制的还是隐性基因控制的？试判断这一对夫妻的基因型。

项目3 变　　异

【知识目标】

1. 掌握整倍体变异和非整倍体变异的类型、表示方法及其在生产中的应用；
2. 掌握缺失、重复、倒位、易位的细胞学特征、遗传学效应及实际应用；
3. 掌握基因突变的概念、原因、时期、特征、分子基础及应用。

【能力目标】

1. 能够发现和解释周围的变异现象；
2. 能够分析染色体数目变异对生物繁育性能的影响。

【学习任务】

变异是生物界中存在的一种普遍现象。变异可以使生物具有多样性，使生物通过自然选择而产生进化。变异可发生在染色体水平上，也可发生在DNA分子水平上。发生在染色体水平的变异有染色体数目和结构的改变，称为染色体畸变。发生在DNA分子水平上的化学变化称为基因突变。

任务3-1　染色体数目的变异

染色体数目的变异是指染色体数目发生不正常的改变。染色体数目的改变会给人类和动植物带来不利影响，但人们也可利用染色体数目变异培育新的品种。

一般来说，每一种生物的染色体数目都是稳定的，但是，在某些特定的环境条件下，生物体的染色体数目会发生改变，从而产生可遗传的变异。染色体数目的变异可以分为两类：一类是细胞内的个别染色体增加或减少，称为非整倍体变异；另一类是细胞内的染色体数目以染色体组的形式成倍地增加或减少，称为整倍体变异（表3-1）。每种生物都有一个基本的染色体组成，在大多数生物的体细胞中，染色体都是两两成对的。例如，果蝇有4对共8条染色体，这4对染色体可以分成两组，每组中包括3条常染色体和1条性染色体。

一、整倍体的变异

整倍体是指含有完整染色体组的细胞或生物。整倍体的变异是指细胞中整套染色体的增加或减少。

按照生物细胞中染色体组(X)的数目可分为单倍体、二倍体和多倍体。单倍体的细胞仅含一个染色体组,二倍体的细胞中有两个染色体组,三倍体细胞中有三个染色体组,依此类推。细胞中有3个或3个以上染色体组的个体称为多倍体。多倍体中根据染色体组的种类又可分为同源多倍体、异源多倍体、同源异源多倍体、节段异源多倍体等。

自然界中,多数物种的体细胞内含有两个完整的染色体组(二倍体),但也有单倍体生物。例如,雄蜂就是由未受精卵发育而成的单倍体生物。在植物方面如水稻、小麦等也曾发现过天然的单倍体,但其出现的频率很低。高等植物的单倍体和二倍体比较起来一般体型弱小、生活力差、高度不育。在植物育种方面,把单倍体植物用人工处理变为二倍体,这样就能很快获得稳定的纯系,缩短育种年限,创造出新品种,这就是单倍体育种法。中国用花粉培育出了小麦、小黑麦、玉米、烟草、水稻、甜菜等单倍体作物品种,在单倍体研究领域中走在世界先进行列。

凡含有来源相同并超过两个染色体组的个体统称为同源多倍体,含有来源不同并超过两个染色体组的个体称为异源多倍体。如两个不同物种的二倍体生物杂交,它们的杂种再经过染色体加倍,就可能形成异源四倍体,中国已培育出异源四倍体小黑麦、异源八倍体小黑麦。

高等动物大多数是雌雄异体,而雌雄性细胞同时发生不正常减数分裂的机会极少,且染色体稍不平衡就会导致不育,故动物界的多倍体是很少见的。

表3-1　染色体数目变异的类型

类别	名称	符号	染色体组
整倍体	单倍体	$1n$	(ABCD)
	二倍体	$2n$	(ABCD)(ABCD)
	三倍体	$3n$	(ABCD)(ABCD)(ABCD)
	同源四倍体	$4n$	(ABCD)(ABCD)(ABCD)(ABCD)
	异源四倍体	$4n$	(ABCD)(ABCD)(A′B′C′D′)(A′B′C′D′)
非整倍体	单体	$2n-1$	(ABCD)(ABC)
	三体	$2n+1$	(ABCD)(ABCD)(A)
	四体	$2n+2$	(ABCD)(ABCD)(A)(A)
	双三体	$2n+1+1$	(ABCD)(ABCD)(AB)
	缺体	$2n-2$	(ABC)(ABC)

二、非整倍体的变异

染色体数目变异产生的非整倍体主要包括单体($2n-1$)、缺体($2n-2$)、三体($2n+1$)和四体($2n+2$)等类型。非整倍体的产生是由于减数分裂形成不正常的配子所致。性细胞减数分裂时,若同源染色体不联会,或联会后不分离,两个同源染色体同时移向细胞的一极,则所形成的配子中染色体数目就会增加或减少。这些不正常配子间的结合或正常配子与不正常配子的结合,就会产生非整倍体。非整倍体可自然产生,也能通过人工诱变产生。非整倍体在染色体工程和基因定位中有重要应用价值。在普通小麦和烟草上,科研工作者已经建立起全套单体系列,在水稻、谷子上已获得全套三体系列。非整倍体基本上要靠染色体的细胞学鉴定的研究才能确定。

(一)单体

单体是指体细胞中某对同源染色体缺少一条染色体的个体。在动物、植物和人类中均发现过许多个体是单体。例如,蝗虫、蟋蟀和某些甲虫的雌性个体性染色体为 XX 型,雄性为 XO 型($2n-1$)。植物的单体主要存在于异源多倍体中,二倍体植物中出现的单体一般不能存活。

单体产生的配子有 n 和 $n-1$ 两种,理论上两者比例为 1∶1,故自交子代应是双体∶单体∶缺体=1∶2∶1(双体是指 $2n$ 的正常个体)。但实际上单体的自交后代中各类个体不符合上述比例,这主要受三个因素的影响:单体在减数分裂过程中被遗弃的程度不同;n 和 $n-1$ 配子参与受精的频率不同;$2n-1$ 和 $2n-2$ 胚的存活率不同。

(二)多体

多体是指对于一个完整的二倍体染色体组,增加了一条或多条染色体的生物。如果二倍体中某一对染色体多一条染色体($2n+1$),称为三体。如人类的“21 三体综合征”,即 21 号染色体多了一条,表现为先天愚型等综合征。如果二倍体某一对染色体多两条染色体($2n+2$),称为四体。如果二倍体中某两对染色体各增加一条染色体($2n+1+1$),称为双三体。

(三)缺体

缺体是生物体细胞中缺少一对同源染色体($2n-2$)的个体,它仅存在于多倍体生物中,二倍体生物中的缺体不能存活。动物都是二倍体,故动物不存在缺体。

三、染色体数目变异的应用

非整倍体无直接利用价值,但对遗传研究和染色体工程则是一种重要材料。例如单体、缺体、三体等可用来测定基因所在的染色体,用于染色体的替换、添加等。

(一)利用单体测定突变基因所在的染色体

利用单体确定突变基因在哪条染色体上称为单体测验,它是指将表现突变性状的个体与单体杂交,根据杂种后代性状的分离情况确定控制突变性状的基因是否在单体染色体上。这是基因定位常用的方法。

1. 隐性基因定位　若突变性状由隐性基因 a 控制,则将突变体与一系列具有显性相对性状的单体杂交,确定隐性基因所在的染色体。将突变个体(aa)与单体杂交后,则杂种后代会出现两种类型的分离:一种是 a 基因在单体所缺的染色体上,F_1 出现显性、隐性个体的分离,正常双体表现为显性性状,单体表现为隐性性状;另一种是 a 基因不在单体所缺的染色体上,则 F_1 所有个体表现为显性性状。

2. 显性基因定位　若突变基因是显性基因(A),则采用具有隐性相对性状的单体系与其杂交,对显性基因 A 进行定位。方法与上述隐性基因定位方法一致。先使 A 表型的 AA 突变体($2n$)与各个 a 表型的单体杂交,获得 n 个 F_1,F_1 群体中所有个体均表现为 A 表型。然后将 F_1 中的单体株鉴定出来并进行自交,根据 F_2 的表型来鉴定。如果 A 基因不在单体染色体上,

则其 F_1 单体的自交 F_2 群体内除缺体植株以外，双体和单体植株一律是 A 表型。如果 A 在某单体染色体上，则 F_1 个体自交的 F_2 群体中，双体、单体和缺体均有少数是 a 表型。

（二）有目标替换染色体

利用单体、缺体等非整倍体可以进行生物的染色体替换。将一个品种的个别染色体替换成其他品种或近缘种的染色体，以达到定向改造生物的目的。

任务 3-2　染色体结构的变异

在性细胞减数分裂时，由于染色体断裂并以不同的方式重新粘接起来，造成染色体上基因的反常排列，称为染色体结构的变异。染色体结构的变异包括缺失、重复、倒位和易位 4 种类型。

一、缺失

缺失是指染色体上某一区段及其带有的基因一起丢失，从而引起变异的现象。缺失的遗传效应，主要是破坏了正常的连锁群，影响基因间的交换和重组，影响生物的正常发育和配子生活力（图 3-1）。

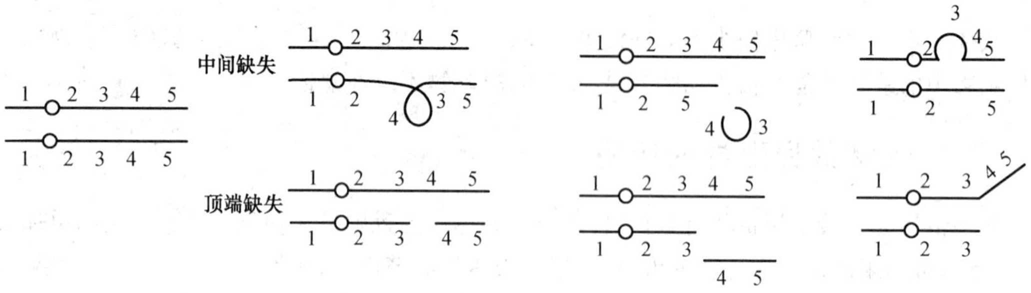

图 3-1　染色体缺失示意图

缺失的类型有两种：

（一）中间缺失

染色体两臂的内部丢失了某一段。这种情况比较常见。

（二）顶端缺失

缺失的区段在染色体的一端。最初发生缺失的细胞内常伴随着断片存在，这种断片有时可以粘连到其他染色体上，进一步组合到子细胞核中，有的则以断片或小环的形式暂时存在于细胞质中，经过一次或几次细胞分裂而最后消失。

二、重复

重复是指常染色体上增加了相同的区段，同样是破坏了正常的连锁群，使性状的表现程度加重。同源染色体一条发生重复，另一条必然发生缺失（图 3-2）。

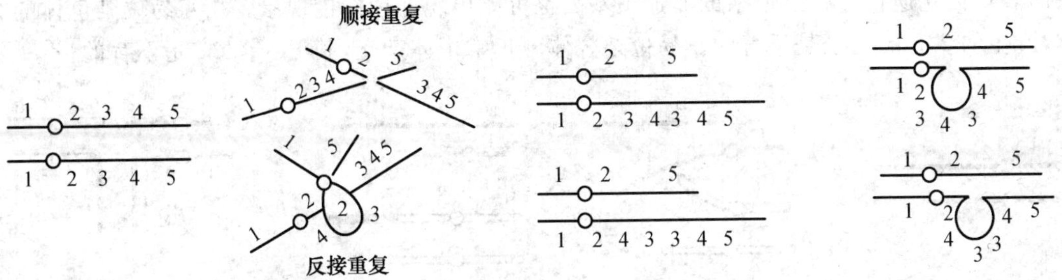

图 3-2　重复的形成

重复的类型有两种：

（一）顺接重复

重复区段仍然按原来染色体基因的顺序相接。

（二）反接重复

重复区段按照原来染色体基因的顺序颠倒过来重新相接。

重复和缺失往往同时发生，一对同源染色体彼此发生非对应的交换，其中一条染色体发生缺失，另一条染色体发生重复。

三、倒位

倒位是指染色体上某一区段发生断裂后，倒转 180°又重新连接起来（图 3-3）。倒位的遗传效应，也是改变了正常的连锁群。当大段染色体倒位时，倒位杂合体表现高度不育。

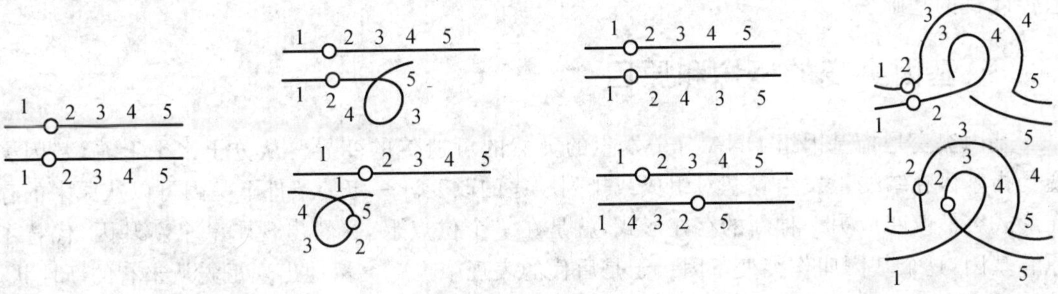

图 3-3　倒位的形成

上：臂内倒位　下：臂间倒位

四、易位

易位是指两对非同源染色体之间发生某区段的交换。如果是一条染色体的区段，转移到另一条非同源染色体上，称为单向易位；如果两条非同源染色体互相交换某区段，叫作相互易位（图 3-4）。易位发生在非同源染色体上，造成了基因交换，但与正常的同源染色体基因交换有本质的区别。

易位的遗传效应主要表现为改变了正常的连锁群，使原来同一染色体上的连锁基因经易位而表现独立遗传，反之，原来的非连锁基因也可能出现连锁遗传现象。相互易位染色体的个体，产生的 2/3 的配子是不育的。易位杂合体与正常个体杂交，其 F_1 有 1/2 是不育的。

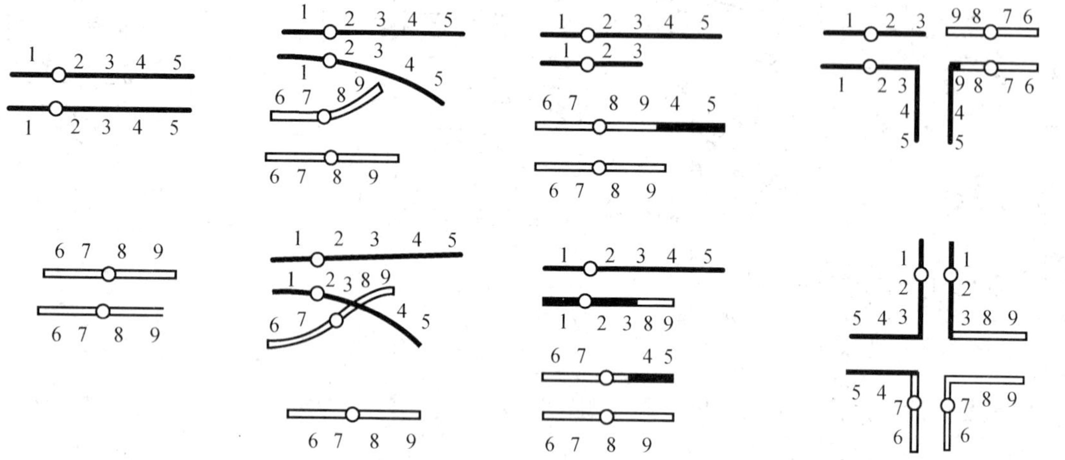

图 3-4 易位的形成

上：单向易位 下：相互易位

任务 3-3 基因突变

基因是遗传物质的功能单位，基因结构的改变可能会导致其功能的变化，从而可能使生物的性状发生改变，产生可遗传变异。基因突变不仅是生物进化的主要源泉，也是进行动物品种遗传改良的基础。

一、基因突变的概念和原因

基因突变是指基因组 DNA 分子发生的突然的可遗传的变异。从分子水平上看，基因突变是指基因在结构上发生碱基对组成或排列顺序的改变。一定的条件下基因可以从原来的存在形式突然改变成另一种新的存在形式，就是在一个位点上，突然出现了一个新基因，代替了原有基因，这个基因叫作突变基因。于是后代的表现中也就突然地出现祖先从未有的新性状。

基因突变的原因一般认为是由于内外因引起基因内部的化学变化或位置效应的结果，也就是 DNA 分子结构发生改变的结果。已知基因是由染色体上一定位点的 DNA 分子所组成。在这段 DNA 分子链上 4 种核苷酸排列有其正常的顺序。基因在复制过程中一般按正常顺序的样板进行自我复制。如果 DNA 分子长链上 4 种核苷酸任何一个发生变化，或在这一长链中某一微小的片段发生位置的变化，即发生了位置效应，则以后 DNA 分子结构将按改变的样板进行复制，于是形成了基因突变。

（一）突变的频率

突变发生的频率是指生物体（微生物中的每一个细胞）在每一世代中发生突变的概率，也就是在一定时间内突变可能发生的次数。在遗传学上把表现突变性状的个体或细胞称为突变体，而突变体占观察总个体数的比例叫突变频率。不同生物以及同种生物的不同基因突变频率是不同的，一般高等动植物中的基因突变频率平均为 $10^{-5} \sim 10^{-8}$，即10万至1亿个配子中有一个发生突变；细菌和噬菌体的突变频率为 $10^{-4} \sim 10^{-10}$，即1万至100亿个细胞中有一个突变体。

（二）突变发生的时期和部位

从理论上讲，突变可以发生在生物个体发育的任何一个时期，在体细胞和性细胞中都可以发生。实验表明，发生在生殖细胞中的突变频率往往较高，而且以减数分裂晚期、性细胞形成前较晚的时期为多。性细胞突变可以通过受精而直接遗传给后代。体细胞突变，由于突变细胞在生长能力上往往不如周围的正常细胞，因此，一般长势较弱甚至受到抑制而得不到发展。在家畜中，体细胞突变的一个例子是海福特牛的红毛部分出现黑斑，但这种突变在生物的育种或进化上是没有意义的。

二、基因突变的一般特性

基因突变有一定的特性，主要表现在：

（一）突变的重演性

同一基因突变可以重复地发生。相同的基因突变可以在同种生物的不同个体间重复发生，称为突变的重演性。

（二）突变的可逆性

基因突变是可逆的。原来正常的野生型基因经过突变成为突变型基因的过程称为正向突变，而突变型基因通过突变而成为原来的野生型基因称为反向突变或回复突变。正常情况下，野生型基因表现为显性，而突变后的基因表现为隐性，因此自然界中出现的突变多数为隐性突变。

（三）突变的多方向性

基因突变可以多方向发生，即一个基因A可以突变为 a_1、a_2、a_3 等，且A、a_1、a_2、a_3 可分别具有不同生理功能和性状表现。用其中基因型不同的两个纯合体杂交，F_2 呈现等值基因的分离比例3∶1或1∶2∶1；这表明这些基因两两之间都存在等位对性关系，即它们是复等位基因。

（四）突变的有害性和有利性

许多事例表明，大多数基因的突变对生物的生长发育是有害的。突变造成的有害程度可能不同，一般表现为某种性状的缺陷或生活力和生育能力降低，例如，果蝇的残翅，鸡的卷羽，人的镰形细胞贫血症、色盲，植物的雄性不育等。严重的基因突变导致生物体的死亡，这种能使生物体死亡的突变称为致死突变。

有的基因突变对生物的生存和生长发育是有利的，例如，鸡的多产蛋突变、牛的高泌乳量突变、作物的抗病性等。但是基因突变的有害性和有利性都是相对的，在一定条件下基因突变的效应可以转化。鸡的卷羽突变在通常条件下是不利的，但在高温条件下却比正常羽毛的鸡更有利于散热。特别是联系到基因突变与人类的关系时，突变的有害性和有利性更不是绝对的。

三、基因突变的类型及影响因素

基因突变引起生物性状的改变是多种多样的，有的可产生明显的表型特征的变化，有的变异则需要利用精细的遗传学或生化技术才能测出它与野生型的差异。

（一）突变类型

1. 形态突变　这种突变可用肉眼从生物的表型上识别出来，因此又称可见突变。例如，果蝇的白眼，水稻的矮秆变异，短腿安康羊等。

2. 生化突变　是指没有明显的形态效应，但可导致某种特定生化功能改变的突变型。例如，野生型细菌可在基本培养基中生长，而营养缺陷型则需要在基本培养基中添加某种营养成分才能生长。

3. 致死突变　是指能导致生物体死亡的突变。如果是显性致死，一般在杂合时就有致死效应，若是隐性致死，则在纯合或半纯合子状态时才有致死作用。例如，植物的白化苗。但是，由于致死作用可以发生在不同的发育阶段，因此不一定都伴有可见的表型效应，如配子期、合子期和胚胎期的致死。

4. 条件致死突变　是指在一定条件下表现致死效应，但在其他条件下能存活的突变。例如，细菌的温度敏感突变型在 30℃左右可存活，在 42℃左右或低于 30℃时是致死的。

（二）影响突变的因素

产生突变的自然因素有自然界温度骤变、宇宙射线和化学污染等外界因素，同时，还包括生物体内或细胞内部某些新陈代谢的异常产物，这些因素都有可能使生物体发生突变。

产生突变的诱发因素有物理因素和化学因素。物理因素包括电离辐射线如 X、γ、α、β 射线和中子流等；非电离射线包括紫外线、激光、电子流及超声波等。化学因素有烷化剂，如乙烯亚胺、硫酸二乙酯、亚硝酸、甲基亚硝基脲等，5-溴尿嘧啶、2-氨基嘌呤等某些碱基结构类似物，引起转录和转译错误的吖啶类染料等。

四、基因突变的应用

（一）诱变育种

通过诱发使生物产生大量而多样的基因突变，从而可以根据需要选育出优良品种，这是基因突变有用的方面。在动植物中，已作为一项常规育种技术广泛应用，而且已在生产上取得显著成果。在微生物育种中，现在已广泛应用诱变因素来培育优良菌种。

（二）害虫防治

用诱变剂处理雄性害虫使之发生致死的或条件致死的突变，然后释放这些雄性害虫，便能使它们和野生的雄性昆虫相竞争而产生致死的或不育的子代。

（三）诱变物质的检测

多数突变对于生物本身来讲是有害的，人类癌症的发生也和基因突变有密切的关系，因此环境中的诱变物质的检测已成为公共卫生的一项重要任务。

从基因突变的性质来看，检测方法分为显性突变法、隐性突变法和回复突变法3类。除了用来检测基因突变的许多方法以外，还有许多用来检测染色体畸变和姐妹染色单体互换的测试系统。当然对于药物的致癌活性的最可靠的测定是哺乳动物体内致癌情况的检测。但是利用微生物中诱发回复突变这一指标作为致癌物质的初步筛选，仍具有重要的实际意义。

【自测训练】

一、问答题

1. 什么是基因突变？基因突变有哪些类型？突变的原因是什么？
2. 举例说明基因突变的有利性和有害性。
3. 简述基因突变在育种中的应用。
4. 解释缺失、重复、倒位和易位的概念，分别说明它们造成的遗传效应。
5. 染色体数目变异有哪些类型？在育种上有何意义？

二、技能训练题

在一牛群中，外貌正常的双亲产生一头矮生公犊。这种矮生究竟是由基因突变引起，还是由于非遗传（环境）的影响？你怎样判定？（要求在5 min内完成）

项目 4　数量性状遗传

【知识目标】

1. 掌握数量性状、表型值、遗传值(基因型值)、方差、遗传力、重复力、遗传相关的概念;
2. 了解数量性状和质量性状的区别和联系,掌握多基因假说的内容;
3. 熟悉数量性状的遗传分析及其与选择的关系。

【能力目标】

1. 学会近交系数、遗传力、遗传相关的计算;
2. 能熟练地将数量遗传的基本规律和统计分析方法运用到今后的学习和研究工作中。

【学习任务】

任务 4-1　数量性状的遗传特征

畜禽的性状可分为两类:一类为质量性状,比如羽毛颜色、猪的耳型、牛的角型等;另一类为数量性状,比如产蛋量、产奶量、剪毛量、产仔数等,这类性状的变异是连续的,你很难把它们区分成几个界限明显的类型。畜禽的经济性状大多为数量性状,因此,学习数量性状遗传对于提高畜牧业生产水平与经济效益有着十分重要的意义。

数量性状往往呈现出一系列程度上的差异,带有这些差异的个体没有质的差别,只有量的不同。所以,数量性状遗传具有以下重要特征:

(1)数量性状是可以度量的。

(2)数量性状的变异表现为连续的,杂交后的分离世代不能明确分组,并统计每组的个体数,求出分离比例;只能用一定的度量单位进行测量,采用统计方法加以分析。

(3)数量性状一般容易受环境条件的影响而发生变异,这种变异一般是不遗传的,它往往和那些能够遗传的数量性状混在一起,使问题变得更加复杂。

因此,充分估计外界环境的影响,分析数量性状遗传的实质,对提高数量性状育种的效率是相当重要的。

(4)控制数量性状的遗传基础是多基因系统。

为更好地理解数量性状的概念,可与质量性状作一粗略比较(表 4-1)。

表 4-1 质量性状与数量性状的比较

项目	质量性状	数量性状
性状主要类型	品种特征、外貌特征	生产、生长性状
遗传基础	少数主要基因控制,遗传关系较简单	微效多基因系统控制,遗传关系复杂
变异表现方式	间断型	连续型
考察方式	描述	度量
环境影响	不敏感	敏感
研究水平	家族或系谱	群体
研究方法	系谱分析、概率论	生物统计

此外,质量性状和数量性状的划分不是绝对的,同一性状在不同亲本的杂交组合中可能表现不同。例如,植株高度是一个数量性状,但在有些杂交组合中,高株和矮株却表现为简单的质量性状遗传,小麦籽粒的红色和白色,在一些杂交组合中表现为一对基因的分离,而在另一些杂交组合中,F_2 的籽粒颜色呈不同程度的红色而成为连续变异,即表现数量性状的特征。

另外,在众多的生物性状中,还有一类特殊的性状,不完全等同于数量性状或质量性状,其表现呈非连续型变异,与质量性状类似,但是又不服从孟德尔遗传规律。一般认为这类性状具有一个潜在的连续型变量分布,其遗传基础是多基因控制的,与数量性状类似。通常称这类性状为阈性状。例如,家畜对某些疾病的抵抗力表现为发病或健康两个状态,单胎动物的产仔数表现单胎、双胎和稀有的多胎等。

任务 4-2 数量性状的遗传方式及机制

一、数量性状的遗传方式

数量性状的基因型和表现型不是一一对应的,数量性状的表现型又称表型值,即在实际中可直接度量或观察到的某一个数量性状的数值。例如,一只鸡在一年中产蛋 280 枚,则这 280 枚蛋就是这只鸡年产蛋量的表型值。数量性状的表型值有群体性,所以数量性状有其独特的遗传方式,具体来说有以下三种:

(一)中间型遗传

在一定条件下,两个不同品种杂交,其杂种一代的平均表型值介于两亲本的平均表型值之间,群体足够大时,个体性状的表现呈正态分布。子二代的平均表型值与子一代平均表型值相近,但变异范围比子一代的大。把这些变异数值按大小排列,其中类似双亲的只占少数,基本上组成以平均数为中心的正态分布。中间型遗传是数量性状最常见的遗传方式。

(二)杂种优势

杂种优势是指两个遗传组成不同的亲本杂交,子一代在生产性能、繁殖力、抗病力和生活力等方面都超过双亲的平均值，但子二代的平均值向两亲本的平均值回归，杂种优势下降，以后各代杂种优势逐渐趋于消失。例如，内江猪和北京黑猪杂交，一代杂种育肥期的平均日增重为 628.5 g，而双亲育肥期的平均日增重是 564.3 g。

（三）越亲遗传

两个品种或品系杂交，一代杂种表现为中间类型，而在以后世代中，可能会出现超过原始亲本的个体，这种现象叫作越亲遗传。例如，有一种观赏鸡体格比较小，新汉县鸡体格比较大，让这两个品种鸡杂交，杂种一代的体重表现为中间型，介于这两个亲本之间，而杂种二代或三代的变异扩大了，在二代或三代中会出现比原始大体格亲本还要大的个体，也会出现比原始小体格亲本还小的个体。

二、数量性状的遗传机制

（一）多基因假说（解释了中间型遗传）

1. 多基因假说的实验根据　尼尔逊-埃尔在对小麦和燕麦籽粒颜色的遗传进行研究时，发现红粒(R)与白粒(r)的杂交组合的几种情况（图 4-1）。

A 组
P　红粒×白粒
↓
F_1　红粒
↓⊗
F_2　$\frac{3}{4}$红粒：$\frac{1}{4}$白粒

B 组
P　红粒×白粒
↓
F_1　粉红粒
↓⊗
F_2　$\frac{15}{16}$红粒：$\frac{1}{16}$白粒

C 组
P　红粒×白粒
↓
F_1　粉红粒
↓⊗
F_2　$\frac{63}{64}$红粒：$\frac{1}{64}$白粒

图 4-1　红粒与白粒的杂交组合

进一步观察后发现：

(1)在小麦和燕麦中，存在着 3 对与种皮颜色有关但作用相同的基因，这 3 对基因中的任何一对在单独分离时都可产生 3∶1 的比率，而 3 对基因同时分离时，则产生$\frac{63}{64}$∶$\frac{1}{64}$的比率。

(2)上述的杂交在 F_2 的红粒中呈现出颜色程度的差异，它们又可按红色的程度分为：

在 A 组中：$\frac{1}{4}$红：$\frac{2}{4}$粉红：$\frac{1}{4}$白；

在 B 组中：$\frac{1}{16}$深红：$\frac{4}{16}$次深红：$\frac{6}{16}$粉红：$\frac{4}{16}$淡红：$\frac{1}{16}$白；

在 C 组中：$\frac{1}{64}$极深红：$\frac{6}{64}$深红：$\frac{15}{64}$次深红：$\frac{20}{64}$粉红：$\frac{15}{64}$中淡红：$\frac{6}{64}$淡红：$\frac{1}{64}$白。

(3)红色深浅程度的差异与所具有的决定红色的基因数目有关，而与基因的种类无关。现以 B 组实验为例，说明种皮颜色的深浅程度与基因数目的关系。

假设含 R 数目相等的个体表现型一样，得到表现型分配结果为 1：4：6：4：1，这个分布的各项系数可由杨辉三角形中得到(图 4-2)。由于取一对基因的基因比(1AA：2Aa：1aa)为底，按这个比的倍数 n 展开(n＝基因的对数)有$(1:2:1)^n$或$\left(\frac{1}{4}+\frac{2}{4}+\frac{1}{4}\right)$，当 $n=1,2,3,\cdots$，则可得到三角形中双数行(方框)的各项系数，如 2 对基因的系数为：$\frac{1}{16}$深红：$\frac{4}{16}$次深红：$\frac{6}{16}$粉红：$\frac{4}{16}$淡红：$\frac{1}{16}$白。

1 1
1对基因　1 2 1
1 3 3 1
2对基因　1 4 6 4 1
1 5 10 10 5 1
3对基因　1 6 15 20 15 6 1
1 7 21 35 35 21 7 1
4对基因　1 8 28 56 70 56 28 8 1
1 9 37 84 126 126 84 37 9 1
5对基因　1 10 46 121 210 252 210 121 46 10 1

图 4-2　由杨辉三角形获得各项系数

对于 C 组实验的结果分析：尼尔逊-埃尔发现 F_2 中从白色到极深红有 7 种不同的红色籽粒，中间色的麦粒最多，而白色麦粒约占总数的$\frac{1}{64}$，他认为至少有 3 对基因同时分离，共有 $3^3=27$ 种不同的基因型。其中 $R_1R_1R_2r_2r_3r_3$、$R_1R_1r_2r_2R_3r_3$、$r_1r_1R_2R_2R_3r_3$、$R_1r_1R_2R_2r_3r_3$、$R_1r_1r_2r_2R_3R_3$、$r_1r_1R_2r_2R_3R_3$、$R_1r_1R_2r_2R_3r_3$ 7 种基因型都应表现为“次深红色”，因为它们都只有 3 个 R 基因，其在$(1:2:1)^3$的分布中占有$\frac{2}{64}+\frac{2}{64}+\frac{2}{64}+\frac{2}{64}+\frac{2}{64}+\frac{2}{64}+\frac{8}{64}=\frac{20}{64}$的频率。同理，可预期基因型 $R_1R_1R_2R_2R_3R_3$ 具有 6 个 R 基因，因而与亲本有相同的红色，而 $r_1r_1r_2r_2r_3r_3$ 的表现型一定为白色，因为不具有任何 R 基因，这两种亲本的表现型各占$\frac{1}{64}$。

2. 多基因假说的要点　尼尔逊-埃尔(1909)总结了上述实验分析的结果，提出了数量性状遗传的多基因假说，此学说提出后被后人不断加以完善。多基因假说的要点概括如下：

(1)数量性状由许多对微效基因或多基因的联合效应所控制。

(2)多基因中的每一对基因对性状表现型所产生的效应是微小的。多基因不能予以个别辨认，只能按性状的整体表现一起研究。

(3)微效基因的效应并不完全相等,有些性状存在主效基因,但微效基因的效应是相加的,故多基因又可称为累加基因。

(4)微效基因之间往往缺乏显性。有时用大写拉丁字母表示增效,小写字母表示减效。

(5)微效基因对环境敏感,因而数量性状的表现容易受环境因素的影响而发生变化。微效基因的作用常常被整个基因型和环境的影响所掩盖,难以识别个别基因的作用。

(6)多基因往往有多效性。多基因一方面对于某一个数量性状起微效基因的作用,同时在其他性状上可以作为修饰基因(具有改变其他基因效果的基因)而起作用,使之成为其他基因表现的遗传背景。

(7)多基因与主效基因一样都处在细胞核的染色体上,并且具有分离、重组、连锁等行为。

(二)基因的非加性效应与杂种优势

数量性状的遗传同质量性状一样,都受基因的控制与环境的影响。基因对数量性状的效应可分为加性效应和非加性效应。

1. 加性效应　多基因假说指出:数量性状受许多对遗传效应微小的基因控制,这些基因共同作用于某一性状,虽然各自的效应可能不同,但具有累加的特性,基因对性状的这种累加的作用称为加性效应,又称为育种值。具体地说,就是控制某个数量性状的各个基因对该性状的共同效应是每个基因对该性状的单独效应的总和。

2. 非加性效应　基因之间存在显性作用和上位作用,它们产生非加性效应。基因的非加性效应以杂种优势的方式影响数量性状的表型值。

(1)显性效应　由等位基因之间相互作用产生的效应叫显性效应。例如,决定猪体长的基因中,A 的加性效应为 15 cm,a 的加性效应为 8 cm,则 $A_1A_1a_2a_2$ 的总长应是 46 cm,而 $A_1a_1A_2a_2$ 同样是两个 A 基因和两个 a 基因,其总的效应却可能是 56 cm,这多产生的 10 cm 效应是由于这两对基因杂合的结果,也就是由于 A_1 与 a_1、A_2 与 a_2 间的相互作用引起的,这就是显性效应。

(2)上位效应　由非等位基因之间相互作用产生的效应,称为上位效应。例如,A_1A_1 的效应是 30 cm,a_2a_2 的效应是 16 cm,而 $A_1A_1a_2a_2$ 的总效应却可能是 50 cm,这多产生的 4 cm 是由于这两对基因间的相互作用所引起的,这就是上位效应。

(3)杂种优势　虽然人类很早就知道杂种优势,而且现在已经广泛利用杂种优势,但迄今为止,对于杂种优势的认识尚无比较完善的理论。对杂种优势曾有过各种各样的解释,影响较大的是“显性假说”和“超显性假说”。

①显性假说　由布鲁斯(A. B. Bruce)等于 1910 年首先提出。显性假说认为:杂种优势是由于双亲的显性基因全部聚集在杂种中,显性基因在杂种中起互补作用,显性基因掩盖了不良(或低值)基因的作用。从一对等位基因之间的关系看,显性基因大多对生长发育有利,隐性基因则往往对生长发育有害。在杂种中,有利的显性基因遮掩了有害的隐性基因,一对杂合的基因与一对纯合的显性基因产生的遗传效果是相同的。由于决定数量性状的微效多基因之间又具有累加作用,杂合体就表现出比双亲优越。例如,5 对基因有差别的两个亲本杂交,假设每对隐性基因(如 aa 等)对性状发育的作用值为 1,每对显性基因(如 AA 等)和杂合基因(如 Aa 等)所产生的作用值都为 2,两个亲本杂交产生的杂种优势可以表示如下:

$$
\begin{array}{lccc}
P & AAbbCCDDee & \times & aaBBccddEE \\
 & 2+1+2+2+1 & \downarrow & 1+2+1+1+2 \\
 & =8 & & =7 \\
F_1 & & AaBbCcDdEe & \\
 & & 2+2+2+2+2 & \\
 & & =10 &
\end{array}
$$

②超显性假说　最初由肖尔(G. H. Shull)和伊斯特(E. M. East)分别提出。超显性假说认为:杂种优势来源于等位基因的异质结合,等位基因的异质结合能够引起基因之间的互作。这个假说认为产生杂种优势所涉及的等位基因之间没有显隐性的关系,在杂合体中,它们分别以不同的方式影响代谢,两者结合在一起往往优于纯合体。例如,一对等位基因 a_1 和 a_2 分别指导合成同一种酶,但各个基因指导合成的酶在代谢功能上有不同的特点:a_1 基因合成的酶活性强但不稳定,a_2 基因合成的酶活性弱但是稳定,a_1a_1 纯合体只有前一种酶,a_2a_2 纯合体只有后一种酶,它们的代谢强度都不高,而杂合体 a_1a_2 同时具有两种酶,既有活性强的又有稳定的,代谢强度高于两个亲本。如果假设每种基因对性状的作用值都是 1,纯合体(a_1a_1 或 a_2a_2)都分别只有一种基因,作用值都是 1,杂合体(a_1a_2)有两种基因,作用值就为 2。设某对亲本有 5 对基因的差异,杂合后产生的杂种优势可表示如下:

$$
\begin{array}{lccc}
P & a_1a_1b_1b_1c_1c_1d_1d_1e_1e_1 & \times & a_2a_2b_2b_2c_2c_2d_2d_2e_2e_2 \\
 & 1+1+1+1+1 & \downarrow & 1+1+1+1+1 \\
 & =5 & & =5 \\
F_1 & & a_1a_2b_1b_2c_1c_2d_1d_2e_1e_2 & \\
 & & 2+2+2+2+2 & \\
 & & =10 &
\end{array}
$$

显性假说和超显性假说都能对杂种优势做出解释,它们的侧重点不同,显性假说比较强调显性基因的累加和互补作用,而超显性假说则强调异质结合的等位基因之间的互作。这两种假说在解释杂种优势现象时是相辅相成的,不是对立的。需要补充的是,两个假说最初都忽略了细胞质基因的作用,强调了核质基因的互作。而近代的遗传研究表明,细胞质基因的作用和核质基因的互作效应一样在杂种优势形成中占有重要的位置,不可忽视。

关于杂种优势的遗传解释还有很多假说,人类还没有最终揭示杂种优势的秘密。

任务 4-3　数量性状的遗传参数

在研究数量性状遗传时,为了说明某种性状的特性以及不同性状之间的表型关系,常常用到畜群个体表型值的平均数、标准差、相关系数等,这些统称表型参数。以这些参数为基础再运用生物统计的方法估算与家畜育种密切相关的参数,这些统计常量(参数)叫遗传参数。常用的遗传参数有三个,即遗传力、重复力和遗传相关,其中遗传力是最常用、最重要的基本遗传参数。

一、遗传力

(一)遗传力的概念

遗传力是遗传方差在总表型方差中所占的比值。家畜性状的形成取决于两方面的因素,一是亲本的基因型，二是环境条件的影响。所以某性状的表型值是基因型和环境条件共同作用的结果。某性状的表型值的数以 P 表示；其中由基因型所决定的数值，称为基因型值，以 G 表示；环境条件引起的变异，叫环境偏差，用 E 表示。三者之间的数量关系可用公式：$P=G+E$ 表示。

如果用$\overline{P}$、$\overline{G}$、$\overline{E}$表示三者的平均数，那么就可以推算出各个方差的关系。

$$\frac{\sum(P-\overline{P})^2}{n}=\frac{\sum(G-\overline{G})^2}{n}+\frac{\sum(E-\overline{E})^2}{n}$$

$$V_P=V_G+V_E$$

V_P、V_G 和 V_E 分别表示表型方差（即总方差）、基因型方差（或遗传方差）和环境方差。表型方差包括由遗传作用引起的方差和由环境影响引起的方差，其中遗传方差占表型方差（总方差）的比值，称为广义遗传力，通常以百分比表示。

$$\text{广义遗传力}(h_{\mathrm{B}}^2)=\frac{\text{遗传方差}}{\text{总方差}}\times 100\%=\frac{V_{\mathrm{G}}}{V_{\mathrm{G}}+V_{\mathrm{E}}}\times 100\%$$

可见遗传方差占总方差的比重愈大，求得的遗传力数值也愈大，说明性状的变异受基因型影响较大，受环境的影响较小。一个性状的变异从亲代传递给子代的能力大时，亲本的性状在子代中将有较多的机会表现出来，而且容易根据表现型辨别其基因型，选择的效果就较大。反之，如果求得的遗传力的数值较小，说明环境条件对该性状的变异影响较大，也就是该性状的变异从亲代传递给子代的能力较小，对这种性状进行选择的效果较差。所以，遗传力的大小可以作为衡量亲代和子代之间遗传关系的标准。

从基因作用来分析，基因型方差可以进一步分解为三个组成部分：基因加性方差（育种值方差）V_{A}、显性方差 V_{D} 和上位性方差 V_{I}。基因加性方差是指等位基因间和非等位基因间的累加作用引起的变异量。显性方差是指等位基因间相互作用引起的变异量，而上位性方差是指非等位基因间的相互作用引起的变异量，后两部分的变异量又称为非加性的遗传方差。因此，基因型方差可以用下列公式表示：

$$V_G=V_{\mathrm{A}}+V_{\mathrm{D}}+V_{\mathrm{I}}$$

于是表型方差的公式可进一步写为：

$$V_P=(V_{\mathrm{A}}+V_{\mathrm{D}}+V_{\mathrm{I}})+V_E$$

基因加性方差是可固定的遗传变异量，它可在上、下代间传递，至于显性方差和上位性方差是不可固定的遗传变异量。因此，基因加性方差占表型总方差的比值，称为狭义遗传力，它表示性状的变异能够遗传给后代的能力。狭义遗传力的计算公式是：

$$\text{狭义遗传力}(h_{\mathrm{n}}^2)=\frac{V_{\mathrm{A}}}{V_P}=\frac{V_{\mathrm{A}}}{V_{\mathrm{A}}+V_{\mathrm{D}}+V_{\mathrm{I}}+V_E}$$

由于育种值方差在表型方差中是可遗传并能加以固定的部分，所以狭义遗传力具有重要意义，通常所指的遗传力就是狭义遗传力。

遗传力的估计值可用百分数或小数表示。如果遗传力等于 1，说明某性状在后代畜群中的变异完全是遗传造成的；相反，如果遗传力等于 0，则说明它完全不受遗传的影响。实际上，对于数量性状而言，这两种情况都是不存在的，所以遗传力的估计值总是介于 0～1 之间。

遗传力的估计值只能说明遗传与环境两类原因对造成后代群体性状变异的相对重要性，并不是该性状能遗传给后代个体的绝对值。若某性状的遗传力是 0.6，则表示该性状的变异有 60%是由育种值[是指种畜的种用价值，在数量遗传学中把决定数量性状的基因加性效应值定义为育种值(BV)]影响的，因此，这部分可以遗传给后代，有 40%是由环境差异造成的。根据遗传力的大小，可将遗传力大致分为 3 类：0.5 以上者为高遗传力；0.2～0.5 之间者为中等遗传力；0.2 以下者为低遗传力(表 4-2)。

表 4-2　家畜主要性状的遗传力

畜别	性状	h^2	畜别	性状	h^2
奶牛	产奶量	0.20～0.30	绵羊	胴体长	0.40～0.60
	乳脂率	0.50～0.60		乳头数	0.20～0.40
	乳蛋白率	0.45～0.55		体型评分	0.25～0.35
	饲料转化率	0.20～0.30		初生重	0.10～0.30
	乳房炎	0.20～0.30		断奶重	0.10～0.40
	体型评分	0.15～0.30		1 岁体重	0.30～0.40
肉牛	初生重	0.35～0.40		原毛重	0.30～0.40
	断奶重	0.25～0.30		净毛重	0.30～0.40
	胴体等级	0.35～0.45		净毛率	0.30～0.40
	瘦肉的嫩度	0.40～0.70		纤维细度	0.30～0.50
	围栏肥育增重效率	0.40～0.50	鸡	产蛋量	0.25
猪	产仔数	0.05～0.15		成鸡体重	0.55
	断奶每窝头数	0.05～0.15		仔鸡成活率	0.05
	断奶窝重	0.10～0.20		蛋重	0.55
	断奶头重	0.10～0.20		蛋型	0.25
	饲料转化率	0.30～0.50		产蛋率	0.10
	屠宰率	0.25～0.35		蛋壳厚度	0.25
	眼肌面积	0.40～0.50		肉用仔鸡 8 周龄重	0.45
	瘦肉率	0.48		开产日龄	0.28
	背膘厚度	0.40～0.60		受精率	0.1

(二)遗传力的计算

广义遗传力的估测对家畜生产和育种的指导意义不大，其估测方法很少采用，现主要介绍狭义遗传力的估测方法。狭义遗传力主要是通过亲属间的相关或回归系数来估计的。常用的资料有亲子资料和同胞资料。

(1)根据亲代和子代的资料估计遗传力　对于两个性别都能表现的性状，如家畜的体重、成活率、肥育效果等，可用子代均值(不计性别)对双亲均值的回归系数($b_{\overline{OP}}$)进行计算，公式为：

$$h^2 = b_{\overline{OP}}$$

即遗传力等于子代均值对双亲均值的回归系数。

如果子亲两代该性状的表型方差相同($\sigma_P^2 = \sigma_O^2$)，则子女对双亲均值的回归系数就等于子女与双亲均值的相关系数 $b_{\overline{OP}} = r_{\overline{OP}}$，这时遗传力就等于子代和亲代均值的相关系数，即

$$h^2 = r_{\overline{OP}}$$

对于一些限性性状，如家畜的产奶量、产仔数，家禽的产蛋量等，遗传力的计算公式为：

$$h^2 = 2b_{\overline{OP}}$$

即遗传力等于子代对一个亲本回归系数的2倍。

假如亲子两代的表型方差相同，$b_{\overline{OP}} = r_{\overline{OP}}$，这时

$$h^2 = 2r_{\overline{OP}}$$

即遗传力等于子代与一个亲本的相关系数的2倍。

对于限性性状，遗传力的估计常采用女母相关或女母回归。为消除公畜间的影响，一般采用公畜内女母相关或回归。当女儿群体某一性状的方差与母亲群体同一性状的方差相差很大时最好采用女母回归法，因为应用女母回归法可以免除采用女母相关所受到的选择影响。

(2)根据半同胞(是指由同父异母或异父同母所生的后代)或全同胞(是指由同父同母所生的后代)资料估测遗传力

①由半同胞相关估计遗传力　由于半同胞之间的协方差为$\frac{V_A}{4}$，所以半同胞组内相关系数是$r_{(HS)} = \frac{h^2}{4}$，因此估测遗传力的公式为：

$$h^2 = 4r_{(HS)}$$

即遗传力等于半同胞组内相关系数$r_{(HS)}$的4倍。

利用半同胞资料估计时，只需分别将属于一个亲本(多指公畜)的子女归为一组，计算出组内相关系数乘以4即得遗传力，半同胞组内相关系数的计算公式为：

$$r_{(HS)} = \frac{MS_n - MS_W}{MS_n + (n_o - 1)MS_W}$$

式中：MS_n为组间(或公畜间)均方；MS_W为组内(或公畜内)均方；n_o为各亲本(公畜)的加权平均子女数。

$$n_o = \frac{1}{S-1}\left(\sum n_i - \frac{\sum n_i^2}{\sum n_i}\right)$$

式中：S为亲本公畜数；n_i为第i头公畜的女儿数。

②由全同胞相关估计遗传力　由于全同胞之间的协方差为$\frac{V_A}{2}$，全同胞组内相关系数是$r_{(FS)} = \frac{h^2}{2}$，因此估测遗传力的公式为：

$$h^2 = 2r_{(FS)}$$

即遗传力等于全同胞组内相关系数$r_{(FS)}$的2倍。

(三)性状遗传力的应用

(1)预测选择效果　在选留种畜时，总是选表型值高的留种，留种个体超过畜群平均数有

一个差数,这个差数称为选择差(S)。但这一部分并不能全部遗传给后代,而是打一个折扣,这个折扣的大小受遗传力(h^2)影响,表示后代可能提高的部分称为选择反应(R),则 $R=Sh^2$,由此可以看出,选择差一定时,遗传力越高的性状选择效果越好。

(2)确定选种方法　由于遗传力反映的是性状变异遗传给后代的能力,因此遗传力高的性状,如屠体长、体高、奶牛乳脂率、猪的脊椎骨数、鸡蛋的重量等,采用个体表型选择就会收到好的效果。遗传力低的性状,如繁殖性状,则采用家系选择,或结合家系内选择效果较好。家系选择就是以家系为单位,根据其平均值高低进行选择;家系内选择是在每个家系内选择表型值高的个体留种。

(3)确定繁育方法　遗传力高的性状采用本品种选育的方法能得到改良和提高,而遗传力低的性状采用杂交方法能得到较好的改良效果或能得到较大的杂种优势。

(4)估计种畜的育种值　在育种工作中,根据育种值的高低选留种畜是最有效的,但育种值不能直接度量,需要根据种畜个体或其亲属的表型资料和遗传力来进行估计。遗传力是估计种畜育种值的重要参数。

(5)制订综合选择指数　在选种时,往往同时考虑两个以上数量性状的选择,这时就要把所选性状综合成一个指数,而这个指数的确定需要考虑选种目标、性状的经济重要性和遗传力的大小,因此遗传力也是确定综合选择指数的一种重要参数。

二、重复力

(一)重复力的概念

家畜的某些性状,如绵羊的剪毛量、奶牛的产奶量、猪的产仔数等,在家畜一生中可以进行多次度量。一般来说,度量的次数越多越能反映个体真实的生产性能。例如,根据奶牛 4~5 个泌乳期记录选种,要比仅根据一个泌乳期的记录更为可靠。但依据多次度量资料来选种,不仅延长选种时间,而且可靠程度的提高并不与度量次数成正比。那么究竟度量多少次才算合适?这就需要有一个标准来衡量某个性状各次度量之间的相关程度。这个标准就是同一个体同一性状多次记录(度量值)之间的重复程度,称为重复力或重复率。

重复力在统计学上的意义是同一个体同一性状不同次生产记录的组内相关系数,它是以个体间方差为组间方差,以个体内方差为组内方差的组内相关系数,一般记为 r_e:

$$r_e=\frac{\sigma_B^2}{\sigma_B^2+\sigma_W^2}$$

式中:σ_B^2 为组间方差;σ_W^2 为组内方差。

从遗传的角度来看,一个性状多次度量值之间的差异,主要是由环境差异造成,特别是由暂时性环境差异造成,因此重复力的遗传学含义就是表型方差中遗传方差和一般环境方差(V_{Eg})所占的比例:

$$r_e=\frac{V_G+V_{Eg}}{V_P}$$

这个公式揭示了重复力的实质,即在同一个体的多次度量中永久性的或一般环境效应是一个常量，而特殊环境效应在多次度量中是一个随机变量，且服从 $N(0,\sigma^2)$分布。由此式可以看出，当总的表型方差中特殊环境方差(V_{E_s})大时，相对的 $V_G+V_{E_g}$ 就小，重复力就低；反之，特殊环境方差小，总方差中 $V_G+V_{E_s}$ 的部分就大，重复力就高。

重复力的最大值为 1，最小值为 0，通常情况下介于 0～1 之间，一般来说 $r_e \geqslant 0.60$ 称为高重复力，$0.30 \leqslant r_e < 0.60$ 称为中等重复力，$r_e < 0.30$ 称为低重复力。

(二)重复力的测定

测定重复力的方法就是利用组内相关法计算组内相关系数。同一个体不同记录之间的组内相关系数就是重复力，设有 k 头牲畜，每头牲畜有 n 次记录，则可以列出方差分析表，如表 4-3 所示。

表 4-3 测定重复力的方差分析表

变因	自由度	平方和	均方	均方结构
个体间	$k-1$	$SS_n = n\sum_i (x_i - x)^2$	MS_B	$\sigma_W^2 + n\sigma_B^2$
个体内	$k(n-1)$	$SS_W = \sum_i \sum_i (x_{ij} - x_i)^2$	MS_W	σ_W^2
总计	$kn-1$	$SS_T = \sum_i^{nk} (x_{ij} - x)^2$	V_P	$\sigma_W^2 + \frac{(k-1)n}{kn-1}\sigma_B^2$

按照组内相关系数的定义，这时的组间方差就是个体间方差，组内方差就是个体内度量间方差，所以利用公式即可计算重复力，但这个式子不能直接应用。若以 MS_B 代表个体间均方，MS_W 代表个体内度量间均方，n 为度量次数，则用下式计算较方便。

$$r_e = \frac{MS_B - MS_W}{MS_B + (n-1)MS_W}$$

若各个体度量次数不等，如第一个体有 n_1 次记录，第二个体有 n_2 次记录等，可将加权均数 n_o 代入，n_o 由下式估计：

$$n_o = \frac{1}{k-1}\left(\sum n_i - \frac{\sum n_i^2}{n_i}\right)$$

如果不同次度量值之间没有相关，即 $\sigma_B^2 \ll \sigma_W^2$，重复力就接近于 0 或等于 0；如果每次度量值之间的相关程度很高，重复力就很大，当每次记录值都一样时，重复力就等于 1。通常单胎动物的产仔数重复力就认为是 1，事实上重复力等于 1 时，这个指标已没有太大意义。一般是在度量次数有两次以上，而且每次多少有些不同的情况下，重复力才具有它的参数意义。有些性状一生中只有一次记录，如屠宰率、鸡的开产日龄等这样的性状就不存在重复力。家畜常见性状的重复力见表 4-4。

重复力是一个参数而不是一个常数，由于它受到遗传方差、一般环境方差和特殊环境方差的影响，所以同一性状在不同的群体中甚至同一群体在不同的时间测量其重复力都是有差异的。因而特定条件下测定的重复力，只能反映特定条件下的情况。但重复力作为统计量它确实反映了性状的属性，反映了同一性状不同次度量值之间的相关程度，因此重复力作为一种重要的遗传参数在估计畜禽将来或一生的生产力以及种畜评定等方面具有重要的意义。

表 4-4　家畜某些性状的重复力

畜别	性状	重复力	畜别	性状	重复力
奶牛	干乳期	0.28	猪	产仔数	0.16
				初生窝重	0.28
	乳脂率	0.80		断奶窝重	0.24
				泌乳力	0.21
	泌乳量	0.40	绵羊	粗毛重	0.60
	乳的非脂乳固体	0.76		每窝产仔数	0.13
	鉴定分数	0.56		初生重	0.32
				断奶重	0.43
	乳房大小和形状	0.34		1岁体重	0.73

(三)重复力的应用

(1)确定性状的度量次数　一个性状的重复力,反映该性状多次度量间的相关程度。因此,重复力高的性状,少数几次度量的资料就可作为选种的依据,重复力越低的性状,精确度随度量次数的增加而增加,接近最大精度所需要的度量次数就多。当 $r_e=0.9$ 时,度量一次即可;$r_e=0.7\sim0.8$ 时,需度量 2～3 次;$r_e=0.5\sim0.6$ 时,需度量 4～5 次;$r_e=0.3\sim0.4$ 时,需度量 6～7 次;当 $r_e=0.1\sim0.2$ 时,需度量 8～9 次。

(2)估计个体的可能生产力　重复力是表示家畜性状做多次测定时,该性状能够重复的程度。因此,可用它估计个体的"可能生产力",作为选留或淘汰家畜的参考。估计公式为:

$$P_X=\frac{n\cdot r_e}{1+(n-1)\cdot r_e}(\overline{P}_n-\overline{P})+\overline{P}$$

式中:P_X 为个体 X 的"可能生产力";n 为度量次数;r_e为性状的重复力;$\overline{P}_n$为个体 X 的 n 次度量的平均值;$\overline{P}$为畜群平均值。式中$\frac{n\cdot r_e}{1+(n-1)\cdot r_e}$称为 n 次均值的重复力 $r_e(n)$。

(3)用于评定家畜育种值　在评定家畜育种值时,重复力是个不可缺少的参数,具体应用在任务 5-4 中介绍。

(4)用于验证遗传力估计的正确性　由重复力估计的原理可知,重复力的大小取决于基因型效应和一般环境效应,这两部分之和必然高于基因的加性效应,因而重复力是同一性状遗传力的上限。另外,计算重复力的方法比较简单,而且估计误差比相同性状遗传力的估计误差要小,故估计更为准确。因此,如果遗传力估计值高于同一性状的重复力估计值,则说明遗传力估计有误。

三、遗传相关

(一)遗传相关的概念

家畜作为一个有机整体,它的各种性状之间必然存在着内在的联系,这种联系的程度称为性状间的相关,用相关系数来表示。造成这一相关的原因很多而且十分复杂。一般可将这些原因区分为遗传原因和环境原因。所以性状间的表型相关同样可剖分为遗传相关和环境相关两部分。群体中各个体两性状(x、y)间的相关称表型相关(用 $r_{P(xy)}$ 表示),两个性状基因型值(育种值)之间的相关叫遗传相关(用 $r_{A(xy)}$ 表示),两个性状环境效应或剩余值之间的相关叫环境相关(用 $r_{E(xy)}$ 表示)。按照数量遗传学的研究,性状的表型相关、遗传相关、环境相关的关系如下:

$$r_{P(xy)}=h_xh_yr_{A(xy)}+e_xe_yr_{E(xy)}$$

式中:$e_x=\sqrt{1-h_x^2}$;$e_y=\sqrt{1-h_y^2}$。

可见,表型相关并不等于两个相状的遗传相关和环境相关之和。如果两性状遗传力低,则表型相关主要取决于环境相关;反之,两性状的遗传力高,则表型相关主要取决于遗传相关。然而实际上造成表型相关的这两种原因间的差异是非常大的,有时甚至一个是正相关,一个是负相关。例如,Dickerson(1957)估计了鸡只体重与产蛋量的遗传相关 $r_A=-0.16$,环境相关 $r_E=0.18$,表型相关 $r_P=0.09$。从遗传的角度来看,母鸡体重大则产蛋量少,表现为负相关;反之,从环境的角度看,如饲养管理条件好,体重大的母鸡产蛋量高,表现为正相关。因此,估计出性状间的遗传相关,可以透过性状表型相关这一表面现象看到实质上的遗传关系,从而提高实际育种工作的效率。

从育种角度来看,重要的是遗传相关,因为只有这部分是遗传的。表 4-5 列出了部分家畜的一些经济性状的相关系数。

表 4-5　数量性状相关系数

畜别	相关性状	$r_{P(xy)}$	$r_{A(xy)}$	$r_{E(xy)}$
牛	产奶量与乳脂量	0.93	0.85	0.96
	产奶量与乳脂率	−0.14	−0.20	−0.10
	乳脂量与乳脂率	0.23	0.36	0.22
猪	体长与背膘厚	−0.24	−0.47	−0.01
	生长速度与饲料利用率	−0.84	−0.96	−0.50
	背膘厚与饲料利用率	0.31	0.28	0.32
绵羊	毛重与毛长	0.30	−0.02	0.17
	毛重与每英寸* 卷曲数	−0.21	−0.56	0.16
	毛重与体重	0.36	−0.11	0.05
鸡	体重(18 周龄)与产蛋量(72 周龄)	0.09	−0.16	0.18
	体重(18 周龄)与蛋重	0.16	0.50	−0.05
	体重(18 周龄)与开产日龄	−0.30	0.29	−0.50

* 英寸为非法定计量单位,1 英寸=2.54 cm。

(二)性状间遗传相关系数的估计

主要有两种方法:一是通过亲子两代的资料来估计;二是利用同胞的资料来估计。由于遗传相关系数的估计牵涉两个性状、两代的表现,因而计算起来比较复杂;它的计算要用到协方差的分析方法。下面介绍利用半同胞资料估计遗传相关系数的方法,计算公式是:

$$r_{A(xy)}=\frac{COV_{B(xy)}}{\sqrt{\partial^2_{B(x)_2}\times\partial^2_{B(y)_2}}}$$

式中：$COV_{B(xy)}$ 为 x 与 y 性状的组间协方差；$\partial^2_{B(x)}$ 为 x 性状的组间方差，$\partial^2_{B(y)}$ 为 y 性状的组间方差。

为了计算方便，上式可进一步简化为：

$$r_{A(xy)}=\frac{MP_{B(xy)}-MP_{W(xy)}}{\sqrt{MS_{B(x)}-MS_{W(x)}(MS_{B(y)}-MS_{W(y)})}}$$

式中：$MP_{B(xy)}$ 为组间均积，即 x 和 y 性状的组间乘积和除以组间自由度；$MP_{W(xy)}$ 为组内均积，即 x 和 y 性状的组内乘积和除以组内自由度；$MS_{B(x)}$ 为 x 性状的组间均方；$MS_{W(x)}$ 为 x 性状的组内均方；$MS_{B(y)}$ 为 y 性状的组间均方；$MS_{W(y)}$ 为 y 性状的组内均方。

计算步骤如下：

第一步，按家系整理 x、y 两性状的度量值；

第二步，分别计算 $\sum x$、$\sum y$、$\sum x^2$、$\sum y^2$、$\sum xy$ 和 C_x、C_y、C_{xy} $\left(C_x=\frac{(\sum x)^2}{n}, C_y=\frac{(\sum y)^2}{n}, C_{xy}=\frac{\sum x\sum y}{n}\right)$；

第三步，计算平方和、乘积和、自由度：

$$SS_{B(x)}=\sum C_x-\frac{(\sum\sum x)^2}{\sum n}, SS_{W(x)}=\sum\sum x^2-\sum C_x$$

$$SS_{B(y)}=\sum C_y-\frac{(\sum\sum y)^2}{\sum n}, SS_{W(y)}=\sum\sum y^2-\sum C_y$$

$$SP_{B(xy)}=\sum C_{xy}-\frac{\sum\sum x\cdot\sum\sum y}{\sum n}, SP_{W(xy)}=\sum\sum xy-\sum C_{xy}$$

第四步，将以上数据代入下列公式，即可计算 $r_{A(xy)}$。

$$r_{A(xy)}=\frac{df_W SP_{B(xy)}-df_B SP_{W(xy)}}{\sqrt{(df_W SS_{B(x)}-df_B SS_{W(x)})(df_W SS_{B(y)}-df_B SS_{W(y)})}}$$

（三）遗传相关的应用

性状间的遗传相关系数，主要用于下列几个方面：

(1)进行间接选择，提高选种效果。

①利用容易度量的性状与不易度量的性状间的遗传相关进行间接选择。例如，利用猪的日增重（易度量）与饲料利用率（不易度量）的强相关选择日增重大的猪留种，提高后代猪群的饲料利用率。

②利用高遗传力性状与低遗传力性状的遗传相关进行间接选择。对遗传力低的性状直接

选择是难以收到遗传效果的，但是，通过选择遗传力较高的性状来改进遗传力较低的性状还是可能的。例如，鸡的 8 周龄体重（遗传力较高）与 450 日龄产蛋量（遗传力较低）呈正相关，因而可通过选择 8 周龄体重大的鸡留种，提高后代鸡群 450 日龄产蛋量。

③探索幼畜某些性状与成畜主要经济性状的遗传相关，以此作为早期选种的依据。如猪的初生重与断奶后平均日增重呈正相关，在仔猪刚生下来时，即可选择初生重大的个体留种，以期提高后代猪群的断奶后平均日增重。目前重点研究血型、酶型、血清蛋白型等性状，试图通过这些性状，利用间接选择达到早期选种的目的。

（2）比较不同环境下的选择结果　遗传相关可用于比较不同环境条件下的选择效果。我们可以把同一性状在不同环境下的表现作为不同的性状看待。这就为解决育种工作中的一个重要实际问题提供了理论依据，即在条件优良的种畜场选育的优良品种，推广到条件较差的其他生产场如何保持其优良特性的问题。

（3）可用于制订综合选择指数　在制订一个合理的综合选择指数时，需要研究性状间遗传相关。如果两个性状间呈负的遗传相关，要想通过单性状选择达到育种目标，就较难得到预期效果。

【拓展知识】

动物质量性状遗传

一、质量性状的概念

质量性状是指同一种性状的不同表现型之间不存在连续性的数量变化，而呈现质的中断性变化的那些性状。它由少数起决定作用的遗传基因所支配，如角的有无、毛色、血型、遗传缺陷等都属于质量性状。

质量性状的基本特征如下：

（1）多由一对或少数几对基因所决定，每对基因都在表型上有明显的可见效应；

（2）其变异在群体内的分布是间断的，即使出现不完全显性杂合体的中间类型也可以区别归类；

（3）性状一般可以描述，而不是度量；

（4）遗传关系较简单，一般服从三大遗传定律；

（5）遗传效应稳定，受环境因素影响小。

质量性状中有些是重要的经济性状，特别是毛皮用畜禽，另外遗传缺陷的剔除，品种特征如毛色、角型的均一，遗传标记如血型、酶型、蛋白类型的利用，都涉及质量性状的选择改良。数量性状的主基因具有质量性状基因的特征，在鉴别和分析方法上也采用质量性状基因分析的方法，因此质量性状对育种工作具有重要的科学意义。

二、质量性状的类型

动物的许多重要性状属于质量性状，在畜禽生产中有应用价值的性状受到育种者的高度重视。

(一)表征性状

动物许多外貌特征,诸如毛色、角的有无、鸡的冠型、皮肤颜色和蛋壳颜色等,均是典型的质量性状。这类性状在育种中的作用主要是反映品种(系)的特征,并为选育新品系提供依据。

(二)血型和血液蛋白多态性

动物的血型包括红细胞抗原因子和白细胞抗原因子,两类血型都具有丰富的遗传多态性。此外,动物的许多血液蛋白质和酶也具有遗传多态性。应用血型和血液蛋白多态性可以进行动物群体内遗传变异和动物群体间的遗传距离等多项重要的遗传分析工作。

(三)遗传缺陷

遗传缺陷在各种家畜中都存在,遗传缺陷主要是由隐性有害基因导致。隐性有害基因的纯合个体均表现出明显的症状,有的表现为形态学、解剖学或组织学上的缺陷;有的遗传缺陷表现出生理学上的代谢功能障碍;有的生活力低,易感染某些疾病;更严重的遗传缺陷可导致妊娠期胎儿死亡或出生后不久死亡。因此,遗传缺陷是对动物生产危害性很大的一类质量性状。

(四)伴性性状

在性染色体上,除了决定性别的基因外,还携带着一些控制性状的基因。由性染色体非同源部分携带的基因所决定的性状称为伴性性状,这些性状的遗传与性别有关。迄今发现的伴性性状均属于质量性状,利用伴性遗传的原理,可培育雌雄自别品系,大大提高性别鉴定的准确性和工作效率。

【自测训练】

一、名词解释

数量性状　遗传力　加性效应　显性效应　上位效应　狭义遗传力　重复力　遗传相关

二、问答题

1. 什么叫质量性状和数量性状？它们的区别在哪里？
2. 质量性状与数量性状的研究方法有什么区别？
3. 什么是多基因假说？
4. 何谓遗传参数？主要的遗传参数有哪些？这些遗传参数在畜禽育种实践中有何用处？

三、技能训练题

一个特定品种的两个完全成熟的个体,体长分别为 30 cm 和 150 cm,已知它们是数量性状的极端表现型,试问:

(1)如果只在单一的环境下做实验,如何判断体长是受环境因素决定还是遗传因素决定?

(2)如果是遗传的原因,如何测定与这个性状有关的基因对数?

单元2　畜禽育种技术

项目 5　选种技术

【知识目标】

1. 了解家畜的生长发育规律，掌握不同生产用途家畜的体质外形特点；
2. 了解评定畜禽生产力的主要指标，掌握选种的概念和选种的方法；
3. 掌握质量性状和数量性状选择的原理；
4. 掌握生产力评定、系谱鉴定、同胞测定和后裔测定的方法。

【能力目标】

1. 能根据畜禽的外形特点鉴定其生产用途；
2. 能编制系谱和进行系谱鉴定；
3. 能将常用的选种方法应用到生产中；
4. 会制订综合选择指数和估计育种值。

【学习任务】

选种是畜禽育种工作的基础，研究探索畜禽育种新方法、新技术，筛选适宜推广的杂交改良模式，最大限度地利用畜禽杂种优势，是全面提高养殖业经济效益的一条重要途径。

近几年来，育种工作者在猪、鸡生产方面广泛采用建立专门化品系、合成系育种，促进了猪、鸡生产水平的迅速提高。

任务 5-1　选种的原理

选种是畜禽育种工作的主要手段和基本技术措施。选种就是从畜禽群体中选出符合育种目标的优良个体留作种用，同时淘汰不良个体。选种的目的在于增加群体中某些优良基因型频率，定向改变群体的遗传结构，从而提高原有群体的性能水平或在原有群体基础上创造出新的类型。

选种包括对种公畜禽、种母畜禽的选择。俗语说："公畜好，好一坡；母畜好，好一窝"。种公畜禽的需要量较母畜禽少，但对群体影响较大，选好种公畜禽对提高畜禽群体质量具有特别重要的意义。同样也不能忽视对种母畜禽的选择，因为种母畜禽与种公畜禽对其后代的遗传影响是同等的。

一、质量性状的选择

畜禽的毛色、角型、耳型、血型及遗传缺陷都属于质量性状。对于质量性状的选择，首先要了解它的遗传规律。这类性状大部分是由1～2对主基因控制的。选种的关键在于通过测交来判定质量性状的基因型是纯合体还是杂合体。

质量性状是指个体间没有明显量的区别而表现非连续性变异，各变异类型间存在明显区别，能够直接加以描述的性状。质量性状的遗传是由一对或几对基因控制的，其表现型受环境影响不大。控制质量性状的基因一般都有显隐性之分，对显性基因和隐性基因可采取不同的选择方法；少数质量性状的基因表现为不完全显性，可以根据表现型直接判断基因型并进行选择。

(一)隐性性状的选择

以一对等位基因为例，当基因的外显率为100%时，选择隐性基因(淘汰显性基因)是非常方便的。选择表现型是隐性性状的个体就意味着保留了等位基因中的隐性基因，淘汰表现型是显性性状的个体，就意味着消除了等位基因中的显性基因。

例如，在一个大的随机交配的群体中，某一对相对性状，其等位基因为A和a，A对a为完全显性。基因型为AA、Aa和aa，AA和Aa的表型相同，都表现为显性性状。根据表型选择，淘汰显性个体和杂合体，保留全部隐性纯合个体。设淘汰率为S，则留种率为$1-S$，经过一个世代的选择后，基因频率变化情况见表5-1。

表5-1　选择隐性基因、淘汰显性基因时，后代基因频率的变化

等位基因	A		a
在大群体中的频率	p_0		q_0
由这对基因构成的基因型	AA	Aa	aa
基因型频率	$D=p_0^2$	$H=2p_0q_0$	$R=q_0^2$
淘汰率	S	S	0
留种率	$1-S$	$1-S$	1
选择后基因型频率	$D_1=\dfrac{p_0^2(1-S)}{1-S(1-q_0^2)}$	$H_1=\dfrac{2p_0q_0(1-S)}{1-S(1-q_0^2)}$	$R_1=\dfrac{q_0^2}{1-S(1-q_0^2)}$

经过一代的选择后，隐性基因频率q_1为：

$$q_1=\frac{1}{2}H_1+R_1=\frac{q_0-S(q_0-q_0^2)}{1-S(1-q_0^2)}$$

若$S=0$，则$q_1=q_0$，此时群体处于自然平衡状态；若$S=1$，则$q_1=1$，即当显性个体淘汰率达到1时，没有突变发生且基因的外显率为100%，只要经过一代选择，下一代隐性基因的频率就可以达到1。所以选择隐性基因是比较容易的，选择进展很快。

(二)显性基因的选择

当选择显性基因时，利用显隐性状来区别个体的表现型和基因型就不够了。具有显性基因的个体都表现显性性状，这时单纯选择显性个体留种，后代还会分离出隐性个体来。所以，在选择显性基因时，关键是如何区别显性纯合体和杂合体，其主要方法就是利用测交或回交。

测交是用已知基因型个体与未知基因型的被测异性个体交配，根据所生后代的表现型来判断被测个体是纯合体还是杂合体的一种方法。被测个体一般为种公畜。

1. 被测公畜与隐性纯合体母畜交配 以绵羊的毛色为例，绵羊的白毛色对黑毛色表现显性。白毛纯合体公羊（AA）与黑毛母羊（aa）交配，其后代全是白毛羊。如果让杂合体公羊（Aa）与黑毛母羊（aa）交配，其后代则一半是白毛羊，一半是黑毛羊，二者在群体中的比例是1∶1。由于绵羊每胎产羔数少，后代表现白毛或黑毛的概率为1/2。如果产出的是黑毛羊，即可确定该公羊为杂合体；如果产出的是白毛羊，则不能判定该公羊是白毛纯合体，再产下一胎均为白毛羊，仍不能判定该公羊是白毛纯合体。

在育种实践中，判断个体基因型是否纯合的概率标准通常有两种水平，一种是5%的概率水平，另一种是1%的概率水平。

$$5\%\text{ 水平}\quad \left(\frac{1}{2}\right)^n \leqslant 5\% \qquad n=5$$

$$1\%\text{ 水平}\quad \left(\frac{1}{2}\right)^n \leqslant 1\% \qquad n=7$$

即该公羊与黑毛母羊交配如果连续产下5只白毛羊，因其出现的概率小于5%，就有95%的把握判定该公羊是白毛纯合体；若该公羊与黑毛母羊交配连续产下7只白毛羊，因其出现的概率小于1%，就有99%的把握判定该公羊是白毛纯合体。但是，如果以后产生的后代中出现了黑毛羊，仍可以证明该公羊是杂合体。

2. 被测公畜与已知为杂合体的母畜交配 如果让杂合体公羊（Aa）与杂合体母羊（Aa）交配，其后代表现白毛的概率为3/4。

$$5\%\text{ 水平}\quad \left(\frac{3}{4}\right)^n \leqslant 5\% \qquad n=11$$

$$1\%\text{ 水平}\quad \left(\frac{3}{4}\right)^n \leqslant 1\% \qquad n=16$$

即该公羊与白毛母羊交配如果连续产下11只白毛羊，因其出现的概率小于5%，就有95%的把握判定该公羊是白毛纯合体；若该公羊与白毛母羊交配连续产下16只白毛羊，因其出现的概率小于1%，就有99%的把握判定该公羊是白毛纯合体。

3. 被测公畜与其女儿或与另一已知为杂合子公畜未经选择的女儿交配 设被测公畜为杂合子，与配母畜中显性纯合子的比例为D，杂合子比例为H，后代数为n，后代表现显性的概率为P，则：

$$P=\left(D+\frac{3}{4}\times H\right)^n$$

若与配母畜显性纯合子与杂合子各半，即$D=\frac{1}{2}$，$H=\frac{1}{2}$；则：

$$P=\left(\frac{1}{2}+\frac{3}{4}\times\frac{1}{2}\right)^n=\left(\frac{7}{8}\right)^n$$

当$P\leqslant 0.05$时，$n\geqslant 23$，就是说所生23个后代均表现显性，就有95%的把握判定被测个体为显性纯合子。若是单胎动物，被测公畜至少要与23个符合条件的母畜交配。当$P\leqslant 0.01$时，$n\geqslant 35$，就是说所生35个后代均表现显性，就有99%的把握判定被测个体为显性纯合子。若是单胎动物，被测公畜至少要与35个符合条件的母畜交配。这种方法的优点是可以测定该公畜可能携带的全部有害隐性基因，缺点是容易造成较高的近交系数(25%)，且所需女儿数量较大，单胎家畜难以办到。表5-2列出了单胎家畜各种测交所需最少与配母畜数。

表5-2　单胎家畜测交所需最少与配母畜数

测交类型	最少与配母畜数	
	$P=0.05$	$P=0.01$
与隐性纯合子个体交配	5	7
与已知为杂合子的个体交配	11	16
与另一已知为杂合子公畜的未经选择的女儿交配	23	35
与未经选择的女儿交配	23	35

4. 被测公畜与其未经选择的半姐妹交配　这样可测定该公畜是否携带从它父亲或其他共同祖先那里继承的任何隐性基因。但这种测交方法并不能测定这头公畜可能由另一亲本所得的隐性基因。这种交配所产生的后代近交系数为12.5%。进行测定所需的配偶数和后代数与父亲和女儿交配时的相同。

5. 被测公畜与其全同胞交配　可测定来自双亲的任何隐性基因，这需要有足够数目的全同胞姐妹(23～35个)，牛、马就很难做到，而猪则有可能有这么多同胞(重复选配5～7个胎次)。

(三)对杂合子的选择

有时需选留杂合子个体，因为杂合子具有更好的经济价值或更好的适应性，例如：镰形贫血隐性纯合子幼年死亡，显性纯合子对疟疾的抵抗力低，杂合子适应性强；卡拉库尔羊银灰色羔皮较名贵，其显性纯合子有致死性，只能选留杂合子。仍以一对基因为例加以阐述，见表5-3。

表5-3　选留杂合子的基因频率变化

等位基因	A		a
在大群体中的频率	p_0		q_0
由这对基因构成的基因型	AA	Aa	aa
基因型频率	$D=p_0^2$	$H=2p_0q_0$	$R=q_0^2$
淘汰率	S_1	0	S_2
留种率	$1-S_1$	1	$1-S_2$
选择后基因型频率	$D_1=\frac{p_0^2(1-S_1)}{1-S_1p_0^2-S_2q_0^2}$	$H_1=\frac{2p_0q_0}{1-S_1p_0^2-S_2q_0^2}$	$R_1=\frac{q_0^2(1-S_2)}{1-S_1p_0^2-S_2q_0^2}$

经过一代选择后，隐性基因 a 的频率 q_1 为：

$$q_1 = \frac{1}{2}H_1 + R_1 = \frac{p_0 q_0 + q_0^2(1 - S_2)}{1 - S_1 p_0^2 - S_2 q_0^2} = \frac{q_0(1 - S_2 q_0)}{1 - S_1 p_0^2 - S_2 q_0^2}$$

若 $\Delta q = q_1 - q_0 = 0$，即 $\frac{q_0(1-S_2 q_0)}{1-S_1 p_0^2 - S_2 q_0^2} - q_0 = \frac{p_0 q_0(S_1 p_0 - S_2 q_0)}{1-S_1 p_0^2 - S_2 q_0^2} = 0$ 时，群体处于平衡状态（$S_1 p_0 = S_2 q_0$），平衡时基因频率为：

$$q = \frac{S_1}{S_1 + S_2}, p = \frac{S_2}{S_1 + S_2}$$

基因频率总是向着中间趋于平衡，使两个等位基因都保存在群体中不消失。即当显性纯合子的淘汰率与显性基因频率之积，等于隐性纯合子的淘汰率与隐性基因频率之积时，群体基因频率达到平衡。在选择作用下，群体何时达到新的平衡，与群体初始频率无关，完全决定于两种纯合子的淘汰率。

（四）伴性基因的选择

遗传学研究表明，绝大多数的伴性基因仅被携带在一条性染色体上，即哺乳动物的 X 染色体或鸟类的 Z 染色体上，而且伴性基因所决定的多是表型等级分明的质量性状。因此，对某一伴性基因的判别和选择，主要通过对个体的表型辨别来实现。

在鸡的 Z 染色体上有着丰富的伴性基因，目前已经研究清楚的伴性基因包括：头纹基因（Ko-ko）、真皮黑色素基因（Id-id）、芦花羽色基因（B-b）、眼色基因（Br-br）、出壳白-棕羽色基因（Li-li）、银-金羽色基因（S-s）、慢-快羽基因（K-k）、肝坏死基因（N-n）、矮小基因（Dw-dw）和无翅基因（Wl-wl）等。上述伴性基因之间均表现为显隐性遗传方式，因此不同性染色体组合类型，即 ZZ 和 ZW 在决定鸡个体性别时，Z 染色体上携带的伴性基因也随性别表现出特殊的遗传规律。在育种上常将伴性性状用于雏禽雌雄鉴别或其他用途。

1. 利用矮小基因（dw）进行选择　dw 基因是一种矮小基因。研究证明，其分子基础是由生长激素受体基因的缺陷所造成的。dw 基因能引起甲状腺功能降低，使鸡的体型变小，维持需要降低，但生产性能比正常体型鸡下降不多，甚至在有些方面有所改进，如产蛋性能好、饲料转化率高、死亡率低、种蛋的孵化率高等。此外，因矮小型鸡体型小，占用鸡舍面积小，所以可以适当加大饲养密度，降低饲养成本。还由于 dw 为一隐性伴性基因，位于 Z 染色体上，当纯合的矮小型公鸡与正常体型的母鸡交配时，可以按体型鉴别雌雄，减少饲养公鸡的饲养成本（图 5-1）。

P	♂：$Z^{dw}Z^{dw}$ （矮小型公鸡）	×	♀：$Z^{Dw}W$ （正常型母鸡）
F_1	♂：$Z^{Dw}Z^{dw}$ （正常型公鸡）		♀：$Z^{dw}W$ （矮小型母鸡）

图 5-1　矮小基因交配模式

研究发现，dw 基因为主效基因，它既具有质量性状的基因特性，又具有数量性状的基因特性，有很高的经济适用性。目前，矮小型家鸡品系培育已经应用于生产实践中，培育矮小型品系可以采用适当的交配组合使 dw 基因在公母鸡中都达到纯合。当纯合的矮小型公母鸡出现后，即可进行纯种繁育，在群体内选优去劣，扩大种群数量，经过几代选种扩群后，就能培育出矮小型品系。

2. 利用羽色基因进行选择　羽毛颜色的伴性基因，目前除芦花鸡中由横斑基因(B)控制的芦花性状和由非横斑基因(b)控制的非芦花性状这一对显隐性基因之外，广泛用于自别雌雄的羽色伴性基因还有金色基因(s)和银白色基因(S)。如海蓝褐是褐壳蛋用鸡，其父母代公鸡羽毛是红褐色，母鸡是白色；在商品代，雄雏绒毛是淡黄色，雌雏绒毛是黄褐色，能够自别雌雄。山东省家禽科学研究所从济南花鸡中选出浅花与红花两个伴性基因，利用红花公鸡与浅花母鸡交配，后代雄雏为白色，雌雏为红色。

二、数量性状的选择

(一)选择的指标

1. 选择差　指留种群均值与大群均值之差，表示被选留个体所具有的表型优势。选择差的大小受两个因素的影响：一是畜群的留种率；二是性状的变异程度——标准差。

2. 留种率　指留种个体数与全群总数之比：

$$留种率=\frac{留种个体数}{全群总数}\times 100\%$$

在性状表型值呈正态分布的情况下，留种率与选择差成反比，即留种的家畜越多，选择差越小。

3. 选择强度　不同性状间由于度量单位和标准差的不同，其选择差之间不能相互比较。为了便于比较，可以各自的标准差为单位，将选择差标准化，标准化的选择差称为选择强度(i)。

$$i=\frac{S}{\sigma_P}$$

式中：i 为选择强度；S 为选择差；σ_P 为所测定性状的表型标准差。

选择强度可利用正态分布原理，从留种率得到估计：

$$i=\frac{Z}{Q}$$

式中：Z 为正态分布截点处纵高；Q 为截点右侧正态曲线下面积，即留种率。

也可由留种率通过查表得到选择强度(表 5-4)。

表 5-4　通过留种率确定选择强度

留种率 Q/%	90	80	70	60	50	40	30	20	10	1
选择强度 i	0.195	0.350	0.498	0.645	0.798	0.967	1.162	1.402	1.758	2.640

4. 选择反应　指通过人工选择，在一定时间内使性状向育种目标方向改进的程度，用 R 表示。选择反应表示在亲代得到的选择差有多少能够传递给子代。

$$R=S\times h^2=i\times\sigma_P\times h^2$$

这样，只要知道一个畜群某性状的标准差与遗传力，确定了留种率，就可以预估选择效果。

5. 世代间隔　世代间隔对个体来说是指子代出生时其父母的平均年龄；对一个群体来说，是指群体中种用后代出生时父母按其子女数加权的平均年龄。

$$L=\frac{\sum_{i=1}^{m}n_iT_i}{\sum_{i=1}^{m}n_i}$$

式中：L 为世代间隔；n_i 为第 i 窝留种子女数；T_i 为留种时其父母的平均年龄；m 为群体中的家系数。

6. 遗传进展　指年均选择反应，是选择反应的另一种表示方法，表示被选留个体具有的遗传优势，用 ΔG 表示。

$$\Delta G=\frac{\text{选择反应}(R)}{\text{世代间隔}(L)}=\frac{S\times h^2}{L}=\frac{i\times\sigma_P\times h^2}{L}$$

（二）选择的方法

在一个育种方案中，当其他的留种措施，诸如选择强度、世代间隔等保持相对稳定时，要提高选择的准确性，根据数量遗传学原理，无论是对动物进行单性状的选择，还是多性状的选择，各种选择方法的宗旨都是尽可能充分地利用已有的有亲属关系个体的生产性能记录或信息，力求最准确地选择种畜。在个体出生前的选择只能利用其祖先等亲属的资料；个体出生后有了本身的记录时，则以本身记录为主，再结合亲属的资料进行选择；当个体有了后代时，则其后代的性能记录就成了最重要的信息来源，必要时，再结合个体本身和亲属的资料，使选择更为准确。总之，在种畜的选择和使用过程中，需要随着相关资料的获取，不断地对其种用价值进行评定和选留（具体选择方法将在任务 5-4 种畜选择中详细介绍）。

任务 5-2　畜禽表型评定

选择种畜时，首先要求其本身生产性能高、体质外形好、生长发育正常，同时，还要种用价值高。前三个方面根据种畜的外观和表型记录资料就可评定，而种用价值的评定是对种畜遗传型的鉴定。育种工作的任务就是提高家畜的育种价值，因此，评定家畜的种用价值在选种工作中是至关重要的。

根据畜禽的生长发育、体质外形和生产力等资料来评定畜禽的品质称为鉴定。鉴定是选种的基础，根据鉴定成绩，从畜群中选出优秀的公母种畜以满足育种需要。

一、畜禽的生长发育

（一）生长发育的概念

生长和发育是两个不同的概念。生长是动物达到体成熟前体重的增加，即细胞数目的增加和组织器官体积的增大，它是以细胞分裂增殖为基础的量变过程；而发育则是动物达到体成熟前体态结构的改变和各种机能的完善，即各种组织器官的分化和形成，它是以细胞分化为基础的质变过程。二者互相联系、互相促进，不可分割。生长是发育的基础，而发育反过来又促进生长，并决定生长的发展方向。生长发育的过程就是一个由量变到质变的过程，家畜的特征特性就是在个体生长发育全过程中逐渐形成和完善起来的。

从遗传学的角度来看，生长发育是遗传基础与环境共同作用的结果，了解环境条件对生长发育的影响，就可以人为改变环境条件，以达到不断改进家畜品质和提高其产量的目的。

（二）生长发育的一般规律

生长发育的基本规律表现为阶段性和不平衡性。

1. 生长发育的阶段性　在畜禽生长发育的全过程中，都要经历几个区分比较明显的时期，一般以出生为分界线，把整个生长发育过程分为胚胎时期与生后时期。然后，根据生理解剖、生理机能变化对生活条件的要求和生产关系，再划分为若干时期。

(1)胚胎时期　从受精卵开始到出生时为止。此期又分为胚体期和胎儿期。

胚体期：指从受精卵开始到胚胎附植为止。这一时期较短，但发育很快而生长很慢，因而重量小。

胎儿期：由胎儿形成到出生为止。此期生长极快，初生重的约 3/4 在后期长成。因而营养需要量急剧增加，若营养不足，则易造成生前生长发育受阻。

(2)生后时期　由出生后直到衰老死亡。生后时期较长，家畜又分为以下 4 个时期。

哺乳期：初生到断乳时为止。此期特点是生长发育快，条件反射相继形成，增重及适应能力不断提高，末期由哺乳渐变为采食饲料。

育成期：从断乳到初配时为止。此期增重还处于上升阶段，期末体重可达成年体重的50％～70％。体躯结构趋于固定，生殖器官发育成熟，有配种受胎能力。

成年期：从生理成熟到开始衰老称为成年期。此期体躯完全定型，各种性能完善，生产性能最高，性活动最旺盛，增重停止，遗传性稳定。

老年期：各种机能开始衰退，代谢水平降低，生产力下降。一般在经济利用价值开始降低时，就可能已被淘汰。

2. 生长发育的不平衡性　成年畜禽不是幼年畜禽的放大，幼年畜禽也不是成年畜禽的缩影。在同一时期机体各部位及各组织之间，并不是按相同比例增长的，而是有先后快慢之分，这就是不平衡性。

(1)骨骼生长的不平衡性　动物全身骨骼可分为体轴骨和四肢骨两大类。出生前四肢骨生长明显占优势，故初生时四条腿特别长，尤其是后肢；出生后不久，转为体轴骨生长强烈，四肢骨的生长强度开始明显下降，故成年时体躯加长、加深和加宽，四肢相对变粗变短。体轴骨生长的顺序是由前向后依次转移；而四肢骨则是由下而上依次转移，这种生长强度有顺序地依次变换的现象叫作“生长波”，而最后生长的部分则叫“生长中心”。马、牛、羊等草食动物的荐部和骨盆部是两个生长波汇合的部位，是生长中心，它的最高生长强度出现得最迟，是全身最晚熟的部位，但这一部位又是全身出肉最多、肉质最好的地方，如果在强烈生长时期营养不足，则后躯将变得尖窄而斜，无疑影响产肉量(图 5-2)。

(2)外形部位生长的不平衡性　外形变化与全身骨骼生长顺序密切相关。马、牛、羊初生幼畜的外形特点是，头大腿长躯干短，胸浅背窄荐部高，毛短皮松，骨多肉少，而成年时则躯干

图 5-2　犊牛、青年牛、成年牛外形比较

变长，胸深而宽，四肢相对较短，各部位变得协调匀称，肌肉与脂肪增多。一头幼畜从小到大，先长高而后加长，最后变得深宽，体重加大，肉脂增多。

(3)体重增长的不平衡性　各种动物体重的相对增长，胚胎期远远超过出生以后。动物出生后的头几个月内生长强度最大，以后随着年龄的增长而强度逐渐降低。从绝对增重来看，动物出生后的一定时间内日增重有限，后来逐步加快，末期又重新变小，成年时停止。

(4)组织器官生长发育的不平衡性　不同组织发育迟早与快慢的顺序是，先骨骼和皮肤，后肌肉和脂肪。脂肪沉积的部位，也随年龄不同而有区别。一般先贮存于内脏器官附近，其次在肌肉间，之后于皮下，最后贮存于肌肉纤维中，形成"大理石纹"，即先肠油、板油，后肌间和皮下的顺序积贮。各器官随年龄的增长，生长速度也不同，在系统发育中出现较早的器官，发育出现得较早，生长缓慢，发育结束较晚，如脑和神经系统。

3. 发育受阻及其补偿　在生产中，由于饲养管理不良或其他原因，引起家畜生长发育停止、体重停止增长或减轻，外形和组织器官也会停止发育，这种现象叫作发育受阻或发育不全。

(1)发育受阻的类型

胚胎型：草食动物在胚胎后期四肢骨生长最旺盛，如此时母体营养不良，则此部分的受阻程度最大。直到成年时仍具有头大、尻部低、四肢短、关节粗大等胚胎早期的特征。性机能方面可能正常，但较早期发育的器官，如心脏和消化系统，也可能出现程度不同的发育受阻。

幼稚型：生后由于营养不良，使体躯的长度、深度和宽度发育受阻，成年后仍具有躯短肢长、胸浅背窄等幼龄时期的特征。若营养不足延续到性成熟，性机能就会受到阻抑。

综合型：生前生后都营养不良，使以上两种特征兼而有之。特点是体躯短小，体重不大，晚熟，生产力低。生产中出现的"僵猪"，两头尖，肚子大，生长缓慢，体重很小，晚熟，就是综合型的典型表现。

(2)发育受阻的补偿　发育受阻后，能否得到完全或部分的补偿，取决于受阻发生的时期和持续时间。受阻的时间越早，延续受阻的时间越长，得到完全补偿的可能性就越小。如在胚胎发育后期或初生时期，生长发育受阻时间长，有的可能已是永久性影响，通过改善饲养，得到完全补偿的可能性就较小；相反，如果受阻出现的时间越晚越短，则受阻的程度越轻，完全补偿的可能性就较大。

二、畜禽的体质外形及鉴定

(一)体质

体质就是人们通常所说的身体素质,是机体机能和结构协调性的表现。它在外形结构、神经类型、生产性能、健康状况、抗病和适应性等方面都有所表现。体质通常分为:

1. 结实型　这种类型的畜禽骨骼坚强而不粗大,皮紧而有弹性,厚薄适中,皮下脂肪适宜,肌肉相当发达。外形健壮结实,性情温顺,抗病力强,生产性能表现较好,身体各部分协调匀称,皮、肉、骨骼和内脏发育适度,是一种理想的体质类型。种用畜禽应具有这种体质。

2. 细致紧凑型　这类畜禽皮薄有弹性,不易沉积脂肪,外形清瘦,反应灵敏,动作敏捷。骨骼细致而结实,头清秀,角蹄细致有光泽。乘用马、乳牛等属于此类型。

3. 细致疏松型　这类畜禽的结缔组织发达,全身丰满,皮下及肌肉内易积贮大量脂肪。

4. 粗糙紧凑型　这类畜禽骨骼虽粗,但很结实,体躯魁梧,头粗重,四肢粗大,肌肉强健有力,皮厚毛粗,适应性和抗病力较强。役畜、粗毛羊多属于此类型。

5. 粗糙疏松型　这类畜禽骨骼粗大,结构疏松,肌肉松软无力,皮厚毛粗,神经反应迟钝,繁殖力和适应性均较差,是一种最不理想的体质。

(二)外形

外形是指畜禽的外部形态。外形不仅反映畜禽的外表,而且反映畜禽的体质和机能。比如乳用牛产奶量高,乳房较大;肉用牛产奶量低,乳房较小。

畜禽的用途不同,外形特征也不一样。不同用途畜禽的外形特征如下:

1. 肉用家畜　肉用家畜的共同外形特征是:头轻小而粗短,颈粗短;胸宽深,背腰平直而宽,后躯丰满,臀部丰满多肉,四肢短小;体形呈长方形或圆桶形。

2. 蛋用家禽　头清秀,冠及肉髯大,胸深且向前突出,胸骨长而直,背长腹大,耻骨间宽,体形轻小,羽毛紧贴体躯,活泼敏捷。

3. 乳用家畜　体形呈三角形,后躯较前躯发达,中躯较长,全身清瘦,棱角突出,体大肉不多。

4. 毛用家畜　绵羊的外形特点是:头较宽大,颈中等长,颈部通常有1～3个皱褶,全身被毛密度大,皮薄有弹性,肋部圆拱,背腰平直,四肢长而结实,肢势正直。

5. 役用型　由于机械化程度的提高,役畜的数量减少,但作为役畜来说常用的类型有挽用型和乘用型。挽用型主要指用于耕种和拉车的牛或马,乘用型主要指用于骑乘的马。

另外,公畜禽与母畜禽在外形上有显著差异。一般公畜禽比母畜禽体大且雄壮刚强,骨骼、肌肉及前躯较发达,头短宽,有雄相,性器官、第二性特征明显。

(三)鉴定方法

外形鉴定是指依据畜禽的生长发育、体质外貌等资料来评定畜禽的品质。畜禽的外形是结构和体质外在的综合表现。通过对畜禽的外形鉴定,不仅可以了解畜禽生长发育、健康状况、结实性等方面的情况,而且还可以通过这些情况来判断畜禽生产性能的好坏。因此,在畜禽的育种工作中,在对品种的鉴定上,外形鉴定有极其重要的意义,并广泛应用于生产实践中。

外形鉴定是选种的基础，其方法有3种。

1. 肉眼鉴定　是通过肉眼观察畜禽的整体及各个部位，有时也辅以手摸和行动观察，从而辨别其优劣。肉眼鉴定的一般程序是：先概观后细察，先远后近，先整体后局部，先静后动。鉴定时，人与畜禽要保持一定的距离，一般以3倍于家畜的体长为宜。从家畜的正面、侧面和后面按顺序观察，主要看其体形结构、整体发育、品种特征、精神表现及有无明显的缺陷等。再令其走动，看其动作、步态以及有无跛行或其他疾患。对畜禽有一个概括认识后，再走近畜体，对其各部位进行细致的观察，必要时可用手触摸。最后进行综合分析，评定优劣。

肉眼鉴定的优点是不受时间、地点、器械等条件限制，简便易行。缺点是鉴定人员需要有丰富的实践经验，且易受主观因素影响，同一头家畜不同的人鉴定可能得出不同的评价。

2. 测量鉴定　体尺测量是用测量工具(测杖、圆形测定器、量角仪和卷尺等)对畜禽的各部位进行测量和简单计算的方法。体型外貌评定中要测量的体尺指标一般有：体高、背高、荐高、臀高、体斜长、胸深、胸宽、腰角宽、臀端宽、头长、胸围、管围等。

3. 线性评分　为了减少肉眼鉴定的主观成分，可采用评分的办法，对不同品种的家畜根据其标准制订评分表。在评分表中，可根据家畜的各部位(如头、颈、躯干、乳房及四肢)在生产上的相对重要性，规定一定的最高分或系数，同时对每个部位规定理想标准。鉴定人可依据评分表对畜禽进行系统鉴定，最后根据总分定出等级。

三、畜禽生产力评定

生产力是指畜禽给人类提供产品的能力。在畜禽育种中，生产力是重点选择的性状，是表示畜禽个体品质最现实的指标。饲养畜禽的目的就是生产更多更好的畜产品，有更高的饲料报酬和更高的经济效益。正确评定并计算生产力，对指导育种工作和进行生产有重要意义。

(一)畜禽生产力的种类和主要指标

一般情况下，可将畜禽生产力分为六大类，即产肉力、产乳力、产毛力、产蛋力、繁殖力、役用性能。

1. 产肉力指标

(1)日增重　指平均日增重(ADG)。

$$日增重=\frac{测定结束时的体重-测定开始时的体重}{测定天数}$$

在同等条件下，日增重的高低主要取决于品种。

(2)饲料利用率　有料肉比和饲料转化率两种表示方法，以前者使用居多。

$$料肉比=\frac{肥育期消耗饲料量}{肥育期总增重}$$

$$饲料转化率=\frac{总增重}{饲料消耗总量}$$

一般说来，猪、鸡的料肉比：引入品种猪为(2.2～3.0)∶1；地方品种猪为(3.4～4.0)∶1；肉鸡为(2.0～2.6)∶1。

(3)屠宰率

$$屠宰率=\frac{胴体重}{屠前活重}\times 100\%$$

胴体重的计算方法不统一，一般是指去头、蹄、内脏，冷却 24 h 后的重量。但有些国家把头的重量也算在胴体内。

屠前活重是指屠宰前禁食 24 h 后的体重。

屠宰率的遗传力中等偏上。猪的屠宰率为 72%～75%，肉猪屠宰率的遗传力 $h^2=0.31$。肉牛、羊屠宰率为 50%左右，肉牛屠宰率的遗传力 $h^2=0.46$。

(4)胴体长　屠宰开边后，从耻骨联合前缘中点至第一颈椎前缘中点的长度。胴体长与瘦肉率呈正相关。

(5)瘦肉率　对胴体进行分割测定(瘦肉率、脂肪率、骨率等)，不包括板油和肾脏。将左侧胴体按后腿、前肩、胸腰和腹部分成四大块，分离各块的皮、骨、肉和皮下脂肪，瘦肉总重占左侧胴体重的百分比即为瘦肉率。

(6)背膘厚　指背上皮下脂肪的厚度，是选择瘦肉率的一个间接(辅助)指标。可活体测定，也可屠宰后测定。

2. 产乳力指标

(1)产乳量　衡量乳用家畜产乳量的指标主要有年产乳量(自然年度产乳总量)、泌乳期产乳量(从产仔到干乳期总产乳量)、305 d 产乳量(牛)和成年当量等。

牛的产乳量一般以 305 d 产奶量计，产乳不足 305 d 或超过 305 d 者予以校正。产乳量可逐日逐次测定并记录，也可每月测一次，共测 10 次(每次测定的间隔时间要均匀)，将 10 次测定值的总和乘以 30.5 即为 305 d 产乳量(误差约为 2.7 kg)。

成年当量是指将各个产犊年龄的泌乳期产奶量校正到成年时的产奶量，目的是校正胎次对产奶量的影响。中国校正到第 5 胎时的产奶量。

(2)乳脂率　乳脂率是指乳中所含脂肪的百分率。

$$乳脂率=\frac{\sum(F\times M)}{\sum M}\times 100\%$$

式中：F 为实际测定的乳脂率；M 为该次取样期内的产乳量。

乳脂率与产乳量呈强负相关，乳脂率的高低因品种不同而异，同时存在个体差异。因此，单凭乳脂率或产乳量来衡量乳牛的泌乳能力不便于比较，有必要校正到同一标准——标准乳进行比较。4%标准乳量＝$(0.4+15F)$×实际产奶量，1986 年将标准乳定义加以改进，改为：

$$3.5\%\ 标准乳量=(0.35+18.57\,F)\times 实际产奶量$$

式中：F 为实际测定的乳脂率。

3. 产毛力指标　主要的毛用家畜有绵羊、山羊、毛兔等。

(1)剪毛量　从一只毛用家畜身上剪下的全部毛的总重量。剪毛量的遗传力中等，绵羊 $h^2=0.3$，长毛兔 $h^2=0.53$。剪毛量主要受品种和营养条件的影响，粗毛品种剪毛量低，细毛品种剪毛量高。

(2)净毛率　去掉毛上的油汗、尘土、粪渣、草料屑等杂质后的毛量称为净毛量。净毛量占剪毛量的百分比叫净毛率。羊净毛率的遗传力 $h^2=0.4$。

(3)毛的品质　可用细度、密度、匀度等指标来评定。

裘皮与羔皮品质总体要求是轻便、保暖、美观。具体指标有皮张面积，皮张厚度，粗毛与绒毛的比例，光泽，毛卷的大小、松紧、弯曲度和图案等。

4. 产蛋力指标　主要有产蛋量、蛋重、料蛋比、蛋的品质等。

(1)产蛋量　指一定时间内的产蛋个数。常用开产至40周龄、55周龄等时的累积产蛋数表示。

(2)蛋重　有每枚蛋重与总蛋重(产蛋总重)之分。每枚蛋重以平均数计。总蛋重指一定时间范围内的产蛋总重量。

(3)料蛋比　产蛋鸡在一定年龄阶段饲料消耗量与产蛋总量之比。

(4)蛋的品质　可用蛋形指数、蛋壳颜色、蛋壳厚度等指标来评定。

5. 繁殖力指标

(1)家畜繁殖力指标　主要有受胎率、繁殖率、成活率、增殖率、产仔数、断乳窝重等(见项目16)。

(2)家禽繁殖力指标　主要有受精率和孵化率。

受精率：指入孵蛋中受精蛋所占比例。

孵化率：指种蛋孵化后出壳雏鸡所占的比例，又可分为入孵蛋孵化率和受精蛋孵化率。

(二)评定畜禽生产力的原则

1. 全面性　评定畜禽生产力时，既要看产品数量多少，又要看产品质量好坏，还应考虑生产效率和经济效益。在产品数量相近的情况下，应选择品质好的留种，同样在产品质量相似的情况下，则选择产量高的留种。

2. 一致性　在评定生产力时，应在相同的条件下评比。因此，应事先研究并掌握各种因素对畜禽生产力的影响程度和规律，利用相应的校正系数，将实际生产力校正到标准条件下的生产力，以利于评比。如比较不同奶牛的产奶量时，由于乳脂率不同，故应将乳脂率统一折算成标准乳脂率进行比较。

【实训操作】

实训5-1　体尺测量与外形鉴定

一、实训目的

了解各种家畜外形部位的一般要求，观察不同经济用途家畜的体形和外形特点，学会判断家畜的不同发育受阻类型，掌握家畜各项体尺的起止点及测量方法。

二、实训器材

测杖、卷尺、卡尺(圆形测定器)、量角仪等4种。

三、实训内容

测量部位的多少，是根据测量的目的确定的，进行科研工作时则可多测几个部位，进行调查时可少测；但在一般的情况下，只测量18个部位(图5-3)。

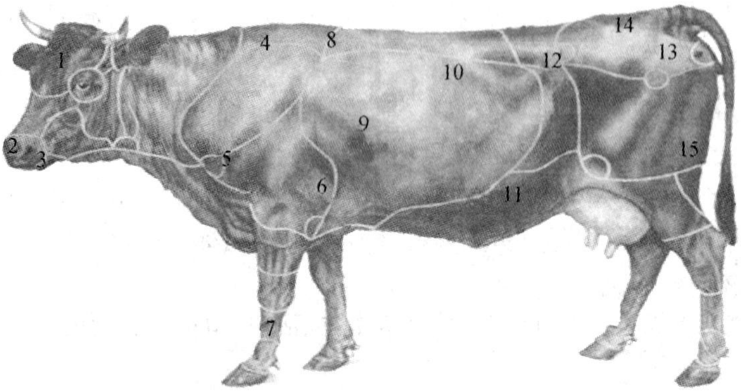

图5-3 牛体各部位的名称

1. 额 2. 鼻镜 3. 颌 4. 鬐甲 5. 肩端 6. 肘端 7. 管 8. 背 9. 胸 10. 腰 11. 腹 12. 腰角 13. 尻 14. 臀端 15. 大腿

1. 体高(鬐甲高) 是鬐甲到地面的垂直高度，表示家畜体高的生长，将测杖垂直立于左前肢附近，调节内部铁尺，使上端横尺紧贴鬐甲的最高点，然后读出刻度。

2. 背高 是背部到地面的垂直高度，于背部最低处测量。牛在第7个胸椎或肩胛软骨后角最高处，马在第11个胸椎处测量，测法同体高。

3. 臀高 是坐骨结节最后隆凸处到地面的垂直高度。

4. 荐高 是由荐骨最高点到地面的垂直高度，表示家畜后躯高度的生长。与体高的对比，可说明前后躯的发育程度。

5. 腰高 是由最后一个胸椎棘突到地面的垂直高度。马体高、腰高、尻高对比，可说明前、中、后躯发育的程度。

6. 体斜长 是由肩端到臀端的直线距离。在测量时，将上端横尺固定于肩端前缘，另一端横尺放于臀端后缘，夹紧读出刻度。

7. 头长 是枕骨嵴到鼻镜上缘的直线距离(猪则自两耳连线中点至鼻上缘)，用卷尺或卡尺测量。

8. 颈长 从额顶(枕骨嵴)到肩胛前缘1/2处的直线距离，用卡尺或卷尺测量。

9. 肢长 由肘部至地面的垂直距离(马采用)。

10. 尻长 是从腰角前缘到臀端后缘的直线距离。

11. 头深 是从两眼内角连线的中央至下颌下缘的垂直距离(用卡尺测量)。若用卷尺测量时，则是从两眼外角至下颌边缘的垂直距离。

12. 胸深 在肩胛软骨后角，测量由鬐甲至胸底间的垂直距离。测量时将测杖倒转，上下的横尺夹住鬐甲和胸骨下缘，横尺保持平行。

13. 额宽(大、小两种) 最大额宽是两眼外角间的直线距离，最小额宽是两眼内角间的直线距离。

14. 胸宽　是肩胛软骨后的胸部宽度，测量时将两横尺夹着畜体胸部量取。

15. 腰角宽　是两腰角外侧的直线宽度，表示后躯的发育程度。

16. 坐骨结节宽　是坐骨结节两外侧突出点的直线宽度。在鉴定母畜时特别重要，可借以了解其骨盆的容积，从而推断分娩的难易。

17. 胸围　从肩胛骨后角处用卷尺量取胸部的周径。此体尺是家畜胸部发育的重要指标，与胸宽、胸深一起说明胸部的发育和健康状况。

18. 管围　是前管部上1/3处，用卷尺量取的周径。它表示四肢骨的发育程度，对鉴定役畜很重要。

上列体尺，在生产中马主要测量1,4,6,10,12,17,18等7项，另外还加上前胸宽——两个肩端之间的距离；牛主要测量1,3,4,6,7,10,12,14,15,16,17,18等12项；羊主要测量1,4,6,12,14,15,17,18等8项；猪主要测量1,6,7,17等4项。

四、实训作业

两人一组测量一头马、牛、羊、猪的各项体尺。

五、技能考核标准

考核内容		评分标准		考核方法
		分值	扣分依据	
牛的体尺测量与外形鉴定	牛的体尺测量方法	40	每错一项扣5分	两人一组操作考核
	牛的体尺测量用具	20	每用错一次扣5分	
	牛的外形鉴定	20	鉴定结果不准确扣10分	
	熟练程度	10	在教师指导下完成时扣5分	
	完成时间(时限40 min)	10	每超时1 min扣1分直至10分	

任务5-3　种畜测定

一、性能测定

(一)性能测定的概念

性能测定又称成绩测验，是指对家畜个体具有特定经济价值的某一性状的表型值进行评定的一种育种措施。性能测定的效果取决于被选择性状基因型与表现型间的相关程度。遗传力高的性状，它们的相关就高，性能测定的效果就好。

性能测定适用于遗传力高、能够在活体上直接度量的性状，如肉用动物的日增重、饲料利用率，母鸡的产蛋性状等。目前，除丹麦外，世界各国对猪的肉用性能的选择，都是用性能测定代替后裔测定。有些性状在选种时，公母畜应有所不同。如乳用性状和毛用性状，母畜宜用性能测定，公畜则宜用后裔测定；而对于产蛋性状，母鸡宜用性能测定，公鸡宜用同胞测定。

（二）性能测定的方法

种畜性能测定的目的是选择出理想的种畜以改良其他畜禽。一个种畜的性能表型值必须与其所在畜群的性能表型均值比较才有意义。因此，性能测定的基本方法是将性状表型值与畜群均值进行比较。

1. 性状比值法　主要用于单性状的性能测定。

$$性状比值=\frac{个体性状表型值}{畜群同一性状均值}\times 100\%$$

例如，猪育肥性能测定试验，全群平均日增重为 600 g，其中 A 个体为 700 g，B 个体为 500 g，则 A、B 个体的性状比值分别为 117%和 83%。即对畜群日增重性状改良而言，A 个体是改良者，作用为+17%；B 个体是非改良者，作用为−17%。

2. 指数选择法　主要用于多性状的性能测定。

$$I=\frac{ax_1+bx_2+cx_3+\cdots}{N}$$

式中：I 为选择指数，a、b、c 为系数，按性状重要性确定；N 为系数之和或性状数目；x 为性状比值。若是反向选择的性状，系数与性状比值的积应为负值。

该方法简单易行，不需要计算性状的遗传力，但是比较粗略。要想得出较为准确的估计值，需计算综合选择指数。

（三）性能测定的主要形式

一般把性能测定分为生产现场测定和测定站测定两种形式。在畜牧业发达国家，通常在生产现场测定的基础上，分别从各个生产现场选出一部分优秀后备种畜，送到测定站进行比较测定，最后选出更优秀的种畜，以使畜群水平不断提高。目前，我国还没有全国性的生产性能监测组织，生产性能测定大多由各场自行进行，这使得性能测定方法的科学性、规范性及测定结果的可比性和可靠性得不到保证。而在国外，如新西兰、加拿大，全国有统一的性能测定标准，对整个过程，包括仪器的精密度、分析方法以及数据的收集，都做了详细规定，从而保证了性能测定结果的客观、准确。

1. 生产现场测定　就是在家畜所在的农场进行测定，测定结果只供本场选种时应用。各场的记录由于测定条件不同，不能互相比较。目前我国的畜禽育种基本上采用本场测定的形式，对于鸡场、羊场来讲，由于种畜群体较大，通过本场测定进行选种的效果好，但对基本上处于小群体育种的场子，如猪场，则通过本场测定因达不到足够的选择强度，所以选种的效果差。对于奶牛场来说，虽然每个牛场的饲养数量不很多而且世代间隔长，但由于建立了公牛站，提高了公牛选择的准确性，因此，仍然取得了相当明显的遗传进展。

2. 测定站测定　把要测定的家畜集中到同一地点，在同样的环境条件、相同标准下进行性能测定。因此，即使家畜来自不同的农场，也可以互相进行比较，评选优劣。乳牛等大家畜集中有困难，一般不做测定站测定。测定站测定对猪的育种具有重要意义，可以把不同农场同一品种的猪送到测定站作性能测定，测定结束后根据要选择的性状做出育种值或选择指数的排队顺序，以确定是否留作种用。蛋鸡、肉鸡有时也作测定站测定，但其目的不是为了选出高产的个体，而是测定某个群体的性能。

二、系谱鉴定

系谱鉴定是指以审查家畜的系谱来推断其种用价值优劣的方法。

系谱是系统记载种畜祖先编号、名字、生产成绩及鉴定结果的原始记录。系谱有两类：一类是不完全系谱，只记载祖先的编号和名字；另一类是完全系谱，除记载各代祖先的编号、名字外，还记载祖先的生产成绩、育种值、发育状况和外形评分，以及有无遗传疾病和外形缺陷等。系谱上的各项资料来自日常的原始记录。

系谱记载代数太远对种畜的影响很小，一般3～5代祖先的资料就够用了。

(一)系谱的种类

系谱一般有五种形式，即竖式、横式、结构式、箭头式和畜群系谱，其中竖式系谱和横式系谱最常用。

1. 竖式系谱　竖式系谱的格式是：种畜的名字记在上端，下面是父母（祖Ⅰ代），再向下是父母的父母代（祖Ⅱ代）。每一代祖先中的公畜记在右侧，母畜记在左侧。系谱正中画一垂线，右半边为父方，左半边为母方（图5-4）。

被鉴定的种畜

Ⅰ	母				父			
Ⅱ	外祖母		外祖父		祖母		祖父	
Ⅲ	外祖母的母亲	外祖母的父亲	外祖父的母亲	外祖父的父亲	祖母的母亲	祖母的父亲	祖父的母亲	祖父的父亲

图5-4 竖式系谱

2. 横式系谱　种畜的名字记在系谱的左边，历代祖先依次向右记载，愈向右祖先代数愈高；各代的公畜记在上方，母畜记在下方；系谱正中可画一横虚线，上边为父方，下边为母方（图5-5）。

3. 结构式系谱　结构式系谱比较简单，无须注明各项内容，只要能表明系谱中个体间的亲缘关系即可（图5-6）。

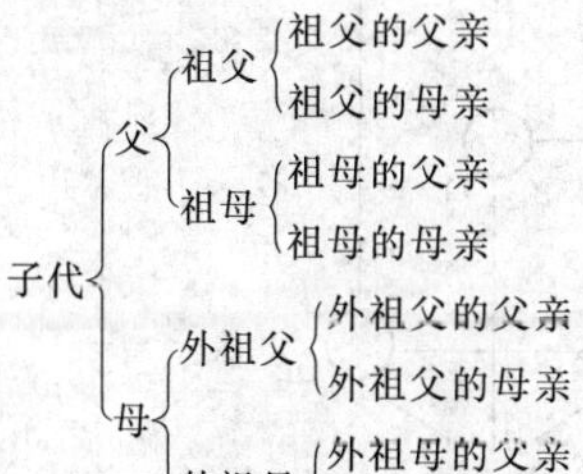

图5-5 横式系谱

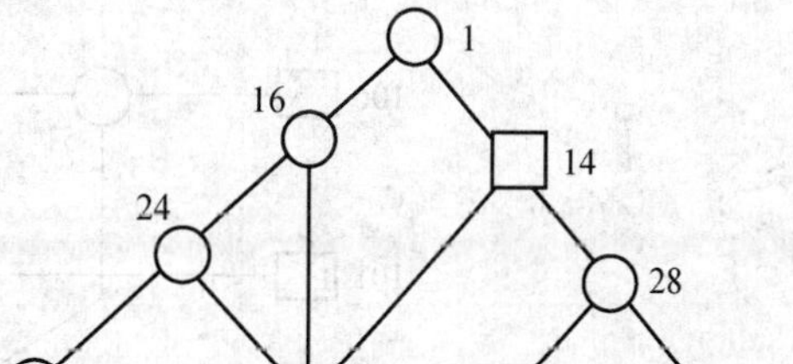

图5-6 结构式系谱

4. 箭头式系谱　箭头式系谱是专供作评定亲缘程度时使用的一种格式，凡与此无关的个体都可不必画出来（图5-7）。

5. 畜群系谱　畜群系谱是为整个畜群统一编制的。通过畜群系谱不仅可以了解群体内不同个体的来源、亲缘关系和亲缘程度，同时还能观察出每一个体在群体中的作用，因而有助于全面了解畜群情况和组织育种工作。编制步骤如下：

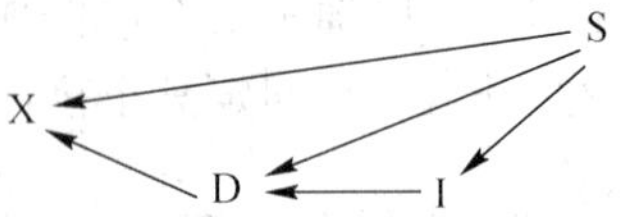

图 5-7　箭头式系谱

(1)编制群体母系记录表　形式如表 5-5 所示。

表 5-5　群体母系记录表

畜号	性别	父亲	母亲	外祖父	外祖母	外祖父的父亲	外祖父的母亲
12	母						
35	公	101	25				
36	母	101	25				
104	母	106	12				
51	母	106	12				
71	母	106	25				
79	母	35	104	106	12		
150	母	35	51	106	12		
109	母	35	36	101	25		

(2)绘制草图　根据母系记录表，在公畜各列中查出留有后代的公畜号，按其利用的先后由下而上写在图的左侧(以□代表公畜)，然后从每头公畜向右画一横线。再在该表的最后一列中查出最远的母性祖先写在图的最下边(以○代表母畜)，并向上引出直线与横线相交，如与某公畜交配生有后代时，就将后代的畜号写在交叉处。如该后代又生子女，继续向上引线在与交配公畜的横线交叉处写出子女畜号，依此类推。

(3)绘制正图　对草图进行调整，画出一个精确、清晰、美观的畜群系谱(图 5-8)，一个个体在正图中只能出现一次。繁殖留作种用的可以从它所在位置向上引箭头，并在图的左侧引出该留种公畜的横线。

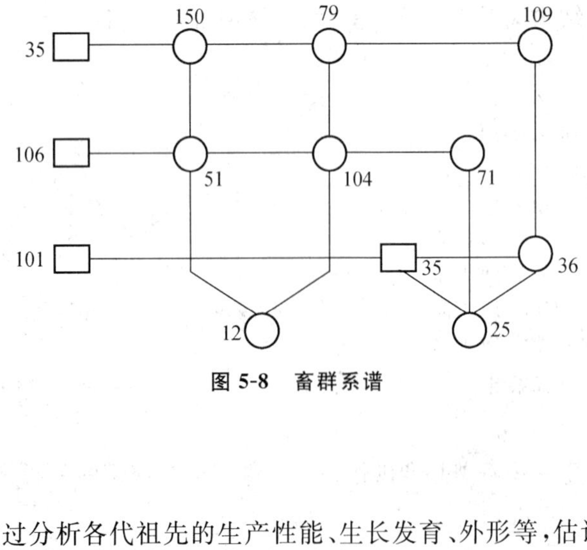

图 5-8　畜群系谱

(二)系谱鉴定

系谱鉴定就是通过分析各代祖先的生产性能、生长发育、外形等，估计种畜的种用价值，了解种畜祖先的近交情况，为选配工作提供依据。具体方法是：将两头种畜的系谱放在一起比较，选出祖先优秀的个体作种用。比较时要注意三点：一是用两个系谱同代祖先互相比较，即亲代与亲代，祖代与祖代，父系与母系的祖先分别比较；二是重点以审查亲代为主，血统越远，影响越小；三是以比较生产性能为主，同时要注意有无遗传缺陷。

系谱鉴定多用于种畜幼年和青年时期本身无产量记录的情况下，是早期选种必不可少的手段，也可用于对种公畜限性性状的选择。但是，单独使用系谱鉴定，选种准确性比较低，应结合其他方法综合使用。

【实训操作】

实训5-2　系谱的编制与鉴定

一、实训目的

通过实训，使学生能够依据给定的资料进行系谱的编制，掌握系谱鉴定的原则和方法。

二、实训原理

(一)系谱编制

1. 竖式系谱　竖式系谱编制时，种畜的畜号或畜名记在上面，下面是父母代，再向下是祖代，依此类推。同一代中的公畜记在右侧，母畜记在左侧。系谱中间画出竖线。

2. 横式系谱(括号式系谱)　它是按子代在左，亲代在右，公畜在上，母畜在下的格式来填写的。系谱正中可画一横虚线，表示上半部为父系祖先，下半部为母系祖先。

(二)系谱鉴定

系谱鉴定的目的在于通过分析各代祖先的生产性能、生长发育情况及其他资料，推断其后代品质的优劣，即估计其近似种用价值，以便确定其是否留种。具体方法是将两头以上的被鉴定家畜系谱放在一起比较，选出祖先较优秀的个体留作种用。系谱鉴定应注意以下几点：

(1)将两个或多个系谱进行比较，重视近代祖先的品质，亲代影响大于祖代，祖代大于曾祖代。

(2)对祖先的评定，以生产力为主作全面鉴定。要注意应以同年龄、同胎次的产量进行比较。

(3)如果系谱中祖先成绩一代比一代好，应给予较高评价。

(4)如果种公畜有后裔鉴定材料，则比其本身的生产性能材料更重要，尤其对奶用公牛和蛋鸡公鸡来说，意义更大。

三、实训内容

（一）系谱编制

按系谱编制原理，根据下列资料制作竖式系谱和横式系谱：
荷兰品种牛 204 号，生于 1998 年 8 月 20 日，其父亲为 13 号，母亲为 166 号。
13 号的父亲是 12 号，母亲是 123 号；
166 号的父亲是 13 号，母亲是 130 号；
130 号的父亲是 12 号，母亲是 151 号；
12 号的父亲是 70 号，母亲是 151 号。

（二）系谱鉴定

对北京市种公牛站的 2 头荷斯坦公牛的系谱材料（图 5-9）进行审查分析，试评定哪一头的种用价值较好，并说明自己的理由。

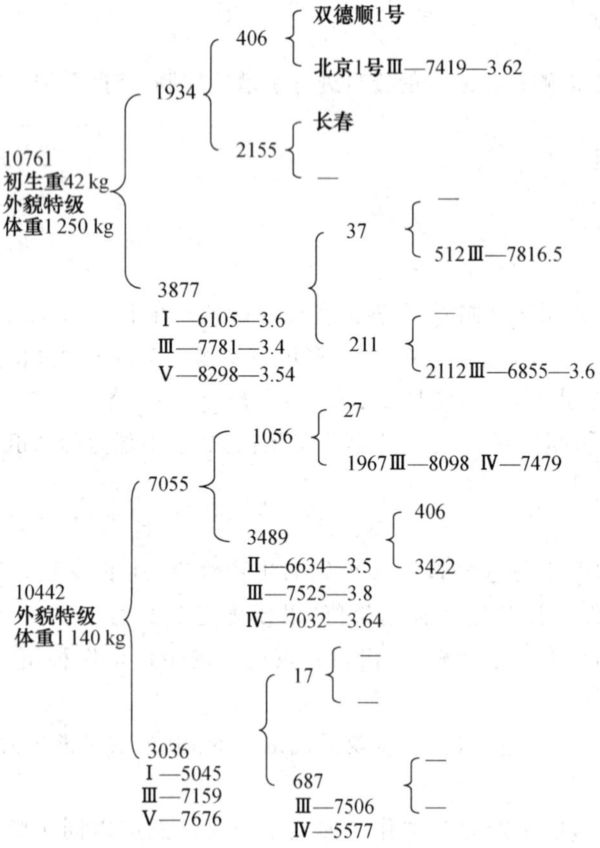

图 5-9　2 头荷斯坦牛的系谱材料

四、技能考核标准

考核内容		评分标准		考核方法
		分值	扣分依据	
系谱的编制与鉴定	竖式系谱的编制	20	每错一项扣5分	操作考核
	横式系谱的编制	30	每错一项扣5分	
	系谱鉴定方法和结果	30	鉴定结果不准确扣10分	
	熟练程度	10	在教师指导下完成时扣5分	
	完成时间(时限30 min)	10	每超时1 min扣1分直至10分	

任务5-4 种畜选择

选种就是选择种畜禽,是在鉴定的基础上,对已经筛选的个体进行少数重点性状的选择。选种的方法很多,主要有表型选择、家系选择、估计育种值选择、多性状选择等方法。

一、表型选择

根据个体性状表型值的高低进行选种的方法称为表型选择。表型选择常采用择优选留法,即将畜群中表型值由高到低的个体依次选留,直到满足留种数为止。这种选种方法适于遗传力高的性状,如猪的体长、肉的品质、鸡的蛋重等。对于遗传力高的性状采用表型选择,简便易行,效果好,可以缩短世代间隔,加快遗传进展。对于遗传力低的性状则不宜采用表型选择,因为这类性状受环境影响大,表型值不能反映育种值的高低。

二、家系选择

把家系作为一个单位,根据家系的平均表型值高低进行选留或淘汰,称为家系选择。这里所讲的"家系"是指全同胞或半同胞的亲缘群体。这种方法适于多胎动物,如猪、禽。例如,在鸡的某个品种中,有甲、乙两个家系,甲家系10个同胞300 d平均产蛋210枚,乙家系10个同胞300 d平均产蛋219枚,则应选择乙家系的鸡留种。

遗传力低的性状宜采用家系选择。因为这类性状受环境影响较大,根据家系平均表型值进行选择时,各家系个体表型值中的环境偏差可在家系均值中彼此抵消,这样家系平均表型值便接近于家系平均育种值,选种的准确性就提高了。

家系选择的常用方法有两种:一种是以种畜的同胞为依据的家系选择,即同胞选择;另一种是以种畜的子女均值为依据的家系选择,即后裔选择。

(一)同胞选择

同胞选择就是根据种畜的旁系亲属(全同胞或半同胞)的平均表型值高低来进行选种,又叫同胞测定。如猪的同胞测定,一般是在仔猪断奶时每窝选出4头(两公、两母)同圈饲养到一定体重时屠宰,测定其肥育性能及胴体品质,这4头猪的平均成绩就是被评定个体的同胞测定依据，从中可以选出优秀的家系。

同胞测定可以根据同胞成绩对被测定个体的基因型做出判定，以确定是否是优秀的基因型。实行同胞测定可以缩短世代间隔，进行早期选种，但选择的准确性不如后裔选择。

同胞测定主要用于某些不能度量或活体难以度量的性状，如种公畜的育肥和胴体性状。这些性状采用同胞测定，简便易行，效果较好。针对某一性别才能表达的限性性状，虽然可以根据系谱和后裔资料评定，但系谱鉴定的准确性有限，而后裔测定又延长了世代间隔，降低了遗传进展，此时宜采用同胞测定的方法进行选种。因此，同胞测定在选种方面具有不可替代的作用。

目前，随着超数排卵和胚胎移植技术在育种中的应用，人们可在短期内获得较多的全同胞和半同胞后代，并可根据同胞的生产性能来评定公畜，以代替传统的后裔测定方法，从而使世代间隔缩短，遗传进展大大加快。

1. 全同胞测定　该方法主要用于猪、禽等多胎动物，而对于牛、马等单胎动物，全同胞出现机会少，若能使用胚胎移植育种技术，也将具有实际意义。测定时，将后备种畜各自的全同胞成绩排列比较(不包括测定个体本身的成绩)，全同胞成绩优秀的留作种用。

2. 半同胞测定　测定时，将后备种畜各自的半同胞资料排列对比(不包括测定个体本身的成绩)，半同胞成绩优秀的个体留作种用。如肉用公牛育肥和胴体性状的评定要有 12 头以上的父系半同胞的表型值资料，鉴定公猪的产仔数要有 20 头以上的半同胞姐妹产仔成绩，鉴定乳用公牛的产乳量要有 20 头以上的半同胞姐妹的产奶成绩，鉴定公鸡的产蛋量要有 30 只以上的半同胞姐妹的产蛋成绩。

(二)后裔选择

后裔选择就是根据后代的平均表型值进行选种，也叫后裔测定，是对后代性能的测定和对比。常用的方法有母女对比法、公牛指数法和同期同龄女儿比较法。

1. 母女对比法　这种鉴定方法多用于公畜。用被鉴定公畜的女儿成绩和女儿母亲的成绩相比较，若女儿超过母亲，则认为该公畜为优良种畜；若女儿不如母亲，则认为该公畜为劣畜。例如，某牛场 46 号公牛，它的 18 头女儿第一胎平均产乳量为 4 361 kg，而女儿的母亲第一胎平均产乳量为 4 010 kg，女儿产乳量超过母亲 351 kg，说明这头公牛为优良种牛；而 47 号公牛，13 头女儿第一胎平均产乳量为 2 980 kg，女儿的母亲第一胎平均产乳量为 3 800 kg，这些女儿的产乳量比母亲低，说明该公牛不是优良种牛。

母女对比常用平分角线图解的方法，以母亲成绩为横坐标，女儿成绩为纵坐标，然后根据相应的母女生产成绩在坐标里找出各点。若大多数母女对比点在平分角线以上，表示女儿成绩高于母亲成绩，即公畜为“改良者”；反之，公畜为“恶化者”。

母女对比法的优点是简单易行，缺点是母女所处年代不同，存在生活条件的差异。如测猪的断奶重，母女双方大多处于不同年代或不同季节。由于所处的饲养管理条件和气候条件不同，对它们的断奶重可能产生不同的影响。

另外，一头种公畜在某一畜群中可能表现为“改良者”，而转到另一个畜群，则可能成为“恶化者”。例如，一头种公牛，当它与平均产乳量为 4 000 kg 的母牛群交配时，其所生女儿的产乳量普遍高于母亲，说明它是“改良者”，但当它与年产乳量为 7 000 kg 的母牛群交配时，就未必仍是“改良者”。由此看来，并不存在绝对的“改良者”或“恶化者”。

2. 公牛指数法　由于公牛不产乳，不能度量其产乳量，但公牛在产乳量方面和母牛一样对后代具有遗传影响。为了衡量公牛产乳量的遗传性能，有人提出使用“公牛指数”这个指标。这个指数是按照公牛和母牛对女儿产乳量有同等影响的原则制订的，因此，女儿的产乳量等于其父母产乳量的平均数，即 $D=(F+M)/2$，该关系式可以转化为公牛指数公式：

$$F=2D-M$$

式中：D 为女儿的平均产乳量；F 为父亲的产乳量（公牛指数）；M 为母亲的平均产乳量。

用这个指数来测定公牛，其缺点与母女对比法基本相同，优点在于公牛的质量有了具体的数量指标，各公牛间可以相互比较。在饲养管理基本稳定的牛群，这种后裔测定的方法不失为一种既简单易行又比较准确的方法。

3. 同期同龄女儿比较法　或叫同群比较法，广泛用于奶牛业中。在采用人工授精技术的条件下，将同一品种、同一季节出生的几个公畜的女儿分散在饲养管理条件相同的场站，等女儿长大后同期配种，最后通过女儿第一胎平均生产性能比较，来选择女儿的父亲。这种方法可以克服年代、季节及饲养管理条件不同对测定结果的影响。

例如，在鉴定种公牛时，被鉴定的小公牛在 12～14 月龄时开始采精，将采得的精液分散到各牛场随机配种 200 头母牛，然后将各公牛同期同牛场的女儿第一胎平均产乳量进行比较，从中选出优秀种公牛。后备公牛的女儿在产犊后 30～50 d 内进行外貌鉴定、称重和体尺测量，每天挤奶两次，用每个现场测定的头胎 305 d 的平均产奶记录与同场同品种公牛的同龄女儿的同期平均产奶记录作比较，计算公牛的相对育种值。其计算公式是：

$$\mathrm{RBV}=\frac{\mathrm{DW}+\overline{P}}{\overline{P}}\times 100\%$$

式中：RBV 为相对育种值；$\overline{P}$ 为某品种平均产乳量；DW 为同期比较值。

$$\mathrm{DW}=\frac{\sum W(\overline{P}_0-\overline{P}_i)}{\sum W}=\frac{\sum Wd}{\sum W}$$

式中：$\overline{P}_0$ 为某一牛群中女儿平均产乳量；$\overline{P}_i$ 为同一牛群中同龄母牛的平均产乳量；$d=(\overline{P}_0-\overline{P}_i)$；$W$ 为加权数，即牛群中女儿数（n_1）和同龄母牛数（n_2）的调和平均数或称有效女儿数。

$$W=\frac{n_1\cdot n_2}{n_1+n_2}$$

相对育种值超过 100％者为优良种公牛，超过越多说明该公牛越好。低于 100％为劣质公牛，不能选作种用。

进行后裔选择要注意以下问题：第一，被测定的各公畜所配母畜的条件要一致。可采用随机交配的方法，也可以选择几个相似的母畜群与不同种公畜交配，以比较它们的后代品质。第二，后代的年龄和饲养管理条件要一致。要求不同公畜的后代同龄、同期、同条件下进行对比。饲料营养、季节、畜舍条件及管理措施等要力求统一。第三，后代头数越多，得出结论越正确。大家畜至少 20 头以上，多胎动物可适当多些。要随机选留后代，不能只选优秀后代参与评比。第四，后裔测定的依据要以生产性能为主，同时，要全面分析后代的外形、发育状况、适应性及遗传缺陷等。

后裔选择的优点是选种效果可靠，多用于种公畜的选择；缺点是需要时间长，大家畜和乳牛的后裔测定需要5～6岁时方能得出结果。后裔测定所要求的条件较多，有时需要设立专门的后裔测定站，耗费较多。

三、估计育种值选择

育种值是指种畜表型值中能遗传和固定的部分，它不能直接度量，只能根据表型值进行间接估计。根据估计育种值高低进行选种的方法，称为估计育种值选择。

估计育种值选择的意义在于：①根据种畜本身、祖先、同胞及后裔的任何一种或几种资料进行估计；②根据不同资料评定的结果，可直接进行比较；③可用较精确的数据表示个体基因型的优劣，提高选种的准确性。种畜的价值不仅在于它本身能生产较多的畜产品，更重要的是在于它能繁殖品质优良的后代，达到改良畜群的目的。因此，要求种畜不但要表型好，而且还要有优良的基因型。

在实践中，从表型值估计育种值是利用回归原理进行的。根据生物统计原理，利用两个变量间的回归关系，可以从一个变量估计另一个变量。设 y 为因变量，x 为自变量，b_{yx} 是 y 对 x 的回归系数，则回归方程式为：

$$y = b_{yx}(x - \overline{x}) + \overline{y}$$

同理，以育种值 A 作因变量，表型值 P 作自变量，b_{AP} 为 A 对 P 的回归系数，则可通过下列回归方程式由 P 估计 A。

$$A = b_{AP}(P - \overline{P}) + \overline{A}$$

在大群的均数中，各种偏差正负抵消，所以 $\overline{P} = \overline{A}$，代入上式得：

$$A = b_{AP}(P - \overline{P}) + \overline{P}$$

统计分析证明，式中 $b_{AP} = h^2$，因此，估计育种值的基本公式为：

$$A = (P - \overline{P})h^2 + \overline{P}$$

估计育种值的方法主要有根据单项资料估计育种值和根据多项资料估计育种值。

根据单项资料估计育种值就是根据种畜本身、祖先、同胞及后裔等记录中的一种资料进行估计。主要方法有：根据个体本身记录、根据祖先记录、根据同胞记录和根据后裔记录。这里主要介绍前两种方法。

（一）根据个体本身记录估计育种值

它包括个体本身一次记录和多次记录估计育种值两种。根据一次记录估计育种值意义不大，生产上多采用根据多次记录估计育种值，其计算公式如下：

$$A_X = (P_{(n)} - \overline{P})h^2_{(n)} + \overline{P}$$

式中：A_X 为个体X某性状的估计育种值；$P_{(n)}$ 为个体X n 次记录的平均表型值；$\overline{P}$ 为畜群该性状的平均表型值；$h^2_{(n)}$ 为 n 次记录平均值的遗传力。

由上式推导得：

$$h^2_{(n)}=\frac{nh^2}{1+(n-1)r_e}$$

式中：r_e为重复力。

(二)根据祖先记录(系谱资料)估计育种值

祖先记录中，最主要的是父母的记录。在育种实践中，根据母亲多次记录估计育种值的方法比较常用，其计算公式如下：

$$A_X=(P_{(D)}-\overline{P})h^2_{(D)}+\overline{P}$$

式中：$P_{(D)}$为母亲D次记录的平均表型值；$h^2_{(D)}$为母亲D次记录平均值的遗传力。

由上式推导得：

$$h^2_{(D)}=\frac{0.5Dh^2}{1+(D-1)r_e}$$

式中：r_e为重复力。

不同资料估计育种值的回归系数见表5-6。

表5-6　不同资料估计育种值的回归系数

资料来源	一个个体单次度量值 b_{AP}	一个个体 k 次度量均值 b_{AP}	n 个同类个体单次度量均值 b_{AP}
本身	h^2	$\frac{kh^2}{1+(k-1)r_e}$	
亲本	$0.5h^2$	$\frac{0.5kh^2}{1+(k-1)r_e}$	h^2　这时 $n=2$ (非近交，双亲本均值)
全同胞兄妹	$0.5h^2$	$\frac{0.5kh^2}{1+(k-1)r_e}$	$\frac{0.5nh^2}{1+0.5(n-1)h^2}$
半同胞兄妹	$0.25h^2$	$\frac{0.25kh^2}{1+(k-1)r_e}$	$\frac{0.25nh^2}{1+0.25(n-1)h^2}$
全同胞后裔	$0.5h^2$	$\frac{0.5kh^2}{1+(k-1)r_e}$	$\frac{0.5nh^2}{1+0.5(n-1)h^2}$
半同胞后裔	$0.5h^2$	$\frac{0.5kh^2}{1+(k-1)r_e}$	$\frac{0.5nh^2}{1+0.25(n-1)h^2}$

四、多性状选择

在育种工作中，有时只根据单个性状进行选择，但在多数情况下，往往要同时兼顾选择几个性状，如蛋鸡的产蛋数和蛋重，既要产蛋数多，又要蛋重大。再如奶牛的产奶量和乳脂率，绵羊的产毛量和毛长等。多性状选择受遗传等因素影响较大，选择的方法也较多，主要有：

(一)顺序选择法

顺序选择法是指对所要选择的几个性状依次逐个进行选择的方法，即选择一个性状，达到预定要求后，再选择另一个性状，如此逐个选择下去。这种选种方法的优点是对所选的某一性状来说，遗传进展较快，选种效果较好。但如所选的几个性状之间存在负相关，则有顾此失彼之虑，往往这个性状通过选种提高了，另一个性状却下降了，这样会延长育种时间。

（二）独立淘汰法

独立淘汰法是对所要选择的几个性状分别规定选留标准，凡其中任一性状不够标准的一律淘汰。这种选种法的优点是标准具体，容易掌握。但往往会将一些主要性状表现突出而个别次要性状表现较差的个体淘汰。同时选择的性状越多，中选的个体越少，要想多选留个体，势必要降低选留标准。

（三）综合选择法

将所要选择的几个性状综合成一个便于不同个体相互比较的数值，这个数值称为综合选择指数。根据综合选择指数进行选种的方法叫综合选择法。综合选择法在多性状选择中能够获得最快的遗传进展，取得最好的经济效益，是一种比较理想的选择方法。随着电子计算机技术的普及，综合选择法在畜禽育种工作中得到广泛应用。简化的综合选择指数公式是：

$$I=\sum_{i=1}^{n}W_i h_i^2 \frac{P_i}{\overline{P_i}}$$

式中：I 为简化选择指数；W_i 为第 i 个性状的经济加权值；h_i^2 为第 i 个性状的遗传力；P_i 为第 i 个性状的个体表型值；$\overline{P_i}$ 为第 i 个性状的群体均值。

（四）间接选择

利用性状相关关系，通过对 y 性状的选择，来间接提高 x 性状的选种方法，称为间接选择。当要改良的某个性状遗传力很低，或在活体不能度量（如屠宰率等），以及某种性别无法表现（如公牛不产乳，公鸡不下蛋等）时，都可以采用间接选择方法。

对某一种性状进行间接选择时，需要考虑下列条件：一是两性状要有高度遗传相关；二是辅助性状 y 要有高的遗传力；三是最好辅助性状的选择强度有加大的可能。

（1）利用容易直接度量的性状与不易度量的性状的遗传相关进行间接选择。例如，利用体长（易度量）与背膘厚（不宜在活体度量）的负相关，通过选择体长的猪留种，从而减少后代猪群的背膘厚。

（2）利用高遗传力性状与低遗传力性状的遗传相关进行间接选择。例如，蛋鸡的羽毛生长速度与开产日龄（遗传力均较高）呈负相关，而开产日龄又与周龄产蛋数（遗传力较低）呈负相关，可通过选择羽毛生长速度快且开产日龄早的鸡留种，从而提高后代鸡群周龄产蛋数，但有可能降低蛋的重量。

（3）利用幼年畜禽某些性状与成年畜禽主要经济性状的遗传相关进行早期选种。例如，猪的断奶体重与断奶后的增重呈强正相关，可选择断奶体重大的个体留种，以期提高后代猪群断奶后的增重，不必等到长大以后再进行选种。

【实训操作】

实训5-3 育种值的估算

一、实训目的

了解运用不同资料估算育种值的基本方法以及育种值在选种中的应用。

二、实训原理

任何一个数量性状的表型值，都是遗传效应与环境效应共同作用的结果。遗传效应是基因的作用造成的。基因有3种不同的作用，即加性效应、显性效应和上位效应，由于基因的分离和重组，显性和上位效应不能真实地遗传，只有基因的加性效应可以真实地遗传给后代，即基因的加性值。只有根据基因的加性值进行选种，才能更快提高选择效果。所以基因的加性值又叫育种值。但是育种值不能直接度量，要从表型值进行间接估算。

从表型值估算育种值，是运用回归原理进行的。利用两个变量的回归关系，可以从一个变量估算另一个变量。

以表型值(P)为自变量，育种值(A)为因变量，可以通过下列回归方程由P估算A：

$$A = b_{AP}(P - \overline{P}) + \overline{A}$$

在大群的均数中，各种偏差正负抵消，所以$\overline{P} = \overline{A}$，则上式变为：

$$A = b_{AP}(P - \overline{P}) + \overline{P}$$

当各种资料比较齐全时，可以依据下列公式计算复合育种值，以使选种更为准确。

$$A = 0.1A_1 + 0.2A_2 + 0.3A_3 + 0.4A_4$$

不同遗传力的情况下A_1至A_4对应的不同信息育种值见表5-7。

表5-7 不同遗传力的情况下A_1至A_4对应的不同信息育种值

h^2	A_1	A_2	A_3	A_4
$h^2 < 0.2$	亲本	自身	同胞	后裔
$0.2 \leqslant h^2 < 0.6$	亲本	同胞	自身	后裔
$h^2 \geqslant 0.6$	亲本	同胞	后裔	自身

三、实训器材

根据表5-8中10头母牛及其亲属的产奶量记录，计算育种值，选出最好的3头留作种用。已知该牛群的全群平均产奶量为4 820 kg，产奶量的遗传力为0.3，重复力为0.4。

表 5-8　10 头母牛及其亲属的产奶量记录

牛号	本身		母亲		半同胞姐妹		女儿	
	平均产奶量/kg	记录次数	平均产奶量/kg	记录次数	平均产奶量/kg	头数	平均产奶量/kg	头数
001	4 500	3	4 800	6	5 520	23	5 000	1
002	5 520	5	5 000	8	5 020	37	5 050	2
003	6 000	1	4 700	4	5 300	33		0
004	4 900	2	4 900	5	5 300	33		0
005	5 000	3	4 800	6	5 820	5		0
006	3 750	1	5 500	5	4 320	72		0
007	4 500	5	6 000	8	4 740	22	4 800	2
008	5 500	8	4 400	11	5 840	8	5 500	4
009	6 500	3	4 500	6	5 070	46	4 700	1
010	3 900	4	5 000	7	5 090	66	4 500	2

四、实训内容

通常选种所依据的记录资料有 4 种：本身记录、祖先记录、同胞记录和后裔记录。育种值可根据任何一种资料进行估计，也可以根据多种资料进行复合育种值的计算。

将有关数据代入不同资料估计育种值的公式，即可估计出个体该性状的育种值。最后按育种值高低进行排队，选出育种值高的个体留种。

如有亲代、本身、同胞、后裔 4 种记录资料，先用计算单项资料育种值的方法，依次计算出 A_1、A_2、A_3、A_4 4 个育种值。但因 4 种资料在育种上的重要程度不同，因此 4 个育种值还要进行必要的加权，然后才能合并成复合育种值。这时，可直接将表型值和遗传力代入，计算复合育种值：

$$A = 0.1A_1 + 0.2A_2 + 0.3A_3 + 0.4A_4$$

五、实训作业

1. 根据本身 n 次记录的估计育种值，应选择哪 3 头母牛？
2. 根据母亲 n 次记录的估计育种值，应选择哪 3 头母牛？
3. 根据旁系（半同胞）的估计育种值，应选择哪 3 头母牛？
4. 根据女儿（半同胞）的估计育种值，应选择哪 3 头母牛？
5. 根据复合育种值，应选择哪 3 头母牛？

六、技能考核标准

考核内容		评分标准		考核方法
		分值	扣分依据	
育种值的估算	育种值估算的方法	50	每错一项扣5分	操作考核
	育种值估算的结果	30	鉴定结果不准确扣10分	
	熟练程度	10	在教师指导下完成时扣5分	
	完成时间(时限30 min)	10	每超时1 min扣1分直至10分	

【自测训练】

一、名词解释

选种　系谱　性能测定　选择反应　系谱鉴定　后裔测定　表型选择　家系选择　数量性状选择　质量性状选择

二、填空题

1. 畜禽体质分为(　　)、(　　)、(　　)、(　　)和(　　)五种类型。
2. (　　)是选种的第一道工序。
3. 性能测定主要用于(　　)。
4. 系谱形式主要有(　　)、(　　)、(　　)、(　　)和(　　)。
5. 后裔测定多用于主要生产性能为(　　)的家畜。
6. 后裔选择的方法有(　　)、(　　)和(　　)三种。
7. 个体育种值需根据(　　)、(　　)、(　　)和(　　)记录来估计。
8. 家系选择有(　　)和(　　)两种。
9. 多性状选择方法有(　　)、(　　)、(　　)和(　　)四种。

三、问答题

1. 研究生长发育的方法有哪些？畜禽生长发育的规律是什么？
2. 选种的方法有哪些？
3. 畜禽品质鉴定的方法有哪些？
4. 系谱的形式有哪些？其功能分别是什么？如何编制系谱？
5. 分别阐述系谱鉴定、同胞测定、后裔测定的适用条件及在畜禽种用价值评定中的意义。
6. 不同生产用途的畜禽外形及体质类型特点是什么？
7. 育种值估算的原理是什么？如何计算单项育种值和复合育种值？
8. 为什么要进行家畜的鉴定？如何进行家畜鉴定？

项目 6　选配技术

【知识目标】

1. 了解选配的种类和作用；
2. 掌握选配计划制订的基本原理和方法；
3. 掌握近交的遗传效应和衰退的防止措施。

【能力目标】

1. 能制订选配计划；
2. 学会用近交系数和亲缘系数计算的方法分析近交程度；
3. 能在育种实践中灵活运用各种近交手段。

【学习任务】

在畜牧生产实践中，只选择出优良的种公母畜是不够的。能否产生优良的后代，不仅取决于双亲的品质，而且还取决于它们的选配组合是否恰当。因此，在育种过程中，除做好选种工作外，还必须做好选配工作。

任务 6-1　选配的作用和方法

一、选配的概念

选配是指人为确定个体或群体间的交配系统，有目的地选择公母畜的配对，有意识地组合后代的遗传型，以达到培育良种或合理利用良种的目的。选配是对畜群交配的人工干预。

二、选配的作用

选配可人为控制公母畜间的交配，使优良个体获得更多的交配机会，使优良基因更好地重组，促进畜群的改良和提高。具体来说，选配在家畜育种工作中有以下几个方面的作用。

（一）创造必要的变异，培育新的理想类型

可以根据人们的要求创造出人们所需要的类型。一般来讲，交配双方的遗传基础不同，所

生后代的遗传组成也不可能与父母任何一方完全相同，这个过程是遗传基础重组的过程，有可能创造出新的理想类型。

(二)稳定遗传，固定理想的性状

人为地采用基因型相同或相似的个体进行交配，会增加后代中纯合体的比例。这样经过若干代的选配，可使群体的理想性状固定下来。

(三)把握变异方向，加强性状变异

当畜群中出现某些有益的变异时，要想把这些变异固定下来，可以将具有这种变异的优良公母畜禽选出，然后通过选配强化该变异，这样经过多代的选种、选配，有益的变异就能在群体中得到发展，形成该畜禽群独具的特点，从而扩大成为一个新的类群。

(四)控制近交程度

根据交配双方的亲缘关系进行选配，可以有效地控制近交程度。按照育种的要求，合理使用近交，防止过度近交，避免不必要的近交，特别是在小群体中要防止被迫近交。细致的选配工作可使群体近交系数增量控制在较低的水平。

三、选配的种类与方法

根据交配对象不同，可将选配分为个体选配和种群选配两类(表6-1)。个体选配根据交配双方品质的异同分为同质选配和异质选配，按交配双方亲缘关系的不同又分为近交与远交。种群选配按交配双方所属种群特性的不同可分为纯种繁育、杂交繁育和品系繁育。

表6-1　选配的种类

- 选配
  - 个体选配
    - 品质选配
      - 同质选配
      - 异质选配
    - 亲缘选配
      - 近交
      - 远交
  - 种群选配
    - 纯种繁育(本品种选育)
    - 杂交繁育
    - 品系繁育

(一)个体选配

就是根据交配双方的品质异同和亲缘关系的远近进行选配。

1. 品质选配　所谓品质，既指一般品质，如体型、生物学特性、生产性能、产品质量等，也包括遗传品质，如估计育种值的高低等。品质选配是考虑交配双方品质异同的一种选配方法。根据交配双方的品质异同，又可分为同质选配和异质选配两种。

(1)同质选配　同质选配就是选用性状相同，性能表现一致或育种值相似的优秀公母畜交配，目的是获得与双亲品质相似的后代，使畜群中具有父母优良性状的个体数量不断增加。同质选配的主要作用是稳定和巩固畜禽的优良性状，增加群体中纯合基因型的数量。

同质选配的效果与基因型的判断是否准确密切相关，如果只根据表现型选配，后代不一定都是优良畜禽，因为表现型虽然都是优良个体，但基因型不一定都是纯合的，如果基因型是杂合子的话，性状不能稳定遗传，后代性状会发生分离，有时还会出现不理想的后代，因此只有根据基因型选配，才会收到良好的效果。

同质选配是为了保持种畜有价值的性状，增加群体中纯合基因型频率或是固定在杂交育种过程中出现的理想型，使理想类型在群体中得到巩固和扩大时使用的一种选配方法。

(2)异质选配　异质选配就是选用品质不同的公母畜交配。异质选配的目的：一是选用具有不同优良性状的公母畜交配，以期将多个优良性状结合起来，从而获得兼有双亲优良品质的后代。例如选用产仔多的母猪与生长发育快的公猪配种，从而获得产仔又多生长发育又快的后代。二是选用同一性状优劣程度不同的个体配种，以期达到改良后代品质的目的，故又称改良选配。如用毛长的公羊与毛短的母羊配种，可使后代的毛长得到提高，起到改良作用。

异质选配的主要作用是通过基因重组，综合双亲的优良性状或是改良某些个体性状，使后代的品质得到改进和提高，丰富后代的遗传基础，创造新类型。

在生产实践中，当畜群处于停滞状态或品种培育初期，为了获得理想型个体时，可以采用异质选配。

异质选配由于基因的连锁和性状的负相关等原因，双亲的优良性状不一定都能很好地结合在一起，为了保证异质选配的良好效果，必须坚持严格的选种制度并考虑性状的遗传规律与遗传相关。

在使用异质选配时要注意异质选配绝不是“弥补选配”。例如，用凹背与凸背的个体交配，企图以此获得中间类型，使缺陷得到纠正，但这种用相反缺点的公母畜进行交配并不能克服缺陷，有可能使后代缺陷更加严重，甚至出现畸形。正确的方法应当是用体质、外貌优秀的公畜与表现缺点的母畜进行异质选配。

在育种过程中，同质选配和异质选配有时同时使用，有时交替使用，二者之间是互相创造条件，互相促进的。在应用异质选配或是同质选配时，要想在交配双方各方面都要求绝对同质或异质是很难做到的。

2. 亲缘选配　根据交配双方的亲缘关系来安排交配组合，以期巩固优良性状，提高畜群品质的选配方法叫亲缘选配。

如果交配双方到共同祖先的世代数之和在6代及6代以内，叫作近亲交配，简称近交。

如果交配双方到共同祖先的世代数之和在6代以上，叫作远亲交配，或称远交。远交又可分为两种情况：①群体间的远交。这种远交是指两个群体(品种或品种以上的群体)的个体间相交配，而群体内的个体间不交配。因为涉及不同的群体，这种远交又称杂交。而且根据交配群体的类别，有时进一步分为品系间、品种间的杂交(简称杂交)和种间、属间的杂交(简称远缘杂交)。②群体内的远交。这种远交是在一个群体之内选择亲缘关系远的个体相互交配。其在群体规模有限时有重大意义，因在小群体中，即使采用随机交配，近交程度也将不断增大，此时人为地采取远交、回避近交，可以有效阻止近交程度的增大，从而避免近交带来的一系列效应。

远交有利于保持后代较强的生活力。远交的用途很广，在家畜育种过程中经常采用的是远亲交配。在畜牧业生产中，为了避免近交衰退造成经济损失，更应当完全采用远亲交配。要建立系谱登记和配种记录制度，保证远亲交配的实施。

（二）种群选配

种群选配就是根据交配双方所属种群的异同而进行的选配。所谓种群，是指种用的群体，它可以是动物分类学上的属、种等，也可以是畜牧学上的品种、品系、品群等。种群选配包括纯种繁育（本品种选育）、杂交繁育、品系繁育三大类。

1. 纯种繁育　纯种繁育是在一个种群之内，通过选种、选配，改善饲养管理条件等来提高种群性能的一种方法。纯种繁育是指同种群内的选配，即选择相同种群的个体进行交配，简称纯繁，其目的在于获得纯种。纯繁的作用是稳定和巩固畜禽的优良性状，增加种群中纯合基因型的个体，克服该种群的某些缺点。

在同一种群内长期进行繁育，由于选配个体来源相同，体质、外形、生产力及其他性状又比较相似，势必造成纯合基因型频率逐渐升高，所形成的群体具有较高的遗传稳定性。

2. 杂交繁育　杂交繁育是选用不同种群的畜禽个体进行配种，简称杂交。其目的在于获得杂种。杂交繁育能使基因和性状重新组合，使后代的品质得到改进和提高，创造新类型，为培育新品种和新品系提供素材；同时杂交繁育也是杂种优势利用的重要环节。

杂交后代的基因型往往是杂合子，遗传基础很不稳定，所以杂种一般不能再作种畜使用。杂种具有很多新变异，有利于选择，又具有较大的适应范围，因而是良好的育种材料。另外，杂交还能起到改良作用，能迅速提高低产种群的生产性能，或者改变生产方向。由此可见，杂交在畜牧业生产中具有重要的地位。

3. 品系繁育　品系繁育是较常用的育种技术，品系既是纯繁品种内的结构单位，也可单独存在，作为杂交育种以及杂种优势利用的亲本。

品系繁育是充分利用卓越公畜及其优秀后代，建立高产和遗传性稳定的畜群的繁育方法。通过品系繁育，丰富品种的遗传结构，有意识地控制品种内部的差异，以此来促进整个品种的发展。

四、选配计划的制订

（一）选配的原则

制订选配计划应遵循以下原则：

1. 育种目标明确　首先要了解畜禽种群的现有水平和需要改进提高的性状，然后根据育种目标，在调查、分析个体和种群特性的基础上，制订出选配计划及方案，有计划地实现选配目的。

2. 尽量组织配合力好的家畜配种　在对过去交配结果具体分析的基础上，挑选出产生过优良后代的选配组合，一方面继续维持，另一方面还应增选具有相应品质的公母畜交配。特别是经济杂交时，更应该重视配合力问题。种群选配时也同样要分析系、族间配合力的大小。

3. 公畜等级要高于母畜　在畜禽繁育过程中，选留的公畜数量要比母畜少，特别是在人工授精和冷冻精液授精的条件下，公畜对提高整个畜群质量的作用比母畜更大，所以公畜的等级和质量应高于母畜，不允许等级高的母畜与等级低的公畜配种，最低限度也应该是同等级的公母畜配种。

4. 相同或相反缺点的公母畜不能配种　选配中绝不能选用具有相同缺点或相反缺点的

公母畜交配，以免加重缺点的发展。如毛短的与毛短的（如绵羊），凹背的与凹背的，凹背的与凸背的都不能配种。

5. 正确使用近交　在生产场中一般不使用亲缘选配，只有在杂交育种过程中固定优良性状以及增加种群纯合基因时使用。同时要结合严格选种、控制近交代数、加强饲养管理等措施，防止近交衰退。

（二）选配前的准备工作

首先，应了解整个畜群的基本情况，包括系谱资料、畜群的现有水平以及需要改进提高的地方。为此，要对畜群进行普查鉴定。

其次，应分析以往的选配结果，查清每一头母畜与哪些公畜交配曾产生过优良的后代，与哪些公畜交配效果不好。对于已经产生良好效果的交配组合，今后可采用“重复选配”的方法，即重复选定同一公母畜组合配种。对于初配母畜，可以分析其全同胞或半同胞姐妹与什么样的公畜交配已经产生良好效果，可以用这样的公畜与这些初配母畜试配，当这些母畜产生第一胎仔畜后，就可进行总结，找出较好的配对作为今后选配的依据。

再次，应分析即将参加配种的公母畜的系谱和个体品质（如体重、体尺、外形特征、生产性能、选择指数、评定等级和育种值等），对每一头家畜要保持的优点、要克服的缺点以及要提高改进的性状，做到心中有数。此外，还可分析后裔测定材料，找出最好的交配组合，使制订的选配方案更有把握。

（三）具体选配计划的制订

选配计划没有固定的格式，但其内容一般应包括：互相交配的公母畜的名字或编号及其品质说明，选配目的，选配原则，选配公母畜优缺点，以往选配的效果，需要保留哪些优点和纠正哪些缺点，选配双方有无亲缘关系，选配方法，预期效果等。为了保证选配计划的实施，在计划中还应安排选配的后补公畜。

在制订选配计划时，应千方百计地扩大优良公畜的利用范围，尽量发挥其作用。在选配计划执行中，如发生公畜精液品质变劣等偶然情况，应及时更换种用公畜并对选配计划做出合理修订。每次的选配计划执行后，应及时总结经验，为下一次选配计划的制订提供有价值的信息。

【实训操作】

实训 6-1　选配计划的制订和修订

选配是动物育种工作的一个重要环节。它是人为地决定公母畜的配偶，以有目的地组合后代的遗传基础，从而巩固或加强选种的效果。选配计划又称选配方案。选配计划没有固定的格式，但一般包括每头公畜与配的母畜号（或母畜群别）、主要性能说明、选配目的、选配原则、亲缘关系、选配方法、预期效果等项目。

一、实训目的

1. 掌握不同选配方式的目的和作用。

2. 根据所学知识，结合实际育种群的情况，能够制订出可行的选配计划。

二、实训器材

育种数据、系谱资料。

三、实训内容

1. 收集育种数据、系谱资料。

2. 了解整个畜群或品种的基本情况，包括其形成历史、现有生产水平、需要改进提高的地方。

3. 分析以往的交配结果，即根据后裔的表现，好的选配组合继续利用。这就是所谓的“重复选配”方法，即重复选定同一公母畜组合配种。这对于有世代重叠的畜群，如牛群、羊群等特别有用。没有交配结果的母畜，可分析其同胞母畜曾与哪些公畜交配，其后代如何，大致做出是否可以交配的决策。

4. 分析即将参加配种的公母畜的系谱和个体品质（如体重、体尺、外形特征、生产性能、评定等级、选择指数、育种值等），掌握每个个体今后应保持的优点、所要克服的缺点和所要提高的品质。

5. 根据选配目的和性状的不同，合理利用不同选配方法，制订出选配计划。为了清楚起见，并为今后的选配计划提供依据，可用表格形式给出选配计划。表6-2和表6-3分别为牛和猪的一个选配计划样表，对于实际配种人员，有关表格还可以简单一些，表格中可以不包括特点、亲缘关系、上次选配情况、选配原因和选配目的等内容。

表6-2 牛的选配计划

<table>
<tr><th colspan="4">母牛</th><th colspan="4">与配公牛</th><th rowspan="2">亲缘关系</th><th rowspan="2">选配目的</th></tr>
<tr><th>编号</th><th>品种</th><th>等级</th><th>特点</th><th>编号</th><th>品种</th><th>等级</th><th>特点</th></tr>
<tr><td></td><td></td><td></td><td></td><td></td><td></td><td></td><td></td><td></td><td></td></tr>
<tr><td></td><td></td><td></td><td></td><td></td><td></td><td></td><td></td><td></td><td></td></tr>
<tr><td></td><td></td><td></td><td></td><td></td><td></td><td></td><td></td><td></td><td></td></tr>
</table>

表6-3 猪的选配计划

<table>
<tr><th colspan="4">母猪</th><th colspan="4">与配公猪</th><th rowspan="3">选配原因</th></tr>
<tr><th rowspan="2">编号</th><th rowspan="2">品种</th><th rowspan="2">预期配种期</th><th rowspan="2">主要特点</th><th colspan="2">上次选配情况</th><th colspan="2">本次选配计划</th></tr>
<tr><th>编号</th><th>品种</th><th>主配</th><th>辅配</th></tr>
<tr><td></td><td></td><td></td><td></td><td></td><td></td><td></td><td></td><td></td></tr>
<tr><td></td><td></td><td></td><td></td><td></td><td></td><td></td><td></td><td></td></tr>
<tr><td></td><td></td><td></td><td></td><td></td><td></td><td></td><td></td><td></td></tr>
</table>

6. 选配计划的修订　无论是何种选配方式，在制订好选配计划后，定期检查是必要的。应定期对选配计划的执行情况进行逐头检查，发现偏离及时纠正。同时应备有完善的观测记录，以便对交配后出生的后代进行详细、准确的观测，从而说明选育效果。如达到预期选育目标，则说明选配计划是可行的。如偏离预定目标，则需及时调查并在下次配种时加以注意。另外，如发生公畜精液品质变劣或伤残死亡等偶然情况，应及时对选配计划进行合理修订。

四、实训作业

根据已掌握的有关选配知识，利用某一种牧场的实际育种资料，每个学生独立制订一个选配计划。在教师的指导下，就不同计划进行讨论，最后得出一个预期效果理想而又切实可行的选配计划。

五、技能考核标准

考核内容		评分标准		考核方法
		分值	扣分依据	
选配计划的制订和修订	系谱和个体品质分析	25	每错一项扣 5 分	操作考核
	育种数据分析	25	每错一项扣 5 分	
	选配计划的制订和修订	30	每错一项或一步扣 5 分	
	熟练程度	10	在教师指导下完成时扣 5 分	
	完成时间(时限 40 min)	10	每超时 1 min 扣 1 分直至 10 分	

任务 6-2　近交及其应用

近交就是指双方到共同祖先的总代数不超过 6 代的个体间的交配，所生子女的近交系数大于 0.78%。要正确应用近交，必须了解近交的遗传效应，学会近交程度的衡量方法，掌握近交的运用技术。

一、近交的遗传效应

(一)近交可使个体基因纯合，群体产生分化

近交使不相同的祖先数减少，后代接受共同祖先相同基因的机会增加，从而使群体中各类基因得到纯合的频率增加。根据遗传学原理，一对杂合基因型个体交配，其后代再逐代进行遗传同型交配，杂合基因型频率每世代减少一半，纯合基因型频率相应增加，即 0 世代纯合体为 0，一世代纯合个体为 50%，二世代纯合个体为 75%，三世代纯合个体为 87.5%，依此类推。在个体基因纯合的同时，群体被分化成若干各具特点的纯合子系，即纯系。

（二）近交降低群体平均值

数量性状的基因型值是由基因的加性效应值和非加性效应值组成的，非加性效应主要存在于杂合体；由于近交使群体中纯合体增加，杂合体减少，群体的非加性效应值也相应减少，受非加性效应控制的性状就会发生退化，从而降低群体的平均值。

（三）近交可暴露有害基因

畜群中的有害性状大多是由隐性有害基因控制的。在杂合状态下，隐性基因控制的性状得不到表现。由于近交在使有益基因趋于纯合的同时，也使隐性有害基因得到纯合，从而增加了出现有害性状的可能性，使隐性有害基因得到暴露。因此，采用近交时，必须进行严格的选择和淘汰，才能使群体中有害基因频率不断降低或清除。

二、近交的应用

（一）固定优良性状

近交的基本遗传效应是使基因纯合。可以通过近交使优良性状的基因纯合，从而使其能够准确地遗传给后代。一般在培育新品种过程中，当出现了理想的优良性状后，往往采用同质选配加近交以固定优良性状。

（二）揭露有害基因

有害基因大多数为隐性，杂合状态时被掩盖。近交可增加有害隐性基因纯合的机会，因而有助于发现和淘汰其携带者，进而降低这些基因的频率。例如，猪的近交后代中，往往会出现畸形胎儿，若能及时将产生畸形胎儿的公母猪一律淘汰，就会大大减少以后出现这种畸形后代的可能性。此外，还可趁此时机，测验一头种畜是否带有不良基因，为选择把好质量关。

（三）保持优良个体的血统

近交虽然增大了隐性有害基因纯合子的概率，但同时也增大了优良基因纯合的概率，通过选择，就可能使优良基因在群体中固定。例如，当牛群中出现一头特别优秀的公牛，为了保住它的特性，并扩大它的影响，此时只有让这头公牛与其女儿交配，或让其子女互相交配，或采用其他形式的近交，才能达到这个目的。这也是品系繁育中常用的一种手段。

（四）提高畜群的同质性，有利于饲养管理及产品规格化

近交可导致群体的纯合子比例增加，从而造成畜群的分化。随着近交程度的增加，分化程度越来越高。当近交系数 $F=1$ 时，畜群分化为诸多品系，品系内方差为0，而系间方差为随机交配时的2倍，即系内基因型完全一致且纯合，而系与系间绝对不同。因此，如果结合选择，即选留理想的品系、淘汰不理想的品系，便可获得同质而又理想的畜群。这种方法对于质量性状（如毛色、肤色、耳型等）的效果是很显著的。

（五）提供实验动物

高度一致的近交系是医学、医药、遗传等生物学实验研究的基本要求之一，高度近交的近交系可用作这些研究的实验动物。

三、应用近交应注意的问题

（一）明确近交目的

近交有害，商品场严禁使用近交。近交只适宜在育种场培育新品种和新品系，为了固定理想型和提高种群纯度时采用，但也不能长期使用，更不能滥用；选作近交的公母畜双方，都必须是那些经过鉴定认为性状优秀、体质健壮的家畜。

（二）灵活应用各种近交形式

近交的形式多种多样，可根据具体情况灵活使用。如为了固定母畜的优良基因，可采用母子、祖母与孙子交配的形式；为了固定公畜的遗传性，可采用父女、祖父与孙女交配的形式等。近交效果受多种因素影响，所以使用何种形式的近交既要考虑近交的目的又要考虑影响近交效果的各种因素。

（三）控制近交的速度和时间

近交速度的快慢与育种群的质量以及亲本的遗传品质有关，不能一概而论。一般来说，可采取先慢后快的办法，缓慢地提高近交程度，以便及时淘汰携带有害基因的个体；当发现近交效果良好时，再加快近交速度。但有时也可采用先快后慢，为加快基因的纯合速度，可采用较高的近交，达到近交目的后就转入较低的近交或非近交。总之，采用何种近交速度应根据近交效果而定。

关于近交时间的长短，原则是达到目的后立即转为非近交，以便保持畜群旺盛的生活力。

四、近交衰退及防止措施

近交衰退是指由于近交使家畜的繁殖性能、生理机能以及与适应性有关的各个性状都比近交前有不同程度的降低。其表现是畜群个体体质减弱、生长较慢、繁殖力减退、生活力下降、生产力降低、适应性变差、死胎和畸形增多。

近交衰退的原因是：①由于近交使基因型纯合，基因的非加性效应减小，在有利基因纯合的同时，隐性的有害基因也得到纯合，从而表现出有害性状——基因学说。②从生理生化角度分析，近交衰退是由于近交个体某种生理上的不足，造成内分泌系统不平衡或是未能产生所需要的酶，或是产生不正常的蛋白质及其他化合物 生理生化学说。

为了防止近交衰退，除了正确地应用近交，严格掌握近交程度和应用时间外，还应采取以下措施：

（一）严格选择和淘汰

由于近交可使基因纯合，当有害基因纯合时，会导致某些个体表现出有害性状；同时近交的不良影响是逐代积累的，随着近交代数的增加，衰退也越来越明显，所以对近交后代要严格选择和淘汰，以防有害基因的积累和有害性状的出现。

（二）轮换使用种公畜，进行血缘更新

为防止近交衰退，可引进一些同品种、同类型、无亲缘关系的种公畜或者从改良站引进精液、胚胎等进行血缘更新，造成一定的内在差异，以提高后代的生活力和生产性能。

（三）加强饲养管理

近交个体遗传性稳定，种用价值高，但生活力差，对饲养管理条件要求较高，如果能适当提高营养水平，加强环境的调控，满足它们的需要，就可以不表现或少表现近交带来的不良影响；若饲养管理条件差，后代就会受到遗传与环境因素的双重影响，导致严重的衰退现象，所以对近交的后代要加强饲养管理。

（四）保持足够数量的公畜

这样可避免近交程度的增大和不必要的近交。

五、近交程度的分析

相互有亲缘关系的个体，其系谱中必定有重复出现的祖先，称为共同祖先。分析近交程度则看共同祖先的个数多少和出现代数的远近。共同祖先个数愈多、出现代数愈近，则近交程度愈大，反之则愈小。畜牧学上用来衡量和表示近交程度的方法很多，常见的有罗马数字表示法、近交系数计算法和亲缘系数计算法三种。

（一）罗马数字表示法

用罗马数字表示共同祖先在系谱中所处位置（世代数）来表示近交程度。

首先，查看系谱中父系和母系双方有无共同祖先，如有，可用△、☆或 & 等符号将其标示出来。其次，用罗马数字分别写出共同祖先在母系和父系中出现的世代数，中间用一横线隔开（横线左端为共同祖先在母系中的世代数，横线右端为共同祖先在父系中的世代数）。第三，罗马数字写出后，按下列标准确定其近交程度。

1. 嫡亲交配　横线两边罗马数字之和为 3 或 4。Ⅰ—Ⅱ，Ⅱ—Ⅱ，Ⅰ—Ⅲ，Ⅲ—Ⅰ。

2. 近亲交配　横线两边罗马数字之和为 5 或 6。Ⅱ—Ⅲ，Ⅲ—Ⅱ，Ⅲ—Ⅲ，Ⅰ—Ⅳ，Ⅳ—Ⅰ，Ⅱ—Ⅳ，Ⅳ—Ⅱ。

3. 中亲交配　横线两边罗马数字之和为 6～7。Ⅲ—Ⅳ，Ⅳ—Ⅲ，Ⅵ—Ⅱ，Ⅱ—Ⅵ，Ⅰ—Ⅵ，Ⅵ　Ⅰ，Ⅰ—Ⅴ，Ⅴ—Ⅰ。

4. 远亲交配　横线两边罗马数字之和为 8 及以上。Ⅳ，Ⅲ—Ⅴ，Ⅴ—Ⅲ，Ⅱ—Ⅵ，Ⅵ—Ⅱ，Ⅴ—Ⅴ，Ⅴ—Ⅵ，Ⅵ—Ⅴ，Ⅵ—Ⅵ，Ⅰ—Ⅶ，Ⅶ—Ⅰ。

上述四种亲缘交配中，近交程度最高的为全同胞交配（Ⅱ—Ⅱ，Ⅱ—Ⅱ）、母子交配（Ⅰ Ⅱ）和父女交配（Ⅱ—Ⅰ），其次为半同胞交配（Ⅱ—Ⅱ），再次为祖孙交配（Ⅰ—Ⅲ或Ⅲ—Ⅰ）……

例如：

449号公羊								
120				155				Ⅰ(亲代)
49		105△		8&		105△		Ⅱ(祖代)
6	103☆	8&	10※	5	103☆	19	10※	Ⅲ(曾祖代)

则有：105Ⅱ—Ⅱ，103Ⅲ—Ⅲ，8Ⅲ—Ⅱ，10Ⅲ—Ⅲ。

(二)近交系数计算法

近交系数是表示近交个体基因纯合程度的数量指标，是指个体的全部相对基因中，父母双方来自共同祖先的基因所占的比率，通常以 F 或 f 来表示。一个个体，从亲代得到某一基因的概率是1/2，从祖代得到某一基因的概率是1/4，依此类推。所以共同祖先数量愈多，出现代数愈近，近交系数愈大。如果共同祖先也是近交个体，还要再加上共同祖先本身对近交系数的影响。

1. 近交系数计算公式　根据通径系数原理，个体X的近交系数即是形成个体X的两个配子间的相关系数，用 F_X 表示。

$$F_X=\sum\left[\left(\frac{1}{2}\right)^{n_1+n_2+1}(1+F_A)\right]$$

式中：F_X 为个体X的近交系数；$\frac{1}{2}$ 为各代遗传结构的半数；n_1 为父亲到共同祖先的代数；n_2 为母亲到共同祖先的代数；F_A 为共同祖先自身的近交系数；$n_1+n_2+1=N$ 为亲本相关通径链中的个体数。

注意：公式中的方次加1表示从父母到子代，血统经历一次半化作用。

如共同祖先不是近交所生个体，即 $F_A=0$，公式简化为：

$$F_X=\sum\left(\frac{1}{2}\right)^{n_1+n_2+1}$$

凡双亲到共同祖先的总代数(n_1+n_2)不超过6，即通径链上所有个体的总数(N)不超过7，近交系数大于0.78%者为近交，小于0.78%者，则为远交或非亲缘交配。

2. 典型近交后代的近交系数

(1)半同胞后代的近交系数

$$F_X=\left(\frac{1}{2}\right)^{1+1+1}=\frac{1}{8}=12.5\%$$

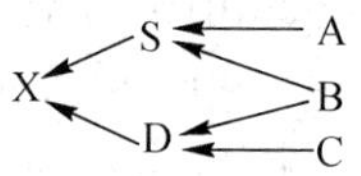

(2)全同胞后代的近交系数

$$F_X=\left(\frac{1}{2}\right)^{1+1+1}+\left(\frac{1}{2}\right)^{1+1+1}=25\%$$

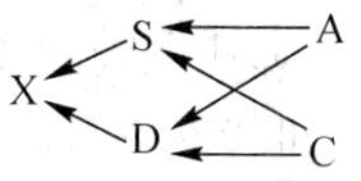

(3)亲子交配后代的近交系数

$$F_X=\left(\frac{1}{2}\right)^{1+0+1}=25\%$$

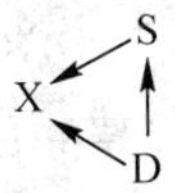

(4)共同祖先自身是近交个体的情况

$$F_X=\left(\frac{1}{2}\right)^{1+1+1}\left[1+\left(\frac{1}{2}\right)^{1+1+1}\right]=14.06\%$$

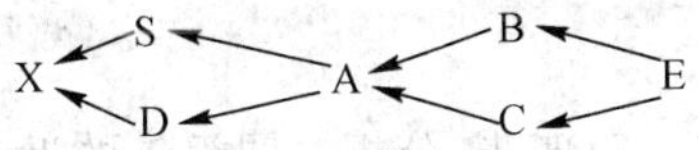

3. 近交系数的迭代公式

连续自交下，第 t 代个体的近交系数为：$F_t=\frac{1}{2}(1+F_{t-1})$。

连续用全同胞交配，第 t 代个体的近交系数为：$F_t=\frac{1}{4}(1+2F_{t-1}+F_{t-2})$。

连续半同胞交配条件下，第 t 代个体的近交系数为：$F_t=\frac{1}{8}(1+6F_{t-1}+F_{t-2})$。

连续与同一个体回交情况下，第 t 代个体的近交系数为：$F_t=\frac{1}{4}(1+2F_{t-1})$。

4. 近交系数的计算步骤

【例 6-1】 种畜个体 1 的横式系谱如下：

求个体 1 的近交系数。

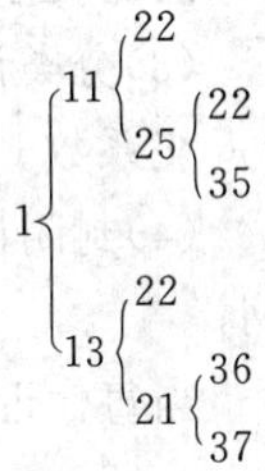

第一步，画出个体的箭头式系谱。先把横式系谱转换成结构式系谱：公畜用方块“□”表示，母畜用圆圈“○”表示。将出现次数最多的个体放在适中位置，以免线条过多交叉。将同一代的个体放在一个水平线上，在几个世代中重复出现的个体放在最早出现的那一代位置，一头家畜在系谱中只能占据一个位置，出现多少次即用多少根线条来连接。

再将结构式系谱转成箭头式系谱：用箭头将个体间的关系相互连接，与亲缘程度评定无关的个体不必画出，箭头指向基因传递方向。

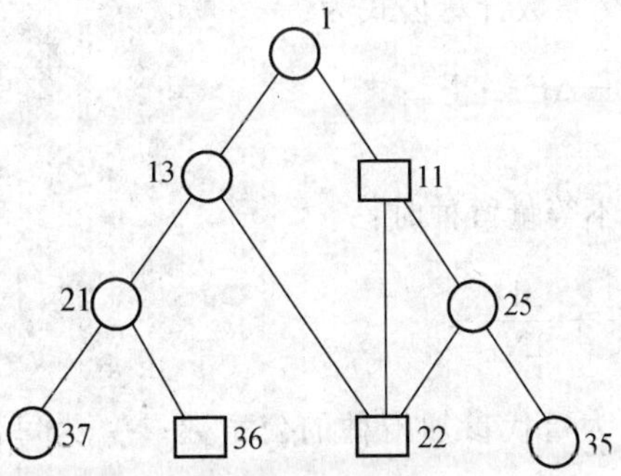

结构式系谱

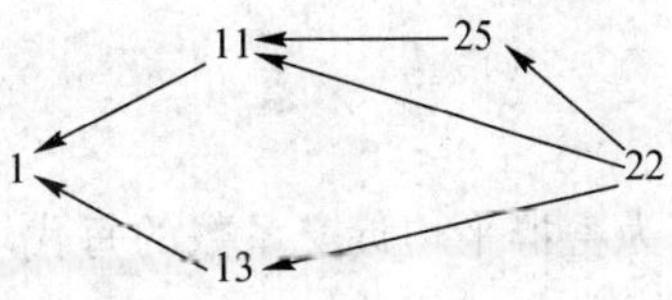

箭头式系谱

第二步，找出个体双亲的所有共同祖先。根据箭头式系谱寻找共同祖先，其为发出箭头两个以上并分别指向父母双亲的个体，例如 22 号个体即为 1 号父母的共同祖先。确定共同祖先还需注意共同祖先的祖先不能算作近交个体父母的共同祖先。

第三步，写出个体父亲经过共同祖先到母亲的所有通径链。书写规则为：所有通径链只能从一个亲本到另一亲本；所有通径链必须经过共同祖先；所有个体在一条通径链上只能出现一次；通径链上的箭头最多只能在共同祖先处改变一次方向。本题的通径链如下：

$$11 \longleftarrow 22 \longrightarrow 13$$

$$11 \longleftarrow 25 \longleftarrow 22 \longrightarrow 13$$

第四步，分析共同祖先的近交情况并计算共同祖先的近交系数。共同祖先 22 号个体无相关系谱资料，故确认为非近交个体。

第五步，根据每条通径链的情况代入公式计算出 1 号个体的近交系数。

$$F_1 = \sum \left(\frac{1}{2}\right)^{n_1+n_2+1} = \left(\frac{1}{2}\right)^{1+1+1} + \left(\frac{1}{2}\right)^{2+1+1} = \frac{3}{16}$$

5. 畜群近交程度估算法　畜群近交程度以畜群的平均近交系数表示。畜群平均近交系数的估算方法视群体大小而定。

(1)小群体　分别求出各个体的近交系数 F_X，以个体 F_X 的平均数来表示群体的近交系数。

(2)大群体　随机抽样，抽取一定数量的个体，逐个计算 F_X，以个体 F_X 的平均数来表示群体的近交系数。

(3)分类计算　将畜群中的个体按近交程度分类，以各类近交系数的加权均值来表示群体的近交系数。

(4)封闭群体　对于不再引进外血的闭锁畜群，其群体平均近交系数可采用下述方法进行估计。

当每代近交系数增量(ΔF)不变时，其近交系数计算公式为：

$$F_t = 1 - (1 - \Delta F)^t$$

式中：F_t 为第 t 世代的畜群近交系数；ΔF 为每代近交系数增量；t 为世代数。

当每代近交系数增量(ΔF)有变化时，其近交系数计算公式为：

$$F_t = \Delta F + (1 - \Delta F) \cdot F_{t-1}$$

式中：F_{t-1} 为第 $t-1$ 世代畜群近交系数。

ΔF 的计算因留种方式不同而异，当各家系不等量留种时：

$$\Delta F = \frac{1}{8N_S} + \frac{1}{8N_D}$$

式中：ΔF 为畜群平均近交系数的每代增量；N_S 为每代参加配种的公畜数；N_D 为每代参加配种的母畜数。

当各家系等量留种时：

$$\Delta F = \frac{1}{32N_S} + \frac{1}{32N_D}$$

为防止近交衰退的发生，提倡各家系等量留种。一般，当畜群中母畜数在12头以上时，可略去母畜的部分，这时群体每个世代近交系数的增量可用下式估算：

$$\Delta F=\frac{1}{8N_S} \quad \text{各家系内不等量留种}$$

$$\Delta F=\frac{1}{32N_S} \quad \text{各家系内等量留种}$$

【例6-2】 有一闭锁畜群连续8个世代没有引入外来公畜，群内公畜始终保持3头，而且实行随机留种，试问该畜群的近交系数是多少？

该畜群每个世代近交系数的增量为：

$$\Delta F=\frac{1}{8N_S}=\frac{1}{8\times 3}=0.041\ 67$$

经过8个世代后畜群的近交系数为：

$$F_8=1-(1-0.041\ 67)^8=0.288\ 6=28.86\%$$

（三）亲缘系数计算法

在育种工作中，不仅需要了解群体内个体的近交系数，很多时候还要了解群体内两个个体的亲缘系数(R)，亲缘系数是指两个个体间的遗传相关程度，也就是两个个体间的遗传相关系数。

个体间的亲缘关系分为直系亲属和旁系亲属两类。这两种亲缘系数的计算方法是不同的。

1. 直系亲属间的亲缘系数　直系亲属是指某个体与祖先的关系，个体X与其某个祖先间亲缘系数的计算公式为：

$$R_{XA}=\sum\left(\frac{1}{2}\right)^N\sqrt{\frac{1+F_A}{1+F_X}}$$

式中：R_{XA}为X个体到其祖先A个体间的亲缘系数；N为由个体X到其祖先A的世代数；F_X为X个体的近交系数；F_A为A个体的近交系数；$\sum$为个体到祖先A的通径链的路数累加。

【例6-3】 X、D、S、I个体间的关系如下：

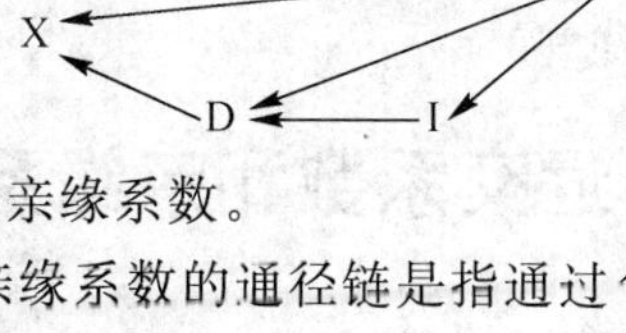

试计算X个体与S个体间的亲缘系数。

第一步，找出通径链。计算亲缘系数的通径链是指通过个体X的父亲或母亲把个体和祖先连接起来的链。

S → X　　$N=1$

S → D → X　　$N=2$

S → I → D → X　　$N=3$

这里的N值等于通径链上的个体数减去1。

第二步，计算祖先和个体的近交系数。本例中S为非近交个体，所以$F_S=0$；个体为近交个体，按照前面介绍的方法进行计算可得 F_X。

$$F_X=\left(\frac{1}{2}\right)^{1+0+1}+\left(\frac{1}{2}\right)^{2+0+1}=0.375$$

第三步，将数据代入公式计算可得亲缘系数 R_{XS}。

$$R_{XS}=\left[\left(\frac{1}{2}\right)^{1}+\left(\frac{1}{2}\right)^{2}+\left(\frac{1}{2}\right)^{3}\right]\cdot\sqrt{\frac{1+0}{1+0.375}}=0.7461$$

注意：计算直系亲属间的亲缘系数时，通径链起于后代，止于祖先，中途不转换方向。

2. 旁系亲属间的亲缘系数　旁系亲属是指同一代上的两个个体之间的关系，旁系亲属间亲缘系数的计算公式为：

$$R_{SD}=\frac{\left[\sum\left(\frac{1}{2}\right)^{N}\right](1+F_A)}{\sqrt{(1+F_S)(1+F_D)}}$$

式中：R_{SD} 为个体 S 和 D 间的亲缘系数；N 为个体 S 和 D 分别到共同祖先的代数之和，即 $N=n_1+n_2$；F_S 为个体 S 的近交系数；F_D 为个体 D 的近交系数；F_A 为 S、D 的共同祖先的近交系数。

注意：个体的近交系数实际等于双亲的亲缘系数乘以 $\sqrt{\frac{(1+F_S)(1+F_D)}{2}}$。若双亲均为非近交个体，即 $F_S=F_D=0$，则个体的近交系数等于其双亲亲缘系数的 $\frac{1}{2}$。例如：

半同胞的亲缘系数为：

$$R_{SD}=\frac{\left(\frac{1}{2}\right)^{2}\times(1+0)}{\sqrt{(1+0)(1+0)}}=\frac{1}{4}=0.25=2F_X$$

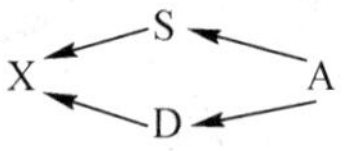

全同胞的亲缘系数为：

$$R_{SD}=\frac{\left[\left(\frac{1}{2}\right)^{2}+\left(\frac{1}{2}\right)^{2}\right]\times(1+0)}{\sqrt{(1+0)(1+0)}}=\frac{1}{2}=0.5=2F_X$$

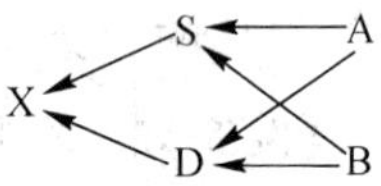

【实训操作】

实训 6-2　近交系数和亲缘系数的计算

一、实训目的

熟悉近交系数和亲缘系数的计算方法。

二、实训内容

1. 近交系数的计算　参见例 6-4。

【例 6-4】 现有 X 号公羊的横式系谱如下：

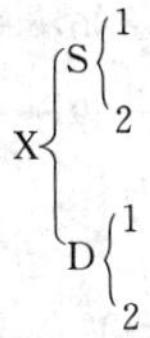

试计算 X 号个体的近交系数。

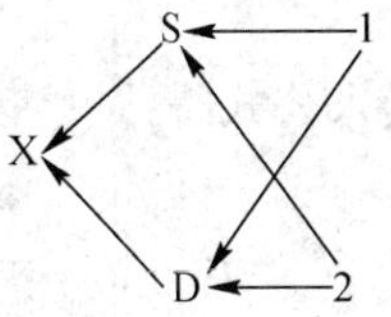

(1)把个体系谱改绘成通径图。从个体的系谱中查找出共同祖先 1 和 2。由共同祖先引出箭头指向个体 X 的父亲 S,同时引出箭头指向个体 X 的母亲 D。共同祖先通向 X 的父亲 S 和母亲 D 归结于个体 X 的通径链中,所有各代祖先不可省略。通径图中每个祖先只能出现一次,不能重复。

(2)列出通径链,得出 N。把各条通径链的 N,代入公式,可算出 F_X。由通径图可知,从共同祖先 1 号和 2 号,分别与父亲(S)和母亲(D)连接起来的通径链是:

$$S \longleftarrow 1 \longrightarrow D \qquad N=3$$
$$S \longleftarrow 2 \longrightarrow D \qquad N=3$$

$$F_X=\left(\frac{1}{2}\right)^3+\left(\frac{1}{2}\right)^3=0.25$$

即 X 个体的近交系数为 25%。

2. 亲缘系数的计算　亲缘系数表示两头家畜之间的亲缘相关程度,也就是表示两个家畜具有相同基因的概率。亲缘关系有两种:一种是直系亲属,即祖先与后代;另一种是旁系亲属,即不是祖先与后代关系的亲属。由于公式不同,其亲缘系数要分别计算。

(1)直系亲属间亲缘系数的计算。其计算公式为:

$$R_{XA}=\sum\left(\frac{1}{2}\right)^N\sqrt{\frac{1+F_A}{1+F_X}}$$

如果共同祖先 A 和个体 X 都不是近交所生,公式可简化为:

$$R_{XA}=\sum\left(\frac{1}{2}\right)^N$$

【例 6-5】 289 号公羊的横式系谱如下:

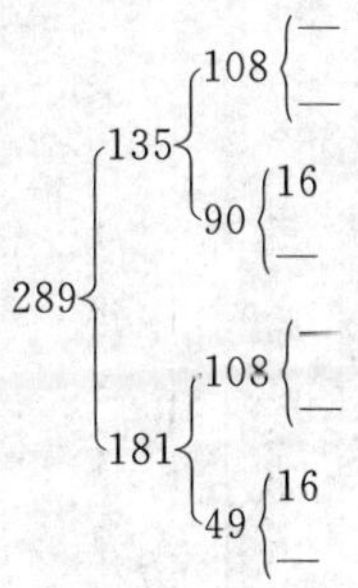

试计算 289 号与 16 号之间的亲缘系数。

从 289 号公羊的横式系谱可以看出,289 号与 16 号之间的亲缘关系有两条通径链,每条通径链的代数都是 3：

289 ←—— 135 ←—— 90 ←—— 16　　　$N=3$

289 ←—— 181 ←—— 49 ←—— 16　　　$N=3$

289 号公羊还是近交后代，其近交系数为：

$$F_{289}=\left(\frac{1}{2}\right)^{3}+\left(\frac{1}{2}\right)^{5}=0.156\qquad F_{16}=0$$

代入公式得：

$$R_{(289)(16)}-\left[\left(\frac{1}{2}\right)^{3}+\left(\frac{1}{2}\right)^{3}\right]\sqrt{\frac{1+0}{1+0.156}}=\frac{1}{4}\sqrt{\frac{1}{1.156}}=0.232\,5=23.25\%$$

即 289 号公羊与其祖先 16 号公羊之间的亲缘系数是 23.25%。

(2)旁系亲属间亲缘系数的计算。其计算公式为：

$$R_{SD}=\frac{\left[\sum\left(\frac{1}{2}\right)^{N}\right](1+F_{A})}{\sqrt{(1+F_{S})(1+F_{D})}}$$

如果个体 X、Y 和共同祖先(A)，都不是近交个体，则上式可变为：

$$R_{XY}=\sum\left(\frac{1}{2}\right)^{N}$$

【例 6-6】 仍用上例系谱，计算 135 号和 181 号间的亲缘系数。

从 289 号公羊的横式系谱可以看出，135 号和 181 号之间，有 108 号和 16 号 2 个共同祖先，其通径链为：

135 ←—— 108 ——→ 181　　　$N=2$

135 ←—— 90 ←—— 16 ——→ 49 ——→ 181　　　$N=4$

又 $F_{135}=F_{181}=F_{108}=F_{16}=0$，代入公式后得：

$$R_{(135)(181)}=\left(\frac{1}{2}\right)^{2}+\left(\frac{1}{2}\right)^{4}=0.25+0.062\,5=0.312\,5=31.25\%$$

三、实训作业

X 个体的横式系谱如下：

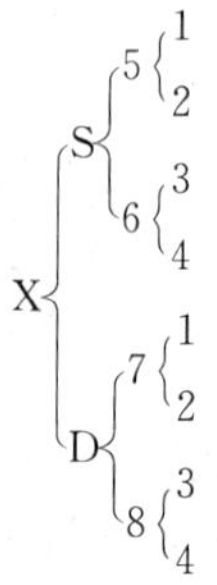

改绘通径图，并计算 F_{X} 和 R_{SD}。

四、技能考核标准

<table>
<tr><td colspan="3" rowspan="2">考核内容</td><td colspan="2">评分标准</td><td rowspan="2">考核方法</td></tr>
<tr><td>分值</td><td>扣分依据</td></tr>
<tr><td rowspan="6">近交系数和亲缘系数的计算</td><td rowspan="2">近交系数</td><td>计算方法</td><td>20</td><td>每错一步扣5分</td><td rowspan="6">操作考核</td></tr>
<tr><td>计算结果</td><td>20</td><td>计算结果不准确扣10分</td></tr>
<tr><td rowspan="2">亲缘系数</td><td>计算方法</td><td>20</td><td>每错一步扣5分</td></tr>
<tr><td>计算结果</td><td>20</td><td>计算结果不准确扣10分</td></tr>
<tr><td colspan="2">熟练程度</td><td>10</td><td>在教师指导下完成时扣5分</td></tr>
<tr><td colspan="2">完成时间(时限40 min)</td><td>10</td><td>每超时1 min扣1分直至10分</td></tr>
</table>

【自测训练】

一、名词解释

选配 同质选配 异质选配 亲缘选配 近交

二、问答题

1. 简要说明选配的作用,同质选配与异质选配的适用情况。
2. 近交的遗传效应是什么?
3. 防止近交衰退的措施有哪些?应用近交时要注意哪些问题?
4. 在生产实践中,怎样灵活运用近交?

项目 7　育种方法

【知识目标】

1. 掌握品种的概念、特点及分类；
2. 了解品种资源保护的意义和任务，掌握保种的原理和方法；
3. 了解本品种选育的意义、作用和基本措施；
4. 掌握品系的类别和品系的建系方法；
5. 掌握引入杂交和改良杂交的方法和注意事项；
6. 掌握杂交育种的步骤。

【能力目标】

1. 学会制订引种及保种方案；
2. 掌握本品种选育的基本方法以及在生产上的应用；
3. 掌握引入杂交和改良杂交在现有地方品种改良中的应用；
4. 学会用已知的育种素材设计杂交育种方案。

【学习任务】

任务 7-1　本品种选育

一、品种的概念

种是动物分类学的基本单位，而品种则是畜牧学上的分类单位。牛和马是不同的种，羊和猪也是不同的种。同属一个种的牛或鸡，由于生产用途的不同，又形成了不同的类型。有的是肉用型，如肉用短角牛品种、肉鸡；有的是奶用或蛋用型，如荷斯坦奶牛或蛋鸡品种。

种是自然选择的产物，品种则主要是人工选择的产物。野生动物只有种和变种，没有品种，只有人工饲养的畜禽才有品种。畜禽品种的主要特性是：具有独特的经济性状，能满足人类的一定要求；对一定的自然和经济条件有适应性，并可随人工选择和生产方向的改变而改变；同时，它的性状能够稳定遗传。

畜禽品种的好坏直接影响着畜牧业生产水平。一般来说，只有适应性强、生产性能高、遗传性稳定、种用价值高的品种才算是好品种。作为一个品种应具备以下条件：

1. 来源相同 同一品种畜禽在血统来源上基本相同,其遗传基础也非常相似。一般来说,古老的品种往往来源于一个祖先,而新培育的品种则可能来源于多个祖先,如新疆细毛羊的共同祖先是哈萨克羊、高加索羊、蒙古羊和泊列考斯羊等四个品种。

2. 适应性相似 一个品种是在一定自然条件和社会经济条件下育成的,对该条件具有良好的适应性。

3. 特征特性相似 同一品种家畜在体型结构、外貌特征和主要经济性状方面都很相似,容易与其他品种区别。例如,东北民猪是黑色,金华猪是"两头乌",中国荷斯坦奶牛产奶量高,适应性广,而海福特牛产肉多。

4. 遗传性稳定 种用价值高的品种只有具有稳定的遗传性,才能将其优良的性状遗传给后代,这种特性不仅使品种得以保持,而且当它同其他品种杂交时,能起到改良作用。这是品种畜禽与杂种畜禽最根本的区别。

当然,遗传性的稳定是相对的,随着人工选择作用的加强,还会在生产性能或生产方向方面逐步得到改变,使品种得到发展,以满足人们的生活需求。

5. 一定的结构 所谓一定的结构,是指一个品种由若干个各具特点的类群构成,即包括品系、品族群和类型,这就是品种的异质性。有了这种异质性基础,才能使一个品种在纯种繁育情况下还能继续得到改进提高。

6. 足够的数量 品种是个相当大的群体,数量太少不能符合成为品种的条件。只有品种内个体数量足够多,才能保持品种的生活力,才能保持较广泛的适应性,才能进行合理选配而不会导致近交。我国各种畜禽育种协作组对此做了明确规定,如猪应有 2 000 头以上基础母猪和相应的公猪,绵、山羊新品种的特、一级母羊数应在 3 000 只以上等。如果质量达到标准,而数量不足可以称为品群。

此外,还应具有一定的经济价值。

二、品种的分类

了解品种分类,是为了更好地掌握各类品种的特性,以便在育种工作组织中正确选择和利用它们。

(一)按培育程度分类

1. 原始品种 原始品种是在农业生产水平较低,长期选种选配水平不高,而饲养管理粗放的情况下所形成的品种,例如,蒙古马和蒙古牛,它们终年放牧,气候恶劣,夏季酷暑,冬季严寒又缺草、料,在这种情况下,所受自然选择的作用较大。原始品种的特点:晚熟,个体一般相对较小;体格协调,生产力低但全面;体质粗壮,耐粗耐劳,适应性强,抗病力高,如我国黄牛很少患肺结核病。

2. 培育品种(育成品种) 它是经过人们有明确目标选择和培育出来的品种。由于人们对它的育成付出了巨大的劳动,因此,其生产力和育种价值都较高。许多优良品种,如新疆细毛羊、荷斯坦奶牛等都属于这类品种。培育品种的特点:生产力高;早熟,体型也较大;要求的饲养管理条件高;分布地区往往超出原产地范围;品种结构复杂;育种价值高。

3. 过渡品种 有些品种虽不够培育品种,但比原始品种的培育程度高,人们称这类品种为过渡品种。过渡品种往往很不稳定,如能进一步选育,可很快成为培育品种。

(二)按生产力类型分类

按家畜的生产力类型,可将品种分为专用品种和兼用品种两类。

1. 专用品种　由于人们的长期选择与培育,使品种的某些特性获得显著发展或某些组织器官产生了突出的变化,从而出现了专门的生产力,这就是专用品种。如养牛业中有奶用品种、肉用品种等,养羊业中有细毛品种、半细毛品种、羔皮品种、裘皮品种、肉用品种等,养猪业中有脂肪型品种、瘦肉型品种等,鸡分为蛋用品种、肉用品种等。

2. 兼用品种　是指兼备不同生产用途的品种。属于这类品种的有两个:一是在农业生产水平较低的情况下形成的原始品种,它们的生产力虽然全面但较低;二是专门培育的兼用品种,如羊有毛肉兼用细毛羊品种,牛有肉乳兼用品种,鸡有蛋肉兼用品种。这些兼用品种,体质一般较健康结实,对地区的适应性较强,生产力也并不显著低于专用品种。

(三)按体型和外貌特征分类

1. 体型大小　根据体型大小可将家畜分为大型、中型、小型 3 种。例如,肉牛中有大型肉用牛(如夏洛来牛)、中型肉用牛(如德国黄牛)、小型肉用牛(如安格斯牛),家兔也有大型品种(成年体重 5 kg 以上)、中型品种(成年体重 3～5 kg)、小型品种(成年体重 3 kg 以下)。

2. 角的有无　牛、绵羊中根据角的有无分为有角品种和无角品种。

3. 尾的大小或长短　绵羊有大尾品种(大尾寒羊)和小尾品种(小尾寒羊),以及脂尾品种(哈萨克羊)等。

4. 毛色或羽色　猪有黑、白、花斑、棕、红等品种,如湘西黑猪、长白猪。某些绵羊品种的黑头,喜马拉雅兔的黑鼻尖、黑耳尖和黑脚,荷斯坦牛的黑白花等,都是典型的品种特征。鸡的芦花羽、黑羽、白羽等也是重要的品种特征。

5. 鸡的蛋壳颜色　鸡根据蛋壳的颜色分为褐壳品种、粉壳品种和白壳品种。

三、本品种选育的概念和意义

本品种选育是指在品种内部通过选种选配、品系繁育、改善培育条件等措施,提高品种生产性能的一种育种方法。本品种选育的目的是保持和发展本品种的优良特性,增加品种内优良个体的比例,克服该品种的某些缺点,并保持品种纯度,不断提高品种的数量和质量。

对于一个品质优异的品种,只有不断加强选育工作,才能减少自然选择的影响,从而防止品种退化。任何良种都不是十全十美的,为了保持和发展该品种的优良性能,克服个别缺点,进行本品种选育是十分必要的。

本品种选育一般是在品种的生产方向不作重大改变时使用。

四、本品种选育的措施

本品种选育包括本地品种选育和引入品种选育两个方面。

(一)本地品种的选育

1. 本地品种的特点及选育方法　我国本地品种根据选育程度大体可分为三类:第一类是

选育程度较高的，如北京鸭、湖羊、滩羊、泰和鸡等，这类品种类型整齐、生产性能突出；第二类是选育程度较低的，其群体类型不一，性状不纯，生产性能中等，我国大多数地方良种属于这种类型；第三类是由杂交培育成的新品种或新品系，如较早育成的新疆细毛羊、哈白猪、北京黑猪等，这种类型的共同特点是生产性能较高，适应性较好，但纯度不高，类型很不一致。

对于这三种不同类型的良种，应采取不同的选育措施。对于第一类，主要是加强选育，开展品系繁育，利用系间杂交进一步提高生产性能。对于第二类，重点是建立核心群，开展闭锁繁育，加强选择，提纯复壮。对于第三类，重点是通过严格的选种选配，提高其纯度，使其性状能稳定地遗传给后代，达到类型一致，对于数量太少的种群还应增加数量。

2. 本地品种选育的基本措施

(1)进行品种普查　首先要组织专业技术人员查清地方良种的数量、分布、主要性能表现等，进一步明确品种的特征特性、主要优缺点，以便于采取相应的选育措施，有计划地开展工作。

(2)制订选育规划，明确选育目标　选育目标应根据社会经济发展的需要，尤其是人民生活水平日益提高的需要，结合当地自然条件和品种原有的优良特性和缺点，综合考虑拟定。我国许多地方品种具有独特的优点，如太湖猪的高产仔性能，北京鸭的快肥肉美等，因而，在拟定选育目标时应充分考虑保留和提高。再如，黄牛的选育方向由过去的役用转向肉用、乳用方向。

(3)划定选育基地，建立良种繁育体系　在地方良种的产区划定选育基地，在选育基地范围内，逐步建立育种场、良种繁殖场和一般的饲养繁殖场，建立一套良种繁育体系。要在育种场内建立好核心群，为选育区提供优良种畜，促进整个品种的提高。

(4)严格执行选育技术措施　要严格执行选种选配方案，严格选优去劣，及时准确地做好性能测定工作。要实行良种登记制度，建立健全种畜档案。良种不一定高产，只有在比较适宜的饲养管理条件下才有可能发挥其高产性能。因此，饲养中要把改善饲养管理条件放在重要地位来抓。

(5)开展品系繁育　实践证明，开展品系繁育是加快选育进程的一种行之有效的方法。在本地品种选育过程中，要积极创造条件，开展品系繁育，以利于整个品种的全面提高。

(6)做好组织协调工作　本地品种选育涉及面广，时间长，任务重，因而要在统一组织领导下，制订选育方案，各参与单位分工协作，共同组织完成。

(二)引入品种的选育

1. 引入品种的特点　引入品种是指由其他地区引入到本地区的品种，包括从国外引进的品种和从国内其他地区引进的品种。

引入品种选育，从本质上看，与本地良种选育是一致的，前面所讲的良种选育措施也同样适用。但引入品种毕竟不是在当地条件下育成的，甚至条件差异较大。因此，引入品种的选育应首先从加强它们对当地条件的适应性入手，逐步提高其生产性能。其次，引入品种的数量一般不可能太多，自群繁育容易造成近交退化，因而必须采用恰当的选种选配制度，以确保引入品种的顺利发展。

2. 引入品种选育的主要措施

(1)集中饲养、逐步推广　引入品种一般数量少，应采取相对集中饲养的措施，建立以饲养繁殖该品种为主要任务的扩繁场，以利驯化和开展选育工作。如果实行分散饲养，可能因种公畜过少，造成近交退化；或因管理粗放、技术力量不足，使品种性能得不到正常发挥。因此，对引进品种，必须集中人力物力，办好良种繁殖场，逐步扩大数量，不断提高质量。一般来讲，良种群中需经常保持50头以上的母畜和3头以上的公畜。

（2）慎重过渡　对引入品种的饲养管理，应采取慎重过渡的办法，使之逐步适应。要尽量创造有利于引入品种性能发挥的饲养管理条件，进行科学饲养。例如，从国外引进的良种猪，其原产地的饲料多为精料型，而且蛋白质含量较高，故应慢慢增加青饲料比例，使之逐渐适应我国的饲料类型。同时，还应逐渐加强其适应性锻炼，提高其耐粗性、耐热或耐寒性和抗病力。

（3）开展品系繁育　品系繁育是引入品种选育中的一项重要措施。开展品系繁育的目的是保持原有品种的优良特性，克服某些缺点，使之符合当地要求；通过系间杂交，使来源不同、特点各异的品系互相杂交，结合其优点，建立我国自己的综合品系。

五、品种资源的保存及利用

一个品种中汇集着各种各样的优良基因，它们能在一定的环境中发挥作用，从而使品种表现出各种为人类所需要的优良性状。因此，一个品种就是一个特殊的基因库，也是培育优质高产品种和利用杂种优势的良好原始材料。认真保护和合理利用品种资源，确实是一项重要的任务。

（一）保种的意义和任务

品种资源的保存简称保种，其任务是妥善保存现有畜禽品种，使之免遭混杂和灭绝。实质就是保存现有畜禽品种资源的基因库，尽可能使其中的每一种基因都不丢失。从这个意义上说，保种要求闭锁繁育和防止近交，而不强调品质的提高。当然保种也不是把地方品种毫无选择地全部保存下来，而仅是对某些具有某种优良特性，或适于做杂种优势利用的品种加以保存。对那些低劣的、没有保留价值的品种，则不必过分强调保种。

中国的品种资源极为丰富，许多地方品种具有独特优点。如产仔多的太湖猪，耐寒体大的东北民猪，适于腌制火腿的金华猪，水旱两用的延边牛，乳肉兼用的三河牛，产优良羔皮的湖羊，产优质裘皮的滩羊，肉质优良的北京鸭，有药用价值的乌骨鸡等。品种资源是不可再生的，如不及时采取保种措施，品种资源可能流失。所以，为了满足当前和未来的育种需要，无论是地方品种、引入品种，还是一些生产性能很低，但能适应特殊环境条件的原始品种，都应加以妥善保存。

中国当前列为重点保护的畜禽有以下几类：地方良种；生产性能上有特点的品种，如太湖猪、乌骨鸡等；适应特定自然环境或对疾病有特殊抵抗力的品种，如牦牛等；矮小型品种，如沼泽水牛（体重250 kg左右）、香猪、仙居鸡等；现有品种中某些特殊的变异类型，如白色水牛、白牦牛、彩貂等。

保种的意义如下：

（1）弥补现代流行品种的遗传内容贫乏、缺乏适应新的社会需求和生态环境的遗传潜力。

（2）提供资源储备，适应人类社会的畜产品消费方式以及不同类型畜产品的社会经济价值的发展变化。

（3）提供对疫病的非特异性免疫性基因资源。

（4）在不同自然条件和社会经济条件下充分发挥不同家畜品种的各自优势和对其环境条

件的适应优势，作为现代良种的补充。

(5)为发育学、历史学、社会学等其他领域研究提供特殊用途的材料。

(二)保种的原理和方法

保种的任务是使基因库中每一种基因都不丢失。要达到这一要求，首要的条件是有大的群体，并已实行随机交配，使之不受突变、选择、迁移、漂变等影响。然而，在畜牧业中，作为一个保种群，往往是闭锁的有限群体，根据群体遗传学原理，在一个闭锁的有限群体内，特别是小群体内，任何一对等位基因都有可能因遗传漂变而使其中一个基因固定为纯合子，另一个消失掉。近交不但能引起衰退，而且由于它具有使基因趋向纯合的作用，因而在选择和漂变的配合下，也能使某些基因消失。这些都是对保种不利的。要想妥善地保存现有畜禽品种，必须考虑以下因素：

1. 群体有效含量与留种方式

(1)群体有效含量　群体规模的大小，在生产中多采用总个体数(N_c)或有繁殖能力的个体数(N_b)来表示。但这种表示方法即使在总头数相同的前提下，也可因公母比例的不同，使其在遗传上的影响相差甚大。为了便于相互比较，群体遗传学中采用有繁殖能力的有效个体数(N_e)，即群体有效含量来表示。所谓群体有效含量，是指在近交增量的效果上群体实际头数所相当的“理想群体”的头数，而理想群体是指规模恒定，公母各半，没有选择、迁移、突变，也没有世代交替的随机交配群体。显然，群体有效含量愈大，近交系数增加也愈慢，可见，要保持一个品种的优良性状不丢失，必须保持群体有适当的有效含量。群体有效含量与公母比例和留种方式关系密切。同样数量的群体，公畜数量愈多，群体有效含量愈大；相反，公畜数量愈少，有效含量愈小。

(2)留种方式　留种方式不同时，群体有效含量的计算方法也不相同。

①随机留种　这是最常见的情况，留种时不照顾家系，将群体内所有公畜的后代放在一起，根据个体的表型值高低来选留后备种畜。这样，优良种畜的后代选留就多，劣等公畜的后代可能被排除在外，使以后各代群体内个体间亲缘关系越来越近，群体有效含量减少，近交系数增量加快。采用随机留种计算群体有效含量的公式是：

$$N_e=\frac{4N_S\cdot N_D}{N_S+N_D}$$

式中：N_e为群体有效含量；N_S为实际参加繁殖的公畜数；N_D为实际参加繁殖的母畜数。

计算每世代近交系数增量的公式是：

$$\Delta F=\frac{1}{2}N_e=\frac{1}{8}N_S+\frac{1}{8}N_D$$

式中：ΔF为每世代近交系数增量。

②各家系等量留种　实际生产中虽能做到家系等量留种，但要公母各半比较困难，这在经济上很不合算。但公母畜数的差异越大，群体的有效含量就越小，近交率就越大。因而要有一个恰当的比例，即留种的个体，在数目上和性别上仍保持各家系相同，这时计算群体有效含量的公式为：

$$N_e = \frac{16N_S \cdot N_D}{N_S + 3N_D}$$

计算每世代近交系数增量的公式为：

$$\Delta F = \frac{1}{2N_e} = \frac{3}{32N_S} + \frac{1}{32N_D}$$

例如，有一群体由 10 头公畜和 50 头母畜组成，分别采用随机留种法和各家系等量留种法，要求计算出各自的群体有效含量和近交系数的增量。

随机留种： $$N_e = \frac{4N_S \cdot N_D}{N_S + N_D} = \frac{4 \times 10 \times 50}{10 + 50} = 33.34\text{(头)}$$

$$\Delta F = \frac{1}{2N_e} = \frac{1}{2 \times 33.34} = 0.015 = 1.5\%$$

各家系等量留种： $$N_e = \frac{16N_S \cdot N_D}{N_S + 3N_D} = \frac{16 \times 10 \times 50}{10 + 3 \times 50} = 50\text{(头)}$$

$$\Delta F = \frac{1}{2N_e} = \frac{1}{2 \times 50} = 0.010 = 1.0\%$$

上面的计算结果表明，不同的留种方式对群体有效含量和近交系数的增量有明显的影响。家系等量留种比随机留种，近交系数增量要小；同样实行家系等量留种，公畜数多，近交系数增量相对较小。所以群体的公畜数量的多少对保种起着重要作用。在畜禽品种的保种过程中，如果因某种原因必须减少群体头数的话，不应公母等量减少，而应尽量多留公畜，才有利于保种。

2. 保种群建立方法　保种的目的既不是提高品种质量，也不是生产畜产品，而是尽可能保留一个种群的全部基因。因此，保种的关键是确定合适的保种群体规模，有效地控制群体近交系数增长。为此，可采取以下措施：

(1)划定良种基地　在基地内禁止引进其他品种的种畜，严防群体混杂。

(2)建立保种群　保种群的公畜必须有足够的数量，一般认为，大家畜应有不同血缘的公畜 10 头以上，小家畜有 20 头以上。猪、鸡的公母比例为 1∶5，牛、羊为 1∶8。

(3)实行各家系等量留种　即每世代留种时，在每头公畜的后代中留 1 头公畜，在每头母畜的后代中选留等量母畜。

(4)防止近交　采用随机交配或非近交公畜轮回配种制度，尽量避免同胞交配。

(5)延长世代间隔　适当延长世代间隔，以减缓群体近交系数的增长。

(6)应用生物技术进行保种　将精液冷冻保存技术、胚胎移植技术和 DNA 技术用于保种。

(三)保种的方法

畜禽遗传资源保存主要有三种方法：活体原位保存、配子或胚胎的超低温保存、DNA 保存。此外，体细胞保存也是很有希望的一种方式。这些方法各有利弊，需要共同使用，互为补充。

活体保存是目前最实用的方法，可以在利用中动态地保存资源，但是，其弊端在于需要设立专门的保种群体，维持成本很高，存在管理问题，畜群会受到各种有害因素的侵袭，例如疾病、近交、有害基因的存在、其他畜群的污染、自然选择带来的群体遗传结构变化等。

随着生物技术的发展，尽管目前超低温冷冻方法保种还不能完全替代活畜保种，但作为一种补充方式，仍具有很大的实用价值，特别是对稀有品种或品系，利用这种保存方法可以较长时期地保存大量的基因型，免除畜群对外界环境条件变化的适应性改变。生殖细胞和胚胎的长期冷冻保存技术、费用和可靠性在不同的家畜有所不同。一般情况下，超低温冷冻保存的样本收集和处理费用并不是很高，特别是精液的采集和处理是相对容易和低廉的，而已冷冻保存的样本也便于长途运输。对生产性能低的地方品种而言，这种方式的总费用要低于活体保存。利用这种方式保存遗传资源，必须对供体样本的健康状况进行严格检查，同时做好有关的系谱和生产性能记录。

DNA基因组文库作为一种新型的遗传资源保存方法，目前基本上处于研究阶段。随着分子生物学和基因工程技术的完善，可以直接在DNA分子水平上有目的地保存一些特定的性状，即基因组合，通过对独特性能的基因或基因组定位，进行DNA序列分析，利用基因克隆，长期保存DNA文库。这是一种最安全、最可靠、维持费用最低的遗传资源保存方法，在将来需要时，可以通过转基因工程，将保存的独特基因组合整合到同种甚至异种动物的基因组中，从而使理想的性能重新回到活体畜群。

体细胞的冷冻保存可能是成本最低廉的一种方式，为畜禽遗传资源保存提供了一条新的途径，即利用体细胞可以长期保存现有动物的全套染色体，并且将来可以利用克隆技术完整地复制出与现有遗传素质完全一致的个体，即使现有的特定类型完全灭绝，将来也可以利用同类甚至非同类动物个体作为“载体”来重新恢复。

（四）品种资源的利用

1. 直接用于生产畜产品　中国的地方良种和新培育的品种以及引入的一些外来良种，既有较高的生产性能，又有良好的适应性，都可直接利用，生产优质的畜产品。

2. 作为杂种优势利用的原始材料　中国的地方良种大多具备繁殖性能好、适应性强等优点，适于作为杂交的母本；外来品种一般遗传性能稳定，生产性能高，适于作为杂交的父本。

3. 作为培育新品种的原始材料　杂交育种时，通常都采用当地良种与外来品种杂交的方法，来培育综合它们优点的新品种。例如，培育三江白猪就是采用长白猪与东北民猪杂交，培育草原红牛是采用短角牛与蒙古牛杂交。

任务7-2　品系繁育

一、概述

（一）品系的概念

品系是指一群具有突出优点，并能将这些突出优点相对稳定地遗传下去的种畜群。但根据现代的育种观点，品系应该是一个更广泛的概念，严格地讲，这种传统意义上的品系已不能代表现代品系的含义,应该称为单系。

广义的品系概念是指在品种内,凡是具有共同的优良特性,并能稳定遗传的种用群体称作品系。根据这个概念,品系应具有下列条件:

1. 有突出的优点　这是品系存在的首要条件,也是区分品系间差别的标志。

2. 有相对稳定的遗传性能　有较高的种用价值,而且遗传优势明显。

3. 血统来源相同　有一个或若干个共同祖先和较近的亲缘关系。

4. 具有一定数量　使它在自群繁育时能够稳定地保持其突出的优点。

(二)品系的类别

品系的类别主要根据品系的性质和特点划分。

1. 地方品系　在分布较广泛、个体数量较多的品种中,往往由于各地自然地理条件、饲料种类和管理方式不同以及地区性的选择标准的差异,而形成品种内不同地方类群,这种在同一品种内经长期选育而形成的具有不同特点的地方类群称为地方品系。

2. 单系　单系是指来源于同一头卓越系祖,并且具有与系祖相似的外貌特征和生产性能的高产畜群。单系的特点是:群体小,育成时间短,形成快,系内近交系数高,遗传性较稳定,种用价值高。但是,系祖及其继承者难找,寿命短(系祖寿命短,品系的寿命也短)。

3. 近交系　近交系是连续两代全同胞交配、群体近交系数达到 0.375 以上,或连续四代半同胞交配、群体近交系数达到 0.381 以上的群体。其近交系数往往超过大群平均近交系数的数十倍。近交系的培育通常是为了固定某些特殊性状,或者是为了使群体具有较高的基因纯化而进行的建系方法。

4. 群系　由具有相似优良性状的动物先组成基础群,而对是否为同胞或近亲个体不加考虑,然后实行群内闭锁繁育方式,巩固和扩大具有该优良特征特性的群体,所发展的动物群体就称为群系。群系一般在培育新品系时常用。当人们发现原群体中某些个体特别优秀,或者某些个体的某些性状特别突出时,就把这些个体挑选出来另组群体,然后进行封闭群内选种选配,形成有别于原群体的特色群体。

5. 专门化品系　指具有某方面突出的优点,专门用于某一配套杂交生产的品系,或者说以生产杂交商品代为目的而培育的品系。专门化品系是在 20 世纪 60 年代中期出现的,可分为专门化父本品系和专门化母本品系。例如:在肉畜中既要建立繁殖性能高的母本品系,也要建立育肥和屠宰性能好的父本品系,二者杂交后,杂种优势比一般品种间杂交效果好得多。

6. 合成系　由 2 个或 2 个以上的品种或品系进行杂交以后,经过若干个世代的群体继代法选育,使这些参加杂交品种的优点基本固定下来,形成有综合性状优势的品系。这种合成系往往生产性能较高,重点突出经济性状,不追求外形的一致,育成快,用于特定品系配套杂交,后代具有明显的杂种优势。如四系配套的荷兰海波尔猪、加拿大的星杂 579 鸡等,它们的父系和母系都是合成系。

(三)品系繁育的作用

品系繁育是家畜育种中最重要的育种方法。在品种内建立一系列各具特点的品系,丰富品种结构,有意识地控制品种内部的差异,使品种的异质性系统化。品系繁育的全过程不仅是为了建立品系,更重要的是利用品系,加速现有品种的改良,促进新品种的育成和充分利用杂种优势,加快种群的遗传进展。

1. 加速现有品种改良　要想扩大优秀个体在群体中的数量,单纯依靠繁殖增加速度是比较慢的,采用品系繁育,就能增强优秀个体对畜禽群的影响,使畜禽群中优秀个体数量迅速增加,使优秀个体的优点迅速扩散为群体共有的特点,因此,品系繁育是全面提高畜禽群数量和质量的重要手段。当然,品系繁育不只是简单地保持并复制优秀系祖的特点,同时还能吸收各个优秀种畜禽的优良性状,使后代品质不断得到改进。

2. 促进新品种的育成　品系繁育是较高级的育种方法。不管是纯种繁育,还是杂交育种,都广泛运用了品系繁育。

3. 充分利用杂种优势　品系繁育的目的之一是生产具有高经济价值的畜禽产品。品系是繁育群,通过若干代的同质选配和近交,各品系纯度提高,遗传稳定。基因型比较纯合的种群,不仅具有较高的种用价值,而且也是杂种优势利用的良好亲本。近年来,在蛋鸡、肉鸡、肉猪生产中都采用了品系间杂交。

4. 加快种群的遗传进展　品系具有优点突出、群体小、纯化易、畜群周转快等特点,因此通过品系繁育的方法可以加快畜群的遗传进展。

二、品系的建立方法

品系繁育是一种特殊的近交方式,或者说是一种交配制度。无论用什么方法来建立品系,其目的都是为了利用优良基因,并且把这些优良基因保留下来为人类服务。所以,尽管有不同的建系方法,但最终都是为了建立基因库,在需要的时候随时调用即可。

品系建立的方法有很多种,但基本上按照品系的类别来区分,在实际育种工作中的建系方法主要有以下几种:

(一)系祖建系

这是古老的建系方法。将品种内来源于一头有特点的优秀公畜,并与其有血缘关系和类似生产力的种用群体称作品系。这头优秀的种公畜就是该品系的系祖。这就是狭义的品系概念,又称单系。这种方法适用于建立以低遗传力性状为特点的高产品系(如产仔多的品系)。系祖建系的步骤为:

1. 发现与选择优秀系祖　系祖一般是一头优秀种公畜。它不但具有符合建系要求的某种突出性状,而且其他性状也比较好,同时它的基因型经过后裔测定与测交证明是纯合的,因此它能将优秀性状稳定地遗传给后代,并且没有遗传缺陷。

系祖的标准是相对的,不能脱离实际地要求十全十美,可以允许次要性状有一定的缺点,但不应太严重。

2. 为了巩固与发展系祖特点而巧妙地选配　建系初期通常进行同质选配,尽量为系祖选配同型母畜,进行非亲缘交配,以后根据实际情况也可辅以必要的异质选配。在后代群体性状比较理想时,再采用温和的近交(中亲交配),促使品系逐渐地纯合。有时根据畜群和性状的具体情况,也可采用较重的近交或同系祖回交,万一出现明显的衰退现象,应随即转为非亲缘交配。所以,在建系的过程中,非亲缘交配与亲缘交配往往是交替使用的。

3. 多留精选系祖的继承者　在适宜而稳定的培育条件下,通过逐代定向选配、扩群繁殖,把系祖特点变成群体特点。

由于品系不可能一下子就建立起来，而系祖的种用年限总是有限的，因而必须通过后裔鉴定和测交，在系祖的大量后代中，选拔最能完整保持系祖特点并将其遗传下去的个体作为继承者。为此，系祖的后代群体不能太小，而且要多留后备公母畜，并为它们提供适宜而稳定的培育条件。只有这样，才能提高选择强度，精选系祖的继承者和供同质选配用的母畜。同时，也可避免在扩群建系的过程中近交系数上升过快，带来衰退现象。

（二）近交建系

近交建系是在选择了足够数量的公母畜以后，根据育种目标进行不同性状和不同个体间的交配组合，然后进行高度近交，以使更多的基因位点迅速达到纯合，通过选择和淘汰建立品系。它和系祖建系法的区别，不仅在于近交程度的不同，而且近交方式也不同。它不是围绕一头优秀个体进行近交，所以建立近交系时首先要建立基础群。

近交建系法建系的步骤是：

1. 建立基础群　一是建立数量足够大的基础群，在基础群里母畜禽越多越好，公畜禽数量不宜过多；二是组成基础群的个体不仅要求优秀，而且要求遗传性稳定，育种价值高，不携带隐性不良基因，选育的性状相同，没有重大缺陷。

2. 实行高度近交　在应用近交时，既要考虑亲本个体的品质，还要考虑选配效果，以迅速巩固其优良品质。由于近交系近交程度高，后代易出现严重的衰退，因此，可以采用小群分散建立支系，然后综合最优秀的支系建立近交系的方法，因为分散支系群体小，易于控制，即使建系失败，损失也较小。

3. 选出纯合型　大量繁殖近交 4～5 代后，便可通过严格选择来建成近交系。

在猪、鸡育种方面可以采用近交建系法。虽然这种方法建系速度快，但因容易出现近交衰退而大量淘汰、成本高。

（三）群体继代选育法

群体继代选育法又称表型建系法或群体表型建系法。它是从选择建立基础群开始，然后封闭畜群，在闭锁群内根据生产性能、体质外形、血统来源等进行相应的选种选配，以培育符合预定品系标准、遗传性稳定、整齐均一的畜禽群体。大体分为三步：

1. 建立基础群　这种建系方法采用的是闭锁繁育，中途不再引进种畜禽，因而基础群的选择十分重要。根据建系的目标，将预定的每一特征、特性的基因汇集到基础群的基因库中。如果要建立的品系同时具有多方面的性状特点，则以异质群为好；如果建立的品系只需突出个别少数性状，则以同质群为好。不管是同质群或异质群，所选个体必须具有优良的高遗传力性状才有育种价值。

为了保证基础群有广泛的遗传基础，避免高度近交，出现近交衰退，群内个体间应没有亲缘关系，尤其是公畜禽之间没有亲缘关系。基础群要有一定的数量和适当的公母比例。一般猪的基础群，每世代应有 50～100 头母猪，10 头以上的公猪；鸡的基础群应有 1 000 只母鸡和 200 只公鸡。

2. 闭锁繁育　基础群选出后，畜禽群必须严格封闭，开展闭锁繁殖，至少 4～6 代不能引入其他任何来源的种畜禽。当畜禽群体闭锁后，基础群内各种各样的基因通过分离和重组，逐步趋向纯合，再结合严格的选种，经过 4～6 代的选育，就可使存在一定差异的基础群转变为具有共同优良特点的畜禽群。

3. 严格选留　群体建系过程中，选择目标和选种方法要始终一致。每一世代选留的个体，应以个体表型选择为主进行严格的选种。各世代选种时，要按照它们的发育状况和生产阶段多次进行，但各阶段的选择强度应尽量随年龄增大而加大。

群体继代选育法要特别照顾家系，一般每一个家系都应该留下后代，但不必强调每个家系留种数相等，优等的家系可以多留一些。经过1～2个世代对各家系的特性基本了解以后，可以淘汰一些。

在选留种畜禽时，可以采用本身生产性能测定和同胞测定进行选种，以缩短世代间隔，加速遗传进展。

基础群经过4～6代的闭锁繁殖，近交系数达到10%～15%，选择的性状符合建系的指标要求，群体遗传性稳定，群系即建成。

群体继代选育法的优点是缩短世代间隔，因而建系速度快，适用于在纯种内培育遗传力高的、以经济性状为特点的品系。目前广泛应用于猪、鸡生产中。

（四）正反交反复选择法

正反交反复选择法(RRS)1945年首先用于玉米品系培育，从20世纪70年代开始逐步应用于鸡、猪的品系培育。

1. 正反交反复选择法的步骤

(1)首先组成A、B两个基础群(基础群组建的要求与群体继代选育法基本相同)，依性能特征特点不同，定为A、B两个系，每个系中着重选择的性状应不同。如其中一个系着重选择生长、胴体和肉质性状，另一个系则着重选择繁殖性状。

(2)第一年把A、B两系的公母猪，分为正、反两个杂交组，即A♂× B♀和A♀× B♂，进行杂交组合试验。

(3)第二年根据上年正反杂交结果，即根据F_1代的性能表现鉴定亲本，将其中最好的亲本个体选留下来，其余的和全部后代杂种都一起淘汰肥育用，选留下来的亲本个体必须与其本系的成员交配即分别进行纯繁，产生下一代亲本。

(4)第三年将第二年繁殖的优秀的A、B两系纯繁猪选择出来，按第一年的正反两组进行杂交测验。

(5)第四年又重复第二年的纯繁工作，如此循环重复地进行下去，到一定时间后，即可形成两个新的专门化品系，而且彼此间具有很好的杂交配合力，可正式用于杂交生产。

正反交反复选择法，整个过程包括了杂交、选择、纯繁3个部分，其主要优点有：其一，由于把杂交、选择、纯繁有机地结合在一起，三者不断交替重复使用，既可提高纯系的生产性能，又可提高两系间的特殊配合力，获得杂种优势；其二，F_1杂种的生产性能指标，既可用于测验双亲杂交的配合力，又可当作A、B系的后裔测验成绩；其三，正反交反复选择法既是一种选种方法，又是一种杂交方式，能达到既有效又经济的目的。

2. 改良正反交反复选择法操作过程　正反交反复选择法仍有不足之处，因为一年正反杂交，一年纯繁，世代间隔增大了一倍，会延缓专门化品系的育成，于是有人提出了改良正反交反复选择法，改良后的RRS法将正反杂交和纯繁在同一年内进行，把原RRS法时间缩短一半。

(1)首先组成A、B两个基础群，依性能特征不同定为A系和B系。

(2)第一年将A系母畜的一半与B系的公畜杂交,另一半与A系的公畜交配进行纯繁,同样地,B系母畜的一半与A系的公畜杂交,另一半与B系的公畜交配进行纯繁,杂交后代做肥育测定用,根据杂交效果选择,即从杂交效果好的亲本公畜的纯繁后代中选留种畜,组成一世代。

(3)第二年将选留纯繁后代再按第一年正反杂交组合和纯繁办法进行正反杂交和纯繁试验,如此正反交反复选择进行下去,即可育成具有高度杂种优势的两系配套的专门化品系。

在用RRS法或改良RRS法培育专门化品系过程中,应注意从两系中分别选择个体纯繁组成下一世代亲本群时,既要注意避免过度近交(可对亲本进行适度的温和近交以扩大两系间的基因频率差),同时又要防止出现随机漂变。

【实训操作】

实训7-1 品系繁育方案的制订

一、实训目的

1. 掌握群体继代选育法培育专门化品系的原理和方法。
2. 根据所学知识制订出品系繁育的具体方案。

二、实训器材

育种资料与数据。

三、实训内容

(一)准备工作

1. 了解品系繁育背景及育种的目的与意义 如当地家畜品种资源状况,自然条件和社会经济条件,品系繁育对当地畜牧业发展所产生的影响。

2. 了解育种场的基础状况 如现有畜群状况(品种、数量、生产水平、整齐度等),育种场的基础设施以及饲料来源等。

(二)设计内容

1. 育种目标 根据育种场的畜群现状及技术经济条件,拟定选育的性状及其所要达到的预期目标。

2. 繁育方式 采用群体继代选育法,具体步骤与方法如下:

(1)明确建系目标

(2)组建基础群

(3)专门化品系的选择方案和选择方法

(4)专门化品系的鉴定与维持

3. 年度进展　在计划期内，根据不同畜种及其世代间隔，拟定年度进展。

4. 育种计划的实施　育种群建立、年度育种实施方案、育种计划的年度进展、技术资料的整理分析、育种场的育种记录档案、生物技术的应用、育种群的饲养。

5. 防疫与兽医卫生　坚持生产与防疫并重的原则，并建立严格的卫生防疫制度和完善的兽医卫生防疫体系。

6. 实施育种计划的组织领导与工作机构

（三）设计要求

1. 育种背景的调查　系统收集和分析有关畜禽的历史资料，认真研究其育种现状。因此，有必要了解下述情况：

(1)自然环境条件　尽可能发展适于本地区自然环境条件的动物生产。

(2)社会市场需要　动物生产只有提供能够满足当前社会市场需要的产品才是最有活力的。

(3)生产条件和技术水平　根据当前和今后的生产条件和技术水平，进行品系繁育。

(4)生产经营情况　掌握该畜种的生产现状、特点和发展趋势，估计投入与产出的相互关系，对正确判定育种目标是有益的。

2. 育种目标的确立　应先确定育种的主攻方向，可以根据动物的遗传特点或产销特点来确定。然后围绕主攻方向提出用若干具体指标来表现的育种目标。

3. 繁育方式　育种目标确立后，根据实际情况挑选素材，并采取群体继代选育法进行品系繁育。

4. 品系繁育条件的确定　包括自然环境条件与饲养管理条件。可考虑品系繁育在与推广地区条件相等或较优的条件下进行。

5. 兽医卫生防疫　按照《动物防疫法》、《种畜禽管理条例》等法律、法规、规章及国家标准的有关规定实施，并根据育种场的疫病状况增加防疫内容，制订有效的防疫方案。

四、实训作业

根据已掌握的理论基础知识，对当地某一种畜禽场进行实际调查研究，制订合理且切实可行的品系繁育方案。

五、技能考核标准

考核内容		评分标准		考核方法
		分值	扣分依据	
品系繁育方案的制订	系统收集和分析有关畜禽的历史资料	20	每错一项扣 5 分	二人操作考核
	研究育种现状	10	每错一项扣 5 分	
	制订品系繁育方案	50	品系繁育方案不科学合理扣 10 分	
	熟练程度	10	在教师指导下完成时扣 5 分	
	完成时间(时限 40 min)	10	每超时 1 min 扣 1 分直至 10 分	

任务 7-3 杂交育种

杂交育种是改良提高现有品种的生产性能和创造新品种的一个极普遍而又极重要的手段，在国内外畜禽育种中已广泛应用。所谓杂交育种就是运用杂交将两个或两个以上的品种特性结合在一起，创造出新的品种。

一、引入杂交

引入杂交(导入杂交)是指在某个品种基本上能够满足市场需要，但又还存在某些本品种纯繁无法克服的缺点时，适当导入外血(1/8～1/4)以改良这些缺点的杂交方法。其主要目的是改良畜群中的某种缺点，而不是改变(有时甚至是有意保留)它的其他特性或特征(图 7-1)。

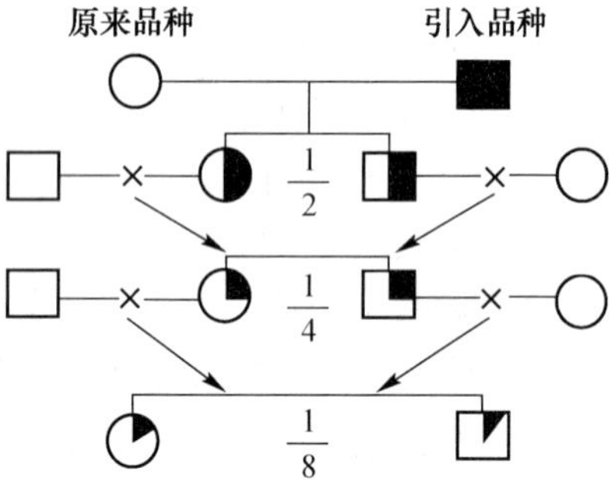

图 7-1 引入杂交示意图

(一)操作方法

选择一个基本与之(原来品种)相同，但具有针对其缺点的优良性能的品种(引入品种)与原来品种杂交。

用引入品种的公畜与原来品种的母畜杂交一次，然后从杂种中选出理想的公畜与原来品种的母畜回交，理想的杂种母畜与原来品种的公畜回交，产生含25%外血的杂种(如图 7-1 中的 F_2 代)，然后 F_2 代个体进行自群繁育。如果杂种还不够理想或者原来品种的品质保留较小，可将杂种再与原来品种回交一次得到含有12.5%外血的杂种(如图 7-1 中的 F_3 代)，然后选择理想杂种，进行自群繁育。

(二)应用范围

(1)不需要进行根本改造的品种或畜群，仅对某种缺陷进行改良。

(2)需要加强或改善一个品种的生产力，而不需要改变其生产方向。

(3)自然条件或经济条件不能满足外来品种的要求。

(4)引入杂交只在育种群中应用，切忌在生产或良种区普遍推广。

(三)注意事项

为使引入杂交取得应有的效果，在实施过程中要注意以下几项：

1. 引入品种与个体的选择　对引入品种要求其生产性能、体质类型与原来品种基本相似；要求具有针对原来品种某些缺陷的显著优点，而且这一优点有较强的遗传能力。

重点工作应具体落实到个体选择，即引入品种的种公畜选择。引入杂交主要是用引入品种的公畜来提高原来品种的某些性状，并且只杂交一次就基本解决问题。因此，公畜的选择必须严格，这样才能保证杂交有明显效果，并且不至于带来什么缺点。

为了解引入品种的遗传稳定性，除了进行一些杂交对比试验外，主要应密切注意被选种公畜的后裔表现。由于只与引入品种杂交一次，外血成分不高，所以，引入品种对当地条件的适应性不必过多考虑。

2. 杂种的选择与培育　为使引入品种的优点能在各代杂种中得以充分表现，而不至于在回交中减弱或消失，应特别注意对杂种的选择和培育(不然，就不可能一次杂交达到目的)，并迅速扩大回交杂种中的理想型，及早转入自群繁育。创造有利于引入性状得以表现的饲养管理条件，同时进行严格的选种和细致的选配，是引入杂交成功的重要保证。

3. 以本品种选育为主体　引入杂交是以原来品种为基础，包含必须保证提供原来品种的优秀母畜参加杂交，提供特别优秀的公畜参加回交等工作。杂交时要有相当数量的优良母畜，要求它们在许多优点上的遗传表现非常稳定，这样才能保证生产出大量的回交材料，具有非常完整的原来品种的优点。此外，回交时需要更多的本品种的优秀个体，所以，本品种选育也是保证引入杂交成功的关键。因此，在整个工作中，本品种选育是主体，杂交只是局部工作或措施之一。

二、改良杂交

改良杂交又称为级进杂交、改造杂交或吸收杂交，是指利用某一优良品种(改良品种)彻底改造另一品种(被改良品种)生产性能的方向和生产力水平的一种杂交方式。

(一)改良杂交的方法

改良杂交方法是用改良品种的公畜和被改良品种的母畜杂交，对其所生的杂种母畜继续与改良品种的另一些公畜一代一代地杂交，直到杂种接近改良品种的生产力类型和水平时再进行自群繁育，稳定和发展这些优秀个体。简单地说，即以改良品种连续与被改良品种回交(图 7-2)。

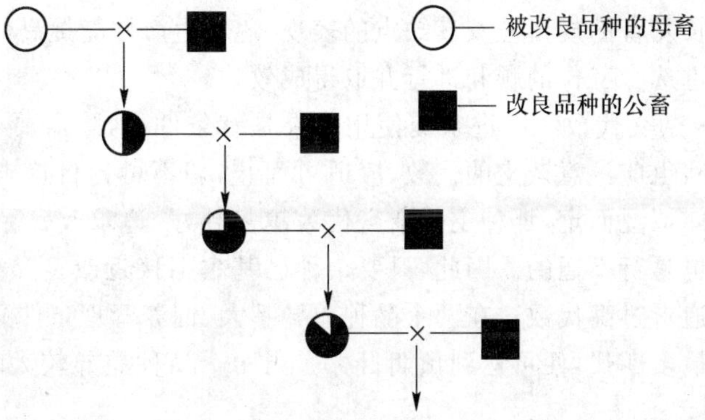

图 7-2　改良杂交示意图

对每一代杂种，通常以不同“血缘成分”来区别。如一代杂种用$\frac{1}{2}$表示，二代杂种用$\frac{3}{4}$表示，三代杂种用$\frac{7}{8}$表示，其余依此类推，以表示它和改良品种的关系，以及在整个杂交过程中使用改良品种的情况。

(二)应用范围

(1)当有的品种已经不能满足社会的需要时,必须尽快改变其固有的生产力方向和水平时采用。

(2)为了尽快获得大量某种特殊用途的畜禽品种时采用此法。

(3)为了尽快提高家畜的某种生产性能时采用此法。

(4)为了经济有效地获得大量"纯种"家畜时采用此法。

(5)为了创造新的家畜品种进行过渡性改良杂交(为杂交育种提供母本素材)。改良杂交在我国畜禽育种中应用较早,尤其是在粗毛羊改为半细毛羊、役用牛改为乳用牛和肉用牛方面获得了显著成效。

(三)注意事项

1. 杂交前对改良品种的选择　对改良品种的选择,在级进杂交中显得更为突出、重要。因为未来的杂种要在相当大的程度上受改良品种的遗传影响。除了要求改良品种具有所要求的特性、特征以外,还应分析该品种对当地条件的适应能力,以及品种的遗传稳定性。

引入适应性强的品种杂交,其杂种既能吸收改良品种的优点,也能较好地适应当地条件。引入遗传性稳定、遗传能力强的品种,可以加快改良速度,在二代、三代或四代即可获得大量理想的个体。

2. 对杂种后代的培育　遗传规律决定,杂种的特点是遗传性不稳定,它的性状、特性的表现不仅仅取决于"血缘成分",而且受环境条件的影响很大。因此,为杂种创造最适宜的培育条件,才能保证其优良性状充分发育。没有良好的饲养管理条件,而又想提高生产性能,是不现实的。

3. 对杂种应逐代进行分析　对杂种进行逐代研究,分析其对环境条件的适应情况、优良性状的发育情况、生长发育的规律性及其缺点的表现、逐代生产性能提高的程度等。这样不断地仔细研究,才能促进选育工作的顺利进行并取得成效。

4. 避免盲目追求杂交代数　级进杂交使用效果是有条件的,除需要有良好的选种选配、正确的培育条件以外,也应注意杂交的代数,应适可而止,切不可盲目追求高代杂种。究竟应杂交几代,需根据具体情况而定,那种主张杂交代数越多越好,追求改良品种的"翻版"的做法是错误的,在实践中也是行不通的。因此,只要杂种已基本上接近改良品种,或已基本上达到预定指标,就不要再追求过高代数。在两个品种差异不大、饲养管理条件又有可靠保障的情况下,杂交至二、三代,最多四代,便可达到预期目标。当两个品种差异较大时,杂交代数最多也不要超过五代。

三、育成杂交

用两个或两个以上的品种进行各种形式的杂交,使彼此的优点结合在一起,从而创造新品种的方法叫作育成杂交(杂交育种)。使用两个品种杂交来培育新品种叫简单的育成杂交。用3个以上的品种杂交培育新品种叫复杂的育成杂交。

当现有家畜品种在生产方向、性能水平、产品质量或者适应性、抗病能力等方面,有某些缺点,都不完全符合人们需要,而用其他育种方法又难于较快达到育种目的时,便可考虑采用育成杂交的方法，结合不同品种的优点，取长补短，培育新品种。世界上现有的家畜品种，绝大多数是用育成杂交方法创造出来的。不过也应当看到，用育成杂交的方法创造家畜新品种的过程是非常复杂的。

凡杂交育种中涉及的杂交方式都可纳入育成杂交的范畴。

(一)育成杂交的特点

目标明确——有目的、有计划、分步骤地培育新品种。

杂交方式灵活多样——育成杂交没有一成不变的固定模式或杂交代数，较多地采用级进杂交、轮回杂交等，有时综合交替使用。

参与杂交的品种没有改良与被改良之分——其目的是综合优点，追求理想型。

(二)育成杂交的方法(按参与杂交的品种数量分)

1. 简单育成杂交(简单杂交育种/二元杂交育种)　指用两个不同品种杂交以培育新品种的方法。

特点：所用品种少，杂种遗传基础相对较简单，获得理想型和稳定其遗传基础较容易，因而育成速度快，所用时间短，成本较低。

特别注意：①严格选择杂交品种，要选准、选好，以期获得与育种目标一致的优良杂种类型；②保证有助于实现育种目标的饲养管理条件。

如中国的新淮猪(图7-3)、草原红牛等就是用简单育成杂交培育而成的。

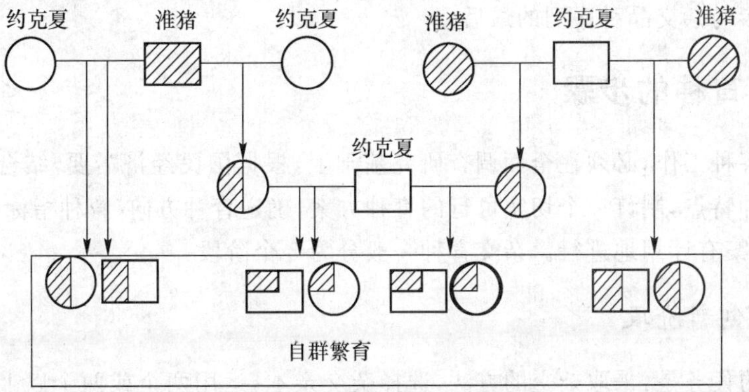

图7-3　新淮猪育成示意图

淮猪：华南型，被毛黑色，体型中等，耐粗饲，早熟，产仔数中等，但生长缓慢，屠宰率不高

2. 复杂育成杂交(复杂杂交育种)　指用3个以上品种杂交以育成新品种的杂交方法。新疆细毛羊就是用该方法育成的(图7-4)。

多品种杂交后代具有丰富的遗传基础，但并不是越多越好。因为杂交品种过多，杂交后代的遗传基础较复杂，变异范围大，固定优良性状所需时间相对较长。因此，用该方法培育新品种时应注意以下几个问题：

(1)分析亲本品种的性状特征，筛选父、母本。将繁殖性能高、适应性强、耐粗饲、母性好的品种作母本，其他生产性能好的品种作父本。

(2)根据性状的遗传参数等预测杂交效果。

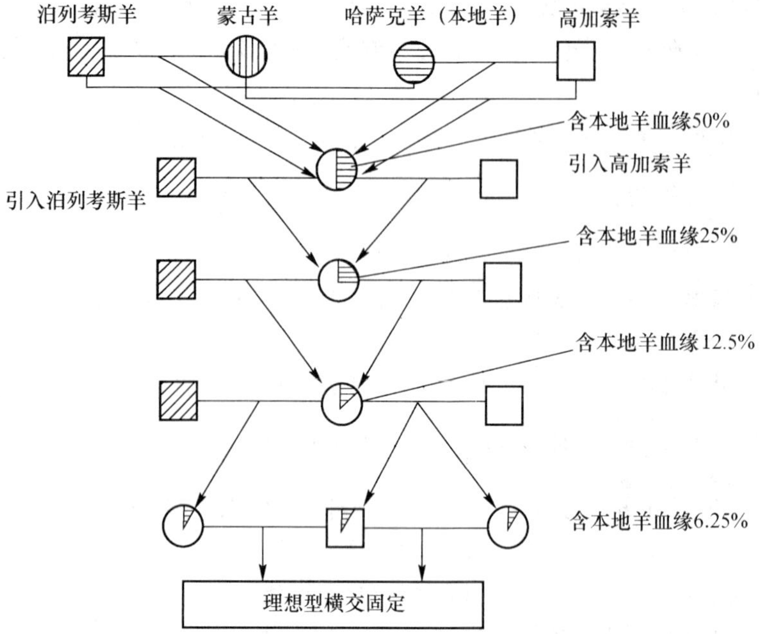

图 7-4　新疆细毛羊育成杂交示意图

(3)严格按照育种目标选育,选优秀个体入繁育群。

(4)认真研究所用品种参与杂交的顺序。由于后用的品种对新品种的影响更大,所以重要的品种应放在参与杂交品种序列的最后。

四、杂交育种的步骤

开展杂交育种工作,必须在全面调查研究基础上,根据国民经济需要,结合当地自然经济条件和原有品种特点,制订一个切实可行的育种方案,确定育种方向、育种指标和育种措施,然后,根据育种方案有计划地进行。杂交育种一般分为 3 个阶段:

(一)杂交创新阶段

这一阶段的任务是:采取杂交的方法,选择杂交亲本,运用两个或两个以上品种的优良特性,通过基因重组和培育,改变原有家畜类型并创造新的理想型。这是杂交育种成败的关键。

要达到杂交创新的目的,必须根据当地的地理环境、饲料结构等选择好杂交亲本品种。杂交母本一般用当地品种,父本用外来品种。

该阶段杂交方式灵活多样,没有固定的杂交模式或杂交代数,较多地采用级进杂交、轮回杂交等,有时综合交替使用。

在这一阶段,对杂种要严格进行选种选配,要避免近交,最好有计划地将杂种按类型分成几个没有亲缘关系的小群,并进行小群内同质选配,为建立品系打下基础。

在实践中,杂交育种可以在以往品种杂交改良的基础上进行,这样可以缩短育种年限。至于杂交代数的多少,应根据杂种表现如何而定。一般来说当出现一定的理想类型后,转入下一阶段。

(二)自繁定型阶段

这一阶段也称横交固定阶段,其任务是:通过杂交,杂种个体多种多样,当杂种群中有总数15%左右个体达到理想型要求,并培育出遗传性较稳定的杂种公畜时,便可建立自群繁育基础群。基础群内个体可以包括各个世代的理想型杂种,然后进行横交,即基础群内杂种间互相交配。

当符合理想型要求的横交后代个体达到相当数量时,即可采用适当程度的近交和选育相结合的方法,进一步固定理想型的性状,提高畜群的纯度和整齐度。

在横交建立基础群阶段,可以逐渐选育出若干优良父系,有计划地进行品系繁育,以便建立3～4个品系,形成品种结构。

自繁定型所需时间与控制性状的基因数目密切相关。

(三)扩群提高阶段

这一阶段的任务是:大量繁殖已固定的理想型,迅速增加其数量,扩大品种的分布范围,提高质量,达到成为一个品种应具备的条件。要进一步通过选择和培育,巩固和提高已建立的品系。必要时,可适当进行品系间杂交,建立新品系,使品种群的质量全面提高。实行纯繁与推广相结合,积极推广优良种畜,在生产中检验其育种价值。要逐步扩大品种群的数量和分布地区,使育成的品种具有广泛的适应性。

通过以上3个阶段形成的品种,经过有关单位鉴定验收,认为符合品种条件时,即正式成为新品种。

【拓展知识】

分子生物学技术在动物育种中的应用

一、MOET育种技术在动物育种中的应用

所谓“MOET”是超数排卵(multiple ovulation)与胚胎移植(embryo transfer)的缩写。MOET育种技术主要应用在牛的育种上。这种育种技术最主要的特点就是在一个场站内集中一部分最优秀的母牛形成一个相对闭锁的核心群,然后借助超数排卵技术以及胚胎移植和胚胎切割等技术进行繁殖,以不断培育出优秀种公牛为主要目标。目前,胚胎移植在美国已成为一项专门的产业,每年对奶牛和肉牛都要进行数千次的移植。常规育种方案和MOET育种方案的遗传改良速度埋论估计值比较结果表明,MOET技术可提高生长和胴体性状的选择反应达30%～100%。值得注意的是,为了避免未来世代的近交积累,在封闭的核心群实施MOET技术时,应注意适当扩大供体母畜的数目。尽管MOET是一种理想的育种方案,但迄今只在个别国家的部分地区得到了实施,包括中国在内的许多国家正在努力制订适合本国情况的改进方案。与胚胎冷冻相结合,MOET育种技术为研究与未来商业应用有关的稀有

基因型的增殖和保存提供了有价值的方法。MOET 技术不仅可以强化那些专门用于检测有害和不理想隐性等位基因携带者的测交，还可利用那些因年龄、伤残或疾病造成不育的母畜来生产后代。另外，MOET 技术也是肉牛中产双犊的一种有效方法。只是目前 MOET 技术的成本还较高，在中国广大农区普及有一定的困难。

国外应用 MOET 技术，使优秀母牛资源得到了充分利用。应用 MOET 技术生产大量后裔测定公牛，加拿大已占 58%，美国占 50%。每年世界各国牛胚胎移植可能远超过 35 万头。其他家畜胚胎移植数量相对较少，全世界绵羊和山羊胚胎移植的胚胎数量为牛的 5%～10%。中国在应用 MOET 技术选育高产荷斯坦奶牛的研究和建立中国西门塔尔牛开放育种核心体(ONBS)方面都取得了较大进展。在“八五”期间，作为国家科技攻关专题，在北京市中心良种场实施了 MOET 核心群育种方案，经过 5 年的努力，建立了由 270 余头优秀胚胎移植母牛组成的核心群。

奶牛 MOET 核心群育种体系的主体是建立一个高产奶牛核心群，在核心群中实施胚胎移植技术的目的在于，使供体母牛每年获得一定数量的具有全同胞关系的后代，由此在该育种体系中，不再组织耗时长的公牛后裔测定，而是利用具有全同胞和半同胞遗传关系的母牛性能记录资料，采用特定的统计推断方法，进行核心公牛和核心母牛的遗传评定。由此可缩短核心群的世代间隔，进而加快牛群的遗传进展，提高育种效益。

MOET 育种体系大大地缩短了世代间隔。尽管青年型 MOET 育种体系的世代间隔更短，但由于其近交风险太大，人们往往更倾向于成年型 MOET 核心群育种体系。如果能定期导入一定数量的进口冷冻精液，将核心群开放或半开放，则不仅降低了近交风险，同时也可由此提高核心群内的遗传变异度。

MOET 核心群育种体系效率的高低，关键在于每头供体牛所能产生的全同胞后代数量。也就是说，实施胚胎移植技术的水平，直接关系到 MOET 育种体系可能获得的育种成效。因此，在 MOET 核心群育种体系的发展中，应尽快地应用一些新胚胎工程技术，如胚胎分割、胚胎性别鉴定、体外受精等技术，以便提高胚胎移植的效率。

二、分子标记辅助选择技术在动物育种中的应用

选择是育种中最重要的环节之一。传统育种方法通过表现型间接对基因型进行选择，这种选择方法存在周期长、效率低等许多缺点。最有效的选择方法应是直接依据个体基因型进行选择，分子标记的出现为这种直接选择提供了可能。借助分子标记达到对目标性状基因型选择的方法称为分子标记辅助选择。

在家畜育种中，到目前为止，个体遗传评定是基于表型信息和系谱信息进行的，虽然最佳线性无偏预测(best linear unbiased prediction，BLUP)法尤其是动物模型 BLUP 方法提供了利用这种信息进行育种值估计的最佳手段，但在有的情况下这种基于 BLUP 的选择仍不能取得理想的效果。例如，低遗传力的性状，由于在表型信息中所包含的遗传信息很有限，除非有大量的各类亲属的信息，否则很难对个体做出准确的遗传评定。再如限性性状，对不能表达性状的个体一般只能根据其同胞和后裔的成绩对其进行评定。如果仅利用同胞信息，则由于同胞数有限，评定的准确性一般较低，如果利用后裔信息，而且后裔数很多(如在奶牛中的情形)，评定的准确性可以达到很高，但世代间隔拖长，每年的遗传进展相对降低。还有胴体性状，一般也只能进行同胞或后裔测定，而且由于性状测定的难度和费用都很高，测定的规模也受到限

制，评定的准确性和世代间隔都受到影响。如果知道所要评定的性状有某些 QTL（主效基因）存在，并且能直接测定它们的基因型（例如通过候选基因分析发现的 QTL），或者虽不能测定它们的基因型，但知道它们与某些标记的连锁关系（例如通过标记-QTL 连锁分析发现的 QTL），就可以测定这些标记的基因型，这时就可将这些信息用到个体的遗传评定中，这无疑会提高评定的精确性，这就是所谓的标记辅助选择（MAS）。

MAS 由于充分利用了遗传标记、表型和系谱的信息，比常规遗传评定方法具有更大的信息量，可提高个体遗传评定的准确性。同时在牛育种中应用 MAS 有许多优点：不易受环境的影响，没有性别、年龄的限制，允许进行早期选种，缩短世代间隔，提高选择强度，从而提高选种的效率和准确性。Kashi 等指出：在奶牛上，利用 MAS 对后备公牛进行性状基因筛选，其速度比传统的后裔测定方法要快 20%～30%。绝大多数关于 MAS 的研究都只考虑了单个性状，而实际育种往往需要同时对几个性状进行选择。

标记辅助选择的基本原理是能够直接测定主效基因的基因型，这样在选择时就可以直接选择那些具有理想基因型的个体，这时也称为基因辅助选择。但目前已发现并且得到证实的这样的基因并不多，较典型的有影响猪的瘦肉率的氟烷基因（它同时也是造成猪应激敏感的主要基因）、影响肉牛的肌肉生成的双肌基因以及影响猪产仔数的雌激素受体基因。

分子标记辅助选择虽然非常简单，但也存在一定的危险性，表现在：

（1）在有的基因中可能存在多个突变位点，这些突变都可引起该基因的有利效应。例如，牛的双肌基因就是这种情况，而对基因的检测往往只是针对一个突变位点的，当在该位点上没有检测到有利突变时就不予考虑，这就可能会漏掉那些在其他位点上有有利突变的个体。当然如果能同时检测所有的突变位点，就可避免这种情况发生。

（2）在候选基因分析中，如果有的基因本身对所考察的性状并没有影响，但由于在用于候选基因分析的群体中，该基因与真正影响性状的 QTL 处于连锁不平衡状态，则可能会错把该基因当成影响该性状的主效基因。如果对这个基因未做进一步的证实，就将它用于基因辅助选择，可能会造成很大的误差，因为在候选群体中该基因可能与 QTL 处于另一种连锁状态。

目前，有关 MAS 的研究大多采用计算机模拟的方法来进行，且在所有模拟研究中，都要求准确确定 QTL 的位置和效应。随着牛 QTL 定位的深入发展，标记的数量愈来愈多，标记的信息也将愈来愈准确，MAS 将成为品种改良的有效方法。

目前，已有几十种分子遗传标记被用于遗传结构、基因连锁和个体鉴定等研究。根据其形式和发展历程，可将这些分子标记分为三大类：第一类是以分子杂交为基础的第一代分子标记，以限制性片段长度多态性（RFLP）为代表；第二类是以聚合酶链反应（PCR）为基础的第二代分子标记，以串联重复序列（SSR）为代表，包括随机扩增多态性 DNA 标记（RAPD）、单链构象多态性（SSCP）、聚合酶链反应-限制性片段长度多态性（PCR-RFLP）等；第三类是以基因序列为基础的第三代分子标记，以单核苷酸的多态性（SNP）为代表。新型分子标记具有数量多、稳定性高、适合于高通量筛选、对基因直接选择和易于进行自动化、规模化分析等优点。通过对目的基因进行分子标记，从而实现对重要经济性状的标记辅助选择是进行牛分子育种的首选方法，开发和应用新型分子标记已成为发展分子育种技术的重要方向和研究热点。

三、转基因技术在动物育种中的应用

转基因技术就是将外源基因转移到动物受精卵内组成一个新的融合基因，使其在动物体内融合和表达，产生具有新的遗传特性的动物。1976 年，Jaenisch 利用反转录病毒感染胚胎的方法进行转基因，这是最早的动物转基因方法。1980 年，Gordon 首次利用原核注射的方法开展动物转基因研究；1982 年，Palmiter 将大鼠的生长激素基因注射到小鼠的原核中获得了个体明显大于正常小鼠的“超级鼠”，这一成果轰动了全世界。过去的几十年，家畜的转基因生产进展缓慢，而近些年，克隆技术和高效的转基因家畜的进步，为转基因技术的新时代打开了大门。转基因方法有多种，核显微注射法是目前最可靠，也是使用最广泛的动物转基因方法，其他还有精子介导、反转录病毒介导、携带外源基因体细胞的核移植、胚胎干细胞（ES 细胞）基因打靶技术等。转基因技术在动物育种上的应用主要有以下几方面：

（一）抗病育种

利用 DNA 重组技术，在体外构建编码人们期望的有疾病抗性的嵌合基因，导入受精卵，使之在染色体上正确整合，在组织细胞中适当表达，培养出具有期望性状表型的转基因动物新品系。1989 年，美国生物学家用重组鸡白血病病毒（ALV 病毒）作载体，将有抗 A 型白血病肉瘤显示基因的外源片段导入机体内，获得了抗 ALV 鸡的新品系；中国工程院院士殷震等将抗病毒基因导入猪，获得抗猪瘟个体；美国研究将抗冻蛋白基因导入鲑鱼也获得表达。Walletal 在他的论文中报道利用遗传工程获得了抗病的奶牛，大大提高了奶牛的收益。另外，抗口蹄疫病毒的转基因兔、抗白血病病毒的转基因鸡和小鼠、抗伪狂犬病病毒的转基因鼠也先后构建成功。

（二）生产性能的改良

可以通过转基因给畜禽引入新的生产途径或通过转基因的产物调整动物的生长发育，以改良动物的生产性能。

对于奶牛产奶来说，目前转基因的主要途径是改变乳的主要成分、提高产奶量和生长速度。如牛奶中奶酪的产量与牛奶中 κ 酪蛋白的含量直接相关，转入一个超量表达的 κ 酪蛋白基因能够增加酪蛋白产量；美国伊利诺斯大学研究出一种带牛生长激素的转基因猪，这种猪生长快、体大、饲料利用率高，可给养猪业带来丰厚的经济效益。此外，澳大利亚培育的转基因猪瘦肉率达 75%，日增重 920 g；转基因山羊羊毛增产 5%；转基因大马哈鱼生长速度提高 11～37 倍。

（三）生产医药制剂的基因工程

转基因动物可用来制备基因产品，此种生物叫作生物反应器。利用猪作为生物反应器已成功获得人血红蛋白。经检测发现，它与天然的人血红蛋白性质完全相同。由此可见，在不远的将来，人们就可以用转基因动物生产血红蛋白来辅助输血。

（四）其他方面

可以利用转基因技术来控制动物的性别，以加快选种进程，提高经济效益。另外转基因技术还有更多的利用空间等着人类去发掘。

四、畜禽遗传图谱在动物育种中的应用

自从 1990 年 10 月美国正式启动人类基因组计划以来，对基因组测序、生物基因图谱的研

究成为当代遗传学研究的热点之一。基因定位(gene mapping)是构建基因图谱的基本要素，基因图谱包括物理图谱(physical map)和遗传图谱(genetic map)，欧共体有8个国家的16个实验室共同承担的猪的基因图谱研究项目(pig gene mapping project，PIGMP)已于1990年开始实施。到1994年，该项目已报道的猪遗传连锁图谱包括了328个DNA标记，其中约有180个随机DNA片段、100个微卫星标记，图谱的总遗传长度为2 000 cM，18条常染色体及X染色体上的连锁群均已确定。其他如鸡、牛、绵羊的基因图谱也得以构建。鸡作为第一种被测序的鸟类，已成为现存约9 600种鸟类的模型。畜禽的图谱从开始的一无所知到位点的图谱，直到现在基因的不断发现，随着生物技术的不断发展而不断完善。

随着生物技术日新月异的拓展和广泛应用，畜禽基因图谱饱和度将大幅度提高，对重要经济性状位点(economic trait loci，ETLs)的定位和标记辅助选择高新技术也会得到迅速发展，不仅可对QTL连锁进一步分析，找出QTLs或与之连锁的DNA标记，找出有利的基因型而利用DNA标记进行选种，而且可对QTLs进行准确定位，探明QTLs对表型的贡献。更精细的基因插入技术和表达控制技术将成为现实。通过了解基因的开启机制来控制基因的表达水平，可望将人的组织兼容性基因转移给猪，使猪能提供组织器官，供人体移植使用(异种移植)。利用转基因动物生产如人凝血因子、血红蛋白、人尿激酶等具有生物学活性的药用蛋白质。另外，准确的基因转移会大大地提高畜禽生产力，如猪的*ESR*基因、*FSHB*基因、*Hal*基因、*K*88受体基因，牛的双肌基因、抗蜱基因、与产奶量有关的*weaver*基因，羊的*Booroola*基因、*spider*基因，鸡的*DW*基因、裸颈基因等，这些重要的经济性状基因的定位已经或正陆续报道出来，必将为畜牧业生产带来巨大的经济效益和社会效益。

五、动物克隆技术在动物育种中的应用

克隆一词是英语单词clone的音译，意译为无性繁殖系或指产生无性繁殖系的过程。动物克隆指由一个动物无性繁殖而产生的一个(或群)遗传构成完全相同的动物。目前，克隆哺乳动物的方法主要有胚胎分割和细胞核移植两种。胚胎分割是把发育不同时期胚胎经显微手术切割成若干部分，各部分分别移植生产多胞胎动物的过程，在绵羊、猪和牛经胚胎分割均已生出同卵双胞胎后代，这种克隆方法所产生的遗传相同个体数一般为2个，最多不过4个。细胞核移植是指将发育不同时期的胚胎或成体细胞核经显微手术和细胞融合的方法移植到去核卵母细胞中，重新组成胚胎并使之发育到产仔的过程，这种克隆方法所产生的遗传相同个体数目是极大的。细胞核移植是克隆技术研究的热点。人们先后在两栖类、鱼类和昆虫类进行细胞核移植并取得成功之后，开始逐步探索哺乳动物的细胞核移植，并经历了三个发展阶段：第一，利用早期胚胎细胞进行核移植。Willadsen(1986)把绵羊8～16个细胞胚核移植到去核卵母细胞中，出现了移核羊，此后哺乳动物胚细胞核移植在多种动物获得成功；在胚细胞核连续移植方面，Bondioli(1991)获得第6代移核胚胎和第3代移核牛。第二，进行胚胎干细胞核移植。Sime等(1993)进行牛ES样细胞核移植，并顺利生出犊牛。第三，进行体细胞核移植。Wilmut等(1997)首次经体细胞核移植产生了克隆绵羊Dolly，这在动物克隆史上具有划时代的意义。自此之后，世界上先后出生了多种体细胞核移植克隆动物。

目前，动物克隆技术还处在试验研究阶段，体细胞克隆成功率还很低(1%～3%)，在理论和技术上还有一系列问题没有彻底解决，但其在动物育种和其他方面的应用前景是十分广阔的。

(一)快速复制出优秀种畜

在一般情况下,个体的繁殖能力是很有限的,例如,一头高产奶牛一生只能生产几头女儿,而且其性能不可能与母亲完全相同。要培育一个纯度达98%的品系,需要上百年的时间。若采用克隆技术,就可以在短时间内生产出大量的遗传品质完全相同的优秀个体。

(二)保护濒危动物和家畜的遗传多样性

濒危动物面临着物种灭绝的极大危险,有些动物品种虽然生产性能不高,但具有某些独特优良性状,为了保持生态平衡,为了将来拥有丰富的动物遗传资源被人类利用,开展保种工作具有重大意义。若采用传统的保种方法保护一个物种(或品种)不使其退化或灭绝,需要建立较大的保种群体并健全庞大的保种体系,需要投入大量的人力和资金。如果采用克隆技术,需要保护动物的数量就可大大减少,若将克隆技术与冷冻技术结合起来,就可以无须保存活动物来进行保种,这会使保种工作进入一个全新的时代。

另外,利用克隆技术还可以生产异种器官移植所需的供体器官等。

【实训操作】

实训7-2　杂交育种方案的制订

一、实训目的

通过设计和制订畜禽杂交育种方案,深入地理解和掌握杂交培育新品种的主要步骤、不同时期的任务和重点以及主要技术措施。

二、实训器材

品种性能资料、系谱资料。

三、实训原理

1. 杂交培育新品种的主要步骤

(1)杂交　杂交的方法采用引入杂交或级进杂交,选配主要采用异质选配,目的是通过杂交,使不同品种的基因重组,杂交后代中出现理想的个体。

(2)自群繁育　目的是通过理想杂种个体群内的自群繁育,使目标基因纯合和目标性状稳定遗传。主要采用同型交配方法或近交。

(3)扩群提高　目的是迅速增加优良个体数量和扩大其分布地区,培育新品系,建立品种整体结构和品种品质,完成一个品种应具备的条件。主要采用纯种繁育的方法。

2. 杂交培育新品种应注意事项　要慎重选择杂交用品种及个体;杂交要适当,固定理想型时要适当采用近交;对杂种要严格进行选留和认真培育;积极培育理想型个体并大力推广理想型个体，及时建立品系等。

四、实训内容

（一）设计内容

畜禽杂交育种方案包括杂交育种的意义、目的和作用；杂交育种的原则；杂交育种的主要步骤，每个阶段的任务及其主要技术措施；杂交培育新品种应注意事项等。

（二）设计提示

先大量查阅文献资料，在设计杂交育种方案中写清原理和目的，确定参与杂交育种品种及其基础群的数量和质量要求，确定杂交育种目标，包括总体目标和具体育种指标。如总体目标为培育适应中国饲养环境的猪种，在保持某猪种基本体型、外貌、无遗传缺陷的基础上，以繁殖、肥育和胴体三方面数量性状为改进重点，重视提高和改善猪肉质量；具体育种指标为繁殖性状、肥育性状、胴体性状、体型外貌。

（三）设计要求

按制订的杂交育种方案的内容进行。

五、实训作业

淮猪属于华北猪系统，黑色，体型中等，利用粗饲料及青饲料能力强，性成熟早，产仔数中等，但它生长缓慢，屠宰率不高。约克夏是大型猪，生长快、饲料利用率高，但不适宜粗放的饲养管理。新淮猪就是用淮猪和约克夏杂交培育而成的。请以新淮猪的培育为例，制订其杂交育种的方案。

六、技能考核标准

考核内容		评分标准		考核方法
		分值	扣分依据	
杂交育种方案的制订	收集和分析品种性能资料、系谱资料	30	每错一项扣5分	二人操作考核
	制订杂交育种方案	50	杂交育种方案不科学合理扣10分	
	熟练程度	10	在教师指导下完成时扣5分	
	完成时间（时限60 min）	10	每超时1 min扣1分直至10分	

【自测训练】

一、名词解释

品种 品系 本品种选育 品系繁育 单系 专门化品系 合成系 近交系 群体继代选育法 引入杂交 改良杂交 MOET育种技术

二、问答题

1. 什么是品种？品种应具备哪些条件？
2. 保种的主要任务及措施是什么？
3. 本品种选育的意义是什么？
4. 本地品种和引入品种选育的措施是什么？
5. 品系繁育的作用是什么？
6. 简述杂交育种的一般步骤。
7. 引入杂交与改良杂交的主要不同点在哪些地方？
8. 试比较系祖建系法和群体继代选育法、正反交反复选择法和近交建系法的优缺点。

项目8 杂种优势的利用

【知识目标】

1. 掌握杂交的概念、作用和遗传效应；
2. 了解各种杂交方式的优缺点；
3. 了解杂种优势的概念、表现以及杂种优势产生的机理；
4. 掌握配合力的测定方法和提高杂种优势的措施。

【能力目标】

1. 学会估算杂种优势率；
2. 学会分析不同杂交方法的优缺点；
3. 在生产中能灵活运用各种杂交方式进行育种。

【学习任务】

任务8-1 杂交

一、杂交的概念

在遗传学上，一般把两个基因型不同的纯合子之间的交配叫作杂交。在畜牧业生产中，杂交是指不同种群（种、品种、品系或品群）之间的公母畜的交配。不同品种或品系杂交的后代叫杂种，不同属、种之间的杂交叫远缘杂交。由于不同种属间的遗传结构差异较大，所以远缘杂交能产生杂种优势很强的后代。在畜牧生产实践中，可以用来生产强壮有力的役用畜，也可用于培育畜禽新品种。但是远缘个体之间往往存在着不可（或不易）杂交性和杂种不育性，所以远缘杂交在实际中的应用受到很大的限制。

二、杂交的作用

概括地说，杂交有以下几个方面的作用。

（一）综合两亲本的性状，育成新品种

根据数量遗传学育种原理，通过杂交，选择和培育优良品种（品系），给畜禽育种工作带来

了巨大的发展。通过杂交,基因和性状实现重新组合,使原来不在一个群体中的基因集中到一个群体中来,使原来分别在不同种群个体身上表现的性状集中到同一种群个体上来。所得杂种,既具有较多的新变异,有利于选择,又有较大的适应范围,有助于培育,因而是培育新品种和建立新品系的良好素材。如高产品系与抗病品系杂交,可育成既高产又抗病的品系。

(二)改良家畜的生产方向

当某一地方品种的生产性能低劣,不能满足经济发展的需要,或生产类型需要改变时,可采用杂交方法。例如,用瘦肉型品种的种公猪与脂肪型品种的地方母猪杂交,可把脂肪型猪改良成瘦肉型猪。同样,也可用细毛羊品种与粗毛羊杂交以生产毛用或毛肉兼用羊,或将役用牛改为肉用、乳用或兼用牛等。

(三)产生杂种优势,提高生产力

根据畜牧业生产实践,在猪的杂交利用中,杂交可获得增产 10%~20%的效果,杂种猪在生长速度和饲料利用率方面比亲本品种要高 5%~10%,杂种猪在产仔数、成活率和断奶窝重等方面可分别比亲本纯种高 8%~10%、22%和 25%。利用经济杂交产生的杂种优势进行肉羊生产是肉羊业发展中最成功的经验。波尔山羊改良羊的初生重比本地羊高 30%~40%,在同等饲养管理条件下,6 月龄波尔山羊杂交羊体重在 17.5~20 kg,日增重一般在 200 g 左右,与本地羊相比分别提高 40%和 38.5%。

三、杂交的遗传效应

杂交的遗传效应与近交的遗传效应相反。

(一)杂交使基因杂合化

杂交是指不同纯合子之间的异型交配。两个纯合子之间异型交配,F_1 代必然全部杂合。对群体来说,可以提高杂合基因型频率,降低纯合基因型频率。

(二)杂交提高群体均值

数量性状的基因型值可剖分为加性效应值和非加性效应值。加性效应是由纯合基因型累加作用引起的,而非加性效应则包括显性效应和上位效应两部分,全部的显性效应和大部分的上位效应都存在于杂合基因型中,因此,非加性效应值也可以大致地称为杂合效应值。随着群体中杂合基因型频率的升高,群体的平均杂合效应值也升高,因此,群体的表型平均值也得到提高。

(三)杂交使群体一致性增强

杂交虽能使个体的基因型杂合化,但却使群体趋向一致。因为杂交可使群体杂合基因型频率增加,也就是增加了相互之间没有差别的杂合子在群体中的比率,从而加大了群体的一致性。现代化的畜牧业,多采用纯系间杂交,得到完全一致的 F_1 代,个体间表现整齐,在生长发育和生产性能方面的差异小,因而可使商品畜禽规格一致,有利于畜牧业生产实现商品化和工厂化。

综上所述,杂交确实是获得高产畜禽的有效途径,是提高畜产品产量和质量、提高畜牧业生产效率的重要方法,并在中国地方品种改良中起到了巨大作用,为新品种培育工作开辟了广阔的前景。

四、杂交方式

杂交方式主要有简单杂交(二元杂交)、三元杂交、轮回杂交、双杂交、顶交等。

(一)简单杂交

即两个种群杂交一次,一代杂种无论公母畜,都不作为种用继续配种繁殖,而是全部用作商品(图 8-1)。

这种杂交方式最简单,特别是在选择杂交组合方面比较简单,只需做一次配合力测定。但在杂交组织工作上并不太简单,因为始终需要有纯种家畜来补充。为此,一个从事这种工作的牧场,除了进行杂交以外,还要同时做纯繁工作,以补充杂交用的母本。

简单杂交方式简单易行,并有良好的实际效果,可在杂交生产的起始阶段广泛使用。简单杂交的最大缺点是,不能充分利用杂种繁殖性能方面的杂种优势,因为用以繁殖的母畜都是纯种,而繁殖性能一般遗传力较低,杂种优势比较明显,不利用这方面的杂种优势是很可惜的,所以有条件的地方应尽量开展三元杂交。

二元杂交的杂种优势在肉畜重要经济性状方面的表现如下:

(1)繁殖性状的杂种优势比较明显　猪产仔数的杂种优势率为 3%,母本对产仔数的影响起主导作用,有母本效应优势。其他繁殖性状如初生重、断奶重、泌乳力等性状杂种明显高于纯种,表现出杂种优势。

(2)生长和肥育性状有杂种优势　猪平均日增重的杂种优势率约为 6%,饲料利用率的杂种优势率约为 3%,肉牛生长性状的杂种优势率在 5%左右。

(二)三元杂交

即先用两个种群杂交,产生在繁殖性能方面具有显著杂种优势的母畜,再用第三种群作父本与之杂交,以生产经济用畜群(图 8-2)。

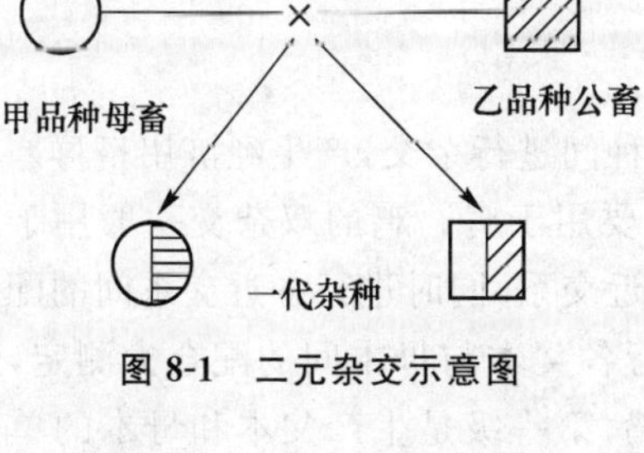

图 8-1　二元杂交示意图

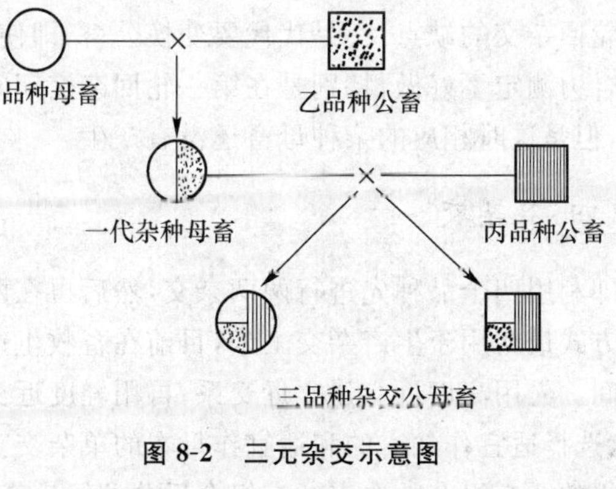

图 8-2　三元杂交示意图

三元杂交主要用于肥猪生产。世界许多国家都采用杜洛克猪、长白猪和大约克夏猪三元杂交生产商品猪。一般说来，三元杂交的总杂种优势要超过二元杂交，因为杂种母猪产仔多、哺乳能力强，这些优势直接影响仔猪的生长发育，因而仔猪初生窝重和断乳窝重都大，加上第二次杂交使仔猪本身又获得生活力与生长势方面的杂种优势，两者加在一起，总的杂种优势当然要比仅仅仔猪为杂种的二元杂交更为显著。而且来自杂种母猪的优势，一般比直接来自杂种仔猪的更大，因为繁殖性能的遗传力比生长势的遗传力低，而前者的杂种优势一般比后者大。

（三）轮回杂交

即两个、三个或更多个品群轮流杂交，杂种母畜继续参加繁殖，杂种公畜供经济利用（图8-3、图8-4）。

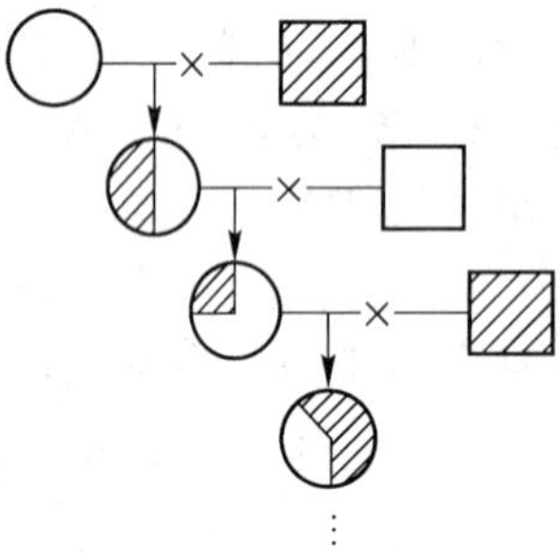

图 8-3　二元轮回杂交示意图

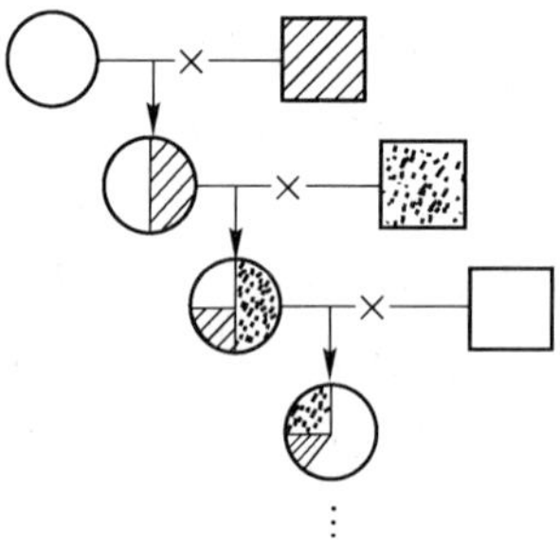

图 8-4　三元轮回杂交示意图

轮回杂交的优点：

（1）除第一次杂交外，母畜始终都是杂种，有利于利用繁殖性能的杂种优势。

（2）对于单胎家畜，繁殖用母畜需要较多，杂种母畜也需用于繁殖，采用这种杂交方式最合适。因为简单杂交不利用杂种母畜繁殖，三元杂交也需要经常用纯种杂交以产生新的杂种母畜，对于繁殖力低的家畜，特别是大家畜都不适宜。

（3）这种杂交方式只要每代引入少量纯种公畜，或利用配种站的种公畜，不需要本场自己维持几个纯繁群，在组织工作上方便得多。

（4）由于每代交配双方都有相当大的差异，因此始终能产生一定的杂种优势。只要杂交用的品种较纯，种群选择合适，这种方式产生的杂种优势不一定比其他方式差。

轮回杂交的缺点：一是代代要变换公畜，即使发现杂交效果好的公畜也不能继续使用。二是配合力测定不好做，特别是在第一轮回杂交期间，因为相应的配合力测定必须做到每代杂交之前，但是这时相应的杂种母畜还没有产生。

（四）双杂交

即利用四个品种先进行两两杂交，然后再在两种杂种间进行杂交，产生经济用畜群。这种杂交方式最初用于生产杂交玉米，目前在畜牧生产中主要用于鸡。鸡的双杂交一般用于近交系之间。先用高度近交建立近交系，再用轻度近交保存近交系，同时进行各近交系间的配合力测定，选择适宜作父本的和适宜作母本的单杂交鸡，进行各父本与母本间的配合力测定，选择最理想的杂交组合。选定杂交组合后分两级生产杂交鸡，第一级是生产父本和母本的单杂交种鸡，第二级是生产双杂交商品鸡(图 8-5)。

双杂交的优点是：

(1)遗传基础更广一些，有更多的显性优良基因互补的机会和更多的互作类型的可能，从而造成较大的杂种优势。

(2)除利用杂种母畜的优势外，还利用杂种公畜的优势。这种优势主要表现为配种能力强，可以少养多配，使用年限延长。

(3)由于大量利用杂种繁殖，纯种就可以少养，而养纯种比养杂种成本高，特别是近交系。

(4)第一次杂交所产生的杂种，有的作第二次杂交的父本用，有的作母本用。

双杂交涉及四个种群，组织工作就更为复杂一些。但在家禽中同时保持几个纯种群比较容易，所以实际采用这种杂交方式的较多。

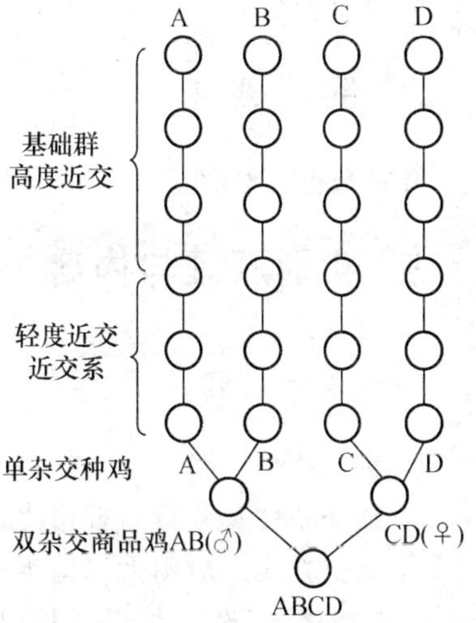

图 8-5　鸡近交系双杂交示意图

(五)顶交

即近交系公畜与无亲缘关系的非近交系母畜交配。这种杂交方式用于近交系杂交的情况，由于近交系母畜一般生活力和繁殖性能都差，不适宜作母本，所以改用非近交系母畜。但是由于母畜群不是近交系，因此一般都不纯，后代往往容易发生分化，难以得到规格一致的产品。补救的办法是父本高度提纯，使得公畜在主要性状上基本都是优良的显性纯合子，这样母本群的纯度稍差一些，影响可能不大。另一个办法是改用三系杂交，先用两个近交系杂交生产杂种母畜，再用另一近交系公畜杂交。顶交不仅是一种生产商品畜禽的杂交方式，而且也可用于纯种繁殖，保持纯繁猪的繁殖性能，提高生长速度和降低饲料消耗。

上述各种杂交方式各有优缺点，也各有其适用场合，应根据具体情况选择最节省人力、物力，而效果又最好的杂交方式。

【实训操作】

实训 8-1　杂交组合试验的设计与实施

杂交效果可以通过亲本种群的表型值及其他一些信息做出初步预测，但要找到最适宜的杂交方案和对更复杂的杂交方式下的杂种性能进行预估，还需进行具体的杂交试验以估计配合力。通过杂交组合可以充分利用种群间的互补效应，尤其可充分利用杂种优势，是畜禽育种的一种主要方式。

一、实训目的

1. 了解杂交组合的方式及方法。

2. 初步学会杂交组合试验的设计并注意和生产实践的结合。

二、实训器材

育种数据与畜种。

三、实训原理与内容

(一)设计内容

1. 实训畜种　猪。

2. 杂交品种及数目　杜洛克、长白、太湖猪，三个品种猪的性别及各自数量。

3. 杂交方式　应用太湖猪为母本，以杜洛克、长白为父本进行三元杂交。即先由 2 个正交一代杂种猪(不设反交组合)分别与杜洛克、长白进行杂交，形成 2 个三元杂交组合，再设 2 个二元杂交组合及 3 个原品种亲本共 7 个组合配置，进行杂交组合育肥试验。

(二)设计要求

1. 实验动物

(1)参与杂交的各品种(系)必须具有本品种(系)的代表性，来源清楚，血统记录齐全。

(2)肥育试验猪应来自年龄相近的 2 头以上无血缘关系的公猪与配 4 头以上胎次相近的母猪所产仔猪。每个组合试验猪在 10 头以上，且性别比例及组间头数基本一致。

(3)试验猪生长发育正常、健康，组内(间)体重基本一致。

2. 试验方法

(1)生长肥育试验开始体重应为 25 kg，结束体重为 90 kg，也可以品种(系)适宰体重为结束体重。

(2)试验猪的饲养管理条件应相对一致，饲粮营养水平参照《瘦肉型猪饲养标准》，统一设计饲料配方。

3. 测定项目　生长肥育性能应测定体重 25～90 kg 阶段的平均日增重，体重达 90 kg 的日龄，饲料利用率和胴体品质。

4. 试验原理　为表达清晰，最好用示意图来表示。同时，也要注意专业术语的正确应用。

5. 注意事项　最好要注意实验动物的代表性，试验设计的合理性与准确性，结果分析的客观性。

四、实训作业

1. 应用 2 个或 2 个以上的母本品种(系)与 2 个或 2 个以上的父本品种(系)进行杂交组合试验，按双因子杂交试验设计。对试验结果可进行如下分析：估计杂交的直接效应；不同组合的杂种优势率；一般配合力与特殊配合力。

2. 讨论我国猪杂交模式目前的状况及未来的发展方向。

五、技能考核标准

考核内容		评分标准		考核方法
		分值	扣分依据	
杂交组合试验的设计与实施	收集和分析品种性能资料、系谱资料	30	每错一项扣5分	二人操作考核
	杂交组合试验的设计	50	杂交组合试验方案不科学合理扣10分	
	熟练程度	10	在教师指导下完成时扣5分	
	完成时间(时限60 min)	10	每超时1 min扣1分直至10分	

任务8-2 杂种优势的遗传理论

一、杂种优势的概念及表现

(一)杂种优势的概念

不同种群(品种、品系或品群)间杂交所产生的杂种,往往在生活力、生长势和生产性能等方面,在一定程度上表现出优于其亲本纯繁群体,这就是所谓"杂种优势"现象。

早在2 000多年前中国劳动人民就利用驴、马杂交产生骡。这种种间杂种具有比马、驴都更优异的耐力和役用性能,其寿命及役用年限也比马、驴长,尽管骡有不能繁殖的严重缺点,但人们还是乐于饲养。

杂种优势一词是由沙尔首次提出的。1909年沙尔首先建议在生产上利用玉米自交系杂交,并在1914年提出"杂种优势"这一术语,以后又经过许多人的努力,玉米杂种优势利用无论理论上还是生产上都取得了完整的、系统的成就。在玉米杂交的启示下,近半个世纪以来,在畜牧业中,特别是在肉用家畜生产中,对杂种优势利用的研究也更加深入。

杂种优势利用已成为现代工厂化畜牧业的一个不可短缺的环节,在方法上也日趋精确与高效,已由一般的种间或品种间杂交,发展成培育的若干个专门化品系——配套系,通过系间不同的杂交组合进行动物生产的现代化生产体系。

(二)杂种优势的表现

凡能进行有性生殖的生物,无论低等还是高等,都可见到杂种优势现象。杂种是否有优势,其表现程度如何,主要取决于杂交用的亲本群体的质量以及杂交组合等是否恰当,也受制于营养水平、饲养制度、环境温度、卫生防疫体系等环境因素,还受制于遗传与环境的互作。如果亲本群体缺少优良基因,或两亲本群体在主要经济性状上基因频率无大差异,或主要性状上两亲本群体所具有的基因的非加性效应很小,或者不具备充分发挥杂种优势的饲养管理条件等,都不能产生理想的杂种优势。

杂交有时候也会出现不良的效应。由于某些非等位基因间存在负的效应,杂种的基因型值就会低于双亲的平均值,这种现象称为“杂种劣势”,但总的说来杂种优势总是多于劣势。

因此,从群体间关系来看,不同群体间杂交将会有不同的杂种优势,杂种优势的表现是群体特性的表现。从各类性状来看,不同的性状在杂交时有不同的杂种优势效应,如繁殖力、生活力等低遗传力性状,在杂交时往往杂种优势水平较高;胴体性状、体质外貌等高遗传力性状,在杂交时往往杂种优势水平很低,甚至没有杂种优势;生长速度等遗传力中等的性状,其杂种优势水平往往表现中等。

二、杂种优势产生的机理

目前,对杂种优势产生的遗传机理已提出许多理论和假说,如显性学说、超显性学说、上位学说等,有些学说在试验中还得到了不同程度的证明,但这些学说都不能很好地解释杂种优势,有待进一步研究。

(一)显性学说

显性学说也称突变有害说,最先是显性互补假说,后经补充,称显性连锁假说。该学说的主要论点如下:

(1)显性基因多为有利基因,而有害、致病以及致死基因大多是隐性基因。

(2)显性基因对隐性基因有抑制和掩盖作用,从而使隐性基因的不利作用难以表现。

(3)显性基因在杂种群中产生累加效应。如果两个种群各有一部分显性基因而非全部,并且有所不同,则其杂交后代可出现显性基因的累加效应。

(4)非等位基因间的互作会使一个性状受到抑制或者增强,当互作会增强某一个性状时,这种促进作用可因杂交而表现出杂种优势。

(二)超显性学说

超显性学说也称等位基因异质结合学说。该学说认为杂种优势来源于双亲基因的异质结合,是等位基因间相互作用的结果。由于具有不同作用的一对等位基因在生理上相互刺激,使杂合子比任何一种纯合子在生活力和适应性上都更优越。

(三)上位学说

上位学说认为杂种优势产生于各种非等位基因间的互作。杂交增加群体杂合程度,非等位基因间互作加强,使杂种优于双亲。

(四)遗传平衡学说

显性学说、超显性学说和上位学说对杂种优势成因的解释都不是完整、全面的,因为杂种优势往往是显性和超显性共同作用的结果。有时一种效应可能起主要作用,有时则是另一种效应起主要作用。在控制一个性状的许多对基因中,有些是不完全显性,有些是完全显性,还有的是超显性,有些基因之间有上位效应,另一些基因之间则没有上位效应等。所以有人认为杂种优势不能用任何一种遗传原因解释,也不能用一种遗传因子相互影响的形式加以说明。因为这种现象是各种遗传过程相似作用的总效应,所以根据遗传因子相互影响的任何一种方式而提出的假说均不能作为杂种优势的一般理论。

任务8-3 杂种优势的利用

一、杂交亲本种群的选优与提纯

杂种优势的获得首先取决于杂交亲本的基因优劣和纯度，所以杂交亲本种群的选优与提纯是杂种优势利用的一个最基本的环节。杂种必须能从亲本获得优良的、高产的、显性和上位效应大的基因，才能产生显著的杂种优势。"选优"就是通过选择使亲本种群原有的优良、高产基因的频率尽可能增大。"提纯"就是通过选择和近交，使得亲本种群在主要性状上纯合子的基因频率尽可能增加，个体间的差异尽可能减小。提纯的重要性并不亚于选优，因为亲本种群愈纯，杂交双方基因频率之差才能放大，配合力测定的误差才能愈小，杂种群体才能愈整齐、愈规格化，而这些都是杂种优势利用效果好坏的关键。选优与提纯，并不是两个截然分开的措施，选优就是要增加优良基因的频率，而只有优良基因的纯合子基因型频率提高了，其基因频率才能有较大的增加。所以"选优"和"提纯"虽然是两个不同的概念，但选优和提纯是相辅相成的，可以同时进行和同时完成的。

数量性状与质量性状都是由基因控制的，在理论上，要使基因型纯合都必须通过同基因型交配(除非单性繁殖)，只是由于数量性状所涉及的基因对数较多，而且受环境影响大，因而根据表型值来进行同基因型选配比较困难。为了同时达到选优和提纯两个目的，同胞测定或后裔测定时，除注意同胞或后裔均值以外，还应重视同胞或后裔的变异程度，因为只注意同胞或后裔的均值，选择往往有利于杂合子。如果代代选留的都是杂合子，那么即使连续近交，其他不加选择的性状基因型高度纯化，而选择的性状反而纯化缓慢，结果生活力下降，而提纯的目的却达不到。

选优提纯在杂种优势利用中的作用是一个"水涨船高"的关系，亲本选育提纯愈好，杂种性能也会愈高。选优提纯的较好办法是品系繁育。用品系繁育来选优提纯杂交亲本种群，其优点是品系比品种小，容易选优提纯，有利于缩短选育时间，有利于提高亲本群体的一致性，更适应现代化生产的要求。

二、杂交亲本的选择

杂交亲本应按照父本和母本分别选择，两者的选择标准不同，要求也不同。

(一)母本的选择

应选择在本地区数量多、适应性强的品种或品系作母本。因为母本需要的数量大，种畜来源问题很重要，适应性强的容易在本地区基层推广，特别是一些繁殖力低的畜种，如牛、羊等，更需要以当地品种作母本。

应选择繁殖力高、母性好、泌乳能力强的品种或品系作母本。这关系着杂种后代在胚胎期和哺乳期的成活和发育，因而影响杂种优势的表现，同时与杂种生产成本的降低也有直接关系。例如，生产瘦肉型三元杂交猪杜长大和杜长太猪时，祖代母本大约克夏猪和太湖猪都具有上述特点。

在不影响杂种生长速度的前提下，母本的体格不一定要求太大，因体格太大浪费饲料。目前有些国家选用小型鸡作为杂交母本，就是这个道理。中国也已重视仙居鸡的选育，这种鸡体型小，产蛋多，是一个理想的杂交母本。

前面两条应根据实际情况灵活应用。譬如，在上海地区开展杂种优势利用工作，本地的枫泾猪既适应性强，又繁殖性能好，是一个理想的母本品种。但如果这项工作在哈尔滨地区开展，枫泾猪猪源不畅，适应性也不强，直接用作母本就不一定合适。为了利用其繁殖性能好的特点，可利用它作父本与哈白猪杂交，以生产繁殖力和适应性都良好的杂种母猪，再与另一个理想的第二父本杂交，以生产肥育用二元杂交猪。

(二)父本的选择

应选择生长速度快、饲料利用率高、胴体品质好的品种或品系作为父本。具有这些特性的一般都是经过高度培育的品种(如长白猪、大白猪、夏洛来牛、西门塔尔牛、科尼什鸡等)或者精心选育的专门化品系。这些性状的遗传力较高，种公畜的这些优良特性容易遗传给杂种后代。

应选择与杂种所要求的类型相同的品种作父本。如生产瘦肉型猪时，应选择瘦肉型品种如大约克夏猪或杜洛克猪作父本。生产乳用型杂种牛，应选择乳用型品种牛为父本，如荷斯坦奶牛。有时也可选择与母本相反的类型以生产中间型的杂种，如用长毛型品种绵羊与细毛羊杂交，以产生半细毛羊的杂种。

父本的适应性和种畜来源问题可放在次要地位考虑，因为父本饲养数量较少，适当的特殊照顾花费不大。因而一般多用外来品种作为杂交父本。

如果进行三元杂交，第一父本还要考虑繁殖性能与母本品种有良好的配合力。第二父本为终端父本，要考虑其在生产性能上能否符合杂种指标的要求。如长白猪和大约克夏猪都可作为第一父本，因为二者都具有较高的繁殖力，所以也可作为母本，但考虑到长白猪的适应性不及大约克夏猪，因此常用长白猪作为第一父本。第二父本则选择适应性强、育肥性好、饲料利用率高的杜洛克猪，而杜洛克猪的繁殖性能不及长白猪和大约克夏猪。

三、杂交效果的估测

开展杂种优势利用应尽力做到有的放矢，周密布置。实践证明，不同品种或品系间的杂交效果差异很大，不同杂交方式其结果更是相去甚远。不同种群间的准确杂交效果，必须通过配合力测定才能最终确定。但配合力测定费钱费时，家畜的品种品系又很多，不可能两两之间都进行杂交试验。因此，在进行配合力测定之前，应有个大致的估计，只有那些估计希望较大的杂交组合，才正式列入配合力测定。这样可以节省很多人力物力，有利于杂种优势利用工作的开展。

(一)估计杂交效果的依据

1. 种群间的遗传差异　种群间差异大的，杂种优势也往往较大。一般来说，分布地区距离较远，来源差别较大，类型、特长不同的种群间杂交，可以获得较大的杂种优势。因为这样的种群在主要性状上，往往基因频率差异较大，因而杂种优势也较大。一般来说，引进品种与本地品种的杂种优势比国内品种之间的要大。

长期与外界隔绝的种群间杂交，一般可获得较大的杂种优势。与外界隔绝的主要原因有两种：一种是地理交通上的隔绝，如中国某些山区或小岛，那里的畜群长期与外界不相交流，形成一个不是很大的封闭群体，如广东紫金县的兰塘猪；另一种是繁育方法上的隔绝，有的是有意识的封锁群繁育，有的是无意识的习惯（当然也有其一定的经济上的原因），如湖羊往往都是本家系留种交配。这些血统上与外界长期隔绝的种群，基因型往往较纯，杂交效果也较显著。

2. 性状的遗传力　遗传力较低、在近交时衰退比较严重的性状，杂种优势也较大。因为控制这一性状的基因，其非加性效应（包括显性效应和上位效应）较大，杂交后随着杂合子频率的加大，群体均值也就有较大的提高。如受胎率、繁殖率、成活率、断奶体重、产仔数、产蛋率等经济性状的遗传力，主要受非加性基因控制，杂交后随着杂合子频率的加大，群体均值也就有较大的提高，因而杂种优势明显。而遗传力高的性状则主要受基因的加性效应影响，非加性效应程度降低，因此即使杂交使得杂合子比例增高，也不会带来多大的杂种优势。

3. 种群的整齐度　主要经济性状变异系数小的种群，一般说来杂交效果较好。因为群体的整齐度在一定程度上可以反映其成员基因型的纯合性，除纯系的一代杂种以外，群体的变异系数一般是与杂种优势的大小成反比的。

（二）杂交效果的预测

杂交效果可以根据以上所做的估计进行推断，但还是很笼统的、粗糙的，不可能区分差异不大的杂交组合的效果，有时甚至会估计错误。长期以来，人们总想探索出一种可以比较精确地预测杂种优势的方法，目前，主要使用的预测方法有两种：一是利用分子、生化或者数量性状的遗传距离；二是配合力测定。也有利用血型与生产力的关系，有的则努力寻找杂种在某些生理生化指标上的特点，更有的利用计算遗传距离来预测。

四、配合力的测定

配合力就是种群通过杂交能够获得的杂种优势程度，也即杂交效果的好坏和大小。由于各种群间的配合力是很不一样的，在找到可以精确预测杂种优势的捷径以前，通过杂交试验进行配合力测定，是选择理想杂交组合的必要方法。

（一）配合力的种类及概念

配合力有两种：一般配合力和特殊配合力。一般配合力是指一个种群与其他各种群杂交所能获得的平均效果，如果一个品种与其他各品种杂交经常能够得到较好的效果，如引进品种大约克夏猪与世界上许多品种猪杂交效果都很好，就说明它的一般配合力好。一般配合力的基础是基因的加性效应，因为显性偏差和上位偏差在各杂交组合中有正有负，在平均值中已相互抵消。特殊配合力是指两个特定种群之间杂交所能获得的超过一般配合力的杂种优势。它的基础是基因的非加性效应，即显性效应与上位效应。这两种配合力可用图 8-6 加以说明。

实际上，一般配合力所反映的是杂交亲本群体平均育种值的高低，所以一般配合力主要依靠纯繁选育来提高。遗传力高的性状，一般配合力的提高比较容易；反之，遗传力低的性状，一般配合力较不易提高。特殊配合力所反映的是杂种群体平均基因型值与亲本平均育种值之差，其提高主要应依靠杂交组合的选择。遗传力高的性状，各组合的特殊配合力不会有很大差异；反之，遗传力低的性状，特殊配合力可以有很大差异，因而有很大的选择余地。

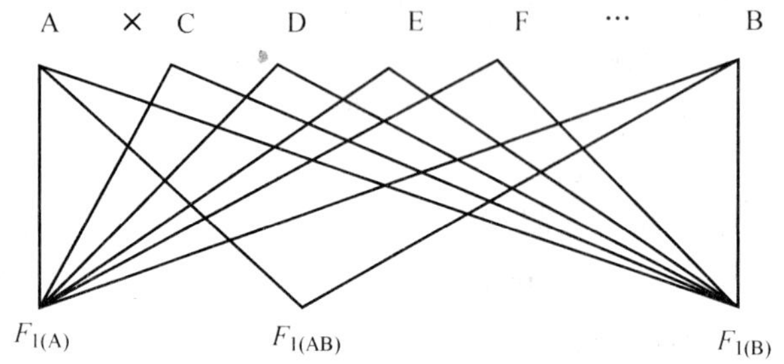

图 8-6　两种配合力概念示意图

$F_{1(A)}$——A 种群与 B、C、D、E、F…各种群杂交产生的一代杂种的平均值，为 A 种群的一般配合力；

$F_{1(B)}$——B 种群与 A、C、D、E、F…各种群杂交产生的一代杂种的平均值，为 B 种群的一般配合力；

$F_{1(AB)}=\frac{F_{1(A)}+F_{1(B)}}{2}$——A、B 两种群的一代杂种的平均值，为 A、B 两种群的特殊配合力

（二）配合力的测定方法

通常通过杂交试验进行配合力的测定，主要是测定特殊配合力。特殊配合力一般以杂种优势值表示：

$$H=\overline{F_1}-\overline{P}$$

式中：H 为杂种优势值；$\overline{F_1}$ 为杂种一代的平均值（即杂交试验中杂种组的平均值）；$\overline{P}$ 为亲本种群的平均值（即杂交试验中各亲本种群纯繁组的平均值）。

为了使性状间便于比较，杂种优势常以相对值表示，即转化成杂种优势率的形式来表示：

$$H\%=\frac{\overline{F_1}-\overline{P}}{\overline{P}}\times 100\%$$

（三）进行配合力测定时应注意的问题

各种性状都可以进行配合力测定，肉用家畜一般最常做的是肥育性能的配合力测定。在进行肥育性能的杂交试验时，试验家畜的选择、试验的开始和结束、预饲期的安排、饲养水平与饲喂方式以及称重、记录等，均应按照肥育试验的规定进行。其他性状配合力测定的杂交试验，也应有合理的试验设计。

每次试验必须有杂交所涉及的全部亲本的纯繁组做对照。杂交组与对照组的各方面条件应尽量一致。注意试验组与对照组各自群体的代表性，尽量减少取样误差。为此，要求杂交亲本种群本身的标准差小，并且每组要有一定含量，数量太少没有代表性。

配合力测定应在与推广地区相仿的饲养管理条件下进行，也可同时用两种或几种饲养水平进行试验。为了提高试验的可靠性，必要时可重复一两次，但重复试验的条件最好相同。

为了节省人力、物力，应尽量压缩测定任务，不必测定的杂交组合尽量不测。

压缩的方法是：

(1)在测定以前就应根据资料分析和遗传学知识进行估计。凡估计与目的要求相差太远的组合，就不必列入测定任务。

(2)适合作母本的就作母本，适合作父本的就作父本，不必每种组合都进行正反交，这样可减少一半测定任务。例如，本地品种一般只作母本，而一些引进品种则只能作父本。

(3)目的性要明确。如三元杂交用的一代杂种母猪的亲本要进行繁殖性能的配合力测定，直接生产肥猪用的亲本要进行肥育性能的配合力测定。肥育性能的遗传力不算低，不可能产生多大的非加性效应，因此双方都是肥育性能很差的亲本，就不必列为肥育性能配合力测定的组合。

(4)同一地区的配合力测定，集中进行比分散进行更节省。例如，在一个地区要测定5个专门化品系相互间的配合力，一共有5×4=20个杂交组合，如每对正反交只做其中之一，也还有10个杂交组合。如集中一次进行，只要10个杂交组和5个纯繁对照组就够了；如分散10次进行，每次都要2个纯繁对照组，一共需要10个杂交组和20个纯繁对照组，组数增加1倍，而且杂交组还不能相互直接比较。所以集中进行，虽然规模大一些，但总的来说在各方面都更为节省。

五、杂种的培育

这是杂种优势利用的一个重要环节，因为杂种优势的有无和大小，与杂种所处的生活条件有着密切的关系。应该给予杂种以相应的饲养管理条件，以保证杂种优势能充分表现。虽然杂种的饲料利用能力有所提高，在同样条件下，杂种能比纯种表现更好，但是高的生产性能是需要一定物质基础的，在基本条件不能满足的情况下，杂种优势不可能表现，有时甚至不如低产的纯种。

六、提高杂种优势的措施

由于杂种优势利用在畜牧业生产上的巨大经济效益，它在育种工作中已被置于非常重要的地位。然而，杂种优势的表现和利用，却受许多因素的制约。因此，要提高杂种优势的利用效果，必须从多方面着手和努力。

(一)认真做好组织工作

1. 制订计划，积极推广　各地区应根据本地区的畜种资源、育种力量和饲料条件等，以及过去的杂交经验和配合力测定结果，制订出一整套方案，有组织、有计划、有步骤地开展这项工作。否则盲目杂交，忽而全面杂交，忽而唯纯种论，不仅不能有效而稳定地收到杂种优势的效果，反而会把纯种搞绝，杂种搞乱，破坏畜种资源，迷失育种方向，给今后工作带来很大困难。

2. 建立健全繁育体系　杂种优势利用不仅是一项技术性很强的工作，而且还需要周密组织工作的保证，特别是要有一套健全的繁育体系。所谓繁育体系，就是为了开展整个地区的杂种优势利用工作而建立的一整套合理的组织机构，包括建立各种性质的牧场，确定它们之间的相互关系，在规模、经营、互助协作等各方面密切配合，从而达到整体经营工作高效，产品高额优质。

通常用宝塔形状来形象地说明杂交繁育体系的结构和层次(图8-7)。杂交繁育体系主要有三级杂交繁育体系和四级杂交繁育体系两种。

(1)三级杂交繁育体系　如果实行两品种杂交，可建立三级杂交繁育体系，即建立育种场(核心群)、扩繁场(繁殖群)和商品场(商品群)三级。

育种场的主要任务是对已选择的亲本品种、品系进行纯繁提高，一般自身应有测定设施或

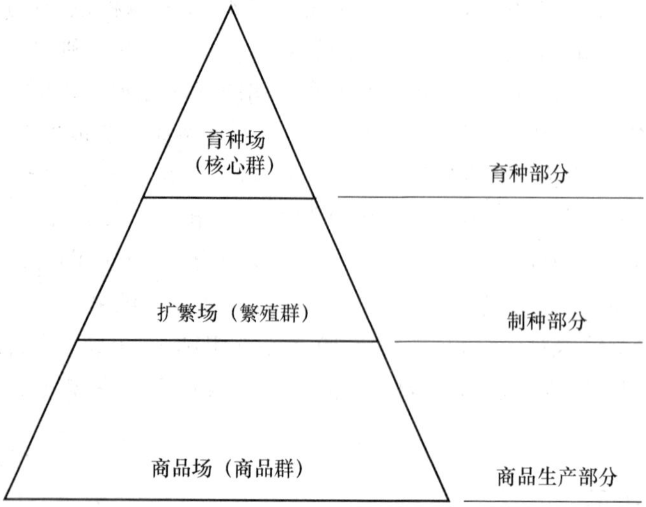

图 8-7　金字塔式育种结构

与种畜禽测定站配合建立测定制度，以获得品群。

扩繁场的主要任务是进行纯种繁殖，扩繁核心群的种畜，为商品场提供父母代亲本。扩繁场的种畜来自育种场的核心群。

商品场的主要任务是生产杂交商品畜群，饲养商用后代，按育种计划规定的杂交模式，组织优质的杂种商品畜禽上市。

(2)四级杂交繁育体系　开展三品种或以上杂交的地区要建立四级杂交繁育体系，即在三级杂交繁育体系的基础上加建一级杂种母本繁殖场(杂交繁殖群)。

第一层次是育种场(核心群)。三品种杂交要有三个核心群，每个核心群分别繁殖一个优良亲本品种。

第二层次是扩繁场的繁殖群(纯种扩繁群)。由于一般只让母系设立繁殖群，故第二层次又被称为母本繁殖群。其任务是扩繁核心群的种畜，以满足杂交对母本种畜的需要。

第三层次是杂种母本繁殖场(杂交繁殖群)。其任务是专门生产杂种母本，并推广 F_1 代母畜。

第四层次是商品场(商品群)。其任务是由杂种母本繁殖场提供的杂种母畜作母本，由纯种扩繁场提供的第三个品种作为父本或利用配种站的另一公畜品种，进行三品种杂交，并饲养三品种杂种进行商品生产。

(二)大力开展品系间杂交

杂种优势不少是在品种间甚至种间杂交得到的。但是，随着畜牧业生产的现代化，以品种为单位的杂交已经日益显得粗糙、笨重和提高缓慢。因此，大力开展品系间杂交看来已势在必行。特别在鸡、猪等小家畜，前者在国外畜牧业生产先进的国家，已经完全是系间杂交了，后者(养猪业)也开始盛行培育专门化品系，使猪的杂种优势利用工作更精确、更灵活。

(三)合理利用现有杂种

随着畜牧业的发展，许多地区曾引进过不少外来品种。过去由于缺乏全面的、长期的杂交计划，以致目前本地纯种越来越少，留下大量血统混杂、来源不清的杂种。长此以往，更会造成杂交乱配、育种退化、生产力低落等不良后果。因此，如何利用现有大量杂种家畜，提高它们的生产性能，把它们纳入有计划、有步骤的繁育方案，以适应畜牧业大发展的要求，已成为许多地区当前亟待解决的课题。

与此同时，对于现有的大量杂种母猪还可以有计划地引进一些本地区过去没有引进过的品种，通过试验、确定轮回杂交方案。只要选择的父本品种合适，利用一些现有杂种猪作母本，进一步进行轮回杂交，是同样可以取得较好的杂交效果的。

七、制订杂交改良方案的基本原则

在生产中，要组织开展杂交改良工作，首先必须制订切实可行、科学合理的杂交改良方案。制订杂交改良方案应遵守以下原则：

（一）明确改良目标

改良目标要根据社会经济发展的需要来制订，要能满足人民生活水平日益提高的需要。如黄牛改良目标是向肉用或乳用方向发展。

（二）选择适宜的杂交改良方法

要根据选用品种的多少及改良目标确定适宜的杂交改良方法。既要有利于实施，又要能达到预期目的。

（三）慎重选择杂交亲本，筛选最佳杂交组合

杂交亲本的母本一般选择地方品种，父本一般选择引进优良品种，而且要加强对父本的选择。

（四）建立杂交繁育体系

可根据需要建立三级或四级杂交繁育体系。

（五）加强对试验示范推广工作的指导

开展杂交改良工作涉及许多养殖场（户）的利益，因而，推广工作应由点到面逐步进行，并加强对推广工作的技术指导。

【实训操作】

实训8-2 杂种优势率的计算

一、实训目的

学会根据杂交试验结果计算各项性状杂种优势率的方法。

二、实训原理

某性状的杂种优势率是指杂种优势值占亲本均值的百分率，而杂种优势值是指杂种群体平均值超过双亲本平均值的部分。

杂种优势值 $H=\overline{F_1}-\overline{P}$

杂种优势率 $H\%=\dfrac{\overline{F_1}-\overline{P}}{\overline{P}}\times 100\%$

三、实训内容

1. 两种群（品种、品系）杂交的杂种优势率计算

（1）求出杂交试验中亲本纯繁组的平均值。

$$\overline{P}=\frac{\overline{A}+\overline{B}}{2}$$

式中：$\overline{P}$为亲本平均值；$\overline{A}$、$\overline{B}$为杂交亲本群的平均值。

（2）求出杂种该性状的平均值，即$\overline{F_1}$。

（3）将双亲本平均值和杂种平均值代入公式，计算杂种优势率。

2. 三个种群（品种、品系）杂交的杂种优势率计算

（1）计算三元杂交亲本平均值$\overline{P}$，即3个品种的加权平均值。设$\overline{A}$、$\overline{B}$为第一杂交亲本均值，$\overline{C}$为终端杂交亲本均值，则

$$\overline{P}=\frac{1}{4}(\overline{A}+\overline{B})+\frac{1}{2}\overline{C}$$

（2）代入公式求三品种杂交的杂种优势率。

四、实训作业

1. 设A品系和B品系杂交试验结果如下：

组合	个体表型值				
A×A	25	23	24	22	20
B×B	26	22	25	27	24
B×A	29	24	28	26	23
A×B	25	30	31	27	24

试计算杂种优势值和杂种优势率。

2. 根据背膘厚度资料：

计算4个品种猪的一般配合力、正反交组合的特殊配合力及杂种优势率。分析计算结果，选出最好的杂交组合。

cm

品种	A猪	B猪	C猪	D猪
A猪	3.50	4.57	3.65	4.41
B猪	4.13	4.53	4.85	4.55
C猪	3.16	3.35	2.60	3.40
D猪	4.23	4.58	4.73	4.50

五、技能考核标准

<table>
<tr><th colspan="3" rowspan="2">考核内容</th><th colspan="2">评分标准</th><th rowspan="2">考核方法</th></tr>
<tr><th>分值</th><th>扣分依据</th></tr>
<tr><td rowspan="6">杂种优势率的计算</td><td rowspan="2">两种群（品种、品系）杂交</td><td>计算方法</td><td>20</td><td>每错一步扣5分</td><td rowspan="6">操作考核</td></tr>
<tr><td>计算结果</td><td>20</td><td>计算结果不准确扣10分</td></tr>
<tr><td rowspan="2">多个种群（品种、品系）杂交</td><td>计算方法</td><td>20</td><td>每错一步扣5分</td></tr>
<tr><td>计算结果</td><td>20</td><td>计算结果不准确扣10分</td></tr>
<tr><td colspan="2">熟练程度</td><td>10</td><td>在教师指导下完成时扣5分</td></tr>
<tr><td colspan="2">完成时间（时限60 min）</td><td>10</td><td>每超时1 min扣1分直至10分</td></tr>
</table>

【自测训练】

一、名词解释

杂交　杂种优势　杂种优势率　一般配合力　特殊配合力

二、问答题

1. 杂交用的亲本种群如何选优提纯？
2. 杂交在生产上有什么用途？
3. 如何进行配合力测定？在配合力测定时要注意哪些问题？
4. 畜牧生产中常用的杂交方式有哪些？这些杂交方式各有什么特点？
5. 试述提高杂种优势的措施。
6. 请以某本地品种家畜（禽）为例，阐述运用何种杂交改良的方式对该品种家畜（禽）进行杂交改良。

单元3 畜禽繁殖技术

项目 9　生殖激素的功能与应用

【知识目标】

1. 掌握生殖激素的概念；
2. 掌握生殖激素的种类与作用特点；
3. 掌握各种生殖激素的主要功能。

【能力目标】

1. 掌握生殖激素的使用方法及使用时的注意事项；
2. 生产中能正确使用生殖激素来调控动物的繁殖过程。

【学习任务】

任务 9-1　生殖激素的分类与作用特点

生殖是动物最基本的生理活动之一，生殖过程不仅受神经支配，更重要的是受生殖激素的调控。机体的生殖激素多种多样，各自有着不同的生理功能，而它们又相互配合、相互协调，以维持机体正常的生殖活动。

一、生殖激素的概念

（一）激素

激素是由动物机体产生，经体液循环或空气传播等方式作用于靶器官或靶细胞，具有调节机体生理机能的一系列微量生物活性物质。

（二）生殖激素

在哺乳动物中，几乎所有激素都与生殖机能有关。有的是直接影响某些生殖环节的生理活动；有的则是维持全身的生长、发育及代谢，间接保证生殖机能的顺利进行。那些直接作用于生殖活动，并以调节生殖过程（如动物的性器官、性细胞、性行为、发情、排卵、妊娠和分娩等）为主要生理功能的激素称为生殖激素。由于生殖激素是由动物内分泌腺（无管腺）产生，故又称为生殖内分泌激素。那些对生殖活动有间接作用的激素，即通过维持整体正常生理状态而间接地保证生殖活动正常进行的激素称为次发性生殖激素，如生长激素、促甲状腺激素、促肾上腺皮质激素、加压素、甲状腺激素、胰岛素，这些激素都是通过影响机体代谢而间接影响生殖活动。

随着现代畜牧业的迅速发展，利用外源性生殖激素来控制家畜繁殖过程的技术，如发情控制、超数排卵、胚胎移植、诱发分娩、性成熟控制等，已显示出很大的应用价值。近年来，国内外除已提纯若干自然的生殖激素外，同时还人工合成出许多这类激素制剂及其类似物。

二、生殖激素的作用特点

(一)一定的选择性

各种生殖激素均有其一定的靶组织(或器官)，必须与靶器官中的特异性受体(内分泌激素)或感受器(外激素)结合后才能产生生物学效应。例如，促性腺激素作用于性腺(卵巢和睾丸)，雌激素可作用于雌性生殖道、乳腺管道，孕激素则作用于乳腺泡，睾酮可作用于雄性第二性征(鸡冠、马鬃等)。

(二)高效能的生物活性

少量或极微量的生殖激素就可引起很大的生理变化，如将 1 pg 的雌激素直接作用到阴道黏膜或子宫内膜上，就会引起阴道或子宫出现明显的收缩。

(三)持续性和积累性

生殖激素在血液中受分解酶的作用，其活性丧失很快，但其作用具有持续性和积累性。如孕酮，经注射到家畜体内，在 10～20 min 内就有 90％从血液中消失，但其作用要在若干小时或若干天内才能显示出来。

半衰期：生殖激素的生物活性在体内消失 1/2 时所需的时间，称为半衰期、半寿期或半存留期。

(四)协同和抗衡作用

1. 协同作用　母畜在排卵时促卵泡素和促黄体素两者具有协同作用。

2. 抗衡作用(也称颉颃作用)　雌激素能引起子宫兴奋性增强，而孕激素则抵消这种兴奋作用，使子宫处于安静状态。妊娠母畜体内常常同时存在着孕酮和雌激素，这种平衡能使子宫保持稳定的生理状态。如减少孕酮含量(摘除黄体)或增加雌激素含量(注射雌激素)，都可以引起妊娠母畜流产。

三、生殖激素的分类

1. 根据来源和功能划分

(1)来自下丘脑的释放激素　可控制垂体合成与释放有关的激素。

(2)来自垂体前叶的促性腺激素　能刺激性腺产生类固醇激素，并能促进配子的成熟与释放。

(3)来自性腺(即睾丸和卵巢)的性腺激素　对两性行为以及生殖周期的调节均起着重要的作用。

除此之外,与生殖有直接关系的激素还有来自胎盘的一些激素,来自垂体后叶的催产素,和近年来被人们认作生殖激素的前列腺素等。

2. 根据化学性质划分

(1)含氮激素　包括蛋白质、多肽、氨基酸衍生物和胺类等,垂体分泌的所有生殖激素和脑部分泌的大部分生殖激素均属于此类。此外,胎盘、性腺以及生殖器官外的其他组织器官也可分泌蛋白质类和多肽类激素。

(2)类固醇类　主要由性腺和肾上腺分泌,对动物性行为的产生和生殖激素的分泌有直接或间接作用。

(3)脂肪酸类　主要由子宫、前列腺、精囊腺(前列腺素)和某些外分泌腺(外激素)所分泌。

任务9-2　生殖激素的功能与应用

动物的生殖活动是一个复杂的过程,所有生殖活动都与生殖激素的功能和作用有着密切的关系。随着生殖科学的迅速发展,人类利用生殖激素控制动物繁殖过程、消除繁殖障碍,将进一步促进繁殖潜力开发,促进规模化养殖,加快品种改良,提高畜牧业生产水平。

一、下丘脑分泌的激素

(一)下丘脑与垂体的关系

下丘脑至垂体并没有直接的神经支配,而是通过来自垂体上动脉的长门脉系统和来自垂体下动脉的短门脉系统将信息传递给垂体。下丘脑分泌的促性腺激素释放激素(GnRH)进入血液后,经垂体门脉系统作用于垂体前叶,促进垂体促黄体素(LH)和促卵泡素(FSH)的分泌和释放。GnRH可以促进垂体分泌LH和FSH,提供外源激素后数分钟,血液中LH和FSH水平便开始升高。相对而言,GnRH对LH分泌的促进作用比对FSH分泌的促进作用更迅速。LH和FSH对GnRH的分泌具有反馈性抑制作用(图9 1)。

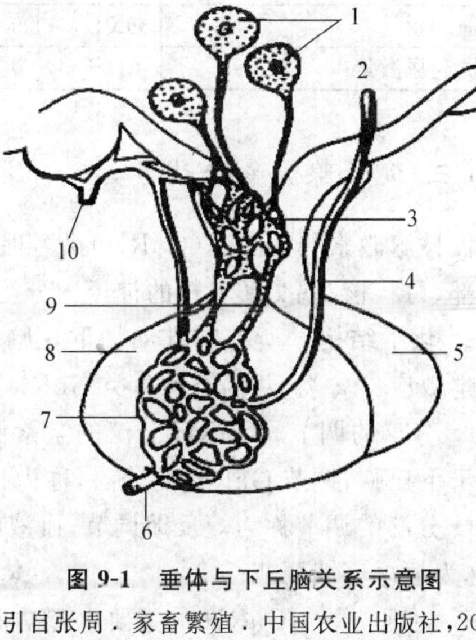

图9-1　垂体与下丘脑关系示意图

(引自张周．家畜繁殖．中国农业出版社,2001)

1. 下丘脑神经细胞　2. 下丘脑　3、7. 毛细血管丛　4. 回流到下丘脑的静脉　5. 垂体后叶　6. 静脉(通海绵窦)　8. 垂体前叶　9. 垂体门脉血管　10. 垂体上动脉

(二)下丘脑分泌的激素

目前人们已确定下丘脑可分泌促性腺激素释放激素、催产素、生长激素释放激素、生长抑制激素、促乳素释放因子、促乳素抑制因子和促甲状腺激素释放激素等10多种释放或抑制激素。以调

节动物繁殖功能为主要功能的激素有促性腺激素释放激素和催产素(表 9-1)。

表 9-1 下丘脑合成的激素及其主要生理作用

分类	激素名称	简写	化学本质	合成部位	主要生理作用
释放激素(因子)	促性腺激素释放激素	GnRH	10 肽	弓状核等	促进 FSH 和 LH 的分泌和释放
	促乳素释放因子	PRF	多肽		促进 PRL(促乳素)的分泌与释放
	生长激素释放激素	GHRH	44 肽	视前区核	促进 GH(生长激素)的分泌与释放
	促甲状腺激素释放激素	TRH	3 肽	正中隆起	促进 TSH(促甲状腺激素)和 PRL 的分泌与释放
	促肾上腺皮质激素释放激素	CRH	41 肽	室旁核等	促进 ACTH(促肾上腺皮质激素)的分泌与释放
	促黑素细胞素释放激素	MRH	5 肽		促进 MSH 的分泌与释放
抑制激素(因子)	促性腺激素抑制激素	GnIH	12 肽	背内侧核	抑制促性腺激素的合成与分泌,促进禽类摄食
	生长抑制激素	SS	14 肽	视前区、室周核等	抑制 GH 和 PRL 的释放
	促乳素抑制因子	PIF	多肽或胺类		抑制 PRL 释放
	促黑素细胞素抑制激素	MIH	3 肽	可能是 OXT 的降解产物	抑制 MSH(促黑素细胞素)释放
其他	催产素	OXT	9 肽	视上核、室旁核	促进子宫收缩、乳汁排出
	抗利尿激素	ADH	9 肽	视上核、室旁核	减少尿量,升高血压

(三)促性腺激素释放激素

促性腺激素释放激素(GnRH)又名促黄体素释放激素,由分布于下丘脑内侧视前区、下丘脑前部、弓状核、视交叉上核的神经内分泌小细胞分泌,能促进垂体前叶分泌 LH 和 FSH。

1. 化学结构　所有哺乳动物下丘脑分泌的 GnRH 均为十肽,并具有相同的分子结构和生物学效应。禽类、两栖类和鱼类 GnRH 的分子结构与哺乳类略有差异。

2. 分泌的调节　GnRH 分泌的激素调节包括 3 种反馈机制。性腺类固醇通过体液途径作用于下丘脑,调节 GnRH 的分泌,称为长反馈调节;垂体促性腺激素通过体液途径对下丘脑 GnRH 分泌的调节称为短反馈调节;血液中 GnRH 浓度对下丘脑的分泌活动也有自身引发效应,称为超短反馈调节。

3. 生理功能　GnRH 的主要生理功能是促进垂体前叶促黄体素和促卵泡素的合成和释放,其中以促黄体素的释放为主。GnRH 对雄性动物有促进精子发生和增强性欲的作用,对雌性动物有诱发发情、排卵,提高配种受胎率的功能。

4. 临床应用　临床上常用于治疗雄性动物性欲减弱、精液品质下降,雌性动物卵泡囊肿和排卵异常等症。目前,人工合成的 GnRH 类似物已广泛应用于畜牧生产和兽医临床以提高家畜的繁殖力,其中以促排 3 号的活性最高(图 9-2)。

图 9-2　GnRH 类似物

(1)诱发发情　母畜产后因受季节、营养、泌乳、疾病的影响,卵巢活动受到抑制,表现为乏情。对母牛肌内注射 50～100 μg 促排 3 号,可诱导产后发情。

(2)超数排卵　羊超数排卵时,于第一次配种后注射促排 3 号 15～20 μg,可以促进排卵,增加可用胚胎数。

(3)提高情期受胎率　母猪配种前 2 h 或配种后 10 d 内注射 GnRH 类似物 100～200 μg,可提高情期受胎率 20%～30%,甚至可增加平均窝产活仔数 2～3 只。

(4)治疗雌性繁殖障碍　应用 GnRH 类似物(促排卵素 1 号 LRH-A_1)治疗牛卵巢静止和卵泡囊肿,剂量分别为 200～400 μg 和 400～600 μg。

(5)治疗雄性不育　GnRH 能刺激公畜垂体细胞分泌间质细胞刺激素(ICSH),促进睾丸发育、雄激素分泌和精子成熟,因此可用于治疗雄性动物性欲减弱、精液品质下降等。

(6)公畜去势　应用 GnRH 免疫动物,可诱导机体产生特异性抗体,中和内源 GnRH,使垂体接受 GnRH 的刺激减弱,从而使性腺发生退行性变化,达到去势目的。如用 GnRH 主动免疫公兔和公猪,间质细胞出现退行性变化,睾丸重量明显减轻,睾丸萎缩。

(7)抱窝母鸡催醒　注射 GnRH 可使抱窝母鸡醒窝,恢复产卵。

(8)诱导亲鱼产卵　在鱼类生产中,国内常用 GnRH 类似物(促排卵素 1 号 LRH-A_1 或促排卵素 2 号 LRH-A_2)诱导亲鱼产卵,剂量一般为每千克体重 5～10 μg。

(四)催产素

1. 来源与特性　哺乳动物的催产素(OXT)属蛋白激素,由 9 个氨基酸组成,相对分子质量为 1 100。主要由下丘脑视上核和室旁核合成,并沿神经束运至垂体后叶,在该处贮存和释放。羊卵巢上大黄体细胞和牛卵巢上黄体细胞也可分泌 OXT。

2. 生理功能

(1)能强烈地刺激子宫平滑肌收缩,是催产的主要激素,但在生理条件下,它不是发动分娩的主要因素,而是在分娩开始之后继续维持子宫收缩、促进分娩完成的主要激素。

(2)能使输卵管收缩频率增加,有利于两性配子在母畜生殖道的运行。

(3)能有力地刺激乳腺导管肌上皮组织细胞收缩,引起排乳。

幼畜吮吸乳头的活动刺激了乳头神经感受器,反射性引起垂体后叶释放 OXT,经血液循环到达乳腺肌上皮细胞,引起收缩排乳。

(4)催产素可以刺激子宫分泌前列腺素,引起黄体溶解而诱发发情。

3. 临床应用

(1)引起子宫收缩　催产素常用于促进分娩,治疗胎衣不下、子宫脱出、子宫出血和子宫内容物(如恶露、子宫积脓或木乃伊)的排出等。事先用雌激素处理,可增强子宫对催产素的敏感性。催产素用于催产时必须注意用药时期,在产道未完全扩张前大量使用催产素易引起子宫撕裂。治疗子宫出血,应与止血药合用。排出子宫积液、积脓,排出死胎等,最好与前列腺素配合应用。

(2)同期分娩　母猪妊娠 112 d 时注射前列腺素类似物,16 h 后注射 OXT,可在 4 h 内完成分娩。临产母牛注射地塞米松 48 h 后静脉滴注 5～7 μg/kg 体重 OXT 类似物,4 h 后即可分娩。

(3)促进排乳　刺激乳腺泡的肌上皮细胞收缩,松弛乳腺大导管的平滑肌,使乳汁从腺泡叶通过腺管进入乳池,促使排乳。

(4)提高受胎率　输精前注射:马和牛为 30～50 U,猪和羊为 10～20 U,或添加到精液中,可促进子宫收缩,加速精子在雌性生殖道中的运行,提高受胎率。

二、垂体促性腺激素

(一)促卵泡素

1. 来源与特性　促卵泡素(FSH)又叫促卵泡生成素、促滤泡素,由垂体前叶嗜碱性细胞分泌,是一种糖蛋白激素,能溶于水,相对分子质量为 25 000～30 000。

2. 分泌的调节　促卵泡素的合成和分泌受下丘脑 GnRH 和性腺激素的调节。来自下丘脑的 GnRH 脉冲式释放,经垂体门脉系统进入垂体前叶,促进 FSH 的合成和分泌,而来自性腺的类固醇激素则通过下丘脑对 FSH 的释放呈负反馈抑制作用。

3. 生理功能

(1)促进卵巢生长,增加卵巢重量;刺激卵泡生长发育,在 LH 协同下,促进排卵和颗粒细胞黄体化。

(2)促进生精上皮细胞发育和精子产生,与 LH 协同,促进精子形成。

(3)促进卵泡颗粒细胞的增生和雌激素的合成与分泌。

4. 临床应用

(1)用于动物超数排卵　FSH 由于半衰期短,使用时必须多次注射才能达到预期效果,一般每日两次。

(2)诱导发情和排卵　FSH 可诱发季节性繁殖的牛、羊在非繁殖季节发情和排卵。

(3)治疗母畜不发情　FSH 可治疗母畜如牛、羊因卵巢静止、卵巢发育不全、卵巢萎缩等引起的不发情。

(4)使动物的性成熟提早　FSH 与孕激素配合使用,可促使接近性成熟的母畜提早发情配种。

(二)促黄体素

1. 来源与特性　促黄体素(LH)由垂体前叶嗜碱性细胞分泌,是一种糖蛋白激素,水溶性,相对分子质量约为 30 000。

2. 生理功能

(1)LH 可促进雌性动物卵泡的成熟和排卵。

(2)LH 促进排卵后的颗粒细胞黄体化,促使黄体细胞分泌孕酮(LH 可刺激牛、羊黄体释放孕酮，故又称促黄体分泌素）。

(3)LH刺激卵泡内膜细胞产生雄激素。

(4)LH刺激雄性动物睾丸间质细胞合成和分泌睾酮，因此促黄体素又叫间质细胞刺激素(ICSH)，对副性腺的发育和精子最后成熟具有重要作用。

3. 临床应用

(1)诱导排卵　对非自发性排卵的动物，为获得其卵子或人工授精，可在发情旺期或人工授精时静脉注射LH，一般可在24 h内排卵。在胚胎移植工作中，为了获得较多的胚胎数，常在供体配种的同时静脉注射LH，以促进排卵。

(2)预防流产　对于由黄体发育不全引起的胚胎死亡或习惯性流产，可在配种时和配种后连续注射2～3次LH，可促使黄体发育和分泌，防止流产。

(3)治疗卵巢疾病　LH对排卵延迟、不排卵和卵泡囊肿有较好疗效。对已知排卵延迟或不排卵的母畜，配种的同时注射LH，可促进排卵。卵泡囊肿时应用LH可促使其黄体化，使下次发情周期恢复正常。

(4)治疗公畜不育　LH对公畜性欲减退、精子浓度不足等疾病有一定疗效。

(三)促乳素

1. 来源与特性　促乳素(PRL)又名催乳素，由垂体前叶的嗜酸性的促乳素细胞分泌，通过垂体门脉系统进入血液循环。哺乳动物的促乳素为199个氨基酸残基组成的单链蛋白质，相对分子质量为22 500左右。

2. 生理功能　促进黄体分泌孕酮(绵羊、大鼠)，促进乳腺发育和泌乳。另外，可促进鸽子等鸟类的嗉囊发育，分泌嗉囊乳(哺喂雏鸽)。可增强某些动物的繁殖行为，增强雌性动物的母性行为，如禽类抱窝性，鸟类反哺行为，家兔产前脱毛造窝等。对雄性动物，可维持睾酮分泌和刺激性腺分泌等。

三、胎盘促性腺激素

(一)孕马血清促性腺激素

1. 来源与特性　孕马血清促性腺激素(PMSG)主要由马属动物胎盘的子宫内膜杯细胞分泌，是胚胎的代谢产物，存在于血清中。该激素在妊娠40 d左右开始出现，以后逐渐增加，60～80 d含量达到高峰，此后逐渐下降，至170 d几乎完全消失。血清中PMSG含量因品种不同而异，轻型马最高(每毫升血液中约含100 IU)，重型马最低(每毫升血液中约含20 IU)，兼用马居中(每毫升血液中约含50 IU)。此外，胎儿的基因型对其分泌量影响也较大，如驴怀骡分泌量最高，马怀马次之，马怀骡再次之，驴怀驴最低。

PMSG是一种糖蛋白激素，其相对分子质量为53 000。PMSG的分子不稳定，高温、酸、碱等都能引起失活，分离提纯也比较困难。

2. 生理功能　PMSG具有类似FSH和LH的双重活性，但以FSH为主。因此对雌性动物有着明显的促进卵泡发育、排卵和黄体形成的功能；对雄性动物有促进曲精细管发育和性细胞分化的作用。

3. 制备

(1)孕马血清的制备　选择妊娠 60～100 d 的健康母马，由颈静脉采血，一般每匹每次可采 1 000～2 000 mL，盛于消毒、干燥的玻璃筒状容器中，放在较温暖处，使其迅速凝固。为了析出更多的血清，可在凝固后压以消毒镇压器或其他重物，如天平砝码等。将析出的血清吸出分装备用。如暂时不用，可加入 0.5%石炭酸以防腐，放在冷暗处，保存 1 年仍有效。

(2)孕马全血的制备　用一消毒的玻璃瓶，按采血量放入 2%的硼砂及 1%的硫代硫酸钠，再加适量蒸馏水，然后放在蒸锅中消毒，冷却至体温时即可采血。在采血过程中要频频摇动瓶子，加入抗凝剂以防血液凝固，最后用灭菌翻口胶塞封好备用，在冷暗处保存。

4. 临床应用(表 9-2)

表 9-2　孕马血清促性腺激素应用举例

动物种类	应用	剂量/IU	皮下或肌内注射	备注
牛	诱发发情	750	1 次	
	安静发情	1 600	1 次	
	超数排卵	2 000～3 000	1 次	配合使用
		800～1 200 (静脉注射)		HCG 2 000～5 000 IU
	睾丸机能减退	1 500	连续 2 次	
	持久黄体	1 000～1 500	1～2 次	
绵羊	诱发发情	200～400		
	提高双羔率	500(发情前 3～4 d)		配合使用
		(或用 10 mL 全血、血清)	1～2 次	HCG 200～500 IU
	超数排卵	500～800		
	睾丸机能衰退	500～1 200		
猪	诱发发情	750～1 000	1 次	配合使用 LRH-A_3 100 μg
		(或 5 mL 全血)		或 HCG 300 IU
	超数排卵	750～1 000	1 次	配合使用 HCG 1 000 IU
马	诱发发情	1 000	2～3 次	
	促进排卵	全血 200 mL 或血清 1 000 mL	连续 3 次	

(1)用于超数排卵　用 PMSG 代替价格较贵的 FSH 进行超数排卵可取得一定效果。但由于 PMSG 半衰期长，在体内不易被清除，一次注射后可在体内存留数天甚至 1 周以上，残留的 PMSG 影响卵泡的最后成熟和排卵，使胚胎回收率下降，所以，近年来在用 PMSG 进行超数排卵处理时，补用 PMSG 抗体(或抗血清)，中和体内残存的 PMSG，明显提高了超数排卵效果。

(2)治疗雌性动物乏情、安静发情或不排卵。

(3)提高母羊的双羔率，诱导肉牛产双胎。

(4)治疗雄性动物睾丸机能衰退或死精，用于羊和牛睾丸机能衰退或死精症的剂量分别为 500～1 200 IU 和 1 500 IU。

(5)诱发非繁殖季节母羊发情、排卵，PMSG 用于诱导羊、牛、马、猪发情的常用剂量分别为 200～400 IU，1 000～1 500 IU，1 000 IU 和 250～1 000 IU。

(6)与孕激素和前列腺素合用提高同期发情效果。

(二)人绒毛膜促性腺激素

1. 来源与特性 人绒毛膜促性腺激素(HCG)由人和灵长类动物胎盘绒毛膜的合胞体滋养层细胞合成和分泌，大量存在于孕妇尿中，血液中也有。一般孕后第 8 天开始分泌，8～9 周时升至最高，21～22 周时降至最低。目前的商品制剂主要来自孕妇尿和流产刮宫液。

HCG 是一种糖蛋白激素，相对分子质量为 36 700，由 α-亚基和 β-亚基组成。

HCG 的化学结构与 LH 非常相似。

2. 生理功能 HCG 的生理功能与 LH 相似。

(1)对雌性动物能促进卵泡发育、生长、破裂和生成黄体，并促进孕酮、雌二醇和雌三醇等的合成，同时可以促进子宫的生长。对雌性动物，在卵泡成熟时能促使其排卵，并形成黄体。给予大剂量时，能延长黄体存在时间，但卵泡未成熟时并无这些作用。

(2)对雄性动物能促进睾丸的发育，能促进睾丸 ICSH 的分泌；能刺激雄激素的产生；能使隐睾下降。

(3)对生育年龄的未孕妇女，能够引起排卵和黄体形成，对妊娠妇女维持妊娠具有重要作用。在妊娠早期，HCG 可作为胎盘信号，使周期黄体转换为妊娠黄体，并维持其机能；胎盘形成后不久，可逐渐代替卵巢机能，具有明显的免疫抑制作用。

3. 临床应用

(1)促进卵泡发育成熟和排卵。可治疗卵泡交替发育引起的连续发情，还可使马、驴正常排卵。

(2)增强超数排卵(简称超排)和同期排卵的效果。在超排措施中，一般都是先用诱发卵泡发育的激素制品，如 FSH、PMSG，在母畜出现发情时再注射 HCG，不仅可以增强超排效果，使发情表现同期化，而且可以使排卵时间趋于一致。

(3)治疗排卵延迟和不排卵。马、牛静脉注射 HCG 1 000～2 000 IU，按照卵泡状况不同，可以在 20～60 h 以内发生排卵。

(4)治疗卵泡囊肿或慕雄狂，以恢复正常发情周期。

(5)促使公畜性腺发育，使性功能得到兴奋。使用剂量：马、驴、牛，1 000～5 000 IU，猪、羊，800～2 000 IU，阳痿马、牛，1 000～3 000 IU，一次肌内注射。

四、性腺激素

性腺激素主要来自公畜的睾丸和母畜的卵巢。由卵巢分泌的主要有雌激素、孕酮和松弛素；由睾丸分泌的主要为雄激素睾酮。这些激素除来自性腺外，还可能来自胎盘。肾上腺皮质部也可以分泌少量的睾酮、孕酮等。而且，雌性个体中也会产生少量雄性激素，雄性个体也会产生少量雌性激素。

一般说来，性腺激素的主要功能是维持副性器官的功能变化以及第二性征，母畜还靠性腺激素维持妊娠(至少是在妊娠初期)。

性腺激素除松弛素为多肽类激素外，其他均属类固醇激素，它们的基本化学结构式为环戊烷多氢菲。

（一）雄激素

1. 来源与特性　雄激素最主要的形式为睾酮，由睾丸间质细胞分泌。肾上腺皮质部也可以分泌少量的雄激素，但其量甚微。当摘除睾丸时，则不能获得足够的雄激素以维持雄性机能。

2. 生理功能

（1）对于幼龄动物，雄激素维持生殖器官、副性腺及第二性征的发育。在幼龄时期阉割的雄性动物，生殖器官趋于萎缩退化。

（2）对于成年动物，雄激素刺激精细管发育，启动和维持精子发生，利于精子生成。

（3）睾酮作用于中枢神经系统，与雄性性行为有关，即维持雄性性欲。

（4）睾酮对下丘脑或垂体有反馈调节作用，影响 GnRH、LH 和 FSH 的分泌。

3. 临床应用　雄激素在临床上主要用于治疗公畜性欲不强和性功能减退，但单独使用不如睾酮与雌二醇联合应用效果好。常用的药物为丙酸睾丸素，皮下或肌内注射均可，建议使用剂量，羊不超过 0.1 g，牛不超过 0.3 g。

（二）雌激素

1. 来源与种类　雌激素主要来源于卵泡内膜细胞和卵泡颗粒细胞，此外，胎盘、肾上腺、睾丸及某些神经元也可分泌雌激素。卵巢中产生的雌激素有雌二醇和雌酮。除天然雌激素外，已人工合成许多雌激素制剂，如己烯雌酚、己雌酚、苯甲酸雌二醇等。雌激素中以 17β-雌二醇活性最高，主要由卵巢分泌。

2. 生理功能　雌激素是促使雌性动物性器官发育和维持正常雌性性机能的主要激素。雌二醇是雌激素主要的功能形式，有以下功能：

（1）促进雌性动物的发情表现和生殖道生理变化。例如，促使阴道上皮增生和角质化；促使子宫颈管松弛并使其黏液变稀薄；促使子宫内膜及肌层增长，刺激子宫肌层收缩；促进输卵管的增长并刺激其肌层收缩。这些变化有利于交配、配子运行和受精。

（2）有的动物（如猪）的胚泡产生的雌激素可作为妊娠信号，有利于胚胎的附植。

（3）雌二醇与促乳素协同作用，促进乳腺导管系统发育。

（4）通过对下丘脑的反馈作用调节 GnRH 和促性腺激素的分泌。雌二醇的负反馈作用部位在下丘脑的紧张中枢，正反馈作用部位在下丘脑的周期中枢（引起排卵前 LH 峰），因此，在促进卵泡发育、调节发情周期中起重要作用。

（5）少量雌二醇促进雄性动物性行为。在雄性动物的性中枢神经细胞中，睾酮转化成雌二醇，是引起性行为的机制之一。但大量的雌激素使雄性动物睾丸萎缩、副性器官退化，造成不育。

（6）对骨代谢的影响。肠、肾、骨等组织有雌激素受体。雌激素作用于这些组织，促进钙的吸收，减少钙的排泄，抑制骨吸收，强化骨形成，促使长骨骺部软骨成熟，抑制长骨增长。

3. 临床应用　有多种雌激素制剂在畜牧生产和兽医临床上应用，其中最常用的是己烯雌酚和苯甲酸雌二醇。

（1）治疗母畜不发情。注射己烯雌酚或雌二醇可使雌性动物表现发情，雌激素虽不能直接作用于卵巢而使卵泡发育，但可通过丘脑下部的反馈作用使 LH 分泌，间接作用于卵巢，并能增强子宫对垂体后叶激素的敏感性而提高子宫收缩性。

(2)治疗母畜持久黄体，通过 $PGF_{2\alpha}$的合成引起黄体退化。

(3)牛和羊可用雌激素引产，但猪可用雌激素进行同期发情，因为雌激素对母猪具有促黄体作用(帮助维持黄体)，故先用雌激素处理保持黄体期，然后统一停用雌激素并注射 $PGF_{2\alpha}$即可引起黄体退化，达到使母猪同期发情的目的。

(4)雌激素与催产素配合可治疗母畜子宫疾病，如慢性子宫内膜炎、子宫积液等。

(5)与孕激素配合，可用于奶牛和山羊的人工诱导泌乳。

(三)孕激素

1. 来源　孕激素主要由卵巢中黄体细胞分泌。部分动物如绵羊和马，妊娠后期以胎盘产生为主。此外，颗粒层细胞、肾上腺皮质及睾丸也能产生少量孕酮。孕酮(黄体酮)是孕激素的主要形式，其代谢后为孕二醇，随尿排出。

2. 生理功能

(1)在黄体早期或妊娠初期，孕酮可促进子宫形成分泌性子宫内膜，使子宫腺体发育、功能增强、弯曲增多、形成子宫乳，有利于早期胚胎的营养、发育和附植。

(2)维持孕体正常的妊娠。可抑制子宫肌肉的自发性活动，抑制子宫对催产素的反应，使子宫保持安静，促使子宫颈外口收缩、封闭，利于保胎。

(3)调节发情的作用。少量孕酮与雌激素协同，促进发情行为表现；大量孕酮与雌激素对抗，抑制母畜发情。

(4)在雌激素刺激乳腺腺管发育的基础上，刺激乳腺腺泡系统的发育，二者相互协调，共同维持乳腺的发育。

(5)促进生殖道的发育。生殖道在雌激素作用下开始发育，但只有与孕激素协同作用后，才能得到更充分的发育。

3. 临床应用　人工合成的孕激素如甲孕酮、氟孕酮、18-甲基炔诺酮等效价远远大于孕酮，性质稳定，大部分制剂可口服。现多制成油剂用于肌内注射，或制成丸剂皮下埋植、制成乳剂用于阴道栓。

孕激素在动物繁殖中的应用非常广泛，它不仅可用于动物的同期发情、超数排卵和治疗繁殖疾病，而且由于其在生物体液中含量相对雌二醇较高，易于定量分析，故在繁殖状态监控、妊娠诊断以及许多繁殖疾病诊断方面也得到了普遍应用。

(1)诱导同期发情。对牛、羊和猪，连续给予孕酮，可抑制垂体促性腺激素的释放，从而抑制发情，一旦停止给予孕酮，即能反馈性引起促性腺激素释放，使动物在短时间内出现发情。据此，在畜牧实践中已将其应用于牛、绵羊、山羊和猪的同期发情中。

(2)诱导超数排卵。连续应用孕酮 13～16 d，于撤除孕酮当天或撤除前 24 h 给予 PMSG 或 FSH，牛在孕酮撤除后 48～96 h 可引起超数排卵，羊在 36～48 h 后开始发情，继而排卵。

(3)鉴别动物的“性状态”。通过测定动物血、乳或唾液中孕酮水平，结合直肠检查，可判断母马、母牛是否处于发情期(孕酮含量低，有卵泡)、间情期(孕酮含量高；有黄体，无卵泡)或乏情期(孕酮含量低；既无黄体，又无卵泡)。

(4)进行妊娠诊断。根据血浆、乳汁、乳脂、尿液、唾液、被毛中孕酮水平的高低进行牛、羊、猪的妊娠诊断在生产中应用已非常广泛。一般采集配种后 21～25 d(猪、牛、山羊)或 19～23 d

(绵羊)的样品，通过放射免疫测定或免疫酶标测定法确定其孕酮含量。如果未孕，则孕酮接近发情时的水平，如怀孕则孕酮含量很高，接近或超过黄体期的孕酮水平。

(5)诊断繁殖障碍疾病。测定母牛配种后一定时间的孕酮水平，如果配种后 30 d 以内持续升高，此后突然下降，可判断为胚胎死亡，未孕。此外，通过孕酮测定技术还可以了解卵巢机能状态，分析母牛受胎率低的原因。

(6)用于保胎。在运输、妊娠检查、受强烈应激有流产可能时可注射孕酮抑制子宫肌收缩，用于保胎。但应注意剂量，特别不能大剂量长期使用，否则等同同期发情处理造成流产。

(7)用于防止孕酮不足的功能性流产。如对卵巢功能不足的牛，配种后第 8 天起连续注射孕酮 7～10 d，每日 100 mg，或每 7～10 d 注射长效孕激素 200～600 mg 可避免流产。

(四)松弛素

1. 来源　松弛素(RLX)又称耻骨松弛素，主要由妊娠黄体分泌。松弛素存在于颗粒黄素细胞的胞浆中，一旦需要即释放入血。某些动物的胎盘、子宫、乳腺、前列腺等也可分泌少量松弛素。猪、牛等动物的松弛素主要来自黄体，而兔主要来自胎盘。

在正常情况下，松弛素的单独作用很小。生殖道和有关组织只有经过雌激素和孕激素的事前作用，松弛素才能显示出较强的功能。

2. 生理功能　在妊娠期的主要作用是抑制妊娠期间子宫肌的收缩，以利于妊娠的维持；在分娩时，松弛素水平降低，OXT 释放增加，作用于靶器官的结缔组织，使骨盆韧带扩张、子宫颈变松软，以利于分娩。

3. 临床应用　用于动物子宫镇痛，预防动物流产和早产，诱发动物分娩。

五、其他激素

(一)前列腺素

1934 年，有人分别在人、猴、山羊和绵羊的精液中发现含有可引起子宫收缩或舒张反应的物质，当时认为可能是由前列腺分泌的，故称为前列腺素(PG)。后来人们发现 PG 是一组具有生物学活性的不饱和脂肪酸，广泛存在于身体的各种组织和体液中，并非由专一的内分泌腺产生。

1. 化学结构和种类　PG 是花生四烯酸的衍生物，不是一种单一物质，而是一类具有生物活性的长链不饱和氨基脂肪酸，称前列酸。据不饱和程度和取代基不同，可将其分为 3 类(PG1、PG2、PG3)、9 个类型(A、B、C、D、E、F、G、H、I)，其中 PGE、PGF 对动物繁殖较重要。

2. 生理功能

(1)溶解黄体　关于 $PGF_{2\alpha}$ 溶解黄体的机理，目前主要有两种说法：其一，$PGF_{2\alpha}$ 使子宫-卵巢血管收缩，造成黄体组织供血不足，导致合成孕酮的原料供给不足，造成孕酮合成困难，引起黄体退化。其二，$PGF_{2\alpha}$ 直接作用于黄体细胞，抑制孕酮的合成，该种说法由绵羊做的实验证实。绵羊的卵巢动脉十分弯曲而紧密贴附在子宫-卵巢静脉上，从而形成子宫-卵巢静脉与卵巢动脉之间的对流系统，使子宫内膜产生的 $PGF_{2\alpha}$ 不经血液循环而就近通过血管壁进入卵巢动脉，然后运抵卵巢引起黄体溶解(图 9-3)。

(2)对子宫的作用　$PGF_{2\alpha}$ 能促进子宫平滑肌的收缩，有利于分娩活动。

(3)对输卵管的作用　PG 能影响输卵管活动和受精卵运行，与个体状态有关。PGF 主要

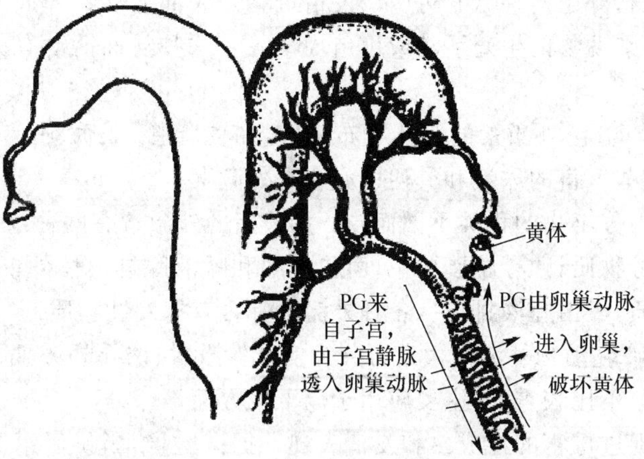

图 9-3　PG 逆流传递至卵巢

使输卵管平滑肌和输卵管口收缩，使卵子在输卵管内停留并有受精时间。PGE 使输卵管松弛，有利于受精卵运行。

(4)对下丘脑-垂体-卵巢轴的影响　下丘脑产生的 PG 参与 GnRH 分泌的调节，PGF 和 PGE 能刺激垂体释放 LH，同时 PG 对卵泡发育和排卵也存在直接作用。一方面，$PGF_{2\alpha}$可直接作用于卵泡，刺激卵巢壁平滑肌的收缩、促使卵泡破裂；另一方面，$PGF_{2\alpha}$通过促进血液中 LH 含量的升高而间接促进排卵。例如猪的卵泡液中 $PGF_{2\alpha}$浓度在接近排卵时显著增加，在排卵时达到最高值。

(5)对公畜生殖机能的影响　睾丸不但能分泌睾酮，而且能分泌 PG，PG 能使睾丸被膜、输精管及精囊腺发生收缩，有利于射精。

3. 临床应用　在生产实践中应用的主要是 $PGF_{2\alpha}$及其人工合成的类似物，国内外已生产多种 $PGF_{2\alpha}$类似物，例如，氯前列烯醇、氟前列烯醇、15-甲基 $PGF_{2\alpha}$等。目前国内应用最广的是氯前列烯醇。$PGF_{2\alpha}$及其类似物主要用于以下几方面：

(1)调节发情周期，用于同期发情。PG 能显著缩短黄体存在时间，控制各种动物发情周期，促进同期发情和排卵。$PGF_{2\alpha}$只有当母畜处于功能黄体时，才对黄体有溶解作用。

(2)用于同期分娩或引产。给妊娠 141 d 的羊肌内注射 $PGF_{2\alpha}$ 15 mg，给药 72 h 分娩成功率为 33%，平均分娩时间为 142.5 h。给妊娠 144 d 的山羊肌内注射 $PGF_{2\alpha}$ 20 mg，平均31.5 h 引起分娩。用于排出死胎时与雌激素配合使用效果较好。

(3)增加射精量。在采精前给公牛、公马、公兔注射 $PGF_{2\alpha}$均可增加其射精量。

(4)治疗生殖疾病。用 PG 治疗动物黄体囊肿；对子宫病理变化导致的持久黄体及子宫积脓，用 PG 治疗效果显著。

(5)促进产后子宫复原，缩短两次怀孕的间隔时间。

(6)治疗排卵迟缓。发情前或初期配合使用 PG，能取得比注射促排卵素更好的效果。

(二)外激素

外激素是生物体向环境释放的在环境中起着传递同种个体间信息从而引起对方产生特殊反应的一类生物活性物质。这些物质由于其来源的动物种类及个体不同，产生的生物学效应也有差异。例如，公猪分泌的外激素可引诱发情母猪。大部分动物释放的外激素可刺激异性交配，并可影响同性别动物的生殖活动或生殖周期等。这些与性活动有关的外激素统称为性外激素。

1. 来源与特性　分泌外激素的腺体分布很广，如皮脂腺、汗腺、唾液腺、下颌腺、泪腺、耳下腺、包皮腺等。有些家畜的尿液和粪便中亦含有外激素。

外激素的性质因分泌物的种类不同而异。如公猪的外激素有两种：一种是由睾丸合成的、有特殊气味的类固醇物质，贮存于脂肪中，由包皮腺和唾液腺排出体外；一种是由下颌腺合成的有麝香气味的物质，经由唾液排出。各种外激素都含有挥发性物质。

2. 临床应用　哺乳动物外激素大致可分为信号外激素、诱导外激素、行为外激素等，其中行为外激素对动物繁殖比较重要，主要应用于以下几方面。

(1)母畜催情，促进母畜的性成熟和发情表现。据试验，给断奶后第 2、3 天的母猪鼻子上喷洒合成外激素，能促使其卵巢功能的恢复。青年母畜给予公畜刺激，则能提早性成熟，如“公羊效应”。

(2)用于母猪的试情。母猪对公猪的性外激素反应非常明显。例如，用雄烯酮等合成的公猪性外激素，发情母猪则表现静立，发情母猪检出率为 90%以上，而且受胎率和产仔率均比对照组提高。

(3)用于公畜采精调教。使用外激素，可加速公畜采精训练，公猪尤其明显。

(4)外激素还可以解决猪群的母性行为和识别行为，为仔畜寄养提供方便。

【拓展知识】

生殖激素的测定

生殖激素在动物体内的含量甚微，用常规生化方法很难检测出来。目前测定激素的方法主要有生物测定法、细胞培养生物测定法、免疫测定法和受体测定法等。

一、生物测定法

生物测定法主要是根据生殖激素的生物学作用而设计的方法。该方法虽然灵敏度不高，但其结果能直接体现生殖激素的生物学活性，所有生殖激素的生物学活性都是通过生物测定法得到的。

各种生殖激素均有其特异的生物学活性，将某种生殖激素按一定比例稀释后，注射到某种实验动物体内，然后观察实验动物靶器官对激素的反应。观察实验动物对待测激素的生物学反应，主要根据该激素的特性、生物学作用来确定。对于不同的生殖激素，所观察的生物学反应不同。常见的反应有：

1. 子宫增重反应　适合于测定雌激素的生物学活性。

2. 阴道涂片检查　雌激素测定的另一方法，主要观察雌激素对阴道上皮角质化程度的影响。

3. 鸡冠发育反应 适于雄激素测定,观察鸡冠的增重。

4. 卵巢增重反应 该法主要用于PMSG的测定。

5. 排卵试验 该法测定FSH、HCG和PMSG的灵敏度分别为0.25 mg,0.1 IU和2.0 IU。

6. 抗坏血酸排空反应 利用LH可以排除假孕动物黄体中抗坏血酸的原理,测定LH的活性。

二、细胞培养生物测定法

细胞培养生物测定法通过在体外培养待测激素的靶细胞,测定激素作用后靶细胞的分泌物含量,间接计算激素的生物活性。该法具有生物测定法的优点,且比生物测定法的灵敏度高,但因操作复杂,一般仅用于因含量低以致无法用生物测定法进行测定的激素样本的测定。

三、免疫测定法

通常将抗原或半抗原与其抗体特异性结合的反应称为免疫反应。事先用同位素(放射性或非放射性)、生物酶或荧光素将抗原(半抗原)或抗体标记,通过检测免疫反应产物中结合的(即抗原或半抗原抗体结合物)或游离的标记物的活性,间接计算待测激素含量的方法,称为免疫测定法。用放射性同位素制备标记物所建立的免疫测定方法称为放射免疫测定(RIA)技术。依此类推,用生物酶或荧光素制备标记物所建立的免疫测定方法分别称为酶免疫测定(EIA)技术和荧光免疫测定(FIA)技术。在FIA技术基础上,应用化学发光底物代替常规酶底物,所建立的方法称为化学发光方法(CL)。

四、受体测定法

激素与其靶细胞上的受体特异性结合的亲和力很高,因此可用激素的受体代替免疫测定方法中的抗体对激素进行测定。与免疫测定法相比,用受体测定法得到的结果更接近于生物测定,因为激素只有与其受体结合后,才能表现其生物学活性。

与免疫测定法类似,用放射性同位素标记激素或其受体所建立的方法,称为放射受体分析法(RRA),用酶或荧光素标记激素或其受体所建立的方法,分别称为酶标受体测定法(ERA)和荧光标记受体测定法(FRA)。受体测定法除所用激素的配位体是受体而不是抗体外,其余试剂及操作原理与免疫测定法一致。

【实训操作】

实训9-1 促排3号和催产素提高母畜的繁殖力

一、实训目的

促性腺激素释放激素可促使母畜分泌FSH(促卵泡素)和LH(促黄体素),能激发卵泡成熟并排卵，提高受胎率。催产素具有兴奋子宫平滑肌，加强子宫收缩的作用，临床上常用于原发性子宫无力所致的难产，产后子宫出血，加速胎衣和死胎的排出，促进子宫复原等。要求掌握促性腺激素释放激素(或类似物)和催产素(或类似物)的应用，提高动物繁殖力。

二、实训器材

1. 受体　发情母牛及产后母牛。
2. 器具　注射器(5 mL)。
3. 药品　促黄体释放激素类似物 (促排 3 号 LRH-A_3)、催产素。

三、实训内容

1. 促排 3 号　试验组在母牛发情输精前(直肠检查卵泡处于发育期)或输精后(直肠检查卵泡处于排卵期)，肌内注射促排 3 号 50 μg/头。对照组不注射药物，直接输精。

2. 催产素　母牛产后，试验组立即肌内注射催产素 100 U，或初次注射 50 U，隔 6～8 h 再复注同剂量一次。对照组不注射。

四、实训作业

1. 统计发情母牛的情期受胎率。
2. 统计产后母牛胎衣脱落情况。

五、技能考核标准

考核内容		评分标准		考核方法
		分值	扣分依据	
促排 3 号和催产素提高母畜的繁殖力	促排 3 号提高母畜受胎率观察	40	每错一步或少一步扣 5 分	小组操作考核
	催产素加速胎衣和死胎的排出、促进子宫复原观察	40	每错一项或少一项扣 5 分	
	熟练程度	10	在教师指导下完成时扣 5 分	
	完成时间(时限 30 min)	10	每超时 1 min 扣 2 分直至 10 分	

实训 9-2　PMSG 的制备与 PMSG 及 FSH 效价测定

一、实训目的

掌握 PMSG 制备与 PMSG 及 FSH 效价测定技术。

二、实训器材

1. 实验动物　妊娠60～100 d的健康母马1～2匹。健康无伤残的18～23日龄(即将达到性成熟日龄)、体重9～13 g的同源雌性小鼠。各测试组实验鼠出生日龄相差不得超过3 d，体重相差不得超过2 g。

2. 测试样品　PMSG或FSH、生理盐水。

3. 测定器具　1 mL注射器、4号针头、0.1 mL微量注射器、1 mL和2 mL吸管、洗耳球、酒精棉球、剪刀、镊子、搪瓷盘、解剖板、鼠罐和青霉素瓶(稀释瓶)。

三、实训内容

(一)PMSG的制备

1. 孕马血清的制备　选择妊娠60～100 d的健康母马(最好选用轻型马)，由颈静脉采血，一般每匹每次采1 000～2 000 mL，盛于消毒、干燥的玻璃筒状容器中，放在较温暖处，使其迅速凝固。为了析出更多的血清，可在凝固后压以消毒过的重物。然后将析出的血清吸出分装备用。如暂时不用，可加入0.5%石炭酸以防腐，放冷暗处，可保存1年。

2. 孕马全血的制备　用一消毒的玻璃瓶，按采血量放入2%的硼砂及1%的硫代硫酸钠，再加入适量蒸馏水，然后放在蒸锅中消毒，冷却至体温时即可采血。在采血过程中要频频摇动瓶子，加入抗凝剂以防血液凝固，最后用灭菌翻口胶塞封好备用，放冷暗处保存。

(二)PMSG与FSH的效价测定

1. 原理　FSH为垂体促性腺激素，作用于即将达到性成熟的雌性小鼠，可促进卵巢上的卵泡发育，分泌雌激素。在雌激素的作用下，小鼠的子宫、卵巢及整个生殖器官得以生长、发育。PMSG因为含有FSH、LH成分，因此具有与FSH、LH相同的生物学作用，也能促使性成熟前的小鼠子宫发育增大。

PMSG是一种高分子蛋白质激素，相对分子质量要比FSH大，在机体内的作用期也比FSH长。因此，在测试效价过程中，PMSG可作一次注射，而FSH则需经多次注射，才能达到预期的生物学效应。

将PMSG或FSH供试品，按照不同稀释梯度作为测试组，注射药物的小鼠和对照组相比较，根据子宫增大的程度确定效价。能促使小鼠子宫增大1倍者，确定为阳性反应。在各测试组中，将呈现阳性反应的最小剂量确定为一个小鼠单位(MU)。

2. 测试材料

(1)实验动物　取健康无伤残的18～23日龄(即将达到性成熟日龄)、体重9～13 g同源雌性小鼠数只。各测试组内的实验鼠出生日龄相差不得超过3 d，体重相差不得超过2 g。

(2)测试样品　孕马血、PMSG、FSH生物制剂。

3. 测试组的确定　为了测得精确效价，应先将各测试样品浓度组距加大进行粗测，从而确定样品的大致效价范围，再将测试样品浓度组距减小，以测得样品较为精确的效价。

(1)PMSG测试组的确定　取0.1 mL孕马血清按表9-3加入不同量的生理盐水，稀释成不同浓度作为各测试组。如测试效价含量高的冻干制剂,可做10倍稀释后,再进行测试。

表 9-3 孕马血清稀释倍数折算小鼠单位

组别	每0.1 mL血清中加生理盐水量/mL	稀释后血清浓度	每只鼠注射量/mL	注射鼠数/只	实际注入小鼠体内血清量/mL	孕马血清中含有小鼠单位/(MU/mL)
1	1.1	1/12	1/5	5	1/60	60
2	1.5	1/16	1/5	5	1/80	80
3	1.9	1/20	1/5	5	1/100	100
4	2.3	1/24	1/5	5	1/120	120
5	2.7	1/28	1/5	5	1/140	140
6	3.1	1/32	1/5	5	1/160	160
7	3.5	1/36	1/5	5	1/180	180
8	3.9	1/40	1/5	5	1/200	200
9	4.3	1/44	1/5	5	1/220	220
10	4.7	1/48	1/5	5	1/240	240

(2)FSH测试组的确定　FSH是瓶装粉剂,故在配制不同浓度的测试组之前,需用一定量的生理盐水稀释成溶液,测出每毫升溶液中的效价值后,即可换算出该瓶装内FSH的效价值。每只鼠注入总剂量需分作5次注射,每天注射两次,间隔8～10 h。一个FSH样品瓶可用1 mL生理盐水稀释作为母液,并于0～5℃温度下存放,因为在常温条件下,稀释后的FSH容易失活,效价降低。

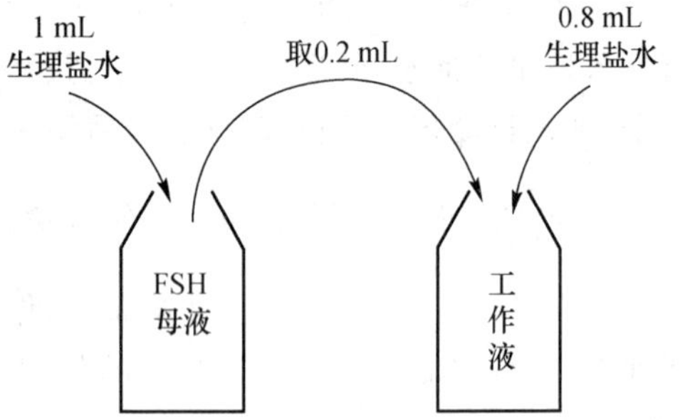

图 9-4 FSH稀释流程图

因为FSH母液需分作5次给小鼠注射,故每次注射剂量应是总剂量的1/5。因此,取配制好的母液0.2 mL加生理盐水0.8 mL,经一次稀释成工作液(图9-4),再取0.1 mL工作液,按表9-4加入不同量的生理盐水,即可配制成不同浓度的测试组。

表 9-4 FSH稀释液浓度折算小鼠单位

组别	加生理盐水量/mL	溶液量/mL	溶液浓度	注射鼠数/只	实际注入小鼠体内母液量/mL	FSH小鼠单位/(MU/mL)
1	1.1	1.2	1/12	5	1/60	60
2	1.5	1.6	1/16	5	1/80	80
3	1.9	2.0	1/20	5	1/100	100
4	2.3	2.4	1/24	5	1/120	120
5	2.7	2.8	1/28	5	1/140	140
6	3.1	3.2	1/32	5	1/160	160
7	3.5	3.6	1/36	5	1/180	180

续表 9-4

组别	加生理盐水量/mL	溶液量/mL	溶液浓度	注射鼠数/只	实际注入小鼠体内母液量/mL	FSH 小鼠单位/(MU/mL)
8	3.9	4.0	1/40	5	1/200	200
9	4.3	4.4	1/44	5	1/220	220
10	4.7	4.8	1/48	5	1/240	240

4. 操作步骤

(1)试剂准备　瓶装的 FSH 经 1 mL 生理盐水稀释成母液,可配制成 10 个测试组,为 50 只小鼠注射。

(2)小鼠称重分组　各测试组小鼠组内体重的差异不得超过 2 g,将小鼠分为 5 组,每组 5 只,分别编号,其中一组为对照组,注射同样剂量的生理盐水,其余 4 组为测试不同浓度样品的测试组。

(3)注射　将稀释好的药剂分别给各组的小鼠腹部皮下注射 0.2 mL,对照组注射生理盐水,注意注射量力求准确,不得使药液注射到胸腔或腹腔、逸出体外。

(4)剖检　于注射药液后 72～76 h,先用颈椎脱臼法或撞击头部法处死小鼠,用大头钉将小鼠固定于解剖板上,用剪刀剪开腹腔,将子宫、卵巢剥离取出,观察子宫增大情况。

(5)效价确定　将各组子宫与对照组比较,每组的 5 只小鼠中有 3 只或 3 只以上子宫增大 1 倍以上,定为阳性反应。根据各测试组中呈阳性反应的最低浓度组效价值,换算出被测样品中 PMSG(或 FSH)的小鼠单位。

假设稀释液中 PMSG 浓度为$\frac{1}{x}$,若稀释后浓度在$\frac{1}{x}$以上各组均呈阳性反应,则$\frac{1}{x}$浓度的测试组为呈阳性反应的最低浓度。实际注入小鼠体内的供试品药液量为:

$$\frac{1}{x}\cdot\frac{1}{5}\ \text{mL}=\frac{1}{5x}\text{mL}$$

则 1 mL 供试品药液中含有的生物效价为 $5x$ 小鼠单位(MU)。

四、实训作业

计算出所测定的 PMSG 和 FSH 的小鼠单位。

五、技能考核标准

<table>
<tr><th colspan="2" rowspan="2">考核内容</th><th colspan="2">评分标准</th><th rowspan="2">考核方法</th></tr>
<tr><th>分值</th><th>扣分依据</th></tr>
<tr><td rowspan="4">PMSG 的制备与 PMSG 及 FSH 效价测定</td><td>PMSG 制备的操作</td><td>50</td><td>每错一步或少一步扣 5 分</td><td rowspan="4">小组操作考核</td></tr>
<tr><td>PMSG 与 FSH 效价测定</td><td>30</td><td>每错一步或少一步扣 5 分</td></tr>
<tr><td>熟练程度</td><td>10</td><td>在教师指导下完成时扣 5 分</td></tr>
<tr><td>完成时间(时限 60 min)</td><td>10</td><td>每超时 1 min 扣 2 分直至 10 分</td></tr>
</table>

【自测训练】

一、名词解释

激素 生殖激素 次发性生殖激素 溶黄体作用 外激素

二、选择题

1. GnRH 的合成部位主要是在(　　)。

A. 垂体后叶　B. 垂体前叶　C. 丘脑下部　D. 子宫内膜

2. 催产素的合成部位主要是在(　　)。

A. 垂体后叶　B. 垂体前叶　C. 丘脑下部　D. 子宫内膜

3. 由下丘脑合成的生殖激素有(　　)。

A. 促乳素　B. 促黄体素　C. 催产素　D. 促性腺激素释放激素

4. 由下丘脑合成并释放的生殖激素有(　　)。

A. 促乳素　B. 促黄体素　C. 催产素　D. 促性腺激素释放激素

5. 按激素的化学性质,生殖激素可分为(　　)三类。

A. 外激素　B. 类固醇激素

C. 多肽、蛋白质激素　D. 脂肪酸类激素

6. 化学性质属于蛋白质激素的有(　　)。

A. PMSG　B. GnRH　C. FSH　D. PGE_2

三、问答题

1. 使用生殖激素要注意哪些问题?
2. 可用于治疗卵巢囊肿的激素有哪些?
3. 生殖激素的作用特点有哪些?
4. 前列腺素的主要生理功能有哪些?它在生产中有何用途?
5. 使用催产素对分娩母畜催产时应注意什么?
6. 能提高卵巢机能、促进发情的激素有哪些?各有何特点?
7. 如何对奶牛实施诱导泌乳?

项目 10　采精与精液品质检查

【知识目标】

1. 了解畜禽生殖器官的结构与功能；
2. 掌握公畜禽精子的产生过程和形态变化；
3. 掌握假阴道安装的基本知识；
4. 了解采精的程序和操作要领。

【能力目标】

1. 通过图片和标本识别各种家畜的生殖器官；
2. 掌握牛和羊的假阴道的安装方法；
3. 掌握公畜调教和采精方法；
4. 掌握各种家畜精液品质的检查方法。

【学习任务】

任务 10-1　雄性动物性机能发育与性行为

一、雄性动物的初情期、性成熟和适配年龄

(一)初情期

初情期是指雄性动物第一次排出有受精能力精子并表现出完整性行为链的年龄，也是雄性动物开始具有繁殖能力的时期。这时下丘脑-垂体-性腺已建立联系，促性腺激素分泌量增加，这一时期的特点如下：雄性动物生殖器官和体躯发育最迅速，初步具备产生成熟精子的能力；但是生殖机能、生殖器官和体躯还没有完全成熟。

生产管理上要注意对临近初情期的公畜分群饲养，不能使刚刚进入初情期的公畜参加配种，并应加强营养，促进生殖器官和体躯的全面发育。

(二)性成熟

性成熟指雄性动物的性机能已经成熟，具备了正常生殖能力，一旦交配，可使雌性动物受

孕，但身体的其他组织器官还没有完全发育成熟。这一阶段的特点如下：雄性动物的生殖机能已经成熟，但体躯发育还未完成，必须再经过一段时间才能完成体躯的最后成熟。在生产管理上要注意雄性动物体躯的发育情况，避免过早使用而影响雄性动物体躯发育和繁殖潜力的发挥。

（三）体成熟与适配年龄

体成熟指雄性动物基本上达到生长完成的时期，身体的其他组织器官已经发育成熟。适配年龄是指雄性动物第一次适合配种的年龄，是根据雄性动物自身发育的情况和使用目的人为确定的公畜参加配种的合适年龄。雄性动物适配年龄一般晚于性成熟年龄，但早于体成熟年龄，通常在体成熟或接近体成熟时期，一般体重达到成年体重 70% 以上时即可以初配（表 10-1）。

表 10-1　各种雄性家畜的初情期、性成熟年龄和初配年龄　　月龄

畜别	初情期	性成熟年龄	初配年龄
牛	6～12	8～14	18～24
水牛	10～15	15～20	24～36
马	12	12～18	30～36
驴	8～12	12～18	30～36
猪	3～6	4～8	10～12
羊	4～8	6～10	12～15

二、雄性动物性行为

性行为是动物在两性接触中表现出来的特殊行为，是由动物体内激素和体外特殊因素共同作用而引起的特殊反应。性行为是由特殊的刺激而产生的，而每一种性行为反过来又变成一种新刺激，并由此而引起另一性行为和刺激，这种按一定顺序连续发生的若干性行为的现象，称为性行为链或性行为序列。

公畜性行为的表现模式主要包括性激动、求偶、交配、射精和性失效等连续的行为过程。公畜在性活动中的完整性行为链是顺利完成交配和人工采精的必要条件，如果性行为序列发生混乱或缺失，都可能造成公畜交配或采精的失败。

（一）性激动

是指公畜接触母畜时所产生的性兴奋或性冲动现象。公畜可以通过感觉器官将异性刺激转变为神经冲动，激发求偶交配欲望。

（二）求偶

是指公畜向母畜做出某些特殊姿势和动作，以诱使母畜接受交配的性行为表现。

（三）交配

包括勃起、爬跨和交合等几个连续发生而紧密结合的性行为。

(四)射精

公畜将精液排放在雌性生殖道内的过程。

(五)性失效

射精完毕,公畜立刻爬下,结束交配,性欲消失。

【实训操作】

实训10-1　雄性动物生殖器官解剖构造的观察

一、实训目的

通过观察各种家畜生殖器官的标本、模型及挂图,掌握生殖器官的位置、形态、解剖结构、特点、生理功能及各组成部分之间的相互关系,为更好地掌握和应用动物繁殖技术奠定解剖学基础。

二、实训器材

1. 各种雄性生殖器官浸制或新鲜标本、模型及挂图(或投影)。
2. 大方瓷盘、解剖刀、剪刀、镊子、卷尺、电脑和投影仪。

三、实训方法

生殖器官图片投影与标本、模型观察相结合,比较各种家畜生殖器官的异同。

四、实训内容

雄性动物生殖器官由内生殖器和外生殖器组成。内生殖器包括睾丸、附睾、输精管与精索、雄性尿道及副性腺;外生殖器包括阴茎、包皮和阴囊。各种家畜的生殖器官见图10-1。

(一)睾丸

家畜睾丸成对存在,分别位于阴囊的两个腔内,左右各一,均为长卵圆形。睾丸一侧有附睾附着,为附着缘,另一侧为游离缘。牛、羊阴囊较马阴囊稍靠前,位于前腹股沟区,睾丸长轴与地面垂直,附睾位于睾丸的后侧,附睾头在上、尾在下(图10-2)。马(驴)阴囊位于两股之间的腹股沟区,睾丸长轴与地面平行,附睾位于睾丸的背外侧,附睾头在前、尾在后(图10-3)。猪的阴囊突出于股部之后,睾丸长轴倾斜,前低后高,附睾位于睾丸的前上缘,附睾头在前下方、尾在后上方。

随畜种不同,睾丸的大小有差别。牛、羊、猪的睾丸相对比较大。各种成年家畜睾丸的重量为:牛为550～650 g,猪为900～1 000 g,绵羊为400～500 g,山羊为150 g。

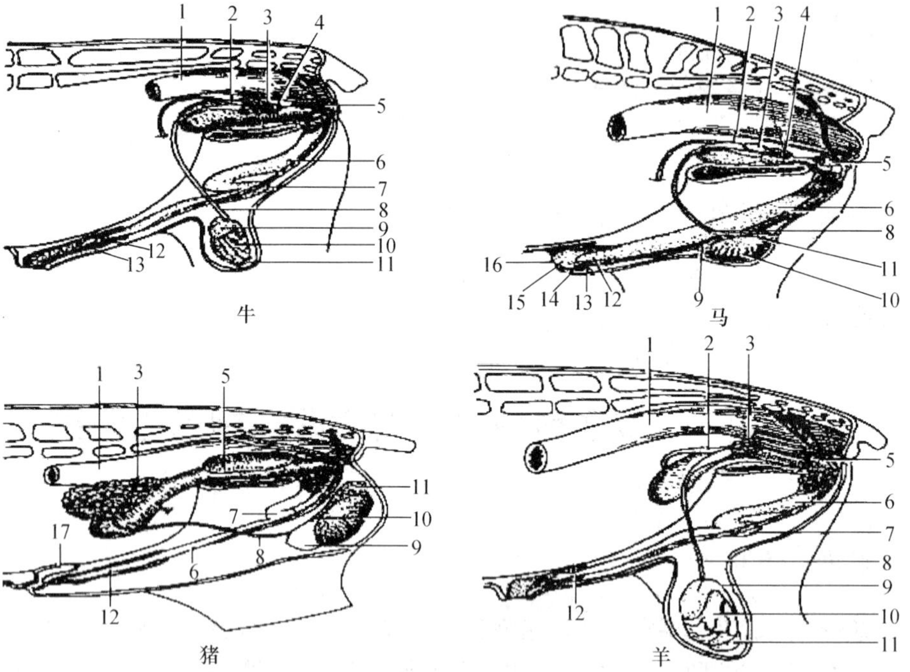

图 10-1 几种主要公畜的生殖器官

（引自徐相亭．家畜繁殖．中国农业出版社，2008）

1. 直肠 2. 输精管壶腹 3. 精囊腺 4. 前列腺 5. 尿道球腺 6. 阴茎 7. S状弯曲 8. 输精管 9. 附睾 10. 睾丸 11. 附睾尾 12. 阴茎游离端 13. 内包皮鞘 14. 外包皮鞘 15. 龟头 16. 尿道突起 17. 包皮憩室

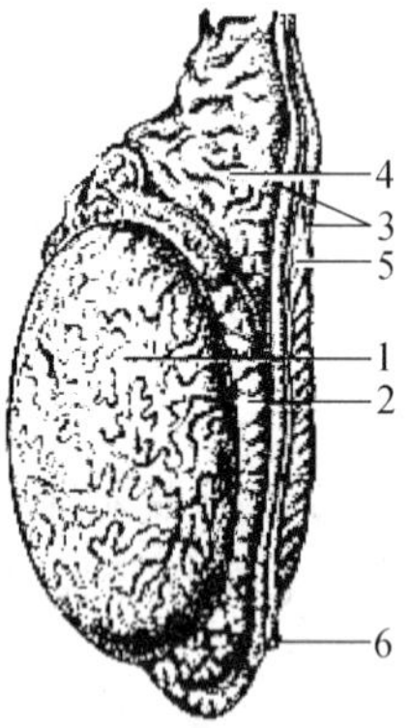

图 10-2 公牛睾丸

1. 睾丸 2. 附睾 3. 输精管 4. 精索 5. 睾丸系膜 6. 阴囊韧带

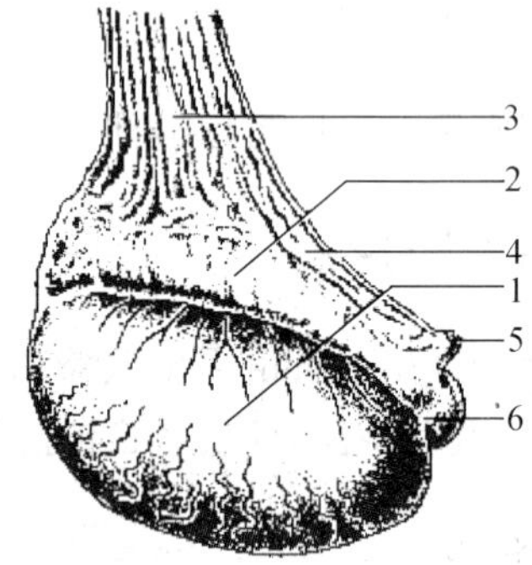

图 10-3 公马睾丸

1. 睾丸 2. 附睾 3. 精索 4. 睾丸系膜 5. 阴囊韧带 6. 睾丸固有韧带

睾丸的生理功能：

1. 产生精子 精细管的生精细胞是直接形成精子的细胞，它经多次分裂最后形成精子。精子随精细管的液流输出，经直精细管、睾丸网、输出管而到附睾。

2. 分泌雄激素 间质细胞分泌雄激素。雄激素能激发公畜的性欲和性行为，刺激第二性征；刺激阴茎及副性腺的发育，维持精子发生及附睾精子的存活。

3. 分泌液体　产生睾丸液，维持精子生存，有助于精子向附睾头移动。

(二)附睾

附睾位于睾丸的附着缘，分头、体、尾三部分。头膨大，由睾丸输出管相连接汇合成一条较粗而长的附睾管盘曲成附睾体和附睾尾，最后过渡为输精管。

附睾的生理作用有：①促使精子成熟；②贮存精子；③浓缩精子；④运输精子。

(三)输精管

输精管由附睾管延续而来，而后进入由睾丸系膜、血管、淋巴管、神经、睾内提肌共同组成的精索(呈锐三角形)，沿腹股沟管进入腹腔，此后即和精索内的其他部分分开，单独向后上方进入骨盆腔至膀胱背面，两侧输精管都进入尿生殖皱襞内。在此处输精管变粗，形成输精管壶腹。牛、羊的输精管壶腹比较明显，粗细介于马和猪之间。马和驴(尤其是驴)的输精管壶腹发达。猪的输精管壶腹不明显。

(四)副性腺

1. 精囊腺　精囊腺成对位于膀胱颈背面的两旁，输精管末端的两侧。与同侧的输精管形成射精管，共同开口于尿生殖道起始部的精阜上。牛、羊、猪的精囊腺均由致密的分叶腺体组织构成。马的精囊腺呈梨形囊状，向后缩小成输出管。猪的精囊腺特别发达(图10-4)。

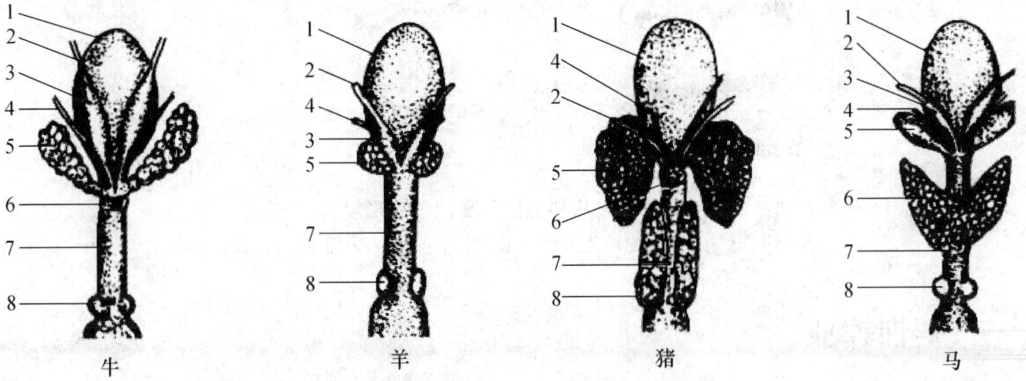

图10-4　几种主要家畜的副性腺(背面观)

1. 膀胱　2. 输精管　3. 输精管壶腹　4. 输尿管　5. 精囊腺　6. 前列腺体部　7. 前列腺扩散部　8. 尿道球腺

2. 前列腺　前列腺位于精囊腺的后部，即尿生殖道起始的背侧。牛和猪的前列腺分为体部和扩散部两部分。牛的体部为菱形，猪的体部为纽扣形。猪的前列腺体部小，而扩散部很大。羊的前列腺最不发达，仅有扩散部，而且为尿道肌所包围，外观看不到。马的前列腺由两个侧叶和一个峡部构成，形似蝴蝶，为复管状腺，有许多排出管开口于精阜的两旁。

3. 尿道球腺　尿道球腺成对位于尿生殖道骨盆部出口的外侧两旁，各有一个排出管(马有7～8个)开口于尿道内。猪的尿道球腺最发达，为圆柱状，上面覆盖的尿道球肌很薄，所以能看出它的分叶。马的尿道球腺比猪的小，牛、羊的最小，均为球状，上面覆盖的尿道球肌较厚。

(五)尿生殖道

尿生殖道是公畜尿和精液排出的共同管道,可分为骨盆部和阴茎部,以坐骨弓为界,在交界处管腔变窄,形成尿道峡部。阴茎部位于阴茎海绵体腹面的尿道沟内。在尿生殖道骨盆部的腹面正中线上做纵向切口,可以看到起始部尿道上壁有一圆形隆起的精阜,上有射精孔,是输精管和精囊腺的输出管共同形成的开口。前列腺的开口在其两侧,尿道球腺开口在其后。

(六)阴茎

阴茎由阴茎根、阴茎体和龟头组成。阴茎借助于两个阴茎脚固定于坐骨弓,从这里开始,在两股之间沿着下腹壁走向脐部,龟头位于其末端。阴茎由两个阴茎海绵体和腹面的尿道海绵体组成,为阴茎的勃起组织。牛的阴茎在阴囊之后形成S形弯曲,并由阴茎伸缩肌固定于阴茎根上,交配时伸直。龟头上下较扁且前端有些扭转。羊的阴茎与牛的相似,但比牛的细小,尿道突细长,呈蚯蚓状,绵羊的较长,山羊的较短。猪阴茎的S形弯曲在阴囊之前。马的阴茎长而粗大呈扁圆柱状,龟头膨大,其前下侧有一龟头窝,内有尿道突(图10-5)。

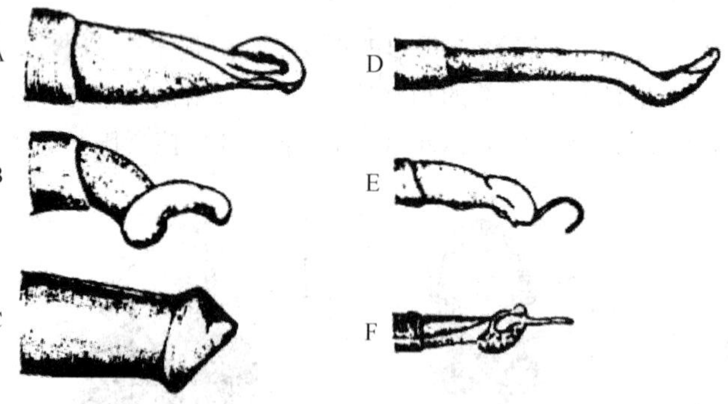

图10-5 几种主要公畜的龟头形状

A. 牛 B. 牛(刚交配后的形状) C. 马 D. 猪 E. 绵羊 F. 山羊

五、实训作业

根据活体位置绘出公牛生殖器官解剖结构图。

六、技能考核标准

<table>
<tr><th colspan="2" rowspan="2">考核内容</th><th colspan="2">评分标准</th><th rowspan="2">考核方法</th></tr>
<tr><th>分值</th><th>扣分依据</th></tr>
<tr><td rowspan="4">雄性动物生殖器官解剖构造的观察</td><td>识别公牛、公羊生殖器官的形态、结构与位置</td><td>50</td><td>每错一项或少一项扣5分</td><td rowspan="4">操作考核</td></tr>
<tr><td>识别公猪生殖器官的形态、结构与位置</td><td>30</td><td>每错一项或少一项扣5分</td></tr>
<tr><td>熟练程度</td><td>10</td><td>在教师指导下完成时扣5分</td></tr>
<tr><td>完成时间(时限30 min)</td><td>10</td><td>每超时1 min扣2分直至10分</td></tr>
</table>

任务 10-2　精子的发生与形态结构

雄性动物在初情期至性机能减退的整个生殖年龄中，可以全年或季节性地产生大量精子。精子的发生需要经历复杂的分裂和形成过程。在这一过程中，精原细胞最终成为精子，完成染色体数目减半和细胞质及细胞核的变化，形成精子特有的形态与结构。

一、精子的发生

精子在睾丸内形成的全过程称为精子的发生。包括精细管上皮的生精细胞由精原细胞经精母细胞到精子细胞的增殖发育过程和精子形成过程。精细管在初情期形成管腔，由多层不同发育时期的生精细胞和支持细胞构成精细管上皮。它们在精子发生过程中保持紧密联系，并随着分裂过程的持续发生，各发育时期的生精细胞依次从精细管外周向管腔迁移，最后形成的精子进入精细管腔（图 10-6）。

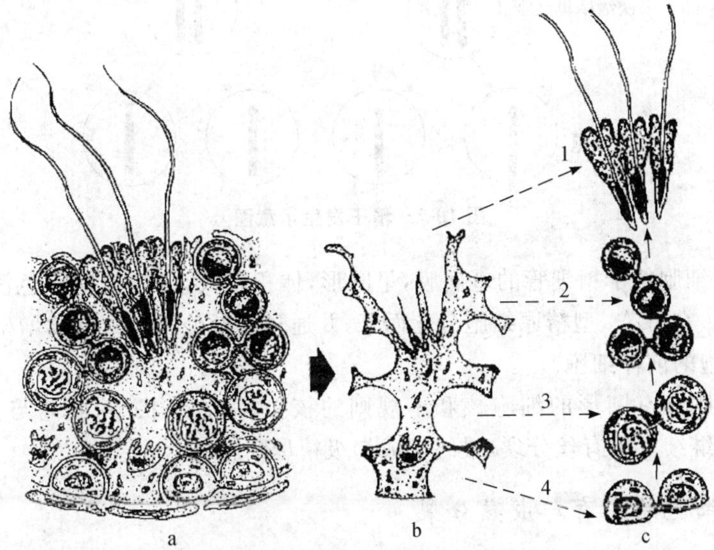

图 10-6　精细管上皮及精子的发生

（引自 Fawcett，1974）

a. 精细管上皮　b. 支持细胞　c. 生精细胞　1. 变形精细胞　2. 圆形精细胞　3. 精母细胞　4. 精原细胞

精子的发生过程可分为精原细胞的增殖、精母细胞的发育与成熟分裂、精子形成 3 个阶段（图 10-7）。

（一）精原细胞的增殖

精原细胞位于精细管上皮最外层，紧贴精细管基膜，是睾丸中最幼稚的一类细胞，分为 A 型、中间型、B 型 3 种，通过有丝分裂进行增殖。A 型精原细胞是精细管中紧贴基底膜的椭圆形细胞，形状较大，胞质少，核内染色质分布均匀。由精原细胞在初情期前分化所形成的

A_0 型精原细胞是精子发生的干细胞，在精子发生中可以从休眠状态转化为分裂状态，逐级分裂为 A_1、A_2、A_3 和 A_4 型精原细胞。其中 A_0 与 A_1 型细胞可分裂为两种精原细胞：一种是活跃的精原细胞，继续有丝分裂增殖，最后形成初级精母细胞；另一种进入休眠状态，成为下一个精子发生周期的起始细胞（图 10-7）。

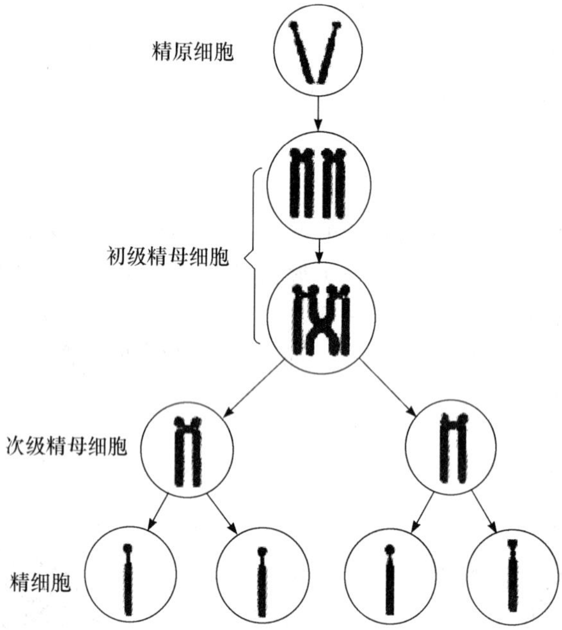

图 10-7 精子发生示意图

中间型精原细胞位于精细管的基底膜，呈圆形，体积较大，核染色时着色浅，有 1～2 个核仁，胞质无糖原。它由 A_4 型精原细胞分化而来，并通过有丝分裂方式继续增殖为 B 型精原细胞，成为精母细胞的前体细胞。

B 型精原细胞具有圆形的细胞核和不规则的核仁，细胞形状小，脱离与基底膜的接触。B 型精原细胞将继续发生有丝分裂，最终形成初级精母细胞。

（二）精母细胞的发育与成熟分裂

初级精母细胞形成后，进入静止期。在此期间，细胞进行 DNA 复制，并积极转录、合成、贮存各种必需的蛋白质和酶，为成熟分裂做准备，细胞体积也增加 1 倍。然后经过一次成熟分裂形成两个次级精母细胞，染色体减半成为单倍体。次级精母细胞形成后不再复制 DNA，很快进行第二次成熟分裂，形成两个单倍体的精子细胞。

（三）精子形成

精子细胞形成后就不再分裂，而是经过复杂的形态结构变化演变为蝌蚪状的精子。在这一形态变化过程中，精子细胞的高尔基复合体形成精子的顶体，细胞核形成精子头部的主要部分，中心小体逐渐形成精子尾部，线粒体成为精子尾部中段的线粒体鞘，细胞质则大部分脱落。

一个精原细胞经 4 次有丝分裂产生 16 个初级精母细胞；再经过两次减数分裂，每个初级精母细胞形成 4 个精子。

在睾丸内形成的精子通过附睾最后经射精排出的最短时间为9～15 d。公猪9～12 d、公牛10 d、公绵羊13～15 d。这样就可以推算出精子从发生到排出体外的时间，对于各种家畜是2个月左右。在畜牧生产实践中，改善公畜生精机能和精液品质的措施，实际上是在2个月以后，才能在精液中得到反映；同样，公畜精液品质的某些突然变化，也应追溯到2个月前的某些因素。

二、精子在附睾内的转运、成熟和贮存

睾丸生成的精子不具备运动与受精的能力，需要在附睾内的转运过程中完成精子成熟所发生的某些形态与机能等的变化，才能获得受精潜能和运动能力，这个过程称为精子的成熟。

精子的成熟涉及某些形态和机能的变化，包括体积略微缩小、原生质滴的后移和脱落、运动能力和运动方式的变化、受精能力的变化以及代谢方式、膜的通透性改变等。

三、精子的形态结构

哺乳动物的精子是形态特殊、结构相似、能运动的雄性生殖细胞。家畜精子形似蝌蚪，分为头、颈、尾三部分（图10-8）。

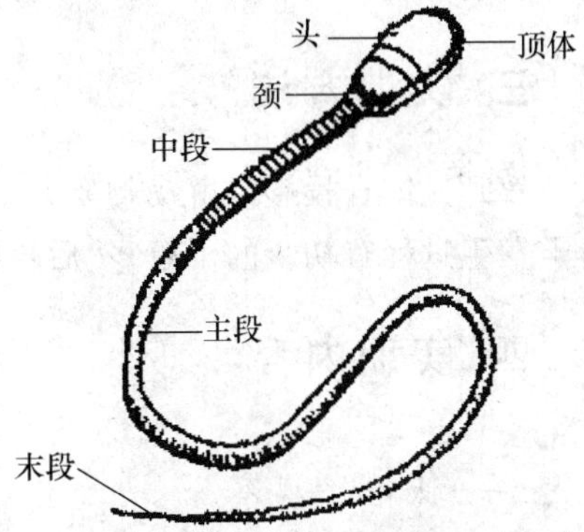

图10-8　哺乳动物精子的形态结构

（一）头部

家畜精子的头部呈扁椭圆形，主要由核构成，其中含有染色质，其最重要的成分是DNA，家畜的遗传信息排列在DNA链上。精子核的前部为顶体，是一个不稳定的特殊结构，其中含有许多酶类，与受精有关。精子的顶体在衰老时容易变性、出现异常或从头部脱落，因此顶体完整率是评定精液品质的指标之一。禽类精子的头部与家畜精子相比更细长。

（二）颈部

位于头和尾之间，其中含有2～3个颗粒。核和颗粒之间有一基板，尾部的纤维丝即以此为起点。外界环境不适会引起精子颈部畸形。

（三）尾部

是精子的运动器官，推动精子向前运行。精子尾部可分为中段、主段、末段三部分。中段由颈部延伸而成，是尾部的粗大部分，由轴丝、致密纤维和线粒体鞘组成。线粒体鞘内含有与精子代谢有关的酶和能源。主段是尾部最长的部分，主要结构为轴丝，轴丝外周由9条粗纤维包绕，并由纤维鞘包裹，最外层为质膜。末段很短。

【实训操作】

实训 10-2 睾丸的组织学切片观察

一、实训目的

通过对雄性动物睾丸组织切片的观察，了解睾丸的组织结构及形态，了解精子发生的过程与精子形态。

二、实训器材

动物睾丸的组织切片、图片（幻灯片），显微镜、幻灯机或投影仪。

三、实训方法

教师先结合投影讲解动物睾丸组织学及精子发生过程，使学生对动物睾丸组织学结构及精子发生过程有初步的了解；然后再用显微镜对睾丸组织切片进行进一步的观察。

四、实训内容

（一）低倍镜观察

1. 被膜　由浆膜和白膜构成。外层浆膜为一较薄的固有鞘膜，从腹膜延伸而来。内层白膜为弹性结缔组织白色薄膜层，其中富含血管。白膜下为实质部分，即睾丸的功能层。

2. 睾丸纵隔和中隔　睾丸纵隔为睾丸的一端伸向睾丸实质的结缔组织索，并向四周发出许多放射状的结缔组织小梁，伸向白膜。这些结缔组织小梁称为睾丸中隔。猪的睾丸中隔较发达，牛、羊的薄而不完整。

3. 睾丸小叶　睾丸中隔将睾丸实质分成许多小叶，小叶的尖端朝向中央，小叶的基部朝向睾丸的表面。每个小叶由 2～3 条盘曲的曲精细管及血管和间质细胞组成。曲精细管直径约 200 μm。据估测，牛的曲精细管拉直，头对头相接，可长达几千米，占睾丸重量的 80%（图 10-9）。

曲精细管在各小叶的尖端先各自汇合成直精细管，穿入睾丸纵隔结缔组织内，形成弯曲的导管网，称为睾丸网（马无此结构），为精细管的收集管道。睾丸网又分出 12～15 条睾丸输出管，汇入附睾头，形成附睾管。

（二）高倍镜观察

1. 睾丸小叶的结构　由曲精细管及间质细胞构成。此外，还有血管、淋巴管等。

2. 间质细胞　又称 Leydig 细胞。体积较大，分布于曲精细管之间，近似卵圆形或多角形，胞质嗜酸性，核大而圆。具有分泌雄激素的功能。

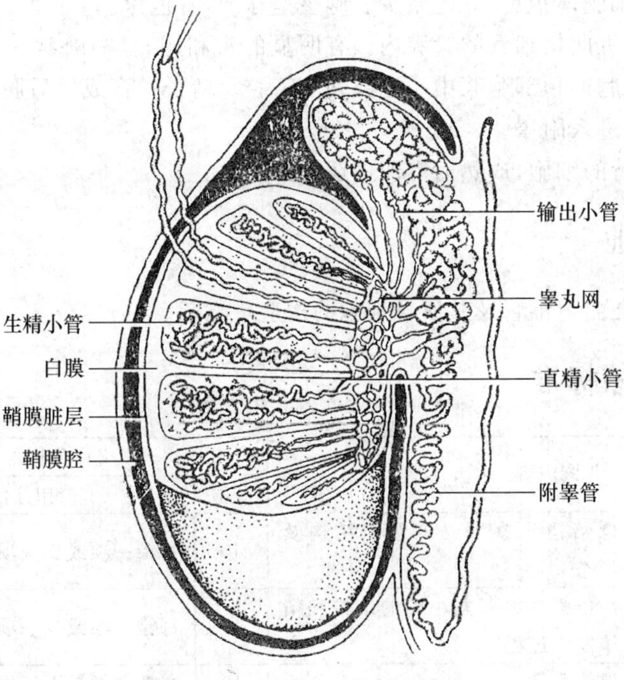

图 10-9　睾丸和附睾的组织构造

3. 曲精细管的结构　曲精细管的管壁自外向内由同心圆状排列的结缔组织、基膜和复层上皮构成。上皮细胞成层地排列在基膜上，可分为足细胞和生精细胞两种。

(1)足细胞　又称 Sertoli 细胞、支持细胞、营养细胞。体积较大而细长，但数量较少。属体细胞。呈辐射状排列在曲精细管中，分散在各期生殖细胞之间，其底部附着在曲精细管的基膜上，游离端朝向管腔，常有许多个精子嵌在上面。该细胞高低不等，界限不清。细胞核较大，位于细胞的基部，着色较浅，具有明显的核仁，但不显示分裂象。由于它的顶端有数个精子伸入胞浆内，故一般认为此种细胞对生精细胞起着支持、营养、保护等作用。足细胞失去功能，精子便不能成熟。

(2)生精细胞(生殖细胞)　数量比较多，成群地分布在足细胞之间，大致排列成 3～7 层(同心圆排列)。根据不同发育阶段及其形态特点又可分为：精原细胞、初级精母细胞、次级精母细胞、精(子)细胞和精子。

精原细胞：位于最基层，紧贴基膜。细胞体积较小，呈圆形，常有分裂象。是精子生成的干细胞。细胞质比较清亮。细胞核大而圆，富含染色质，因而着色较深。

初级精母细胞：位于精原细胞上面，排成几层，常显示有分裂现象。细胞体积较大，呈圆形。细胞核呈球形，富含染色质，故着色较深。分裂时，因染色体所处活动时期的不同而呈线状、棒状或粒状。在最初阶段与精原细胞不易区别。随着细胞离开基膜向管腔移动，胞浆不断增多，胞体不断变大，具有明显的胞核。

次级精母细胞：位于初级精母细胞的内侧，体积较小，细胞呈圆形。细胞核为球形，染色质细粒状。由于该细胞很快分裂为两个精子细胞，因而在切片上很难找到它。

精子细胞：位于精母细胞内侧，靠近曲精细管的管腔。常排列成数层，并且多密集在足细胞游离端的周围。细胞体积更小，胞浆少。胞核呈球形，着色深。

精子：位于或靠近曲精细管的管腔内。有明显的头和尾，呈蝌蚪状。头部含有核物质，染色很深，常深入足细胞的顶部胞浆中。尾部朝向管腔。精子发育成熟后脱离曲精细管的管壁，游离在管腔中，随后进入附睾。

精子是一种独特的细胞，成熟后有前进运动的能力。

五、实训作业

绘出并注明睾丸曲精细管及其所含细胞的构造示意图。

六、技能考核标准

<table>
<tr><th colspan="2" rowspan="2">考核内容</th><th colspan="2">评分标准</th><th rowspan="2">考核方法</th></tr>
<tr><th>分值</th><th>扣分依据</th></tr>
<tr><td rowspan="4">睾丸的组织学切片观察</td><td>低倍镜观察睾丸的组织结构及形态</td><td>40</td><td>每错一项或少一项扣 5 分</td><td rowspan="4">操作考核</td></tr>
<tr><td>高倍镜观察睾丸小叶的结构和精子发生过程</td><td>40</td><td>每错一项或少一项扣 5 分</td></tr>
<tr><td>熟练程度</td><td>10</td><td>在教师指导下完成时扣 5 分</td></tr>
<tr><td>完成时间(时限 50 min)</td><td>10</td><td>每超时 1 min 扣 2 分直至 10 分</td></tr>
</table>

任务 10-3　精液的组成与生理特性

一、精液的组成

精液由精子和精清组成(表 10-2)。精清主要来自雄性动物副性腺的分泌物，此外还有少量的睾丸液和附睾液。精液中精清占大部分，其中 90%～98%是水分(牛 90%，绵羊 85%，猪 95%，马 98%)，2%～10%是干物质；干物质中 60%是蛋白质。

表 10-2　各种家畜精液的量和精子密度

畜别	一次射精量/mL	精子密度/(亿/ mL)
牛	4(2～10)	10(2.5～20)
绵(山)羊	1(0.7～2)	30(20～50)
马	70(30～100)	1.2(0.3～8)
猪	250(150～500)	2.5(1～3)
家兔	1(0.4～6)	7(1～20)
鸡	0.8(0.2～1.5)	35(0.5～60)

二、精清的主要化学成分

精清的主要化学成分包括糖类、蛋白质、氨基酸、脂类、有机酸、无机离子、酶类、维生素等。

（一）糖类

大多数哺乳动物的精清中都含有糖类物质。其中最主要的糖类是果糖，果糖是精子可以利用的主要能源。果糖的分解产物丙酮酸在射精时瞬间给予精子能量。果糖主要来自精囊腺。每 100 mL 精液中的糖类含量为：牛 530 mg，羊 250 mg，猪 1 300 mg，马 2 mg。此外，精清中还有山梨醇和肌醇等糖醇，也是由精囊腺所分泌的。其中山梨醇可氧化为果糖供精子利用，肌醇在猪的精清中含量很高，但不能被精子利用。

（二）蛋白质和氨基酸

精清中的蛋白质含量很低，一般为 3%～7%。精清中的蛋白质主要是组蛋白，其主要在精子头部和 DNA 结合构成核蛋白，并在精子尾部形成脂蛋白和角质蛋白。精清中的蛋白质成分，射精后在蛋白酶的作用下很快发生变化，使不可透析性氮的浓度降低，同时使非蛋白氮和氨基酸的含量增加。精清中游离的氨基酸成为精子氧化代谢中用以氧化的基质。精液中的氨基酸主要影响精子的存活时间。精子有氧代谢时可利用精清中的氨基酸作为基质合成蛋白质。

（三）脂类

精清的脂类物质大多是磷脂，来源于前列腺，其中的卵磷脂对延长精子寿命和抗低温打击有一定作用；甘油磷酸胆碱来自附睾。每 100 mL 精液中脂类的含量分别为：绵羊 1 650 mg，牛 350 mg，马 86 mg。脂类在雌性动物生殖道内能转化为磷酸甘油被精子利用。

（四）有机酸

哺乳动物精清中含有多种有机酸，主要有柠檬酸、抗坏血酸、乳酸、前列腺素等，对维持精液正常的 pH 和刺激雌性生殖道平滑肌收缩有重要作用。其中，柠檬酸主要来自精囊腺。每 100 mL 精液中有机酸的含量为：牛 720 mg，猪 141 mg，马 50 mg。有机酸可防止或延缓精液凝固，其中抗坏血酸与受精力有关。

（五）无机离子

精清中的无机离子主要有 Na^{+}、K^{+}、Mg^{2+}、Cl^{-}、PO_4^{3-} 和 HCO_3^{-} 等，对维持渗透压和 pH 有重要作用。

（六）酶类

精液中有多种酶类，大部分来自副性腺，少量由精子渗出。有水解酶、氧化还原酶、转氨酶等，这些酶对精子的活动、代谢及受精具有重要作用。

(七)维生素

精清中维生素的种类和含量与动物本身的营养和饲料有关。精清中的维生素主要有维生素 B_1、维生素 B_2、维生素 C、泛酸和烟酸等。这些维生素可以影响精子的活力和密度,并使精液呈现某种色泽。

三、精子的代谢和运动

(一)精子的代谢

精子为维持其生命和运动,必须利用其自身及精清中的营养物质进行复杂的代谢过程。这种新陈代谢主要表现在糖酵解、呼吸以及脂类和蛋白质的合成和分解。

1. 糖酵解　精清所含有的糖类是维持精子存活的主要能量来源。果糖酵解是无氧时精子获得能量的主要途径。果糖经过酵解变成丙酮酸或乳酸,并释放出能量。精子糖酵解的能力在不同动物有很大差异,例如牛的精子可分解果糖、葡萄糖和甘露糖,但几乎不能利用半乳糖和蔗糖。猪精液中果糖含量很少,猪精子无氧时利用果糖酵解产生乳酸的能力很低。

2. 精子的呼吸　在有氧条件下,精子消耗氧进行呼吸。精子呼吸产生的能量比糖酵解所产生的能量大 4～10 倍。山梨醇、甘油磷酰胆碱、缩醛磷脂、果糖、葡萄糖以及糖酵解的产物丙酮酸和乳酸等均可作为精子呼吸的代谢底物。精子呼吸的过程是按照一般组织的代谢过程即三羧酸循环来进行的。分解的最终产物是 CO_2 和水,并释放出大量能量,这些能量大多以 ATP(三磷酸腺苷)形式存在,主要贮存于线粒体鞘。

3. 脂类代谢　在有氧条件下,精子内源性的磷脂可以被氧化,以支持精子的呼吸和生活力。精子也可利用精清中的磷脂,磷脂氧化分解为脂肪酸,脂肪酸进一步氧化,释放出能量。但是,精子的代谢以糖类代谢为主,当糖类代谢基质耗竭时,脂类的代谢就显得非常重要。脂类代谢产物甘油具有促进精子耗氧和产生乳酸的作用。甘油本身也可被精子氧化代谢。精子也能利用一些低级的脂肪酸,例如醋酸。

4. 蛋白质代谢　由于氨基酸氧化酶的脱氨作用,精子能使一部分氨基酸氧化。但是,精子中蛋白质的分解意味着精子品质已变性。在有氧时,牛的精子能使某些氨基酸氧化成氨和过氧化氢,这对精子有毒性作用,精液腐败时就出现这种变化。所以正常的精子生活力的维持和运动是不需要从蛋白质分解中获取能量的。

(二)精子的活动力和运动

活动力是精子最显著的特征,精子的活动力与精子的受精力密切相关,使之成为评定精液品质的简单而有效的指标。精子的活动力表现为不同的运动形式,与精子的代谢密切相关。精子代谢产生的能量,大部分用于其活动力,小部分用于维持膜的完整性。

精子运动主要靠其尾部的摆动。尾部轴丝外围的 9 条粗纤维的收缩是摆动的主要原动力,内侧较细的纤维配合外侧粗纤维将这种收缩有节律地从颈部开始,沿着尾部的纵长传开。由于尾部的摆动,使精子向前泳动。

精子尾部纤丝收缩的能量主要来自精子代谢所产生的 ATP。

1. 精子的运动形式　精子的运动在显微镜下可见到以下 3 种形式:

(1)直线前进运动 精子按直线方向前进运动,是正常精子在适宜条件下的运动。这样的精子能运行到输卵管的壶腹部与卵子完成受精过程,是有效精子。

(2)旋转运动 精子围绕点作转圈运动,最终导致精子衰竭,是无效精子的运动。

(3)原地摆动 精子在原地作微弱摆动,不发生位移,这种精子没有受精能力。

精子的运动速率与环境温度有关,精子在37℃环境中每秒前进的速度比低于37℃环境中的快;精子的运动速率也受精子密度和精液黏度的影响。

2. 精子的运动特性 精子在液体状态下或在雌性动物的生殖道内具有独特的运动特性。

(1)逆流性 精子的逆流性是指精子在流动的液体中向逆流方向运动。精子在雌性动物生殖道内,由于发情母畜的分泌物向外流动,因此精子是逆流向输卵管方向运行的。

(2)趋物性 精子的趋物性是指当精液中有异物时,精子有向异物边缘运动的趋向,表现为精子头部顶住异物进行摆动运动。因此,在精液稀释过程中应尽量减少异物的产生,以免降低精子活力,造成精液品质的下降。

(3)趋化性 精子的趋化性是指精子有向某些化学物质运动的特性。雌性动物生殖道内存在的化学物质(如激素)、卵母细胞分泌的化学物质等均可吸引精子向其运动。

四、外界环境因素对精子的影响

对精子有影响的环境条件很多,这里主要讨论温度、渗透压、pH、光照、电解质、振动和常用化学物质对精子生存时间、运动、代谢和受精能力等的影响。只有充分了解这些因素的影响,才能在精液的稀释和保存中,控制适宜的条件,延长精子存活和保持受精能力的时间。

(一)温度

精子在相当于体温即37℃左右的温度下,可保持正常的代谢和运动状态。在进行精子活力检查时,最好在这一温度下进行,否则就失去了客观标准,不同检查温度下的活率是没有可比性的。当温度继续上升时,精子的代谢提高,运动加剧,生存时间缩短。家畜的精子在45℃以上的温度下,会经历一个极短促的热僵直现象,迅速死亡。

低温对精子的影响是比较复杂的。经适当稀释的家畜精液,缓慢降温时,精子的代谢和运动会逐渐减弱,一般在0~5℃基本停止运动,代谢也处于极低的水平,称为精子的“休眠”。但是未经任何处理的精液,急剧降温到10℃以下,精子会因低温打击,出现“冷休克”,而不可逆地丧失其生存的能力。为防止这一现象的出现,在精液处理过程中,在稀释液里加入卵黄、奶类等防冷休克物质和采用缓慢降温的一些技术方法是十分有效的。

在精液的冷冻保存中,在冷冻稀释液中加入甘油或其他防冻剂,经特殊的冷冻工艺,可将精液冷冻后在超低温冷源干冰(−79℃)和液氮(−196℃)中长期保存。在超低温的条件下,精子的代谢活动已经停止,对精子物理化学影响也甚小,但精子并没有死亡,经解冻仍能恢复其代谢、运动和受精的能力。

(二)渗透压

是指精子内外膜溶液浓度不同而出现的膜内外压力差。在高渗压(高浓度)稀释液中,精子膜内的水分会往外渗出,造成精子脱水,严重时精子会干瘪死亡;在低渗溶液(蒸馏水、常水)中,水会主动向精子膜内渗入,引起精子膨胀变形,最后死亡。

（三）pH

新鲜精液的 pH 为 7 左右，接近中性，可用 pH 试纸或特定的测定仪测知。在一定的范围内，酸性环境对精子的代谢和运动有抑制作用，碱性环境则有激发和促进作用。但超过一定限度均会因不可逆的酸抑制或因加剧代谢和运动而造成精子酸、碱中毒死亡。精子适宜的 pH 范围，一般为 6.9～7.3，即介于弱酸到弱碱之间。在精液保存中，为了延长保存时间，常利用酸抑制的原理向精液中通入 CO_2 或加入降低 pH 的物质，抑制精子的代谢和运动。需要输精时，再将 pH 调至适宜的范围。采用这种方法可延长精子在室温条件下的保存时间。此外，在精液的液态保存中，糖酵解产生的乳酸会使精液的 pH 降低，因此在稀释液中加入一定量的缓冲物质，以维持 pH 的相对稳定是十分必要的。

（四）光照

直射的阳光对精子的代谢和运动有激发作用，加速精子的代谢和运动，不利于精子的存活。在精液处理和运输时，应尽量避免阳光的直射，通常采用棕色玻璃容器收集和贮运精液。某些短光波，特别是紫外线对精子有较大的危害，经其照射的精子，运动和受精能力降低，还会影响受精卵的发育。大剂量 X 射线的辐射对精子会造成严重伤害，进而危害精子的受精能力和早期胚胎的发育。

（五）电解质

电解质对精子膜的通透性不及非电解质的糖类物质，对渗透压的影响较大，浓度高时，对精子有刺激和损害作用。

电解质对精子的影响与其在精液中电离的离子类型和浓度有关。阴离子能影响精子表面的脂类，造成精子的凝聚，其损害往往大于阳离子。适量的电解质对精子的正常代谢和缓冲作用是必要的。对精子代谢和运动能力影响较大的离子主要是 K^+、Na^+、Ca^{2+} 和 Cl^-。某些重金属离子对精子有毒害作用，可致精子死亡。

（六）振动

在采精和精液的运输过程中，振动往往是不可避免的，但轻度的振动对精子的危害不大。在液态精液运输时，应将装精液的容器注满、封严，防止液面和封盖之间出现空隙。如果有空气存在，振动可加速精子的呼吸作用，对精子的危害就会增加。

（七）常用化学物质

常用的消毒药物，即使浓度很低也足以杀死精子，应避免其与精液接触。但某些抗菌类药物如抗生素和磺胺等，在适当的浓度下，不但无毒害作用，而且还可以抑制精液中细菌的繁殖，对精液的保存和延长精子的生存时间十分有利，已成为精液稀释中不可缺少的添加剂。

吸烟所产生的烟雾，对精子有很强的毒害作用，在精液处理的场所要严禁吸烟。

任务 10-4　采精技术

采精是用人工的方法采集公畜的精液，是人工授精的基础和重要环节，其方法有假阴道法、手握法、按摩法和电刺激法等。牛、羊、马主要用假阴道法采精，猪多用手握法采精，家禽和犬多用按摩法采精，野生动物多用电刺激法采精。

一、采精前的准备

（一）器材的清洗与消毒

采精用的所有器材，均应力求清洁无菌。在使用之前要严格消毒，每次使用后必须洗刷干净。传统的洗涤剂是2%～3%的碳酸氢钠或1%～1.5%的碳酸钠溶液。在基层单位常采用肥皂或洗衣粉代替，但安全性不及前者。器材用洗涤剂洗刷后，务必立即用清水多次冲洗干净而不留痕迹，然后经过严格消毒方可使用。

（二）假阴道的准备

假阴道是模仿雌性动物阴道内环境条件而设计制成的一种人工阴道。虽然各种家畜用的假阴道在形状、大小等方面不尽相同，类型也各种各样，但设计原理和基本构造是相同的，即由外筒（又称外壳）、内胎、集精杯（瓶、管）、气嘴和固定胶圈等基本部件组成。此外，牛还要有集精杯保护套或集精漏斗；猪要有集精漏斗，同时还要有双连充气球。牛用假阴道有欧美式和苏式两种类型（图 10-10、图 10-11）。苏式集精杯都是保温的双层设计，适宜于低温天气和寒冷地区使用。公兔的假阴道外筒可用长4～5 cm、内径3.5～4 cm的竹筒自行制造，内胎可取人用避孕套或胶皮指套改制。

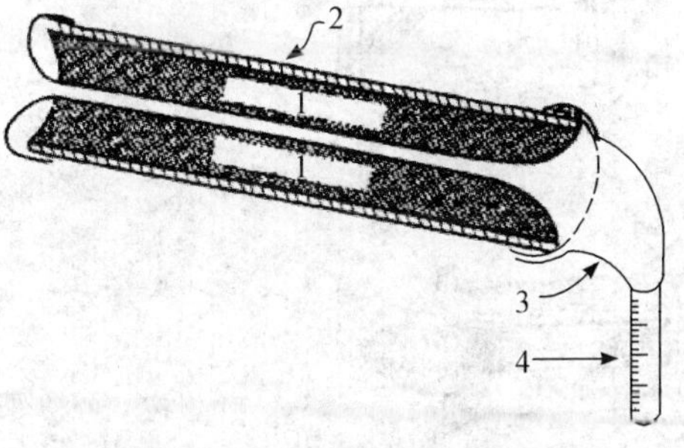

图 10-10　牛用假阴道（欧美式）

1. 热水　2. 硬质外壳　3. 锥形橡胶套　4. 集精管

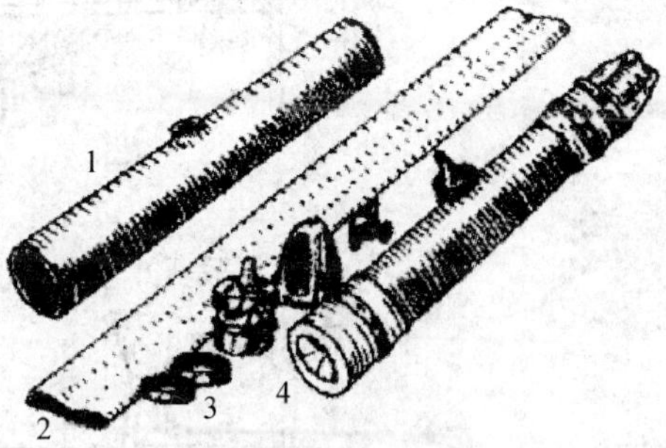

图 10-11　牛用假阴道（苏式）

1. 外筒　2. 内胎　3. 皮圈护套　4. 集精管

假阴道安装前应先检查外筒、内胎是否有破损裂缝、沙眼、老化发黏等不正常情况，否则将会发生漏水、漏气而影响采精。

假阴道的安装：假阴道在使用前必须进行洗涤、安装内胎、消毒、冲洗、注水、涂润滑剂、调节温度和压力。假阴道内胎的温度一般控制在38～40℃，可通过注入相当于假阴道内外壳容积 2/3 的温水来保持。集精杯也应保持在 34～35℃。借助注水和空气来调节假阴道的压力。压力不足不能刺激射精，压力过大则使阴茎不易插入或插入后不能射精，一般以假阴道内胎入口处形成 X 形或 Y 形为宜(图 10-12)。用消毒的润滑剂对假阴道内表面加以润滑，涂抹部位是假阴道全长的 1/2～2/3。但涂抹润滑剂不宜太多，以免混入精液。

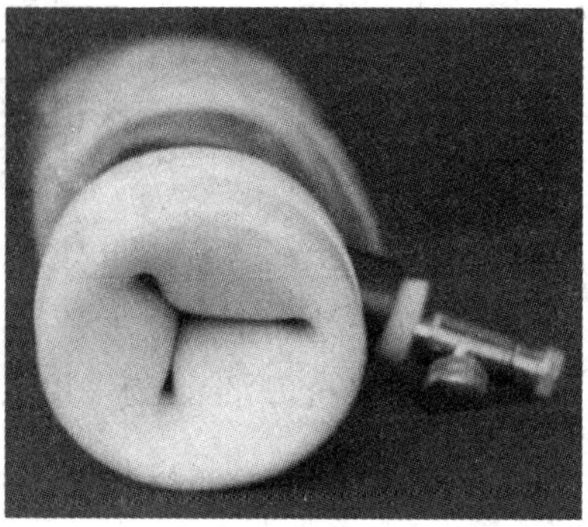

图 10-12　假阴道充气后的理想状态

（三）采精场所的准备

采精要有良好的和固定的场所与环境，以便公畜建立起巩固的条件反射，同时保证人畜安全和防止精液污染。为此，采精场所应该宽敞、平坦、安静、清洁和固定。供保定公畜的采精架(或称配种架)和供公畜爬跨射精的假台畜(图 10-13)，必须坚固结实，安放的位置要便于公畜进出和采精人员操作。采精场所的地面既要平坦，又不能过于光滑，最好能铺上橡皮垫以防打滑。采精前要将场所打扫干净，并进行消毒。

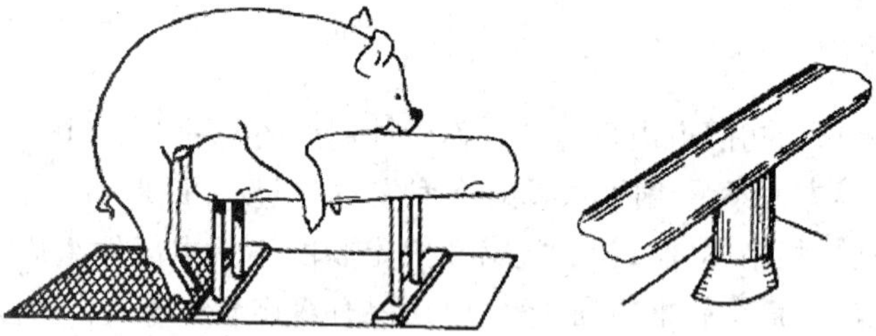

假台猪

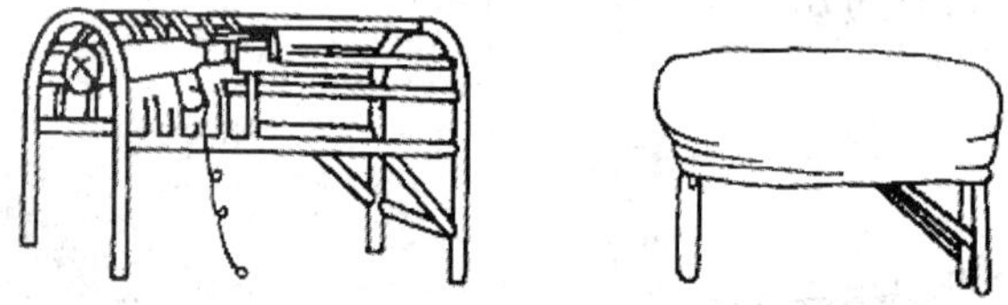

假台马

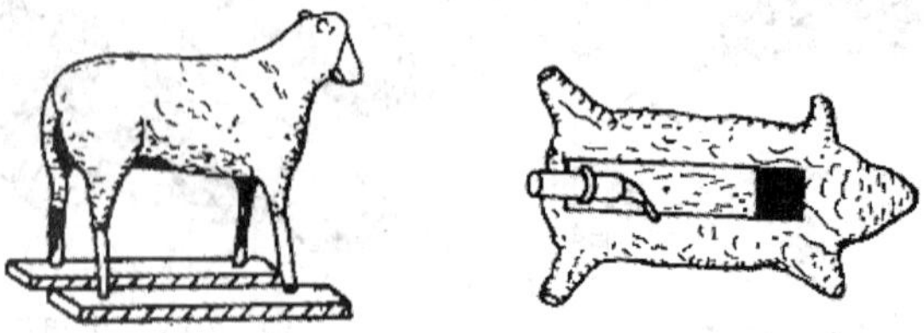

假台羊

图 10-13　采精用的假台畜

（四）种公畜的准备和调教

采精前必须用诱情的方法促使公畜有充分的性兴奋和性欲，尤其对性欲迟钝的公畜要采取改换台畜、变换位置及观摩其他家畜爬跨等方法。

利用假台畜采精必须对种公畜进行调教，使其建立条件反射。一般调教的方法有：

(1)在假台畜旁牵一发情母畜，诱使其爬跨数次，但不使其交配，当公畜性兴奋达高峰时即牵向假台畜使其爬跨。

(2)在假台畜后躯涂抹发情母畜的阴道分泌物或尿液，刺激公畜的性欲并引诱其爬跨假台畜，经过几次采精后即可调教成功。

(3)将待调教的公畜拴系在假台畜附近，让其观看另一头已调教好的公畜爬跨假台畜采精，然后再诱导其爬跨假台畜。

另外，训练公猪时，可利用另一头公猪爬跨过的假台猪，或将其他采精公猪的尿液涂抹在假台猪上，诱使调教的公猪接触，引起爬跨反射。

在调教过程中，一定要反复进行训练，耐心诱导，切勿逼迫、抽打、恐吓等，以免引起调教困难。第一次采精成功后，还要经过几次反复，并注意非配种季节也要定期采精，从而巩固公畜建立的条件反射。调教时应注意公畜外生殖器的清洁卫生；调教最好选择在早上，早上精力充沛，性欲旺盛；调教时间、地点要固定，每次调教时间不宜长。

公猪调教训练始于7月龄，持续时间约4～6周，最多一天一次，每周3～4次，一次持续15～20 min，一般性欲好的后备猪1～2次就可调教成功，不太强的7～8次。调教成功后，要连续再采精2 d。

二、采精操作

(一)公牛的假阴道法采精

将种公牛牵到采精室内，让种公牛在采精室停留片刻，以使公牛进行射精前准备，这样有利于提高精液品质。但要防止公牛在未采精时就已经射精。

将种公牛牵到台牛旁，采精员手持假阴道面向台牛站于台牛的右后侧面。

当公牛阴茎伸出，并在跨上母牛或台畜后的瞬间，采精员手持假阴道，迅速向前一步，将假阴道筒口向下倾斜与公牛阴茎伸出方向成一直线，紧靠在台牛臀部右侧，用左手在包皮开口的后方，掌心向上托住包皮(切不可用手抓捏阴茎，否则会使阴茎缩回)。将阴茎拨向右侧导入假阴道内(图10-14)。当公牛用力向前一冲后，即表示射精完毕。公牛射精后，采精员同时使假阴道的集精杯一端向下倾斜，以使精液流入集精杯中。

当公牛跳下时，假阴道应随着阴茎后移，不要抽出。当阴茎由假阴道自行脱出后，立即将假阴道直立，筒口向上集精杯向下，并立即送至精液处理室内，放气后，取下集精杯，盖上盖子。

(二)公猪的手握法采精

从恒温箱(37℃)取出一干净的集精杯。如果采精栏不靠近实验室，将采精容器放置于保温箱内。

采精员一只手戴乳胶手套，再戴一个食品手套，一只手拿集精杯(冬天最好是保温杯)，并在集精杯口扎上双层消毒纱布，以过滤精液，除去胶质(图10-15)。

图 10-14 公牛的假阴道法采精

图 10-15 利用假台猪采精

采精员蹲于采精台右侧，将公猪包皮部的长毛剪掉，在公猪爬跨后，挤压包皮部将积尿排出后，用清水清洗干净后，再以干毛巾或纸巾擦干包皮部并弃去外层的食品手套。当公猪阴茎伸出时，用戴手套的手握住螺旋状的阴茎头不让其转动，同时手指继续有节奏地一松一紧地加压，即可引起公猪射精(图 10-15)。公猪射精时手指停止加压，射精稍停时，手指继续加压，直至采完全部精液。在射精过程中不能松手，不要采集第一部分清亮液体(约 25 mL)，要保持公猪完成整个射精过程(需 3～5 min)。

公猪从假台猪下来之后，丢掉过滤用纱布和胶状物，确保精液不要打翻，将精液尽快送至精液处理室内进行精液品质检查，并进行稀释保存。

(三)公羊的假阴道法采精

采精前剪去公羊阴茎周围多余的长毛，用 0.1%高锰酸钾溶液洗净其包皮，挤出包皮腔内积尿和其他残留物并擦干。把公羊牵引到采精现场后，不要立即让其爬跨台羊，应控制几分钟，使公羊的性兴奋不断加强，待阴茎充分勃起并伸出时，再让公羊爬跨台羊，这样可提高精液品质。

采精时，采精员用右手握住假阴道后端，固定好集精杯(瓶)，并将气嘴活塞朝下，蹲在台羊的右后侧，让假阴道靠近台羊的臀部，当公羊跨上台羊背部而阴茎尚未触及台羊时，左手迅速将公羊的阴茎导入假阴道内(图 10-16)，不能用手抓碰或摩擦阴茎，假阴道内的温度、压力、润滑度适宜，公羊后躯急速向前用力一冲，即表示射精完毕。此时，顺公羊动作向后移下假阴道，并迅速将假阴道竖起，集精杯一端向下，然后打开活塞上的气嘴，放出空气，取下集精杯，加上瓶盖，送精液检查处理室待检。

(四)家禽的按摩法采精

一人用两手分别握住公鸡两腿，以自然宽度分开，使鸡头向后，尾部朝向术者。术者先以剪子剪去公鸡泄殖腔周围的羽毛，以酒精棉球消毒泄殖腔周围，待酒精干后再进行采精。采精时术者用右手中指和无名指夹着经消毒、清洗、烘干的采精器，使器口握在手心内，手心朝向下方，以避免按摩时公鸡排粪污染，左手沿公鸡背鞍部向尾羽方向，按摩几次，以减轻公鸡惊恐并引起性兴奋。接着术者左手顺势翻转手掌，将尾羽翻向背侧，并以拇指与食指跨在泄殖腔两上侧，右手拇指与食指跨在泄殖腔两下侧腹部柔软部，以迅速敏捷手法，抖动触摸腹部柔软处，然后迅速轻轻地用力向上抵压泄殖腔，左手拇指和食指即可在泄殖腔两上侧作微微挤压，精液即可顺利排出。与此同时，迅速将右手夹着的集精器口翻上，承接精液(图 10-17)。采集到的精液置于水温25～30℃的保温瓶内以备输精。

图10-16　公羊的假阴道法采精

图10-17　鸡的按摩法采精

三、采精频率

采精频率是指每周内对公畜的采精次数。为维持种公畜正常的性生理机能，保持健康的体况和最大限度地提高射精量及精液品质，合理安排利用种公畜的采精频率是十分重要的。

生产实际中，成年公牛一般每周采精2次，每次可间隔0.5 h以上连采2次，也可以每周采3次，隔日采精；青年公牛精子产量较成年公牛少1/2～1/3，采精次数应酌减。1.5岁左右的公羊初次采精，一般每天1～2次；2.5岁以上，则每天可采2～4次，或第一次采精后间隔5～10 min再采第二次。公马采精频率适宜隔日一次，如生产需要每日采精一次，则在1周内连续采精几天后停采休息1～2 d。成年公猪为每周2次或每2周5次，后备公猪为每周1次。多数公猪习惯于给定的采精和配种频率，一旦习惯形成，靠增加采精频率不会提高精子产量。

【实训操作】

实训10-3　假阴道的认识与安装

一、实训目的

1. 认识假阴道的组成部件并了解其用途。
2. 练习假阴道的安装方法。

二、实训器材

各种公畜采精用假阴道、高压灭菌器、酒精灯、长柄钳、镊子、玻璃棒、棒状温度计、漏斗、量杯、75%和95%酒精棉球、滑石粉、来苏儿、洗衣粉等。

三、实训内容

(一)假阴道的认识

假阴道:长筒状,由外壳、内胎和集精杯(瓶、管)三个主要部分组成,其粗细和长短因畜种而异。中国常用的有欧美式、苏式和日式等形式。

1. 外壳　牛、羊和猪的假阴道外壳一般为硬橡胶或塑料制成的圆筒,中部装有可吹气、注水和排水的开关。猪用假阴道则在此处连接一个可向假阴道内打气的双连球,以调节压力。

马的假阴道外壳由镀锌铁皮或金属制成,分头、颈和体三部分。筒体的中部装有把柄,其侧面有吹气和注、排水孔,并有封闭塞或橡胶带。

2. 内胎　由优质橡胶制成的胶筒,目前有些国家将内胎面制成粗糙面,以增强采精时对阴茎的刺激,利于采精。

3. 集精杯(瓶、管)　牛、羊用双层的棕色集精杯(苏式)或有刻度的离心管(美式)。马用黑色橡皮杯(苏式)。猪用棕色有刻度的广口瓶。当用手握法对公猪进行采精时,只需备一只乳胶手套和收集精液的容器即可。集精杯(瓶、管)可借橡皮圈直接固定于假阴道的一端或借橡胶漏斗与假阴道连接。

(二)假阴道的安装要点

1. 假阴道外壳及内胎的检查

(1)检查假阴道外壳两端是否光滑,外壳有否裂隙或开焊之处(特别是马用外壳)。

(2)检查内胎是否漏水。可将内胎注满水,用两手握紧两端,并扭转内胎施以压力,观察胎壁有无破损漏水之处,如发现应及时修补或更换。公猪的手握法采精用的乳胶手套在用前也应检查。

2. 假阴道清洗

(1)外壳、内胎、集精杯(瓶、管)等用具用后可用热的洗衣粉水清洗。内胎的油污必须洗净。

(2)以清水冲净洗衣粉,待自然干燥后即可使用。

3. 内胎的安装　将内胎放入外壳,内胎露出外壳两端,长短大体相等。而后将其翻转在外壳上,内胎应平整,不应扭曲,再以橡皮圈加以固定。

4. 消毒　先以长柄钳夹取75%的酒精棉球擦拭内胎和集精杯,再以95%的酒精棉球充分擦拭。采精前,最好用稀释液冲洗1～2次。

5. 集精杯(瓶、管)的安装　牛、羊、猪的集精杯(瓶、管)可借助特制的保定套或橡皮漏斗与假阴道连接。

6. 注水　通过注水孔向假阴道内、外壁之间注入50～55℃温水,使其能在采精时保持38～40℃,注水总量约为内、外壁间容积的1/3～1/2。

7. 涂润滑剂　用消毒好的玻璃棒,取灭菌凡士林少许,均匀涂于内胎表面,涂抹深度为假阴道长度的1/2左右,润滑剂不宜过多、过厚,以免混入精液,降低精液品质。当用手握法给公猪采精时不须使用润滑剂。

8. 调节假阴道内腔的压力　从注气孔吹入或打入空气(猪),根据不同家畜和个体的要求调整内腔压力。

9. 假阴道内腔温度的测量 把消毒的温度计插入假阴道内腔，待温度不变时再读数，一般 40℃左右为宜，马可稍高，也要根据不同个体的要求，作适当调整。

10. 防止污染 用一块折成四折的消毒纱布盖住假阴道入口，以防灰尘落入，即可准备采精。

四、技能考核标准

考核内容		评分标准		考核方法
		分值	扣分依据	
假阴道的认识与安装	认识假阴道的组成部件并了解其用途	30	每错一项或少一项扣 5 分	小组操作考核
	假阴道的安装	50	每错一项或少一项扣 5 分	
	熟练程度	10	在教师指导下完成时扣 5 分	
	完成时间(时限 30 min)	10	每超时 1 min 扣 2 分直至 10 分	

实训 10-4 公猪采精技术

一、实训目的

掌握公猪采精的方法及要领。要求学生掌握公猪采精前的调教以及应注意的事项；掌握公猪采精的基本方法以及精液收集中应注意的事项，掌握如何最大限度地减少精液受到污染和物理损害。

二、实训器材

猪场采精室、待调教公猪、已调教的公猪、精液处理实验室等。

三、实训内容

(一)公猪调教

(1)观摩法 将小公猪赶至待采精地点，让其旁观成年公猪的交配行为或采精过程，激发小公猪的性冲动。经观察几次大公猪和母猪交配后，再让其试爬假台畜，进行精液试采，如此几次，就会形成条件反射。

(2)发情母猪引诱法 选择发情旺盛、发情明显的经产母猪，让后备公猪爬跨，以激发其性欲，产生性冲动。

(3)外激素或类外激素引诱法 将发情母猪的尿液，大公猪的精液、包皮冲洗液等，喷涂在假台畜背部和后躯，引诱小公猪爬跨。

(二)采精前的准备

1. 采精室的温度控制　采精室的温度应控制在10～28℃之间。采精室最好是一个安装有空调的房间,以使公猪的性欲表现和精液不受影响。

2. 集精杯及其他采精用品的准备　用保温杯作集精杯时,不能直接将精液采入杯中。将两层食品袋装入保温杯内,并用洁净的玻璃棒使其贴靠在保温杯壁上,袋口翻向保温杯外,上盖一层专用过滤网,用橡皮筋固定,并使过滤网中部下陷3 cm,以避免公猪射精过快或精液过滤慢时,精液外溢。安装好后,将其放于恒温箱中在38℃温度下预温10 min。

3. 公猪的准备　采精员将待采精的公猪赶至采精室,关上采精区的栅栏门,并用毛刷刷拭假母猪的台面和后躯下;然后再清洗公猪两侧肋腹部及下腹部,必要时,可将公猪的阴毛剪短(留3 cm)。

4. 采精员的准备　采精员应穿上工作服,将公猪赶入采精室,清扫猪体后,右手应尽快戴上双层无毒的一次性手套,带上纸巾、集精杯、小凳准备采精。

(三)采精过程

1. 诱导公猪爬跨假母猪　采精员可模仿发情母猪的叫声,并敲击假母猪诱导公猪爬跨。

2. 排出包皮液　公猪爬跨上假母猪后,采精员可坐公猪左后侧的小凳上,用右手按摩公猪包皮腔,尽可能将包皮腔中的包皮液(尿液)排净,并用纸巾拭干。

3. 锁定公猪阴茎并将其拉出　公猪阴茎勃起后,开始有试图插入母猪阴道的动作,但有些公猪伸出阴茎较慢,需要按摩包皮以帮助阴茎伸出。公猪阴茎伸出后,采精员应脱去外层手套,右手呈锥形的空拳,即拇指一侧较松,小指一侧较紧,拳心向上,使龟头(螺旋部分)进入空拳中,只让公猪的龟头伸出空拳1 cm左右,或不让其伸出拳外,用中指、无名指和小指锁定龟头,注意不要抓握阴茎体部(非螺旋部分),以防造成公猪不适而从假母猪上退下,然后顺其向前冲力,将阴茎的S状弯曲尽可能地拉直,握紧阴茎龟头防止其旋转,公猪即可安静下来并开始射精;如果假母猪的结构合理,可将其阴茎向左前上拉,并使龟头向下弯,这样有利于防止包皮腔中的残存包皮液顺着阴茎流至集精杯。

4. 集精杯的准备　左手打开集精杯盖,取下上面的纸巾。

5. 精液收集　公猪开始射精后,不要立即收集,待公猪射出部分清亮的液体后,再开始收集含精多的部分,如果胶状物较多,可隔着纸巾将胶状物擦除。

在精液收集过程中,应尽可能根据公猪的射精特点,只收集含精丰富的部分,不要收集清亮的液体和胶状物。

采精过程中,如果仍有包皮中的尿液顺阴茎流出,可先将龟头抬高,然后在射精间隙或只射出清亮液体时,放下集精杯,左手拿纸巾将其吸附,避免流入集精杯中。

当公猪开始环顾四周时,说明公猪射精即将结束。可略松开龟头,以观察公猪反应,如果阴茎又开始转动,说明射精没有结束,应立即锁定龟头;如果阴茎软缩,说明射精结束,可结束采精。

四、实训作业

1. 总结公猪调教常用的方法，分析个别公猪调教失败的原因。

2. 分析采精过程中精液受到污染的主要原因，制订一套切实可行的防止精液受到污染的措施。

五、技能考核标准

<table>
<tr><th colspan="2" rowspan="2">考核内容</th><th colspan="2">评分标准</th><th rowspan="2">考核方法</th></tr>
<tr><th>分值</th><th>扣分依据</th></tr>
<tr><td rowspan="5">公猪采精技术</td><td>器械准备</td><td>20</td><td>每少一项扣3分</td><td rowspan="5">二人操作考核</td></tr>
<tr><td>台畜准备</td><td>20</td><td>每错一步扣3分</td></tr>
<tr><td>采精操作</td><td>40</td><td>每错一步扣5分</td></tr>
<tr><td>熟练程度</td><td>10</td><td>在教师指导下完成时扣5分</td></tr>
<tr><td>完成时间(时限40 min)</td><td>10</td><td>每超时1 min扣3分直至10分</td></tr>
</table>

任务10-5　精液品质检查

一、精液品质检查的目的和原则

精液品质检查的目的是鉴定精液质量的优劣，作为精液处理的依据，同时也可作为评价雄性动物饲养管理水平和种用价值的依据。

为了保证检查结果客观、准确，在进行精液品质检查时，应注意以下基本操作原则：

1. 避光、恒温　采得的精液要迅速置于30℃左右(30～37℃)的恒温水浴中或保温瓶中，以防温度突然下降，对精子造成低温打击。按照规定要求，注意保持工作室(20～30℃)和显微镜周围或其载物台(38～40℃)适当温度。同时，尽量避免光线照射，减小光线对精子的影响。

2. 迅速检查　事先应做好各项检查准备工作，在采得精液后立即进行品质检查，要求动作迅速，尽可能缩短检查时间，防止检查过程中精液品质下降。

3. 检查过程和环境不得损害精液品质　如蘸取精液的玻璃棒等用具，既要消毒灭菌，又不能残留有消毒药品及其气味。

4. 取样要有代表性　应从采得的全部并经轻轻摇动或搅拌均匀的精液中取样，力求结果客观准确。

5. 常规重点检查和定期全面检查相结合　精液品质检查项目很多，通常采用逐次常规重点检查和定期全面检查相结合的办法，既省时，又能全面掌握精液品质变化动态。

6. 全面综合分析，准确评定精液质量等级　对精液质量的评定，一般不能由一两项指标就得出结论。有些项目必要时要重复2～3次，取其平均值作为结果；对一头种公畜精液品质及其种用价值的评价，更不能只根据少数几次检查结果，而应以某个阶段多次评定记录作为综合分析评定的依据。

二、精液的外观检查

1. 采精量　采精后将集精杯(瓶、管)中的精液在等温的环境下盛装在有刻度的试管或精液瓶中,可测量出雄性动物的采精量。猪和马(驴)精液应用 4～6 层消毒纱布过滤或离心处理,除去胶状物质,然后按照上述方法测出采精量。

2. 色泽　家畜的精液一般为不透明的乳白色,有时出现淡黄色,与公畜饲料中 β-胡萝卜素含量较高有关。牛、羊精液在刚采出时可见云雾翻腾状,猪、兔和马的精液中含有胶状物,它们是精囊腺的分泌物,在自然交配时形成子宫栓,有防止精液倒流和抑制细菌生长的作用。

3. 气味　正常精液无臭味,略带有腥味。检查时用手轻轻扇动精液容器上方的空气,同时用鼻子嗅出精液的气味。

4. 云雾状　牛、羊的精液密度大,故在玻璃容器中观察,精液呈上下翻滚状态,像云雾一样,称为云雾状。这是精子运动活跃的表现。云雾状明显用"＋＋＋"表示,较明显用"＋＋"表示,不明显用"＋"表示。

5. pH　将 pH 试纸浸在精液中片刻,然后取出与标准色谱进行对照,确定精液的 pH。

三、显微镜检查

(一)活力评定

精子活力是指精液中作直线前进运动的精子占总精子数的百分比。一般以 0～1.0 的十级评分法评定,如精液中有 80%的精子呈直线运动,精子活力计为 0.8,精液中有 70%的精子呈直线运动,精子活力计为 0.7,依此类推。检查时要多观察几个视野,取其平均值。一般精液处理的每个阶段都要检查精子活力,以便及时了解精液处理效果。

牛、羊的原精液及猪的浓份精液密度大,为观察方便,可先用生理盐水稀释后检查。温度对精子活力影响较大,做精子活力检查时,应把显微镜置于保温箱内,在 38～40℃下评定精子活力(图 10-18)。

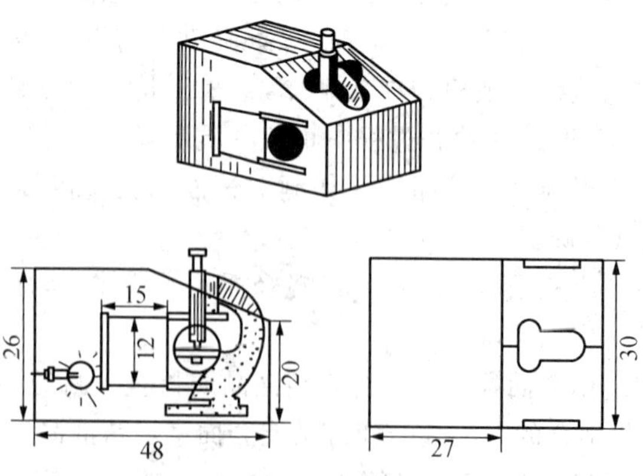

图 10-18　显微镜保温箱(单位:cm)

精子活力的评定方法有平板压片法、死活染色法等。

1. 平板压片法　取一滴精液于载玻片上,盖上盖玻片,置于 38～40℃显微镜恒温载物台上，放大200～400倍，对精液样品进行主观观测。如采用电视显微镜从屏幕上反映精子运动图像，几个人可同时观察评定，则有利于提高结果的准确性。

2. 死活染色法 这是利用活精子不被某些染料（如伊红、刚果红）着色，而死精子因表面膜渗透性增加而易被着色这一特性，来区分死、活精子并计算死、活精子比例。

方法：用生理盐水将伊红、苯胺黑分别配制成5%和1%的溶液；在载玻片上分别滴一滴伊红和苯胺黑；将一滴精液滴入伊红溶液中混匀，再与苯胺黑溶液混匀并制成抹片镜检；死精子着粉红色，活精子不着色；计数500个精子中活精子的比例即为精子活力。整个染色过程温度应保持37℃左右。

一般新鲜精液活力应在0.7以上，液态保存后精液应在0.5以上，冷冻精液解冻后应在0.3以上才能用于人工输精。

（二）精子密度测定

精子密度是指单位体积（1 mL）精液内所含有的精子数目。检查方法有估测法、计数法、光电比色法等。

1. 估测法 估测法通常结合精子活力检查进行。将原精液放在低倍（10×10）显微镜下观察，根据视野中精子的稠密程度，大致把精液密度分为密、中、稀3个等级，评定结果主观性强，误差大，但方法简便，在基层人工授精站常用（图10-19）。

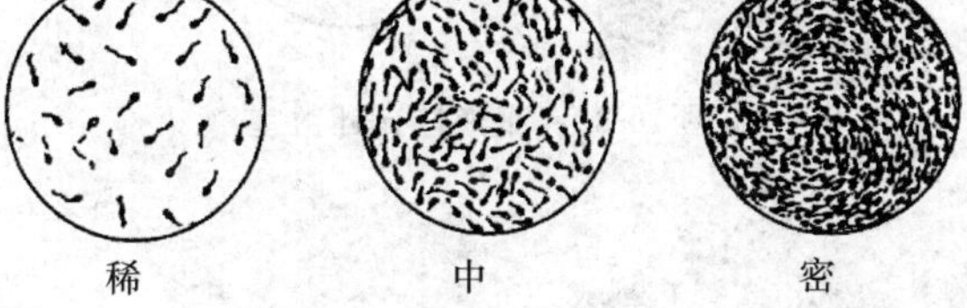

图10-19 精子密度示意图

2. 计数法 用血细胞计数法定期对公畜的精液进行检查，可较准确地测定精子密度，但较费时。操作步骤如下：

（1）在显微镜下先用低倍镜找到血细胞计数板的计数室（图10-20），再用高倍镜找到计数室的中方格。

（2）用3% NaCl溶液对精液进行稀释，可以杀死精子。牛、羊原精液可用红细胞吸管（图10-21）或微量取液器作100～200倍稀释，猪、马原精液可用白细胞吸管（图10-21）或微量取液器作10～20倍稀释（图10-22）。充分混匀后弃去稀释管前面几滴，再把一小滴精液充入计数室（图10-22）。

（3）在放大400倍镜下选取有代表性的5个中方格对精子进行计数。按下列公式计算精子密度：5个中方格精子数×5×10×1 000×稀释倍数＝每毫升精液的精子数。

3. 光电比色法 光电比色法是根据精子的透光性而测定精子数的方法。透光性越高，则精子数越少，透光性越差，则精子数越多。用分光光度计测定标准精液样品透光率，并建立标准曲线，再对被测样品用每升含5 mL 10%甲醛的2.9%柠檬酸钠液作1∶（80～100）倍稀释，用550 nm波长分光光度计测定样品的透光率，再与标准作比较或查对精子密度表，确定样品的精子密度（图10-23和图10-24）。

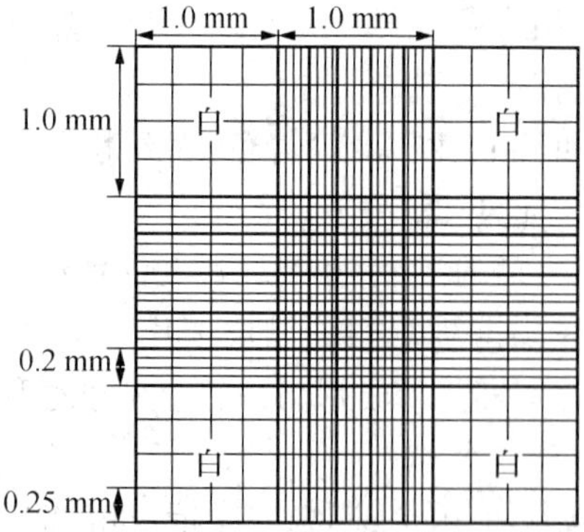

图 10-20　血细胞计数室

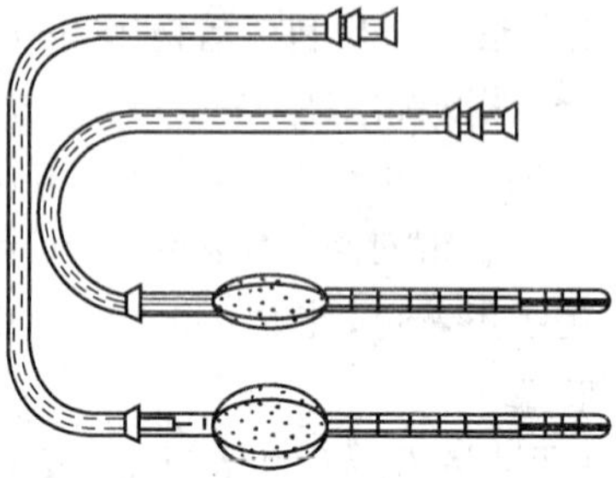

图 10-21　白细胞吸管(里)和红细胞吸管(外)

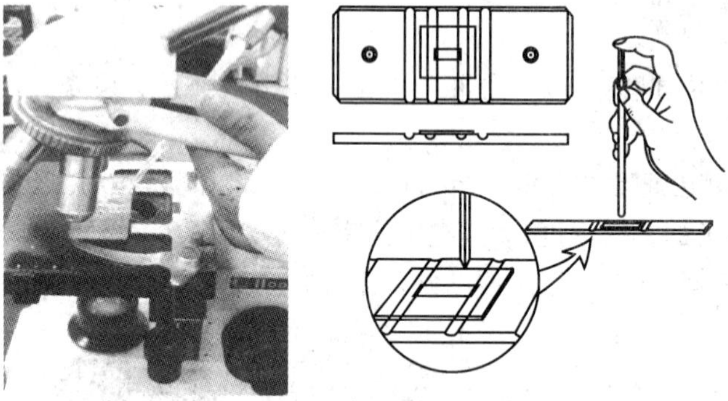

图 10-22　精液注入计数室

图 10-23　测定精子密度的分光光度计

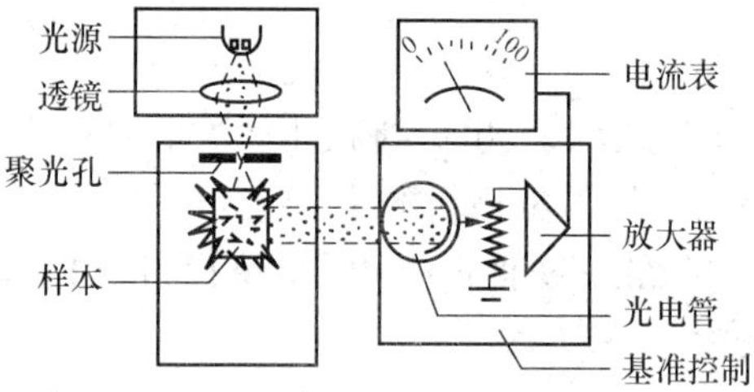

图 10-24　光电比色法测定精液密度原理

这种方法测定结果准确、快速。目前多采用精子密度测定仪自动测定并读取数据。测定马、猪精液时，应先滤去精液中的胶状物，以免影响透光率。

正常原精液的精子密度：羊 20 亿～30 亿个/mL，牛 10 亿～15 亿个/mL，猪、马 2 亿～3 亿个/mL。

(三)精子形态检查

1. 畸形率　凡形态和结构不正常的精子都属畸形精子。精子畸形率是精液中畸形精子数占精子总数的百分率。优良品质精液的精子畸形率，牛、猪 18%，羊 14%，马 12%，犬 20%。如畸形精子超过 20%，则可视为精液品质不良，不能用于输精。

根据发生的部位，精子畸形可分为4类（图10-25）：

（1）头部畸形　如头部巨大、瘦小、细长、缺损，双头等。

（2）颈部畸形　如颈部断裂、曲折、膨大，双颈等。

（3）中段畸形　如带有原生质滴、膨大、弯曲等。

（4）主段畸形　如弯曲、回旋、曲折、双尾等。

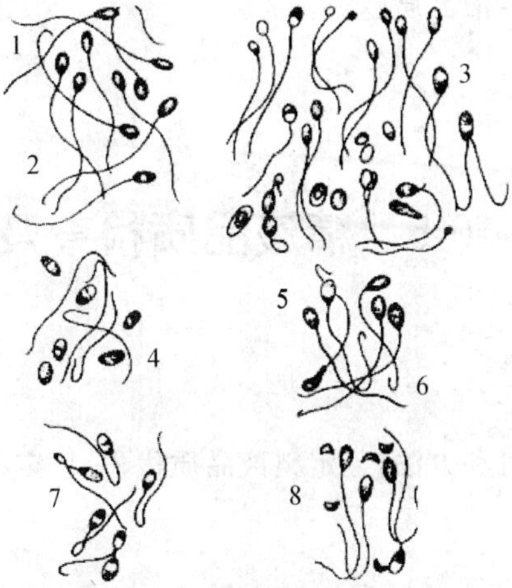

图10-25　畸形精子类型图

1、2. 正常精子　3. 各种畸形精子　4. 头部脱落精子　5、6. 附有原生质滴精子　7. 尾部弯曲精子　8. 顶体脱落精子

精子畸形率检查可在计算死活精子比例的染色玻片上同时进行，也可用少许精液做成抹片，用普通染色液（如亚甲蓝）或蓝黑墨水染色3 min，水洗干燥后，在400倍显微镜下观察计数200～500个精子，计算畸形精子的百分率。

2. 精子顶体异常率　精子顶体异常有膨胀、缺陷、部分脱落、全部脱落等数种（图10-26）。精子顶体异常率是指精液中顶体异常精子数占精子总数的百分率。在正常情况下，牛精子顶体异常率平均为5.9%，猪为2.3%。如果牛精子顶体异常率超过14%，猪超过4.3%会直接影响受精率。顶体异常的出现可能与精子生产过程和副性腺分泌物异常有关。同时，精液在体外保存时间过长，遭受低温打击，特别是冷冻方法不当也可造成。

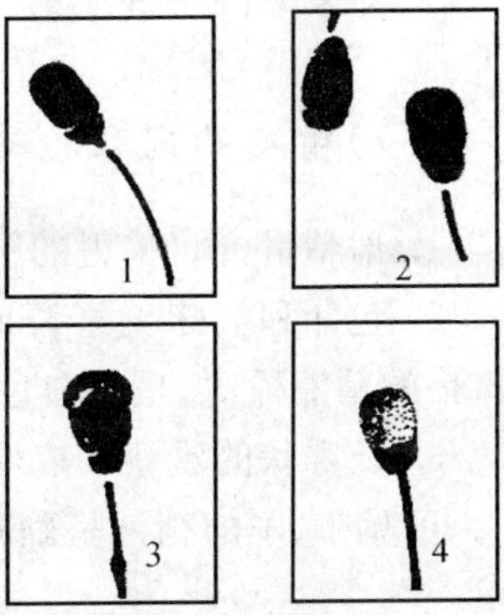

图10-26　精子顶体异常

1. 正常顶体　2. 顶体膨胀　3. 顶体部分脱落　4. 顶体全部脱落

常用检查方法是：将精液制成抹片，在固定液中固定片刻；水洗后用姬姆萨缓冲液染色1.5～2.0 h，水洗、干燥后用树脂封装，置于1 000倍以上显微镜或相差显微镜下观察200个以上精子，算出顶体异常率。

（四）精子存活时间和存活指数测定

精子存活时间是指精子在一定外界环境条件下的总生存时间，而存活指数是指精子的平均存活时间，表示精子活力下降的速度。精子存活时间和存活指数与受胎率密切相关，两项指标的测定也是鉴定精液稀释液处理效果的方法之一。

方法:将稀释并经活力检查后的精液(可分成若干等份)置于一定温度条件下保存,每隔一定时间取样检查活力,直至无活动精子为止。开始稀释检查至倒数第二次检查之间的间隔时间加上最后一次与倒数第二次检查间隔时间的一半,为精子总存活时间。每相邻前后两次检查的精子平均活力与其时间的乘积相加的总和即为存活指数。精子存活时间越长,存活指数越大,说明精子生活力越强,精液品质越好。

【实训操作】

实训 10-5 精液品质检查及评定

一、实训目的

了解精液品质检查的项目和方法,鉴定精液品质优劣,评定精液的质量。

二、实训器材

1. 精液 牛、羊、猪或兔等任一种动物的精液。

2. 器械 显微镜,显微镜保温箱或恒温台,红细胞和白细胞吸管,血细胞计数器,载玻片,盖玻片,搪瓷盘,温度计,滴管,擦镜纸,纱布,有刻度试管,计数器,1 mL 移液枪及枪头。

3. 药品 5%伊红,1%苯胺黑,3%氯化钠,乙醚,95%乙醇,去离子水,0.5%龙胆紫酒精溶液。

三、实训内容

(一)精液的肉眼检查

1. 射精量 将采得的精液倒入有刻度试管或集精杯中,测其体积。

2. 色泽和气味 家畜的精液通常呈乳白色或灰白色,因畜种的不同而有浓淡的区别。马、猪的精液稀薄,呈灰白色;牛、羊的精液浓密,呈乳白色。家畜精液无味或略有腥味。

3. 云雾状的观察 取原精液一滴于载玻片上不加盖玻片,用低倍镜观察精液滴的边缘部分。可见牛、羊的精液呈翻腾滚动的云雾状态,猪、马的精液无此现象。

(二)评定精子的活力

采精后立刻在25℃左右的实验室内评定精子的活力,最好在37℃保温箱内或加热的载物台上进行。在评定精子活力的同时也可以测定精子的密度。

1. 平板压片法 用玻璃棒蘸取一滴精液于载玻片上,轻轻压上盖玻片,放在400倍的显微镜下观察。按“十级一分制”的方法来评定精子活力。即在显微镜视野中,直线前进运动的精子所占整个视野精子数的百分比。若视野中有30%的精子做直线运动,其精子的活力就评定为0.3。

2. 悬滴法 取一小滴精液于盖玻片上,迅速翻转盖玻片盖在有凹槽的凹玻片上,制成悬滴片，放在400倍的显微镜下观察几个层面，取其平均值，同样按照“十级一分制”的方法来评定精子活力。

精子活动有三种类型：直线前进运动、旋转运动和原地摆动。精子活力根据直线前进运动精子数的多少而定。

目前评定精子活力等级的方法有两种：

十级制——在显微镜视野中估算直线前进运动精子所占全部精子的百分数。直线前进运动的精子为100%者评为1.0级，90%者为0.9级，依此类推。

五级制——全部精子都呈直线前进运动，属于“5”级；绝大多数呈直线前进运动（约80%）为“4”级；前进运动精子略多于半数者（约60%）为“3”级；不及半数者为“2”级；呈直线前进运动的精子数目极少者属“1”级。

精子活力是精液品质评定的重要指标。受精能力与直线前进运动精子数的多少密切相关。新鲜精液的活力大于0.7、冷冻精液解冻后的活力大于0.3时，方可用于人工授精。

（三）精子密度测定

精子密度也称为精子浓度，指每毫升精液中所含的精子数。精子密度的大小直接关系到精液稀释倍数和输精量的有效精子数，也是评定精液品质的重要指标之一。评定方法一般有目测法和计数法。

1. 目测法　与检查活力的方法相同，往往与观察活力同时进行，只是精液不作稀释。具体操作是取一小滴原精液在清洁载玻片上，加上盖玻片，使精液分散成均匀一薄层，无气泡存留，精液外流或不溢于盖玻片上，置于400～600倍显微镜下观察。根据精子密度的大小粗略分为密、中、稀三个等级。

“密”指整个视野内充满精子，几乎看不到精子间的空隙和单个精子的运动。

“中”指视野内精子之间有相当于一个精子长度的明显空隙，可见到单个精子的活动。

“稀”指视野内精子之间的空隙很大，能容纳2个或2个以上精子。

这种评定方法带有一定的主观性，误差较大。另外，由于各种家畜精子密度相异较大，很难统一制定一个标准（表10-3）。此法只在基层人工授精站常用。

表10-3　各种公畜精子密度三级标准　　亿/mL

公畜	密	中	稀
牛	10～20	8～10	8以下
羊	25以上	20～25	20以下
猪、马	2以上	1～2	1以下

2. 血细胞计数器计数法　血细胞计数器由血细胞计数板、红（白）细胞吸管和盖玻片等三部分组成。操作步骤如下：

（1）在显微镜下找到计数室　血细胞计数板上的计数室为一正方形，其高度为0.1 mm，边长1 mm，由25个中方格组成，每一中方格又由16个小方格组成。寻找方格时，先用低倍镜看到整个计数室的全貌，然后再用高倍镜进行查找。

（2）稀释精液　用3%的NaCl溶液对精液进行稀释，同时杀死精子，便于精子数目的观察。牛、羊精液一般用红细胞吸管，可稀释100倍或200倍；马、猪的精液一般用白细胞吸管，可稀释10倍或20倍。

(3)精液渗入计数室 将精液和稀释液充分混合均匀，弃去管尖端的2～3滴。然后将一小滴精液滴在盖玻片边缘，使精液自动渗入计数室。

(4)镜检 把计数室置于400～600倍显微镜下对精子进行计数。在25个中方格中选取有代表性的5个(4角各1个和中央1个)进行计数。统计时，对头部压线的精子应按照数上不数下、数左不数右的原则，避免重复计数或漏掉。

(5)计算 计算公式为：1 mL原精液内精子数＝5个中方格内的精子数×5(等于整个计数室25个中方格内的精子数)×10(等于1 mm^3内精子数)×1 000(等于1 mL稀释后精液样品内的精子数)×稀释倍数。

为了减少误差，每次应连续检查样品两次，求其平均数。如果两次所得数字相差较大，应再作第3次检查，然后取较接近的两次检查的结果，求其平均值。

(四)精子畸形率检查

1. 涂片 以细玻璃棒蘸取精液1滴，滴于载玻片一端，如牛、羊精液，应再加1～2滴0.9%氯化钠溶液进行稀释。以另一载玻片的顶端呈35°角，抵于精液滴上，向另一端拉去，将精液均匀涂抹于载玻片上。

2. 干燥 抹片于空气中自然干燥。

3. 固定 将干燥好的涂片置于95%酒精固定液中固定3～5 min。

4. 染色 经阴干后，用0.5%龙胆紫或用蓝(红)墨水染色，时间3～5 min。

5. 水洗 在缓慢流水的自来水龙头下将染料冲洗干净。

6. 镜检 经阴干或烘干后，在400～600倍显微镜下检查，数出不同视野的300～500个精子，记录其中畸形精子数量。

7. 计算

$$\text{精子畸形率}=\frac{\text{畸形精子数}}{\text{检查精子总数}}\times 100\%$$

(五)死活精子百分率测定

活精子头部是不易着色的，镜检时，精子头部是透明、无色的；而死精子则因伊红渗入细胞质，使整个精子头部呈红色。苯胺黑为背景染色，使着色的精子头部可见。

将5%的伊红和1%的苯胺黑按1∶1混匀，分装于容量1～2 mL的试管中(加入试管容量的1/2)，并在37℃水浴中加温，随后加入原精液1～3滴，摇匀后再放回水浴中，3 min后立即取出待用。也可将染液预热后，将伊红、精液及苯胺黑按照1∶1∶(1～2)的比例及顺序滴入预热的凹玻片中混匀染色。

从以上混合液中用火柴棍蘸上一小滴于载玻片的一端，用另一载玻片进行推动制成抹片，待干燥后，高倍镜镜检(400倍)。抹片时，最好在35～40℃的条件下制作，而且制作过程要快。也可将制好的抹片放在37～38℃保温箱内干燥30～60 s。

在高倍镜下数200或500个精子，算出死、活精子各占的百分率。活精子百分率总是要比精子活力高。

四、技能考核标准

考核内容		评分标准		考核方法
		分值	扣分依据	
精液品质检查及评定	外观检查	30	每少观察一项扣5分	二人操作考核
	平板压片法检查	30	每错一步扣5分	
	悬滴法检查	20	每错一步扣5分	
	熟练程度	10	在教师指导下完成时扣5分	
	完成时间(时限30 min)	10	每超时1 min扣3分直至10分	

【自测训练】

一、名词解释

性成熟 适配年龄 性行为序列 精子活力 精子密度

二、单项选择题

1. 附睾头由10～30条(　　)构成。
A. 精细管　B. 曲精细管　C. 睾丸输出管　D. 直精细管
2. 精细管中的(　　)是直接形成精子的细胞。
A. 支持细胞　B. 生精细胞　C. 间质细胞　D. 足细胞
3. 睾丸中分泌雄激素的细胞是(　　)。
A. 支持细胞　B. 生精细胞　C. 间质细胞　D. 足细胞
4. 由一个初级精母细胞可以形成(　　)个精子。
A. 16　B. 64　C. 1　D. 4
5. 精子的最后成熟在(　　)内完成。
A. 曲精细管　B. 直精细管　C. 睾丸　D. 附睾
6. 精液中含有的单糖主要是来自精囊腺的(　　)。
A. 果糖　B. 葡萄糖　C. 甘露糖　D. 岩藻糖
7. 家畜精子中的蛋白质主要是(　　)。
A. 组蛋白　B. 核蛋白　C. 脂蛋白　D. 角质蛋白
8. 一次射精量最大的家畜是(　　)。
A. 猪　B. 马　C. 牛　D. 羊
9. 精子密度最大的家畜是(　　)。
A. 猪　B. 马　C. 牛　D. 羊

三、问答题

1. 公牛的生殖器官由哪几部分组成？分别有何生理功能？
2. 生产中，怎样合理安排牛、羊、猪的采精频率？
3. 采精前需要做什么准备？

项目 11　精液的稀释与保存技术

【知识目标】

1. 了解精液稀释的目的及要求；
2. 了解稀释液的成分和作用；
3. 掌握配制稀释液的基本程序；
4. 了解精液保存方法的原理。

【能力目标】

1. 掌握配制稀释液的方法及注意事项；
2. 掌握稀释精液的方法；
3. 掌握精液低温保存、常温保存及冷冻保存的方法。

【学习任务】

任务 11-1　精液的稀释

精液的稀释是指在精液中加入适宜于精子存活并能保持其受精能力的稀释液。精液稀释的目的是通过降低精液的能量消耗，补充适量营养和保护物质，抑制精液中有害微生物的活动，以延长精子寿命；扩大精液的容量，提高一次射精量的可配母畜头数；便于精液的保存和运输。因此，精液的稀释处理是充分体现和发挥人工授精优越性的重要技术环节。

一、精液稀释液的主要成分和作用

稀释液的成分必须能提供精子存活所需的能源物质；增加精液量；维持适宜的 pH、渗透压和电解质的平衡；增强精子对低温的抵抗能力；防止细菌的滋生。

（一）稀释剂

稀释剂的作用是扩大精液容量，一般为与精清等渗的溶液，常用的有 0.9%氯化钠、5%葡萄糖和 2.9%柠檬酸钠（最常用）。

（二）营养剂

营养剂的作用是为精子运动和生存提供能量。能被精子利用的能源物质主要是单糖，常用的有葡萄糖、果糖、乳糖、丙酮酸钠、谷氨酰胺、奶类、卵黄等。

（三）保护剂

保护剂的作用是保护精子在体外的生存。

1. 缓冲物质　维持稀释液中 pH、离子浓度和渗透压的稳定性。常用的有磷酸盐缓冲液（PBS）、三羟甲基氨基甲烷（Tris）、柠檬酸钠、$NaHCO_3$ 等。

2. 非电解质　防止稀释液中离子浓度过高，导致精子凝聚反应和剧烈运动引起的衰老。常用的有单糖、蔗糖等。

3. 抗生素　主要是抑制细菌生长。精液在采集和处理过程中不可避免地混入细菌，精清是一种良好的培养基，所以细菌可在精清中大量繁殖。尽管有的细菌不是病原体，但其代谢产物对精子生存有害，病原体能导致母畜生殖道感染，使母畜流产。常用的有青霉素、链霉素、庆大霉素、磺胺类和卡那霉素。

（四）防冷刺激素物质

防冷刺激素物质的作用是防止精子的冷休克。常用的物质有卵黄、牛奶。

冷休克是指家畜精子从 20℃降到 0℃时，发生突然死亡或活力明显下降的现象。

冷休克发生的原因：精子内的缩醛磷脂熔点高，低温下易发生凝固，使精子不可逆变性死亡。

防冷休克的机理：卵黄和牛奶含有卵磷脂，卵磷脂熔点低，可进入精子内部取代缩醛磷脂而保护精子。另外，脂蛋白或磷脂蛋白也具有类似作用。

（五）抗冻剂

抗冻剂的作用是防止精子在超低温环境下受到冷冻损害。精子在冷冻过程中，其内部的游离水会形成冰晶，对精子结构产生有害影响，抗冻剂可置换精子内的水分，阻止精子内冰晶的形成，从而保护精子。常用的抗冻剂有甘油、乙二醇、二甲基亚砜（DMSO）、丙二酸等。

（六）其他添加剂

促进精子活力的物质有超氧化物歧化酶（SOD）、β-淀粉酶、催产素（OXT）、前列腺素 E（PGE）、B 族维生素、咖啡因、肾上腺素等。

保护精子的物质有植物提取液（如中草药等）、EDTA（去除重金属离子）等。

二、稀释液的基本要求

可以补充精子的营养与能量；渗透压与精液相近；pH 与原精液相似；有抑制细菌的作用；成本低廉、制备简单。

三、稀释液的分类

根据稀释液的性质和用途不同，分为以下4类。

(一)现配现用稀释液

适宜于采精后立即稀释输精，以单纯扩大精液容量，增加输精母畜头数为目的。此类稀释液配方简单，通常以糖类或奶类为主体，不宜进行保存。

(二)常温保存稀释液

适用于精液在常温下短期保存，以糖类和弱酸盐为主体，pH偏低(弱酸性)。

(三)低温保存稀释液

适用于精液低温保存，以奶类或卵黄为主体，具有抗冷休克的特点。

(四)冷冻保存稀释液

适用于精液冷冻保存，以卵黄、甘油为主体，具有抗冻的特点，同时还有配套的解冻液。

四、配制稀释液的原则及注意事项

各种家畜精液稀释液的种类繁多，采用何种稀释液应根据畜种的不同、稀释液的效果、精液保存方法和成分是否容易得到而定。配制时应注意以下原则：

(1)配制稀释液所用的药品，成分要纯净，称量要准确，充分溶解、过滤、密封进行消毒后方能使用。

(2)卵黄应取自新鲜鸡蛋，外壳洗净消毒后破壳抽取，尽量避免混入蛋清，待稀释液消毒冷却后加入，充分混匀后使用。

(3)配制稀释液所用的蒸馏水或去离子水要求新鲜，pH呈中性，最好现用现制。

(4)配制稀释液所使用的一切用具必须严格洗净消毒，用稀释液冲洗后才能使用。

(5)稀释液应现用现配，保持新鲜。如条件许可，经过消毒、密封后，可在冰箱中存放1周，但卵黄、抗生素、酶类、激素类等成分须在用时添加。

(6)奶类要求新鲜(奶粉以脱脂奶粉为宜)，尤其是鲜奶，须经过滤，然后在水浴中灭菌10 min，抑制对精子有杀害作用的乳烃素，并除去奶皮后方可使用。

(7)抗生素、奶类、激素类、维生素等添加剂，须在稀释液冷却至室温时按剂量准确加入。

五、精液的稀释方法

精液稀释应在采精后尽快进行(一般要求最多不超过30 min)，并尽量减少与空气和其他器皿的接触。所以，采精前就应将精液品质检查、稀释以及保存的各项准备工作做好。

稀释前应防止精液温度发生突然变化，特别是防止遭受低于10℃以下的低温刺激。新采集的精液应迅速放入30℃保温瓶中，然后在30℃的水浴锅内将精液和稀释液调至同温，在同温条件下进行稀释。

稀释时，将稀释液沿杯(瓶)壁缓缓加入精液中，切忌将精液迅速倒入稀释液内；然后轻轻摇动或用灭菌玻璃棒搅拌，使之混合均匀，切忌剧烈振荡。如作高倍稀释，应分次进行，先作3～5倍稀释，然后再高倍，防止精子所处的环境突然改变，造成稀释打击。

精液稀释后，应立即进行镜检，如果活力下降，说明稀释或操作不当。

六、精液稀释倍数的确定

精液的稀释倍数过大，对精子存活不利且严重影响受胎率，稀释倍数过小，不能充分发挥精液的利用率，所以，应准确计算精液的稀释倍数。精液的稀释倍数应根据母畜每次受精所需的有效精子数、稀释液的种类、受配母畜数量等确定。

根据下列公式可计算出精液的稀释倍数(表11-1)和应加入的稀释液量：

$$\text{稀释倍数/头份}=\frac{\text{采精量(mL)}\times\text{(精子数/mL)}\times\text{活力}}{\text{有效精子/头份}}=\frac{\text{总有效精子数}}{\text{有效精子/头份}}$$

$$\text{应加入的稀释液量}=\text{采精量(mL)}\times\text{(稀释倍数/头份)}$$

表11-1　各种动物精液稀释倍数和输精剂量

畜别	稀释比例	输精剂量/mL	有效精子数/亿
猪	1∶(1～3)	30～50	10～20
牛	1∶(10～40)	1～1.5	0.1～0.15
马	1∶(1～3)	20～30	2.5～5.0
羊	1∶(1～3)	1～2	0.2～0.5

【实训操作】

实训11-1　稀释液配制及精液稀释

一、实训目的

掌握稀释液配制的基本程序和操作方法及稀释精液的方法。

二、实训器材

鸡蛋，原精液，250 mL三角瓶，250 mL烧杯，100 mL量筒，感量为0.1 g的天平，玻璃漏斗，电炉，石棉网，玻璃棒，定性滤纸，消毒纸巾，硫酸纸，灭菌牛皮纸，橡皮筋，10 mL一次性注射器，1 mL注射器，5 mL注射器，75%酒精棉球，葡萄糖，柠檬酸钠，青霉素，链霉素。

三、实训内容

以羊精液稀释液为例。

1. 玻璃用品的清洗与消毒　将所有玻璃用品用洗涤剂洗净，用稀盐酸浸泡并用自来水冲洗干净后，用蒸馏水冲洗 4 遍，控干水分，用锡纸将瓶口包好，放入 120℃干燥箱中干燥 1 h，放凉备用。

2. 天平的标准　用两张圆形硫酸纸放在天平的左右托盘上，校准天平。

3. 称量药品　按配方需要的量准确称取药品(表 11-2)，并放入大烧杯中。

表 11-2　羊精液稀释液推荐配方

稀释液	成分	低温(2～5℃)保存液	冷冻保存液
基础液	一水葡萄糖	3.3 g	8.8 g
	二水柠檬酸钠	1.4 g	
	双蒸水	100 mL	100 mL
低温保存或第一液	基础液	80 mL	80 mL
	卵黄	20 mL	20 mL
第二液	第一液		47 mL
	甘油		3 mL

4. 溶液配制

(1)用量筒量取双蒸水 100 mL，加入烧杯中，用磁力搅拌器或玻璃棒搅拌使其溶解。

(2)用一层定性滤纸过滤溶液至三角瓶中。

(3)在三角瓶上加牛皮纸盖并用橡皮筋固定，放在盖有石棉网的电炉上加热至沸腾，迅速将其取下，放凉，制成基础液。基础液如果不马上使用可放入 2～5℃冰箱中备用，保存时间不宜超过 12 h。

(4)新鲜鸡蛋用 75%的酒精棉球消毒外壳，待其完全挥发后，将鸡蛋磕开，分离蛋清、蛋黄和系带，将蛋黄盛于鸡蛋壳小头的半个蛋壳内，并小心地将蛋黄倒在用 4 层对折(8 层)的消毒纸巾上。小心地使蛋黄在纸巾上滚动，使其表面的稀蛋清被纸巾吸附。先用针头小心将卵黄膜挑一个小口，再用去掉针头的 10 mL 一次性注射器，从小口慢慢吸取卵黄，尽量避免将气泡吸入，同时应避免吸入卵黄膜。吸取 10 mL 后，再用同样的方法吸取另一个鸡蛋的卵黄。也可将卵黄移至纸巾的边缘，用针头挑一个小口，将卵黄液缓缓倒入量筒中，注意避免将卵黄膜倒入量筒中。

(5)取 80 mL 放凉的基础液，加入三角瓶中，然后将卵黄液注入(或将卵黄液从量筒中倒入三角瓶中，将量取的 80 mL 基础液反复冲洗量筒中的卵黄，使其全部溶解入基础液中)，然后将全部基础液倒入三角瓶中摇匀。

(6)分别用 1 mL 注射器吸取基础液 1 mL，分别注入 80 万 U 的青霉素和 100 万 U 链霉素瓶中，使其彻底溶解。从青霉素瓶中吸取 0.1～0.12 mL，链霉素瓶中吸取 0.1 mL，将其注入三角瓶中并摇匀。还可称取 0.1 g 青霉素和 0.1 g 链霉素加入三角瓶中摇匀。用基础液、卵黄液和抗生素混合制成第一液。

(7)用量筒量取第一液 47 mL,加入另一只三角瓶中,用注射器吸取 3 mL 消毒甘油,注入三角瓶中摇匀,制成冷冻精液的第二液。

5. 精液的稀释方法　新采集的精液应迅速放入 30℃保温瓶中,然后在 30℃的水浴锅内将精液和稀释液调至同温。稀释时,将稀释液沿杯(瓶)壁缓缓加入精液中,然后轻轻摇动或用灭菌玻璃棒搅拌,使之混合均匀。如作高倍稀释,应分次进行,先作 3～5 倍稀释,然后再高倍。

四、实训作业

简述基础液、低温保存稀释液、冷冻保存稀释液的制作方法。

五、技能考核标准

考核内容		评分标准		考核方法
		分值	扣分依据	
稀释液配制及精液稀释	稀释液配制操作	40	每错一步扣 5 分	二人操作考核
	精液稀释的操作	40	每错一步扣 5 分	
	熟练程度	10	在教师指导下完成时扣 5 分	
	完成时间(时限 40 min)	10	每超时 1 min 扣 2 分	

任务 11-2　精液保存

精液保存的目的是为了延长精子的存活时间及维持其受精能力,便于长途运输,扩大精液的使用范围,增加受配母畜头数,提高种公畜的配种效能。

现行精液保存的方法按保存的温度分为常温保存(15～25℃)、低温保存(0～5℃)和冷冻保存(－79℃或－196℃)三种。前两者的保存温度都在 0℃以上,以液态形式作短期保存,故又称为液态保存;后者保存温度在 0℃以下,以冻结形式作长期保存,故也称为固态保存。无论哪种保存形式,都是以抑制精子代谢活动、降低能量消耗、延长精子存活时间而不丧失受精能力为目的。目前用来抑制精子代谢活动的途径有:使保存精液与空气隔绝,制造精子的缺氧环境;加入适宜成分,造成精子的弱酸环境;降低温度,造成抑制精子活动的低温环境;加入适量抗生素,造成精子的抑菌环境;加入适量营养及保护物质,补充精子能量消耗,造成适宜精子的生存环境。

一、常温保存

常温保存的温度一般是 15～25℃。由于保存温度不十分恒定,允许其有一定的变化幅度,春秋季可放置室内,夏季可置于地窖或用空调控制的房间内,故又称室温保存或变温保存。一般将稀释的精液分装后密封,用纱布或毛巾包好,置于 15～25℃环境下避光存放即可。用此方法保存不需要特殊设备,简单易行,便于普及和推广,适用于各种家畜精液的短期保存,特别适用于猪的全份精液保存。

(一)保存原理

精子的代谢活动在弱酸性环境中受到抑制,能量消耗降低,活动受到抑制,pH 一旦恢复到中性,则精子即可复苏。因此,在精液稀释液中加入弱酸性物质,调整精子的酸性环境,从而抑制精子的活动,达到保存精子的目的。不同酸类物质对精子产生的抑制区域和保护效果不同,一般认为有机酸较无机酸好。但常温保存精液也利于微生物的生长繁殖,因此必须加入抗生素。此外,加入必要的营养物质(如单糖)及隔绝空气等,均有利于精液的保存。

(二)常温保存方法

常温保存比较适合猪精液的保存。猪精液的常温保存以 13～18℃ 较为理想。为达到这一温度,可采用专用恒温保温箱,也可用旱井、水井、地窖保存,在运输时可用专用保温运输箱或广口保温瓶保存。

一般是将稀释后的精液装瓶密封,贴好标签后用纱布或毛巾包裹好,置于 15～25℃ 温度中避光存放。保存时虽然允许温度在 15～25℃之间有一定变动,但应尽量相对降低温度并维持恒定。

1. 旱井保存法　建一个室内旱井,里面不积水,应干燥。一般用空心水泥管,直径 30 cm,高 4 m 左右,底部封死。可使温度维持在 15～20℃,而且夏冬温度变化不大。

2. 水井保存法　将密封后的精液用绳子吊入水井 4～6 m 深处,温度可维持在 10～18℃,而且变化幅度不大。

3. 地窖保存法　在地势较高处,挖一个 2～3 m 深的地窖,温度可保持在 20℃左右。

4. 保温瓶保存法　将密封后的精液放入保温瓶中。

猪的精液常温保存有效时间可达 3～5 d,如用葡蔗柠液能保存 120 h,活力达 0.6(表 11-3)。

表 11-3　猪精液常温保存常用稀释液

成分	葡柠Ⅰ液	葡蔗柠液	葡柠Ⅱ液	英国变温稀释液	葡萄糖液
柠檬酸钠/g	0.5	0.7	0.6	2.0	
葡萄糖/g	5.0	2.0	3.715	0.3	6.0
EDTA/g	0.1		0.125		
蔗糖/g		2.7			
碳酸氢钠/g			0.125	0.21	
氯化钾/g			0.075	0.04	
氨苯磺胺/g				0.03	
蒸馏水/mL	100	100	100	100	100

注:各种稀释液都应加青霉素 1 000 IU/mL 和链霉素 1 000 μg/mL。

二、低温保存

低温保存的温度是 0～5℃。一般将稀释好的精液置于冰箱或广口保温瓶中,在保存期间要保持温度恒定,不可过高或过低。操作时注意严格遵守逐步降温的操作规程,原则上精液稀释后,要逐渐降温到 0～5℃,避免精子发生冷休克。所以一般要用平均每 30 min 降低 5℃的速度降温，即每分钟下降0.2℃左右的速率。但在实践中，为了提高工作效率，都采用直接降温法。即将分装有稀释精液的试管（或小瓶），包以数层纱布或棉花，再装入塑料袋内，而后直接放入冰箱（0～5℃）或装有冰块的广口保温瓶中，也可将其放入30℃温水（室温）杯中，再一起直接放入0～5℃的环境中，经1～2 h，精液温度降至0～5℃。

低温保存的精液在输精前一定要进行升温处理，一般将存放精液的试管或小瓶直接浸入30℃温水中即可。

低温保存的原理是当温度缓慢降至0～5℃时，精子呈现休眠状态，精子代谢机能和活动力减弱。因此利用低温来抑制精子活动，降低代谢和运动的能量消耗。当温度回升后，精子又逐渐恢复正常的代谢机能而不丧失其受精能力。

精液低温保存的关键是控制降温速度。当降温速度过快时，会造成精子不可逆的冷休克现象。

造成精子冷休克死亡的原因是精子细胞膜上的缩醛磷脂熔点较高，低温下容易凝结，易造成细胞膜的破坏，使细胞内的K^+和蛋白质渗出，严重地损害细胞的结构；还能使细胞内ATP迅速破坏，而且不能再使它合成，以至严重影响酵解和呼吸。为避免精子发生冷休克，可在低温保存稀释液中添加低温保护剂如卵黄、奶类等抗冷物质，并采取缓慢降温的方法，避免精子遭受冷休克。卵黄、奶类中含有亲水且在低温下不易同化的卵磷脂，能取代部分精子细胞膜上的缩醛磷脂，从而减轻降温过程中的冷休克现象。

牛、羊精液常用低温保存稀释液见表11-4。

表11-4 牛、羊精液常用低温保存稀释液

成分	牛				羊		
	葡萄糖柠檬酸钠EDTA液	葡萄糖柠檬酸钠卵黄液	葡萄糖氨基己酸卵黄液	牛奶液	葡萄糖柠檬酸钠卵黄Ⅰ液	葡萄糖柠檬酸钠卵黄Ⅱ液	葡萄糖氨基己酸液
基础液							
柠檬酸钠/g	0.3	1.4			1.4	2.8	
葡萄糖/g	5.0	3.0	5.0		3.0	0.8	2.7
EDTA/g	0.1						
氨基己酸/g			4.0				0.36
牛奶/g				100			
氨苯磺胺/g				0.3			
蒸馏水/mL	100	100	100		100	100	100
稀释液							
基础液/mL	80	80	70	80	80	80	80
卵黄/mL	20	20	30	20	20	20	20

注：各种稀释液都应加青霉素1 000 U/mL、链霉素1 000 μg/mL。

三、冷冻保存

1950年，英国科学家Polge和Smith采用卵黄和甘油作保护剂，用干冰作冷源进行精液的冷冻，解冻后授精成功，开创了世界人工授精的新时代。到20世纪90年代，发达国家的全部奶牛和绝大多数肉牛采用冻精输精。

精液冷冻保存是用液氮（－196℃）或干冰（－79℃）作冷源，将精液稀释后冷冻起来，达到长期保存的目的，是目前精液保存最有效的方法。

（一）冷冻保存的原理

1. 降温过程中物质的变化　物质的存在形式有气态、液态和固态。其中固态根据其分子排列不同，又分为结晶态（冰晶分子有规则地排列）和玻璃态（冰晶分子无规则地排列）。在不同的温度条件下，这两种形式可以相互转化。

试验证明，0～－60℃是冰晶形成的温度区域，尤其是－15～－25℃范围，在逐渐降温通过这一温区时就形成结晶态；如果溶液快速降温通过这一温区，溶液即形成玻璃态冷冻。

2. 精液冷冻过程中的变化　精液的冷冻保存就是通过添加抗冻剂，并控制降温速度，避免冷冻过程中结晶的形成。超低温保存使精子处于零代谢状态，升温后能使精子复苏并且不失去受精能力。但精子冷冻过程会由于形成冰晶使精子受到损害，这些损害包括：

(1)精子外的水分先形成冰晶，从而形成精子内外的渗透压差，导致精子水分外渗，精子内渗透压增高，电解质浓度提高，酸碱失去平衡，导致精子化学伤害。

(2)冰晶的形成产生机械压力，导致精子细胞膜的破坏；冰晶渗透入精子内部，破坏精子结构，导致精子物理伤害。

如果在精液溶液中添加抗冻剂如甘油，则抗冻剂渗入精子细胞内，可降低电解质浓度；甘油的亲水性，可阻止精子内水分外渗，避免形成精子细胞内高渗，并干扰晶格的排列形成“过冷溶液”；同时控制降温速度，达到快速降温，使水分子来不及移动和排列，就失去能量，形成更“过冷溶液”；快速降温使液体只能形成极微小的“微晶”，即玻璃化状态，则精子就不容易受到损伤，解冻后能恢复活力。这就是玻璃化冷冻学说。

3. 保存和解冻过程中的变化　精液冷冻时形成的冰晶很微小，所以表面能很高，微晶总是力图合并成大冰晶；一旦吸收一定的能量（如升温），微晶就会合并成大冰晶，从而使精子受到破坏。因此在保存过程中，即使冰晶温度只升高到－60℃，也可能使精子死亡。

冻精解冻是冷冻的逆过程，在解冻时也需要快速升温，才能保证防止微晶合并成大冰晶，使精子复苏并且不失去受精能力。

精液冷冻保护剂虽然能增强精子抗冻能力，避免冰晶形成，但浓度过高时会对精子产生危害，如伤害精子的顶体和颈部，使尾部弯曲，破坏某些酶类等，影响受胎。猪的精子对甘油尤其敏感，因此要掌握甘油用量。除甘油外，多羟基化合物如二甲基亚砜（DMSO）、三羟甲基氨基甲烷（Tris）、糖类等都具有抗冻作用。

公牛精液常用冷冻稀释液见表11-5。

（二）冷冻精液的生产过程

冷冻精液的生产过程包括采精与品质检查、精液稀释、平衡降温、分装、冷冻（滴冻）和冻精解冻等几个步骤。

1. 采精与品质检查　精液冷冻效果与精液品质密切相关，必须做采精的准备和操作，争取获得高质量的精液。一般情况下，牛、羊采用假阴道法，猪采用手握法采精，要求原精液镜检活力达0.8以上，密度“中”以上才能生产冻精。

2. 精液稀释　根据冻精种类、分装剂型及稀释倍数的不同，精液的稀释方法也不尽一致。目前生产中多采用一次或两次稀释法(表11-5)。

(1)一次稀释法　将含有甘油、卵黄的稀释液按一定比例加入精液中，适合于低倍稀释。

(2)两次稀释法　为避免甘油对精子因接触时间过长而造成的危害，可先用不含甘油的稀释液(Ⅰ液)在室温下对精液作最后稀释倍数的一半稀释，然后精液连同第Ⅱ液一起置冰箱降至0～5℃(猪精液应5～8℃，全程约1 h)，再在此温度下作第二次稀释。

表11-5　公牛精液常用冷冻稀释液

成分	乳糖卵黄甘油液	蔗糖卵黄甘油液	葡萄糖卵黄甘油液	葡萄糖柠檬酸钠卵黄甘油液		解冻液
				Ⅰ液	Ⅱ液	
基础液						
蔗糖/g	—	12	—	—	—	—
乳糖/g	11	—	—	—	—	—
葡萄糖/g	—	—	7.5	3.0	—	—
二水柠檬酸钠/g	—	—	—	1.4	—	2.9
蒸馏水/ mL	100	100	100	100	—	100
稀释液						
基础液/%	75	75	75	80	86*	—
卵黄/%	20	20	20	20	—	—
甘油/%	5	5	5	—	14	—
青霉素/(U/mL)	1 000	1 000	1 000	1 000	—	—
双氢链霉素/(μg/mL)	1 000	1 000	1 000	1 000	—	—
适用剂型	颗粒	颗粒	颗粒	细管	颗粒	

*取Ⅰ液86 mL，加入甘油14 mL，即为Ⅱ液。

3. 平衡降温　在一次稀释时，为避免降温过快产生冷休克现象，应在精液容器外包裹棉花或纱布，控制降温速度。

平衡是降温后把稀释后的精液放置在0～5℃的环境中停留2～4 h，使甘油充分渗入精子内部，起到抗冻作用。

4. 精液的剂型与分装　冷冻精液有安瓿、颗粒、袋装、细管几种剂型，现在应用最多的是颗粒和细管两种剂型。

(1)颗粒冻精　颗粒冻精的分装是在冷冻前直接按0.1 mL/颗滴在经液氮预冷的聚四氟乙烯板(简称氟板)或铜纱网上。目前主要用于马、羊及野生动物的精液冷冻。

颗粒冻精具有成本低、制作方便等优点，但不易标记、解冻麻烦、易受污染。

(2)细管冻精　细管冻精又有0.25 mL、0.5 mL两种剂型，当前多采用0.25 mL剂型。细管冻精在冷冻前要先标记细管，再在低温下进行分装、封口。由于猪输精要求较大的有效精子数，最近又在开发专门用于猪精液冷冻的5 mL剂型大管冻精。

细管冻精的优点是封闭包装，保存、输精时不与外界接触，卫生安全；便于标记；可直接用镊子夹取，直接投入温水浴中解冻，解冻后用输精枪输精，解冻、输精都方便，适于机械化生产，是理想的剂型。

5. 冷冻　精液冷冻的冷源现都采用液氮。在冷冻时，为控制降温速度应注意冷冻面离液氮面的距离，并控制平衡时间。

(1)颗粒冻精　先将氟板或铜纱网浸入液氮预冷，再悬挂于液氮面上方 1～2 cm(铜纱网)或 3～4 cm(氟板)处。将精液均匀地滴在氟板(图 11-1)或铜纱网上，平衡 3～5 min 后，待精液颗粒充分冻结、变白时，浸入液氮中，再用小铲轻轻铲下冻精，每 50～100 粒装入纱布袋中标记后保存。

(2)细管冻精　先将分装好的细管精液平铺在细管架上，不要太多，再于液氮上方 1～2 cm 处降温平衡 3～5 min，待精液充分冻结、变白时，分装后浸入液氮中保存。在大批量生产细管冷冻精液时，目前多将细管架放入特制的装有液氮的冷冻柜中，进行程序控制降温冷冻。

6. 冻精解冻　冻精解冻是检验精液冷冻效果的必要环节，也是输精前必需的准备工作。冻精解冻后必须进行活力检查，达到 0.35 以上方可进行输精。

(1)颗粒冻精解冻　颗粒冻精解冻有干解冻和湿解冻两种方法。猪的冻精因剂量较大，多采用干解冻，即先将导热性能好的铝盒水浴升温到 65℃，再倒入一个剂量的冻精解冻，待 2/3 以上冻精融化时取出，倒入适量的 38℃稀释液(图 11-2)。

图 11-1　氟板上的颗粒精液

图 11-2　颗粒冻精解冻

牛的颗粒冻精多采用湿解冻，解冻时取一小试管，加入 1 mL 解冻液，放入温水中水浴，再取一滴冻精于小试管中，轻轻摇晃，使 2/3 冻精融化时取出，再摇晃至完全融化。据试验，颗粒冻精湿解冻以 45℃或 65℃水浴解冻效果较好，但技术要求高，一般生产中以 38～40℃水浴解冻较实用、易推广和效果好。

(2)细管冻精解冻　细管冻精可直接投入 38～40℃温水中解冻，待细管由乳白色变透明时即可取出。

(3)解冻后的保存　理论上冷冻精液解冻后应在 15 min 内输精，但在农村散养条件下很难做到，也就存在解冻后保存的问题。冻精解冻后保存的效果主要决定于解冻液和保存温度。据试验，牛颗粒冻精解冻后以柠檬酸钠 0.3 g、葡萄糖 5.0 g、EDTA 0.1 g、H_2O 100 mL 为解冻液，解冻后 7～8℃或 13～15℃保存效果较好，绝对存活时间达 130 h 左右，极显著地优于传统的 2.9%柠檬酸钠解冻液。

细管冻精由于含有高浓度的抗冻剂甘油，据试验解冻后以 0～4℃保存较好，绝对存活时间达 161 h，而且解冻后 0～4℃保存 10 h 以内不影响受胎率；而解冻后室温(24～27℃)保存，仅能存活 12 h 左右。

(三)精液的贮存与运输

目前,冷冻精液普遍采用液氮作冷源,液氮罐作容器贮存和运输。

1. 液氮及其特性　液氮是空气中的氮气经分离、压缩形成的一种无色、无味、无毒的液体,比重为 0.8,沸点温度为−196℃。液氮具有很强的挥发性,当温度升至 18℃时,其体积可膨胀 680 倍。此外,液氮又是不活泼的液体,渗透性差,无杀菌能力。

基于液氮的上述特性,在使用时要注意防止冻伤、喷溅、窒息等,用氮量大时要保持空气流通。

2. 液氮罐　液氮罐(图 11-3)由罐壁、罐颈、罐塞、提筒组成,是利用绝热材料制成的高真空保温容器,真空度为 133.3×10^{-6} Pa,保温原理类似保温瓶。使用时要小心轻放,避免撞击、倾倒,特别注意保护罐颈和真空嘴,存放时不可密闭,要定期检查液氮的消耗情况,当液氮减少 1/2 时,要及时补充。

取用冻精时,冻精不可离开液氮面太长时间,避免温度回升,为此可采用不漏液氮的提筒或小塑料管。

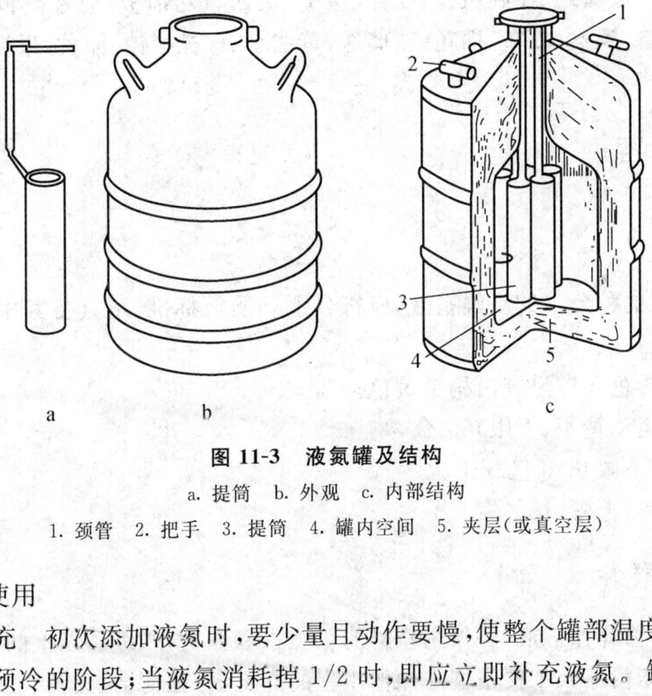

图 11-3　液氮罐及结构

a. 提筒　b. 外观　c. 内部结构

1. 颈管　2. 把手　3. 提筒　4. 罐内空间　5. 夹层(或真空层)

3. 液氮罐的使用

(1)液氮的补充　初次添加液氮时,要少量且动作要慢,使整个罐部温度均匀地下降,然后再充满,即要有个预冷的阶段;当液氮消耗掉 1/2 时,即应立即补充液氮。罐内剩余的液氮量可用称量法来估算,也可用带刻度的木尺或细木条等插至罐底,经 10 s 后取出,通过测量结霜的长度来估算。

(2)贮存及取用精液　贮存精液时必须迅速放入经预冷的提筒内,浸入罐内液氮面以下。取用冻精或将冻精向另一容器转移时,操作要敏捷迅速,提筒提至颈管基部,不得提出液氮罐口外,注意不要摩擦颈管内壁,不可过分弯曲提筒的手柄,取完后要迅速将冻精再次浸入液氮内。

(3)液氮罐的保养　液氮罐应放置在凉爽、干燥、通风良好的室内,使用和搬运过程中防止碰撞、倾倒。注意保护罐塞和罐的颈管部，此部分质地脆弱易于损坏。每年应清洗一次罐内杂物，将空罐放置 2 d 后，用 40～50℃中性洗涤剂擦洗，再用清水多遍冲洗，干燥后方可使用。使用过程中，如发现罐的外壁结霜，说明罐的真空失效，要尽快取出精液放于其他贮存罐中。

【实训操作】

实训 11-2　牛颗粒冻精的制作、保存和解冻

一、实训目的

了解家畜精液冷冻保存的基本操作和流程，初步掌握牛精液冷冻和解冻的基本方法。

二、实训器材

新鲜的牛精液、液氮罐、保温瓶、温度计、镊子、聚四氟乙烯板（简称氟板）（铜纱网、尼龙网或铝板）、滴管、细管、瓷盆、纱布、棉花、玻璃珠、蒸馏水、柠檬酸钠、卵黄、果糖、甘油、脱脂奶、青霉素、链霉素等。

三、实训内容

（一）采精

用于制作冻精的种公牛的新鲜精液，应符合下列质量标准，不具备其中任何一项的，不得用于制作冻精：

（1）新鲜精液的色泽应呈乳白稍带黄色。

（2）直线前进运动精子（下限）60％。

（3）精子密度（下限）6.0 亿/mL。

（4）精子畸形率（上限）15％。

（二）精液的稀释

配制冻精用的稀释保护剂，必须用新鲜的双蒸水和卵黄，二级品以上的化学试剂。所用器具，必须达到牛冷冻精液人工授精技术操作规程的标准，保证清洁、无菌。

1. 稀释液的配制

基础液：葡萄糖 7.5 g、蒸馏水 100 mL。

稀释液：基础液 75 mL、卵黄 20 mL、甘油 5 mL、青霉素 1 000 IU/ mL、链霉素 1 000 μg/mL。

配制方法：首先配制葡萄糖溶液，过滤后在水浴锅内消毒 10～20 min，冷却后加入卵黄、甘油和抗生素，充分混合均匀。

稀释保护剂要现配现用，亦可配后放入 4～5℃冰箱中备用，但不应超过 1 周。

2. 稀释操作　取新鲜精液，用等温的稀释液作5～6倍稀释，保证每个输精量中有效精子数不少于1 500万。

（三）降温和平衡（预冷）

把稀释后的精液放入1～5℃的冰箱或保温瓶中，停留2～4 h，使甘油充分渗入精子内部，起到抗冻作用。

（四）冷冻

1. 滴冻设备　用液氮罐或广口瓶盛上4/5左右液氮，在距液氮面1～3 cm处放置铜纱网或在液氮面上放一氟板，待降温后备用。初冻温度－80～－120℃。

2. 滴冻　用滴管将平衡后的精液滴在铜纱网或氟板上，1 mL精液均匀地滴成10粒，每个颗粒的体积为0.1 mL。

3. 冻结过渡　当颗粒冻精的颜色由黄变白时，用木铲铲下颗粒冻精，按每袋50～100粒装入纱布袋或塑料圆筒内，然后抽样解冻后进行活力检查，用白胶布做标签（标签上注明粒数、生产日期、精子的活力、公畜的品种等），并沉入液氮进行保存前过渡。

（五）保存

将过渡好的颗粒冻精快速从过渡液氮中转入提筒内，置于液氮罐中进行保存。

（六）颗粒冻精的解冻

解冻液的配制：柠檬酸钠2.9 g，蒸馏水100 mL，配制后煮沸消毒备用。

1. 湿解冻　在烧杯中盛满38～40℃的温水或将水浴锅的温度调节到38～40℃，用1 mL解冻液（2.9%柠檬酸钠）冲洗小试管后，再把1 mL解冻液放入试管内，置于烧杯中或水浴锅中，当解冻液与水温相近时，用镊子夹一粒冻精放在小试管中，轻轻摇荡，当冻精即将融化完全时取出进行检查或装枪待用。

2. 干解冻　解冻时取一小试管，用1 mL解冻液冲洗，然后放在盛有38～40℃温水的烧杯中（或水浴锅中），当与水温相同时，用镊子取一粒冻精于小试管内，当冻精即将完全融化时，加入1 mL解冻液，待冻精完全融化后，取出装枪待用或进行品质检查。

四、注意事项

1. 用于制作冻精的鲜精液，其活力应在0.8以上。
2. 如对精子密度较小的精液进行冷冻保存，制作冻精时应取其浓份。
3. 冻精解冻后其精子活力在0.3以上为合格。

五、实训作业

1. 简述冷冻精液的生产过程和注意事项。
2. 评定本次冻精制作的质量，分析存在的问题。

六、技能考核标准

<table>
<tr><th colspan="2" rowspan="2">考核内容</th><th colspan="2">评分标准</th><th rowspan="2">考核方法</th></tr>
<tr><th>分值</th><th>扣分依据</th></tr>
<tr><td rowspan="4">牛颗粒冻精的制作、保存和解冻</td><td>牛颗粒冻精的制作</td><td>40</td><td>每错一步或少一步扣 5 分</td><td rowspan="4">三人操作考核</td></tr>
<tr><td>牛精液冷冻和解冻的操作</td><td>40</td><td>每错一步或少一步扣 5 分</td></tr>
<tr><td>熟练程度</td><td>10</td><td>在教师指导下完成时扣 5 分</td></tr>
<tr><td>完成时间(时限 50 min)</td><td>10</td><td>每超时 1 min 扣 2 分直至 10 分</td></tr>
</table>

【自测训练】

一、填空题

1. 冷冻精液解冻宜采用(　　)法。
2. 公猪的精液一般稀释(　　)倍。
3. 精子冰晶化的温度区域是(　　)。
4. 用于制作冻精的精液,经稀释后精子的活力应(　　)于原精液。
5. 制作颗粒精液时,初冻温度是(　　)。
6. 精液冷冻时,平衡的温度是(　　),平衡的时间是(　　)。
7. 精液稀释前,稀释液和精液应作(　　)℃左右同温处理。
8. 目前,牛的冷冻精液多采用(　　)方法分装。
9. 精液冷冻技术最成熟的畜种是(　　)。
10. (　　　　　　　　　　)是精子抗冷冻剂。
11. 精子发生冷休克的敏感温度是(　　)℃。
12. 精子玻璃化的温度区域是(　　)℃。

二、问答题

1. 为什么要对精液进行稀释?
2. 常温保存稀释液、低温保存稀释液、冷冻保存稀释液有什么区别?
3. 配制稀释液及稀释精液时要注意哪些问题?
4. 简述精液低温保存的原理。

项目 12　发情与发情鉴定技术

【知识目标】

1. 了解雌性动物生殖器官的位置、形态特点及生理机能；
2. 掌握卵泡发育和卵子发生过程，了解排卵和黄体形成过程；
3. 掌握发情的变化和发情周期各阶段的特点；
4. 掌握诱发发情、同期发情和超数排卵的原理。

【能力目标】

1. 能根据母畜的外部表现和精神状态判断发情状况；
2. 能用阴道检查法和直肠检查法确定母畜发情；
3. 能判定母畜发情开始和结束时间；
4. 掌握诱发发情、同期发情和超数排卵的方法。

【学习任务】

任务 12-1　雌性动物性机能发育

雌性动物的性机能发育过程是一个从发生至衰老的过程，一般分为初情期、性成熟期、体成熟期及繁殖机能停止期。此外，为了指导生产实践，根据不同家畜性成熟和体成熟时期，人为地规定了适配年龄。各期的确切年龄因动物种类、品种、饲养管理及自然环境条件而有不同，即使同一品种，也因个体生长发育及健康情况不同而有差异。

一、初情期

雌性动物第一次出现发情表现并排卵的时期，称为初情期。此时的生殖器官仍在继续发育。初情期年龄愈小，表明性发育愈早。

初情期是雌性动物的第一次发情，往往呈现安静发情，即只排卵而发情征状不明显。其原因是初情期前，卵巢中没有黄体存在，因此没有孕酮分泌，只有在发情前有少量的孕酮存在，才能引起雌激素对中枢神经的刺激，促进雌性动物发情。所以初情期的雌性动物只排卵不表现发情。

二、性成熟期

初情期后，随着年龄的增长，生殖器官发育完全，发情周期和排卵已趋正常，具备了正常繁殖后代的能力，此时称之为性成熟。到达性成熟期的雌性动物，由于此时身体的生长发育尚未完成，过早怀孕，一方面会妨碍雌性动物本身的发育，另一方面也会影响胎儿的生长发育，导致后代体重减轻、体质衰弱或发育不良，故一般不宜配种。

三、体成熟期

性成熟后，雌性动物再经过一定时期发育，当机体各器官组织发育完成并具有动物固有的外貌特征时，称为体成熟。

四、适配年龄

在生产实践中，考虑家畜机体的发育成熟情况和经济价值，一般选择在性成熟之后接近体成熟之时用于繁殖，这个适于开始繁殖的年龄称为适配年龄。家畜开始配种时的体重一般应达到成年体重的70%以上。

五、繁殖机能停止期

雌性动物到达一定年龄后，卵巢生理机能逐渐停止，不再出现发情和排卵，繁殖能力自然消失的时期，称为繁殖机能停止期或繁殖终止期。该期的长短与动物的种类及其终生寿命有关。此外，同种动物的品种、饲养管理水平以及动物本身的健康状况等因素，均可影响繁殖机能停止期。雌性动物在繁殖机能停止期后，便无饲养价值，应及时淘汰。

各种动物的初情期、性成熟期、体成熟期、适配年龄和繁殖机能停止期见表12-1。

表12-1 各种雌性动物的生理成熟时期

动物种类	初情期/月龄	性成熟期/月龄	适配年龄/岁	体成熟期/岁	繁殖机能停止期/岁
黄牛	8～12	10～14	1.5～2.0	2～3	13～15
水牛	10～15	15～20	2.5～3.0	3～4	13～15
马	12	15～18	2.5～3.0	3～4	18～20
驴	8～12	18～30	24～30	3～4	
骆驼	24～36	30～40	3.5～4	5～6	20
猪	3～6	5～8	8～12	9～12	6～8
绵羊	4～5	6～10	12～18	12～15	8～11
山羊	4～6	6～10	12～18	12～15	7～8
兔	4	5～6	6～7	6～8	3～4
犬	6～8	8～14	12～18		
猫	6～8	8～10	12		8
大鼠	50～60 d	60～70 d	80 d		1～2

续表 12-1

动物种类	初情期/月龄	性成熟期/月龄	适配年龄/岁	体成熟期/岁	繁殖机能停止期/岁
小鼠	30～40 d	36～42 d	65～80 d		1～2
豚鼠		55～70 d	90 d		2
鸡		5～6			
鸭		6～7			
海狸鼠	5	10～12			

【实训操作】

实训 12-1 雌性动物生殖器官解剖构造的观察

一、实训目的

通过观察各种家畜生殖器官的标本、模型及挂图，掌握生殖器官的位置、形态、解剖结构、特点、生理功能及各组成部分之间的相互关系，为更好地掌握和应用动物繁殖技术奠定解剖学基础。

二、实训器材

1. 各种雌性生殖器官浸制或新鲜标本、模型及挂图(或投影)。
2. 大搪瓷盘、解剖刀、剪刀、镊子、卷尺、电脑和投影仪。

三、实训方法

生殖器官图片投影与标木 .模型观察相结合，比较各种家畜生殖器官的异同。

四、实训内容

(一)雌性动物生殖器官的组成及其自然位置

雌性动物生殖器官由内生殖器和外生殖器组成，内生殖器包括卵巢、输卵管、子宫和阴道；外生殖器也称外阴部，包括尿生殖前庭、阴唇和阴蒂(图 12-1)。

雌性动物的整个生殖器官均位于骨盆腔和腹腔内，上为直肠和小结肠，下为膀胱，前下方为小结肠和大结肠。牛的左前侧为瘤胃，马的右前侧为盲肠。所以，在直肠检查时，手臂伸入直肠除了可以触摸到上述器官外，还可以清楚地触摸到大部分的生殖器官。子宫颈以前的内生殖器官靠子宫阔韧带悬于腹腔背侧。子宫颈以后的各部分，靠结缔组织及脂肪固定在骨盆腔侧壁上。

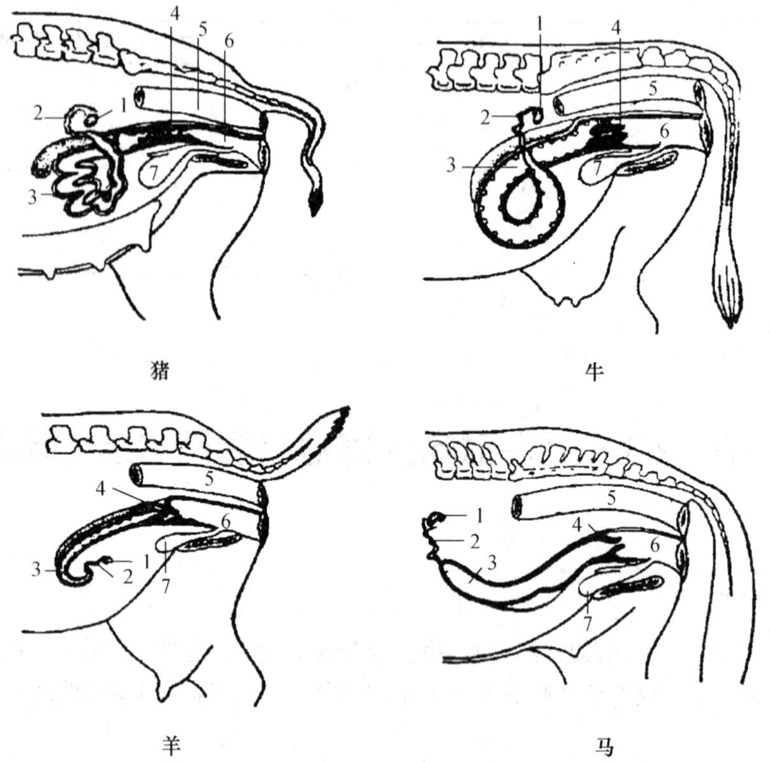

图 12-1　几种主要母畜的生殖器官

1. 卵巢　2. 输卵管　3. 子宫角　4. 子宫颈　5. 直肠　6. 阴道　7. 膀胱

(二)雌性动物生殖器官的观察

1. 卵巢　卵巢是产生卵子和分泌雌激素的实质性器官。家畜的卵巢由卵巢系膜悬吊在腹腔的腰部、肾的后方。

(1)牛　牛的卵巢为卵圆形。中等大的母牛,卵巢平均长 2～3 cm,宽 1.5～2 cm,厚 1～1.5 cm。排卵后多不形成红体,黄体往往突出于卵巢表面。卵巢位于两侧子宫角尖端的外侧下方,耻骨前缘附近。

(2)羊　羊的卵巢比牛的圆,体积也小些,其他特点同牛。

(3)猪　猪有发达的卵巢囊,卵巢和输卵管有时包在卵巢囊内。卵巢体积和形状随着母体的成熟程度而有不同。初生仔猪卵巢形似肾脏,在接近性成熟时,由于卵巢上有许多的小卵泡,体积增大,形状好似桑葚。达到性成熟时,卵巢上有许多大卵泡及黄体和红体,很像一串葡萄,在此期间卵巢体积最大。

(4)马　马的卵巢似豆形或肾形,附着缘宽大,游离缘内陷形成排卵窝。根据发情周期的不同时期,卵巢的直径大小为 3～7 cm。由于卵泡发育,卵巢的外形也随之改变,带有黄体的卵巢体积虽然增大,但外形变化不明显。卵泡排卵后,首先形成红体(血凝块),在黄体组织初形成时,呈皱襞状包着红体;在黄体的形成过程中,红体逐渐被吸收;老黄体的体积缩小,一端指向排卵窝。

卵巢的生理功能:卵泡发育和排卵、分泌雌激素和孕激素。

2. 输卵管　输卵管为成对的弯曲管道。从卵巢附近开始延伸到子宫角尖端。输卵管的前1/3段较粗，称输卵管壶腹，是精子和卵子结合受精的部位；后2/3段变细，称为输卵管峡部，两者的连接部称为壶峡连接部。输卵管的子宫端与子宫角尖端相连接，称为宫管结合部。

(1)牛、羊　牛和羊的输卵管弯曲较少，输卵管伞部发达。

(2)猪　猪的输卵管有许多小弯曲，输卵管伞比较大，其开口接近卵巢囊的底部。输卵管和子宫角之间界限明显。

(3)马　马的输卵管有许多弯曲，输卵管的壶腹部扩大呈漏斗状，其边缘不整齐，形成许多皱襞，称为输卵管伞。输卵管伞附着在卵巢的排卵窝旁边。卵巢囊比较发达，宫管结合部界限明显。

输卵管的生理功能：输送卵子和精子；精子获能、卵子受精和受精卵卵裂的场所；具有分泌功能。

3. 子宫　动物的子宫大部分位于腹腔，少部分位于骨盆腔，前接输卵管，后接阴道，借助于子宫阔韧带悬于腰下，分为子宫角、子宫体、子宫颈(图12-2)三部分。

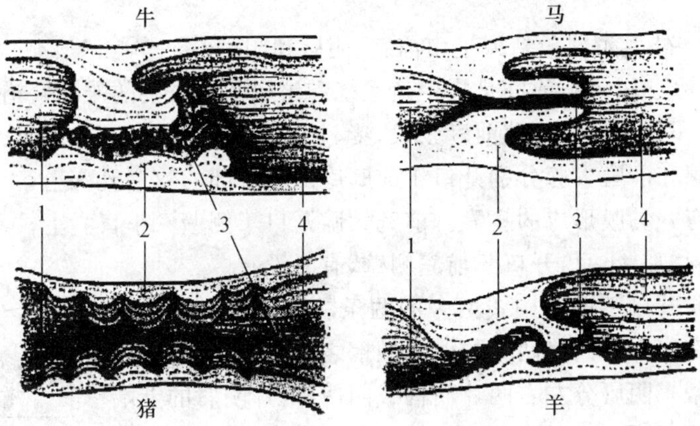

图12-2　几种主要母畜的子宫颈(正中矢状剖面)

1. 子宫体　2. 子宫颈　3. 子宫颈外口　4. 阴道

(1)牛、羊　牛和羊的子宫形状似弯曲的绵羊角。子宫角向前下方弯曲再向后上方。子宫角的大弯在上，小弯在下。两个子宫角在靠近子宫体的一段外表彼此粘连，在内部有纵隔将之分开，在粘连部分的上缘有一明显的纵沟(称为角间沟)。这类子宫为双角子宫，每个子宫角都是从基部开始向前逐渐变细。子宫黏膜上有突起的子宫阜(成为怀孕牛、羊的母体胎盘)。牛和羊子宫阜的不同点在于羊子宫阜的中央有一凹陷。牛、羊的子宫体均比较短。牛、羊的子宫颈肌肉层发达，在牛的直肠检查时很容易摸到。牛的子宫颈管内不仅有纵行皱襞，而且还有大而横行的皱襞，使子宫颈管关闭很紧。羊的这种皱襞更明显。子宫颈外口突出于阴道中，经产牛肥大，呈菜花状。

(2)猪　猪的子宫角在靠近子宫体5～10 cm的部分也是彼此相连的，分开的两个子宫角形成许多弯曲，似小肠。成熟母猪的子宫角长100～150 cm。猪的子宫体不明显。猪的子宫颈长10～18 cm，子宫颈管内黏膜有两排交错的半圆形突起，呈连续性的放射状，中间的较大，两端的较小。子宫颈的前方与子宫体、后方与阴道均没有明显的界线，而是逐渐地过渡，因此没有子宫颈阴道部，人工输精时输精管很容易插入。

(3)马　马的整个子宫呈 Y 形，为双子宫。两个子宫角不如双角子宫那样长、那样明显。子宫角为扁带状，稍弯曲呈弓形，似香蕉。子宫角小弯在上，大弯在下，小弯上的浆膜和子宫阔韧带相连接。妊娠时，胎儿占据两个子宫角。子宫黏膜上有大量纵行皱褶。马的子宫体接于两个子宫角联合处，子宫体的下部称为子宫底。马的子宫体较其他家畜的发达。马的子宫颈前接子宫体，子宫颈外口突出于阴道腔 2～4 cm，构成明显的子宫颈阴道部。子宫颈管的黏膜形成许多高低不等的纵行皱襞。子宫颈通常是自然关闭的，但在发情或分娩以及发生某些疾病时松弛而张开。

子宫的生理功能：筛选、贮存和运送精子，有助于精子获能；有利于孕体的附植、胚胎发育，促进分娩；调节卵巢黄体功能，导致发情。

4. 阴道　阴道呈管状，壁薄，具有弹性，为母畜的交配器官，位于骨盆腔内，上为直肠，下为膀胱和尿道，前接子宫，后接尿生殖前庭。马、牛的阴道长 25～30 cm，猪、羊的阴道长 10～15 cm。黏膜层为复层扁平上皮细胞，发情时发生角质化，无腺体。子宫颈阴道部周围的腔称为阴道穹隆，猪无阴道穹隆。牛、羊交配时，精液射到阴道穹隆附近，马、猪精液则射到子宫颈或子宫内。

5. 外生殖器　外生殖器包括尿生殖前庭、阴唇和阴蒂。

(1)尿生殖前庭　尿生殖前庭是指生殖系统和泌尿系统公共的雌性管道部分，即尿道外口至阴门裂的部分。马、牛的尿生殖前庭较长，猪、羊的较短。

马的前庭小腺和前庭大腺分别开口于前庭底部和顶部的数个乳头上。

牛尿道腔侧有一黏膜形成的盲囊。前庭大腺开口于侧壁一小盲囊上。

羊的前庭大腺似一小豆，开口于前庭侧壁，有时没有。

猪的前庭大腺开口于前庭中线两旁的两条黏膜皱褶之间。前庭小腺开口于前庭底中部凹陷两旁的一对皱褶之间。

(2)阴唇、阴蒂　阴唇分左右两片而构成阴门，两片阴唇的上端及下端联合起来形成阴门上角和下角。牛、羊及猪的阴门下角较尖，呈锐角，且垂至坐骨弓的下面；马的阴门上角较尖，阴门下角较圆。

在阴门下角内包含的球形凸起物即阴蒂，由勃起组织(海绵体)构成，有丰富的感觉神经分布。阴蒂与雄性龟头同源。

(三)母禽生殖器官观察

母禽的生殖器官由卵巢和输卵管构成。母禽只有左侧生殖器官发育完全，右侧生殖器官在孵化的 7～9 d 就停止发育并逐渐退化，到孵出时仅留残迹(图 12-3)。

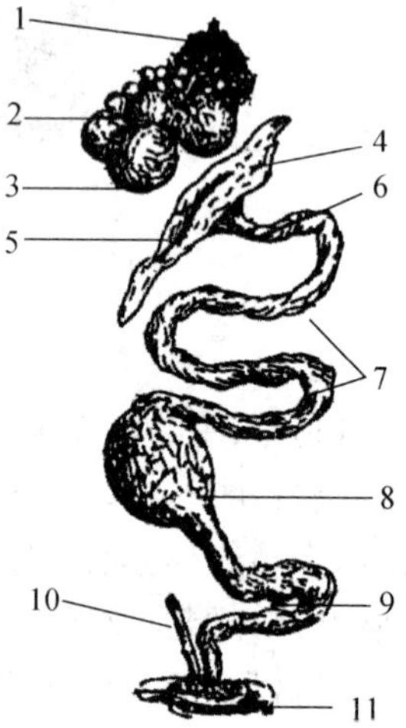

图 12-3　母鸡的生殖器官

1. 卵巢基　2. 发育中的卵泡　3. 成熟的卵泡　4. 喇叭部　5. 喇叭部入口　6. 喇叭部的颈部　7. 蛋白分泌部　8. 峡部　9. 子宫部　10. 退化的右侧输卵管　11. 泄殖腔

1. 卵巢

(1)卵巢的形态、位置　卵巢位于左肾的前下方，以短的系膜悬挂在左肾前叶的腹侧。卵巢的体积和外形随年龄的增长和机能状态而有较大变化。幼禽的较小，呈扁平的椭圆形，灰白色或白色，表面略呈颗粒状。随着雌禽年龄的增长和性活动期的出现，卵泡逐渐成熟，并贮积大量卵黄，突出卵巢表面。母禽临近性成熟时，卵巢活动剧烈，卵细胞由于营养物质积累的增加，形成大小不同的卵泡，排卵前 7～9 d，仅以细的卵泡柄与卵巢相连，状似一串葡萄。产蛋期卵巢有肉眼可见的卵泡 1 000～2 500 个，用显微镜观察，大约有 12 000 个卵泡，其中仅有少数达到成熟排卵。每一个卵泡含有一个卵子或生殖细胞，最初生殖细胞在中央，随着卵黄的累积，生殖细胞渐渐升到卵黄的表面，恰好在卵黄膜的下面。

未受精的蛋，生殖细胞在蛋形成过程中一般不再分裂，剖视蛋黄表面有一点，称为胚珠。受精后的蛋，生殖细胞在输卵管内形成蛋的过程中，经过分裂形成中央透明、周围暗的盘状原肠胚，称为胚盘。卵泡与卵巢相连处称卵泡柄，卵泡上有许多血管，自卵巢上通过柄运来营养物质供卵子生长发育。

禽的卵泡没有卵泡腔和卵泡液，排出后不形成黄体，卵泡膜在 2 周内退化消失。成熟母鸡产蛋时的卵巢重 40～69 g，休产期卵巢回缩，重 4～6 g，到下一个产蛋期又开始生长。在非繁殖季节、孵化季节及换羽期，卵泡停止排卵和成熟，卵巢萎缩。卵巢、卵泡生长发育受脑垂体前叶分泌的促卵泡素的影响。

(2)卵巢的生理机能　卵巢是形成卵子的器官，能分泌雌激素，促进输卵管的生长、耻骨及肛门开张，以利于产蛋；能够累积卵黄等营养物质，以供给胚胎体外发育时的营养需要。因此，禽类的卵细胞要比其他家畜的卵细胞大得多。

2. 输卵管　输卵管为一条弯曲的富有弹性的长管，管壁有许多血管。前端开口于卵巢，后端开口于泄殖腔。家禽左侧输卵管发达，是一条长而弯曲的管道，以输卵管背侧韧带悬挂在腹腔背侧偏左。幼禽时期输卵管是一条细而直的小管，到产蛋期管壁增厚、长而弯曲，输卵管长达 60～70 cm，为躯体长的 1 倍。在孵卵期缩至 30 cm，在换羽期只有 18 cm。根据构造和机能的不同，可将输卵管分为漏斗部、膨大部、峡部、子宫部和阴道部五部分。

(1)漏斗部　也称喇叭部，呈漏斗状，是输卵管的起始部，位于卵巢的后方，由输卵管的前端扩展而成，周围薄而不整齐，边缘有游离的黏膜褶，称输卵管伞，产蛋期间长 3～9 cm，中央有输卵管的腹腔口。漏斗部有摄取卵子的作用，是受精的场所。如母禽经过交配，精子即在此部与卵子结合而受精。

(2)膨大部　也称蛋白分泌部，是输卵管最长的部分，长 30～50 cm。弯曲，管腔大，管壁厚，黏膜形成螺旋形的纵褶，前端接漏斗部，界限明显，后端以明显的窄环与峡部区分。膨大部密生管状腺和单细胞腺，在繁殖期呈乳白色，有分泌蛋白的作用。管状腺分泌稀蛋白，单细胞腺分泌浓蛋白，并形成卵黄系带。

(3)峡部　位于膨大部与子宫部之间，为输卵管较短和较窄段，长约 10 cm。管壁薄，内部纵褶不明显。黏膜内有腺体，能分泌角质蛋白，形成内外壳膜。

(4)子宫部　也称壳腺部，是输卵管峡部后的膨大部分，长 10～12 cm，灰色或灰红色，呈袋状。管壁较厚，肌层发达，分布有螺旋状的平滑肌纤维。黏膜形成纵横的深褶，黏膜内有壳腺，能分泌钙质、角质和色素，形成蛋壳和壳上膜(也称胶护膜)。

(5)阴道部　是输卵管的末端，呈 S 形，长 10～12 cm，开口于泄殖道的左侧，是雌禽的交配器官。鸡的精子在母鸡生殖道内可存活很长时间，7 d 后精子的受精率可保持在 90%，生产中通常 5 d 左右输精一次，仍能保持较高的受精率。蛋产出时，阴道自泄殖腔翻出，因此蛋不经过泄殖腔。交配时，阴道也同样翻出接受公禽射出的精液。

五、实训作业

1. 简述牛、羊、猪子宫的结构特点。
2. 简述牛卵巢的形态特点。

六、技能考核标准

考核内容		评分标准		考核方法
		分值	扣分依据	
雌性动物生殖器官解剖构造的观察	识别母牛、母羊生殖器官的形态、结构与位置	50	每错一项或少一项扣5分	操作考核
	识别母猪生殖器官的形态、结构与位置	30	每错一项或少一项扣5分	
	熟练程度	10	在教师指导下完成时扣5分	
	完成时间(时限30 min)	10	每超时1 min扣2分直至10分	

任务12-2　卵子发生与卵泡发育

一、卵泡发育

卵泡是位于卵巢上皮、包裹卵母细胞或卵子的特殊结构。动物在出生前，卵巢上存在大量原始卵泡，出生后随着年龄的增长而数量不断减少，多数卵泡中途闭锁而退化、死亡，只有少数卵泡发育成熟而破裂排卵。卵泡发育是指卵泡由原始卵泡发育成为成熟卵泡的生理过程。

(一)卵泡发育过程及形态特点

卵泡发育从形态上可分为几个阶段，依次为原始卵泡、初级卵泡、次级卵泡、三级卵泡和成熟卵泡。有时将初级卵泡、次级卵泡和三级卵泡统称为生长卵泡。根据卵泡出现卵泡腔与否，分为无腔卵泡或腔前卵泡和有腔卵泡或囊状卵泡。三级卵泡以前的卵泡尚未出现卵泡腔，统称为无腔卵泡。三级卵泡和成熟卵泡因为存在卵泡腔，所以又称为有腔卵泡。

1. 原始卵泡　排列在卵巢皮质外周，其核心为一卵原细胞，周围为一层扁平状卵泡上皮细胞，没有卵泡膜，也没有卵泡腔。原始卵泡除少数发育成熟外，其他均在储备或发育过程中退化。

2. 初级卵泡　排列在卵巢皮质外围，由卵母细胞和周围的一层立方形卵泡细胞组成，卵泡膜尚未形成，也无卵泡腔。有不少初级卵泡在发育过程中退化消失。

3. 次级卵泡　位于卵巢皮质较深层，这时卵泡上皮细胞增殖，形成多层圆柱状细胞，细胞体积变小，称颗粒细胞。开始时这些卵泡细胞与卵母细胞的卵泡膜紧紧相连，随着卵泡的生长，卵泡细胞分泌的液体积聚在卵黄膜与卵泡细胞(或放射冠细胞)之间形成透明带。放射冠细胞的突起可以保持它与卵黄膜之间的接触，同时，卵黄膜的微绒毛部分伸延到透明带，这些细胞的伸延可供给卵黄营养。但此时尚未形成卵泡腔。

4. 三级卵泡　随着卵泡的发育，颗粒细胞层进一步增加，并出现分离，形成许多不规则的腔隙，充满由卵泡细胞分泌的卵泡液，各小腔隙逐渐合并形成新月形的卵泡腔。由于卵泡液的增多，卵泡腔也逐渐扩大，卵母细胞被挤向一边，并被包裹在一团颗粒细胞中，形成半岛突出在卵泡腔中，称为卵丘。其余的颗粒细胞紧贴于卵泡腔的周围，形成颗粒层。在颗粒层外周形成卵泡膜，卵泡膜有两层，其中内膜为上皮细胞，并分布有许多血管，内膜细胞具有分泌类固醇激素的能力；外膜由纤维细胞构成。

5. 成熟卵泡　又称葛拉夫氏卵泡。三级卵泡继续生长，卵泡液增多，卵泡腔增大，卵泡扩展到整个卵巢的皮质部而突出于卵巢的表面。

发育成熟的卵泡结构，由外向内分别是卵泡外膜、卵泡内膜、颗粒细胞层、卵丘、透明带、卵细胞。

从初级卵泡开始，经各阶段发育至排卵，这一时期大鼠为 21 d，绵羊为 6 个月。绵羊从初级卵泡至出现卵泡腔，需要 130 d，出现卵泡腔至排卵需 45 d。

各种动物在发情时，能够发育成熟的卵泡数，牛和马一般只有 1 个，猪 10～25 个，绵羊 1～3个，兔 5～13 个，大鼠 10 个，小鼠 8 个，仓鼠 6 个。

牛、羊、猪的卵泡排卵前（马在排卵后）初级卵母细胞完成第一次减数分裂，形成大小不等的 2 个细胞，大的称为次级卵母细胞，小的称第一极体。透明带变厚。极体呈卵圆形，位于卵周隙内，主要由核质构成，以后逐渐退化。所形成的次级卵母细胞随即开始第二次成熟分裂，但至中期时休止，其成熟分裂的恢复并完成是在受精过程中，产生合子（受精卵）和第二极体。

（二）卵泡的闭锁和退化

动物出生时，卵巢上就有很多原始卵泡，但只有少数卵泡能够发育成熟和排卵，绝大多数卵泡发生闭锁和退化。退化的卵泡数出生前较出生后多，出生后又是初情期前较初情期后多，因此卵泡的绝对数随着年龄的增长而减少。

卵泡的闭锁和退化包括颗粒细胞和卵母细胞的一系列形态学的变化，其主要特征是染色体浓缩，核膜起皱，颗粒细胞发生固缩，颗粒细胞离开颗粒层悬浮于卵泡液中，卵丘细胞发生分解，卵母细胞发生异常分裂或碎裂，透明带玻璃化并增厚，细胞质碎裂等。闭锁的卵泡被卵巢中纤维细胞所包围，通过吞噬作用最后消失而变成瘢痕。

卵泡之所以发生闭锁，可能是由于垂体分泌促卵泡素数量不够，或者是卵泡细胞对于 FSH 的反应性差所致。促卵泡素浓度不够，颗粒细胞通过芳香化酶的活性将雄激素转化为雌激素的作用就减弱，因而雌激素浓度低，加之雄激素对雌激素的拮抗作用，所以卵泡对促性腺激素的反应性差，卵泡就不能充分发育，而在发育到一定阶段时便发生闭锁。由此可见，发动卵泡产生雌二醇以及增强颗粒细胞对雌二醇的反应性，是防止卵泡闭锁的关键。

二、卵子的发生和形态结构

（一）卵子的发生

雌性生殖细胞分化和成熟的过程称为卵子发生。卵子的发生过程包括卵原细胞的增殖、卵母细胞的生长和卵母细胞的成熟三个阶段(图 12-4)。

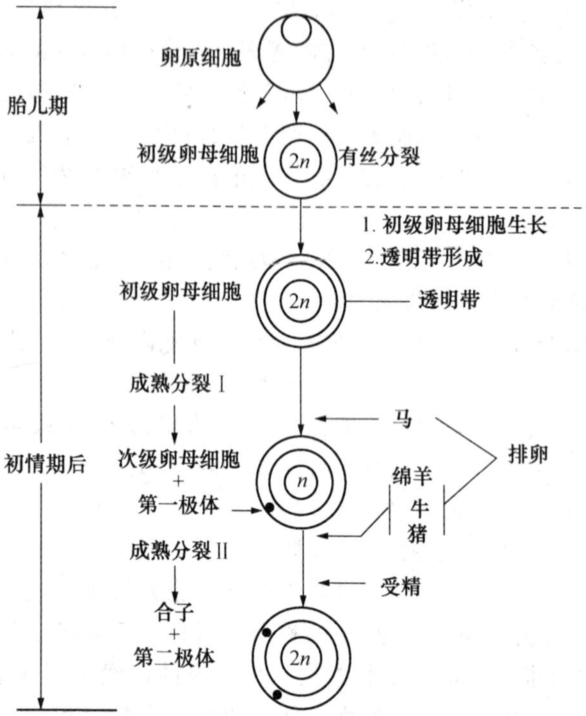

图 12-4　卵子发生的主要阶段

1. 卵原细胞的增殖　动物在胚胎期性别分化后,雌性胎儿的原始生殖细胞便分化为卵原细胞。卵原细胞通过有丝分裂,一分为二,二分为四,形成许多卵原细胞,这个时期称为增殖期,或称有丝分裂期。

2. 卵母细胞的生长　卵原细胞经最后一次分裂而发育成为初级卵母细胞并形成卵泡。这个时期的主要特点是卵黄颗粒增多,使卵母细胞的体积增大,透明带出现,卵泡细胞通过有丝分裂而增殖,由单层变为多层。卵泡细胞作为营养细胞为卵母细胞提供营养物质,为以后的发育提供能量来源。

3. 卵母细胞的成熟　卵母细胞的成熟需经过两次成熟分裂。卵泡中的卵母细胞是初级卵母细胞,在排卵前不久完成第一次成熟分裂称为次级卵母细胞。受精时才完成第二次成熟分裂。

(二)卵子的形态结构

哺乳类家畜的卵子为圆球形,凡是椭圆、扁圆、有大型极体或卵黄内有大空泡的,特别是特大或特小的卵子都属于畸形卵子。卵子的主要结构包括放射冠、卵黄膜、透明带及卵黄等部分(图 12-5)。

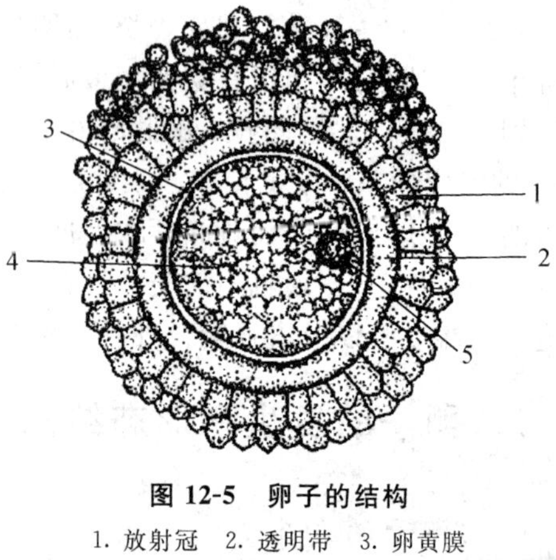

图 12-5　卵子的结构

1. 放射冠　2. 透明带　3. 卵黄膜　4. 卵黄　5. 胞核

1. 放射冠　紧贴卵母细胞透明带的一层卵

丘细胞呈放射状排列，称为放射冠。

2. 卵黄膜 卵黄膜是卵母细胞的皮质分化物，它与体细胞的原生质膜具有基本相同的结构和性质。卵黄膜上有微绒毛，在排卵后减少或消失。

3. 透明带 是一均质而明显的半透膜，一般认为它是由卵泡细胞和卵母细胞形成的细胞间质。透明带和卵黄膜保护卵子完成正常的受精过程，使卵子有选择性地吸收无机离子和代谢产物，对精子具有选择作用。

4. 卵黄 卵黄占据透明带内大部分容积，内含有核，是重要的遗传物质。

三、排卵和黄体形成

成熟的卵泡突出于卵巢表面，突出的部分卵泡破裂，卵母细胞和卵泡液及部分卵丘细胞排出，称为排卵。

(一)排卵类型

大多数哺乳动物排卵都是周期性的，根据卵巢排卵特点和黄体的功能，哺乳动物的排卵可分为自发性排卵和诱发性排卵两种类型。

1. 自发性排卵 卵泡发育成熟后自行破裂排卵并自动形成黄体。这种排卵类型所形成的黄体尚有功能性及无功能性之分。一是在发情周期中黄体的功能可以维持一定时间，如家畜；二是除非交配(交配刺激)，否则所形成的黄体是没有功能的，即不具有分泌孕酮的功能，如鼠类，未交配时发情周期很短，约 5 d，若交配未孕发情周期可维持 12～14 d。

2. 诱发性排卵 又称为刺激性排卵，通过交配或人为刺激子宫颈，或注射排卵诱导激素(LH、HCG)后才能引起排卵，并形成功能性黄体。骆驼、兔、猫等属于诱发性排卵动物。

(二)排卵的过程

随着卵泡发育和成熟，卵泡液不断增加，卵泡容积增大并突出于卵巢表面，但卵泡内压并没有提高。突出的卵泡壁扩张，细胞质分解，卵泡膜血管分布增加、充血，毛细血管通透性增强，血液成分向卵泡腔渗出。随着卵泡液的增加，卵泡外膜的胶原纤维分解，卵泡壁变柔软，富有弹性。突出于卵巢表面的卵泡壁中心呈透明的无血管区，排卵前卵泡外膜分离，内膜通过裂口而突出，形成一个乳头状的小突起，称为排卵点。排卵点膨胀并破裂，卵泡把卵母细胞及其周围的放射冠细胞随卵泡液一同排出，卵子被输卵管伞接纳。由于输卵管纤毛上皮的摆动，将卵母细胞送入输卵管壶腹部。

(三)排卵时间和排卵数

排卵是成熟卵泡在促黄体素排卵峰作用下产生的，从促黄体素排卵峰至排卵的时间和每次发情的排卵数，因家畜种类不同而有差异，但在同种家畜几乎是一定的(表 12-2)。

(四)排卵部位

一般家畜除卵巢门外，在卵巢表面的任何部位都可发生排卵(图 12-6)，唯马属家畜的排卵仅限于卵巢中央排卵窝处。

表 12-2 各种家畜的排卵时间和排卵数

畜别	从促黄体素排卵峰至排卵的时间/h	排卵数/个
牛	28～32	1
猪	40～42	10～25
羊	24～26	1～3
兔	9～11	5～13

（五）黄体形成与退化

成熟卵泡排卵后形成黄体，黄体分泌孕酮作用于生殖道，使之向妊娠的方向变化，如未受精，一段时间后黄体退化，开始下一次的卵泡发育与排卵。

1．黄体的形成　成熟卵泡破裂排卵后，由于卵泡液排出，卵泡壁塌陷皱缩，从破裂的卵泡壁流出血液和淋巴液，并累积于卵泡腔内形成血凝块，称为红体。此后颗粒细胞在促黄体素作用下增生肥大，并吸收类脂质——黄素而变成黄体细胞，构成黄体主体部分。同时卵泡内膜分生出血管，布满于发育中的黄体，随着这些血管的分布，卵泡内膜细胞也移入黄体细胞之间，参与黄体的形成，此为卵泡内膜细胞来源的黄体细胞。

图 12-6 从柱头排出成熟的卵母细胞复合体的显微照片

2．黄体类型　在发情周期中，雌性动物如果没有妊娠，所形成的黄体在黄体期末退化，这种黄体称为周期性黄体。周期性黄体通常在排卵后维持一定时间才退化，退化时间牛为第 14～15 天，羊为第 12～14 天，猪为第 13 天，马为第 17 天。如果雌性动物妊娠，则转化为妊娠黄体，此时黄体的体积稍大，妊娠黄体一直维持到妊娠结束才退化。

3．黄体的退化　如果雌性动物未妊娠，所形成的黄体会退化，表现为细胞质空泡化及核萎缩，随着微血管退化，供血减少，黄体体积逐渐变小，黄体细胞的数量也显著减少，颗粒层细胞逐渐被纤维细胞所代替，黄体细胞间结缔组织侵入、增殖，最后整个黄体被结缔组织所代替，形成一个斑痂，颜色变白，称为白体，残留在卵巢上。

【实训操作】

实训 12-2　卵巢、输卵管与子宫组织学切片观察

一、实训目的

通过对雌性动物卵巢、输卵管、子宫组织切片的观察，了解卵巢、输卵管、子宫的组织结构

及其形态，了解卵子发生和卵泡发育的过程及其形态。

二、实训器材

动物卵巢、输卵管、子宫的组织切片、图片(幻灯片)，显微镜、幻灯机或投影仪。

三、实训内容

(一)卵巢组织学观察

1. 低倍镜观察

(1)生殖上皮　位于卵巢皮质的最外层，由单层立方上皮细胞组成。马卵巢表面上皮仅分布于排卵窝，其余部分被浆膜覆盖(图 12-7)。

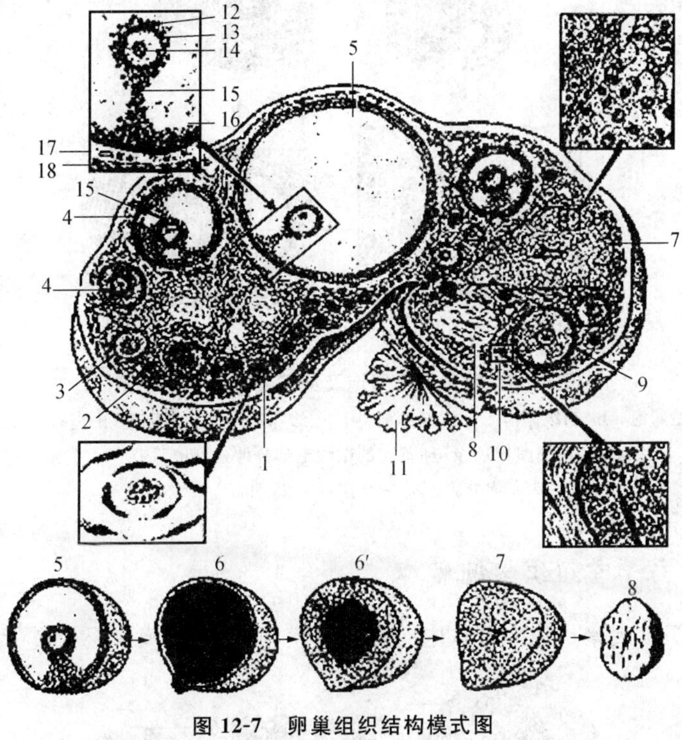

图 12-7　卵巢组织结构模式图

1. 原始卵泡　2. 初级卵泡　3. 次级卵泡　4. 三级卵泡　5. 成熟卵泡　6. 红体　6′. 黄体正在形成　7. 黄体　8. 白体　9. 闭锁卵泡　10. 间质细胞　11. 输卵管伞　12. 放射冠细胞　13. 卵子　14. 细胞核　15. 卵丘　16. 颗粒细胞　17. 内鞘膜　18. 外鞘膜

(2)白膜　位于生殖上皮下面的一薄层致密结缔组织。

(3)皮质部　位于白膜下面，是卵巢的外周部分(马的皮质部位于卵巢中央靠近排卵窝处)。皮质部由许多大小不等的发育卵泡、闭锁卵泡、少量黄体以及致密结缔组织所构成，占卵巢的大部分，与髓质无明显界限。由于皮质部含有卵泡和产生卵巢激素的细胞，故称“功能层”。

(4)髓质部　位于卵巢中央(马的髓质部在卵巢周围)，内含许多细小的血管、神经和富有弹性纤维的疏松结缔组织。

在低倍镜下找出卵巢表面上皮和白膜，区分卵巢的皮质部和髓质部，挑选较清楚的各种卵泡部位，移至高倍镜下观察。

2. 高倍镜观察　主要观察卵巢皮质部不同发育阶段的卵泡。卵泡由位于中央的卵母细胞和围绕在卵母细胞周围的卵泡细胞所组成。有的卵泡在发育过程中可能退化而形成闭锁卵泡。根据发育程度不同，卵泡可分成以下几种类型：原始卵泡、初级卵泡、次级卵泡、三级卵泡、成熟卵泡和闭锁卵泡(图 12-8)。

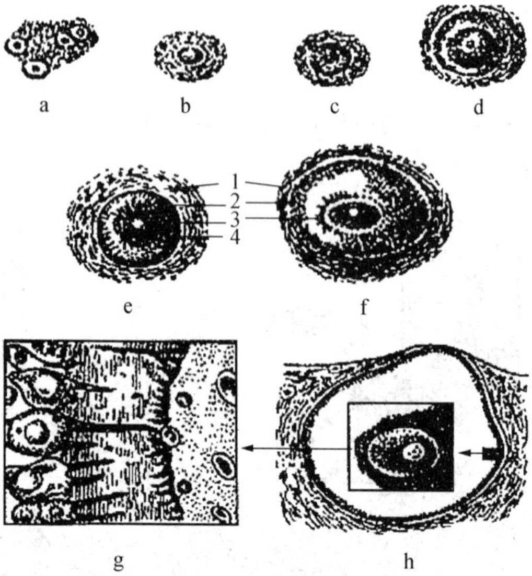

图 12-8　哺乳动物卵泡及卵子发育过程示意图

a. 原始卵泡　b. 初级卵泡　c. 次级卵泡　d. 三级卵泡　e. 三级卵泡(出现新月形腔隙)　f. 三级卵泡(出现卵丘)　g. 卵黄膜的微绒毛部分伸延到透明带　h. 成熟卵泡

1. 卵泡外膜　2. 颗粒层　3. 透明带　4. 卵丘

(二)输卵管与子宫组织学观察

1. 输卵管组织学观察　输卵管从内向外由黏膜、肌层和浆膜三层构成(图 12-9)。

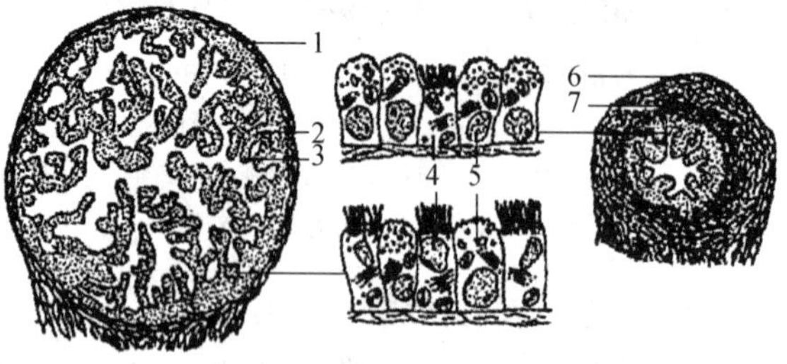

图 12-9　输卵管横切面示意图

1. 浆膜　2. 初级纵襞　3. 次级纵襞　4. 纤毛细胞　5. 分泌细胞　6. 纵行肌层　7. 环行肌层

(1)黏膜　由上皮和固有膜构成。黏膜形成若干初级纵襞，在壶腹部又分出许多次级纵襞。

(2)肌层 肌层可分为内层环状或螺旋状肌束和外层纵行肌束,其中混有斜行纤维,使整个管壁能协调性地收缩。靠近子宫端的肌层较厚,伞部的外纵肌消失,仅含有分散的肌细胞。

(3)浆膜 为输卵管壁最外层,主要由结缔组织构成。在肌层和浆膜之间有很宽的一层疏松结缔组织,叫浆膜下层,其中含有卵巢和子宫血管的分支、淋巴管、神经和纵行平滑肌。

2. 子宫组织学观察 子宫壁的组织构造从外向内为外膜、肌层和黏膜。

(1)黏膜 由上皮和固有膜构成。

(2)肌层 外层薄,为纵行的肌纤维;内层厚,为螺旋形的环状肌纤维。子宫颈肌可看作子宫肌的附着点,同时也是子宫的括约肌,其内层特别厚,且有致密的胶原纤维和弹性纤维,是子宫颈皱襞的主要构成部分,内外两层交界处有交错的肌束和血管网。

(3)外膜 为浆膜,由疏松结缔组织和间皮组成。

四、技能考核标准

考核内容		评分标准		考核方法
		分值	扣分依据	
卵巢、输卵管与子宫组织学切片观察	观察卵巢的组织结构、形态以及卵子发生和卵泡发育的过程及形态	50	每错一项或少一项扣5分	二人操作考核
	观察子宫、输卵管的组织结构及形态	30	每错一项或少一项扣5分	
	熟练程度	10	在教师指导下完成时扣5分	
	完成时间(时限30 min)	10	每超时1 min扣2分直至10分	

任务12-3 发情与发情周期

一、发情

母畜生长发育到一定年龄后,在垂体促性腺激素的作用下,卵巢上的卵泡发育并分泌雌激素,引起生殖器官和性行为的一系列变化,并产生性欲,母畜所表现出的这种生理状态称为发情。正常的发情主要有三方面的征象,即卵巢、生殖道和行为发生变化。

(一)卵巢变化

雌性动物一般在发情开始前3~4 d,卵巢上的卵泡开始生长,至发情前2~3 d卵泡迅速发育,卵泡内膜增生,卵泡液分泌增多,卵泡体积增大,卵泡壁变薄而突出于卵巢表面。至发情征象消失时卵泡已发育成熟,卵泡体积达到最大。在激素的作用下,卵泡壁破裂,卵子从卵泡内排出,即排卵。

(二)生殖道变化

发情时随着卵泡的发育、成熟,雌激素分泌增加,孕激素分泌减少。排卵后开始形成黄体,孕激素分泌增加。由于雌激素和孕激素的交替作用,引起生殖道的显著变化。这些变化主要表现在血管系统、黏膜、肌肉以及黏液性状等方面。

(三)行为变化

发情时由于发育的卵泡分泌雌激素,并在少量孕激素作用下,刺激神经中枢,引起性兴奋,使雌性动物表现兴奋不安,对外界的变化刺激十分敏感,常鸣叫,举尾拱背,频频排尿,食欲减退,泌乳量减少,放牧时常离群独自行走。

二、发情周期

雌性动物自第一次发情后,如果没有配种或配种后没有受胎,则每间隔一定时期均会出现一次发情,如此周而复始地进行,直到性机能停止活动年龄为止。这种周期性的活动,称为发情周期性。从发情开始至再次发情的间隔时期,称为发情周期。计算发情周期的另一种方法,是这次发情结束至下次发情结束所间隔的时间。发情周期长短因动物种类不同而异,牛、水牛、猪、山羊、马、驴平均为 21 d,绵羊 16～17 d,豚鼠 16～19 d,兔 8～15 d,鹿 6～20 d,海狸鼠 5～27 d,虎 20 d,大鼠、小鼠和仓鼠未交配时发情周期约为 5 d,若交配未孕发情周期可维持 12～14 d。

(一)发情周期类型

雌性动物发情周期主要受神经内分泌所控制,但也受外界环境条件的影响。由于各种动物所受的影响程度不同,表现也各异。但各种动物的发情周期基本上可以分为两种类型。

1. 季节性发情周期　某些动物如骆驼、马、驴、绵羊(湖羊例外)、犬、猫以及所有野生动物的发情发生在某一特定季节,称为季节性发情,这一类型的动物,只有在发情季节才能发情排卵。在非发情季节,卵巢机能处于静止状态,不会发情排卵,称为乏情。在发情季节,有些动物有多个发情周期,称为季节性多次发情,如马、驴和绵羊等;有些动物在发情季节只有一个发情周期,称为季节性单次发情,如犬,其发情季节有两个,即春、秋两季,每季只有一个发情周期。特种动物如水貂每年 2—3 月份发情配种,貉每年立春至春分期间发情配种。

2. 无季节性发情周期　猪、牛、湖羊、山羊以及地中海品种的绵羊等动物在全年均可发情,称为无季节性发情。这一类型的动物,无发情季节之分,全年均可发情、配种并受胎。

(二)发情周期划分方法

在动物发情周期中,根据机体所发生的一系列生理变化,可分为几个阶段,一般多采用四期分法和二期分法来划分发情周期的阶段。四期分法根据动物的性欲表现及生殖器官变化,将发情周期分为发情前期、发情期、发情后期和间情期四个阶段,比较适合于发情周期较短的动物,如小鼠和大鼠;二期分法根据卵巢组织学变化以及有无卵泡发育和黄体存在为依据,将发情周期分为卵泡期和黄体期,比较适合于家畜,如马、牛、羊、猪等。

1. 四期分法　主要根据发情征象将发情周期分为如下四个时期:

(1)发情前期　卵泡发育的准备时期,特征是:上一个发情周期所形成的黄体进一步退化萎缩，卵巢上开始有新的卵泡生长发育；雌激素也开始分泌，使整个生殖道血液供应量开始增加，引起毛细血管扩张伸展，渗透性逐渐增强，阴道和阴门黏膜轻度充血、肿胀；子宫颈略为松弛；子宫腺体略有生长，腺体分泌活动逐渐增加，分泌少量稀薄黏液；阴道黏膜上皮细胞增生，但尚无性欲表现。

(2)发情期　性欲达到高潮的时期，特征是：愿意接受雄性动物交配，卵巢上的卵泡迅速发育，雌激素分泌增多，强烈刺激生殖道，使阴道及阴门黏膜充血肿胀明显，子宫黏膜显著增生，子宫颈充血，子宫颈口开张，子宫肌层蠕动加强，腺体分泌增多，有大量透明稀薄黏液排出。多数动物是在发情期的末期排卵。

(3)发情后期　又称后情期，是排卵后黄体开始形成的时期。该期的特征是：动物由性欲兴奋逐渐转入安静状态，卵泡破裂排卵后雌激素分泌显著减少，黄体开始形成并分泌孕酮作用于生殖道，使充血肿胀逐渐消退；子宫肌层蠕动逐渐减弱，腺体活动减少，黏液量少而稠；子宫颈口逐渐封闭，子宫内膜逐渐增厚；阴道黏膜增生的上皮细胞脱落。

(4)间情期　又称休情期或发情间期，是黄体活动时期。该期的特征是：性欲已完全停止，精神状态恢复正常。间情期的前期，黄体继续发育增大，分泌大量孕酮作用于子宫，使黏膜增厚，表层上皮增高呈柱状，腺体高度发育增生，呈大而弯曲的分支，分泌作用增强，产生子宫乳，维持胚胎发育需要。如果卵子受精，这一阶段将延续下去，动物不再发情。如未孕，增厚的子宫内膜回缩，呈矮柱状，腺体缩小，分泌活动停止，周期黄体开始退化萎缩，卵巢有新的卵泡开始发育，又进入到下一次发情周期的前期。

2. 二期分法　主要根据卵泡发育和黄体形成情况将发情周期分为如下两期：

(1)卵泡期　是指黄体进一步退化，卵泡开始发育直到排卵为止的时期，相当于四期分法中的发情前期和发情期两个阶段。

(2)黄体期　是指从卵泡破裂排卵后形成黄体，直到黄体萎缩退化为止的时期，相当于四期分法中的发情后期和间情期两个阶段。

三、异常发情

雌性动物异常发情多见于发情初期后、性成熟前性机能尚未发育完全的一段时间内；性成熟以后由于环境、生理等异常也会导致异常发情，如劳役过重、营养不良、内分泌失调、泌乳过多、饲养管理不当、温度等气候条件的突变以及繁殖季节的开始阶段。常见的异常发情主要有以下几种。

1. 断续发情　雌性动物发情表现时断时续，整个过程延续很长，多见于早春或营养不良的母马。其原因是卵泡交替发育，先发育的卵泡中途发生退化，新的卵泡又开始发育，因此产生断续发情的现象，当其转入正常发情时，就有可能发生排卵，配种也可能受胎。

2. 短促发情　短促发情指雌性动物发情持续时间短，如不注意观察，往往错过配种时机。短促发情多发生于青年家畜，家畜中乳牛发生率较高。其原因可能是神经-内分泌系统的功能失调，发育的卵泡很快成熟破裂排卵，缩短了发情期，也可能是卵泡突然停止发育或发育受阻而引起。

3. 安静发情　安静发情也称安静排卵，即母畜无发情征象，但卵泡能发育成熟而排卵，不包括初情期的安静发情。安静发情常见于带仔母牛或母马产后第一次发情，每天挤奶次数过多或体质衰弱的母牛，青年家畜或营养不良的家畜。引起安静发情的原因是内分泌失调，如雌激素分泌不足,发情外部表现就不明显;促乳素分泌不足或缺乏,促使黄体早期萎缩退化,于是孕酮分泌不足,降低了下丘脑中枢对雌激素的敏感性,使母畜缺少发情的外部表现和交配欲。

4. 持续发情　慕雄狂的症状之一,常见于牛和马。持续强烈的发情行为,发情周期不正常,发情期长短不一,经常从阴户流出透明黏液,阴户浮肿,荐坐韧带松弛,同时尾根举起,配种不受胎。

慕雄狂主要发生在奶牛、马,猪也偶有发生。

马慕雄狂:表现高度兴奋,性烈难以驾驭,不让其他马接近,发情可持续 10～14 d 而不排卵。

牛慕雄狂:表现持续而强烈的发情行为,爬跨其他母牛,发情期长短不规则,发情周期不正常,常从阴门流出透明黏液,阴门浮肿,尾根举起,高度兴奋,鸣叫,配种不能受胎。

慕雄狂的原因:下丘脑-垂体轴的机能失调,导致促黄体素释放过早或不足等原因所致;与卵泡囊肿有关,但卵泡囊肿不一定发生慕雄狂,卵泡囊肿造成卵泡内没有颗粒细胞或被膜细胞,也就不产生促卵泡素和促黄体素受体,所以不排卵;囊肿的卵泡液中雌激素的含量较正常少;肾上腺皮质的机能亢进。

5. 孕后发情　孕后发情是指家畜在妊娠期仍有发情表现。马在妊娠早期血液中含有大量的孕马血清促性腺激素,同时也具有一些类似促黄体素作用的物质,可促进卵泡成熟,导致发情、排卵,形成副黄体;母牛在妊娠最初 3 个月内,常有 10% 的母牛发情;绵羊孕后发情可达 30%,发情时间不固定,一般即使表现发情也不排卵。孕后发情发生的主要原因是由于激素分泌失调,即妊娠黄体分泌孕酮不足,而胎盘分泌雌激素过多所致。母牛有时也因在怀孕初期,卵巢上仍有卵泡发育,致使雌激素含量过高而引起发情,并常造成怀孕早期流产,有人称之为"激素性流产"。

四、产后发情

产后发情是指雌性家畜分娩后的第一次发情。各种母畜产后发情的时间很不一致。母猪一般在分娩后 3～6 d 之内出现发情,但不排卵。一般在仔猪断乳后 1 周之内出现第一次正常发情。如因仔猪死亡致使母猪提前结束哺乳期,则也在断奶后数天发情。哺乳期也有发情的,但为数甚少。母马往往在产驹后 6～12 d 便发情,一般发情表现不太明显,甚至无发情表现,但和母猪不同的是母马产后第一次发情有卵泡发育且可排卵,因此可配种,俗称"配血驹"。母牛一般可在产后 40～50 d 发情,但本地耕牛特别是水牛一般产后发情比较晚,往往经数月甚至 1 年以上,主要是饲养管理不善或使役过度引起的。母羊大多在产后 2～3 个月发情,不哺乳的可在产后 20 d 左右发情。母兔在产后 1～2 d 就有发情,卵巢上有卵泡发育成熟并排卵。

任务 12-4　发情鉴定技术

一、发情鉴定的目的

发情鉴定是动物繁殖工作的重要环节。通过发情鉴定,可以判断动物的发情阶段,预测排卵时间，以确定适宜配种期，及时进行配种或人工授精，从而达到提高受胎率的目的。还可以发现动物发情是否正常，以便发现问题，予以及时解决。

二、发情鉴定的常用方法

发情鉴定的方法有多种，在实际应用时，要根据各种动物的特点，采用重点与一般相结合的原则。但无论采用何种方法，在发情鉴定前，均应了解动物繁殖历史和发情过程。

（一）外部观察法

此法是各种动物发情鉴定最常用的方法，主要观察动物的外部表现和精神状态，从而判断其是否发情或发情进程。发情动物常表现为精神不安，鸣叫，食欲减退，泌乳量下降，外阴部充血肿胀、湿润，有黏液流出，对周围环境和雄性动物的反应敏感。不同的动物往往还有特殊的表现，如母牛爬跨，母猪闹圈，母马扬头嘶叫、阴唇不断外翻露阴蒂，母驴“叭叭嘴”等。上述特征表现随发情进程由弱到强，再由强到弱，发情结束后消失。

（二）试情法

此法是根据雌性动物在性欲及性行为上对雄性动物的反应判断其是否发情或处在哪个发情阶段。发情时，通常表现为愿意接近雄性，弓腰举尾，后肢开张，频频排尿，有求配种动作等。而不发情或发情结束后则表现为远离雄性，当强行牵引接近时，往往会出现躲避甚至踢、咬等抗拒行为。对母猪常用压背法，视其“静立反射”程度来判断发情程度。应用公畜对母畜试情，为防止误配，可将公畜输精管结扎或做阴茎转向术，公羊还可以带布兜。

（三）阴道检查法

将阴道开张器或阴道扩张筒插入并扩张阴道，借助光源观察阴道黏膜颜色、充血程度，子宫颈松弛状态、外口颜色、充血肿胀程度及开口大小，分泌液的颜色、黏稠度及量的多少，有无黏液流出等来判断发情的方法。检查时，阴道开张器或扩张筒要洗净消毒，以防感染；插入时要小心谨慎，以免损伤阴道黏膜。本法适用于大动物，如牛、马、驴等。此法由于不能准确判断动物的排卵时间，因此，目前只作为一种辅助性检查手段。

（四）直肠检查法

主要应用于牛、马等大家畜，因直接可靠，在生产上应用广泛。方法是将手臂伸进母畜直肠内，隔着直肠壁用手指触摸卵巢及卵泡发育情况，如卵巢的大小、形状、质地，卵泡发育的部位、大小、弹性、卵泡壁厚薄以及卵泡是否破裂，有无黄体等。通过直肠检查并结合发情外部征象，可以准确判断卵泡发育程度及排卵时间，以便准确地判定适宜配种期。此法的不足之处是判断结果取决于术者的经验。

（五）生殖激素检测法

应用酶联免疫（EIA）或放射免疫（RIA）测定技术，通过测定体液（血浆、血清、乳汁、尿液等）中生殖激素（雌激素、孕酮等）水平，依据发情周期中生殖激素的变化规律（雌性动物发情时孕酮水平降低，雌激素水平升高）来判断发情的方法。目前，国外有多种激素 ELISA 检测试剂盒用于发情鉴定。

(六)仿生学法

通过模拟公畜的声音(放录音磁带)和气味(天然或人工合成的气雾制剂)刺激母畜的听觉和嗅觉器官,观察其受到刺激后的反应情况,判断母畜是否发情的方法。在生产实践中采用该法对猪的发情鉴定试验较多,结果表明,只用压背试验时,发情母猪中仅有48%呈现静立反射;若同时公猪在场,则100%出现静立反射;当公猪不在场、但能听到公猪叫声和嗅到公猪气味时,发情母猪中有90%呈现静立反射。用天然的或人工合成的公猪性外激素,在母猪群内喷雾,可刺激发情母猪出现静立反射。

(七)电测法

应用电阻表测定雌性动物阴道黏液的电阻值以确定适宜配种时间的方法。该法对于确定适配时间有一定的参考价值。该法的原理是,雌性动物发情时由于黏液分泌增多,生殖道内的离子浓度升高,使电阻值降低,当电阻值降至最低时,输精最适宜。

(八)生殖道黏液 pH 测定法

生殖道黏液 pH 一般在发情盛期为中性或偏碱性,黄体期偏酸性。母牛子宫颈液 pH 在6.0～7.8之间,经产母牛在 pH 6.7～6.8 时输精受胎率最高,处女牛在 pH 6.7 时输精受胎率最高。长白、大白和汉普夏三个品种猪在发情开始的当天,阴道黏液的 pH 大于 7.3,发情盛期为7.2,妊娠期小于7.2,在 pH 为 7.2～7.3 时输精,三个品种猪情期受胎率分别为93.8%、96.7%和92.3%,在 pH 为 7.2～7.3 时输精,情期受胎率最低。

(九)超声波鉴定法

利用配有一定功率探头的超声波仪,将探头通过阴道壁接触卵巢上的黄体或卵泡时,由于探头接受不同的反射波,在显示屏上显示出黄体或卵泡的结构图像。根据卵泡直径的大小确定发情阶段。用同样的原理,使用腹腔内窥镜,可在显示屏上直接观察到卵泡和黄体发育程度。此法使用仪器鉴定,准确、可靠,但操作复杂、成本高。

三、常见动物的发情鉴定

(一)牛的发情鉴定

母牛发情期较短,但发情时外部表现比较明显,因此母牛的发情鉴定主要依靠外部观察,并结合试情和阴道检查。操作熟练的技术人员,可利用直肠检查来触摸卵巢变化及卵泡发育程度,以判断发情阶段和确定适宜配种期。

1. 外部观察　根据母牛爬跨行为或接受爬跨反应来发现母牛发情是一种常用的方法。一般早晚观察,母牛发情时常有公牛或其他母牛爬跨,并且爬跨其他母牛。发情初期的母牛并不接受爬跨,后来才愿意接受爬跨,此时表现静立不动,两后肢叉开举尾。另外,发情母牛精神不安,食欲减退,鸣叫,反刍减少,产乳量下降,常弓腰举尾,频频排尿。发情盛期阴户肿胀、充血,皱襞展开、潮红、湿润,阴道、子宫黏膜充血,子宫颈口开张,从阴门流出大量透明黏液,牵缕性强。发情后期黏液量少，黏性差，呈乳白色而浓稠，流出的黏液常粘在阴唇下部或臀部周围。发情母牛从阴户流出的黏液混有少量血液，因此呈淡红色。

2. 直肠检查　在进行母牛直肠检查时，寻找卵巢卵泡的方法是：将手掌伸进直肠狭窄部之后，手指并拢，手心向下，轻轻下压并左右抚摸，在骨盆底上方摸到子宫颈，然后沿子宫颈向前移动，便可摸到子宫体、角间沟和子宫角，再向前伸至角间沟分叉处，将手移到一侧子宫角上，手指向前并向下，在子宫角弯曲处即可摸到卵巢，此时可用手指仔细触诊感觉卵巢的大小、形状、质地和卵泡的发育情况。触摸完一侧后，按同样的顺序触摸另一侧子宫角及卵巢（图 12-10）。

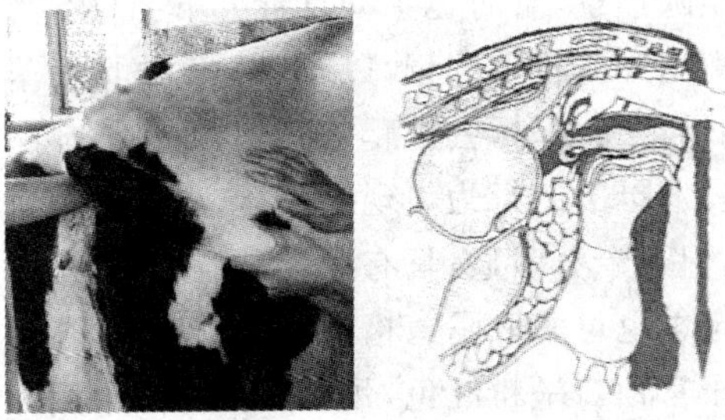

图 12-10　牛直肠检查

母牛在间情期，多数情况是一侧卵巢大些，卵巢上有大小不等的黄体突出于表面；而在发情期，卵巢上则有发育的卵泡（图 12-11），卵泡由小变大，由硬变软，由无弹性到有弹性。母牛卵泡发育过程可分为四期。

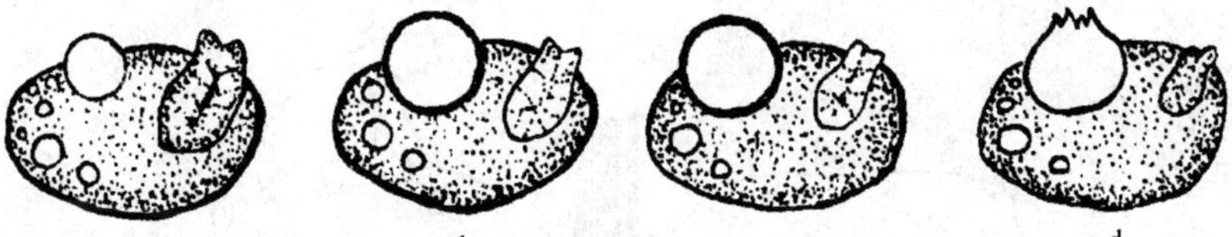

图 12-11　牛卵泡发育模式图

a. 卵泡出现期　b. 卵泡发育期　c. 卵泡成熟期　d. 排卵期

第一期（卵泡出现期）：卵巢稍增大，卵泡直径 0.50～0.75 cm，触诊时为一软化点，波动不明显，母牛一般已开始有发情表现。从发情开始算起，此期约持续 10 h。

第二期（卵泡发育期）：卵泡直径达 1.0～1.5 cm，呈小球状，波动明显。这一期持续 10～12 h。在此期后半期，发情表现已减弱，甚至消失。

第三期（卵泡成熟期）：卵泡不再增大，但卵泡壁变薄，紧张性增强，触诊时有一触即破之感。这一期持续 6～8 h。

第四期（排卵期）：卵泡破裂排卵，由于卵泡液流失，卵泡壁变为松软，成为一个小凹陷。排卵后 6～8 h 开始变为黄体，原来的卵泡开始被填平，可触摸到质地柔软的新黄体。

利用直肠检查鉴定卵泡形态时，应注意卵泡与黄体的区别：①绝大多数卵泡呈圆形，少数为扁圆形，而黄体几乎都是扁圆形或不规则的三角形；②卵泡有弹性和液体波动感，接近成熟的卵泡与卵巢实质连接处四周界限不明显，而黄体有肉团感，与卵巢实质界限明显；③卵泡表面光滑，而黄体表面粗糙；④卵泡从发育成熟至排卵有越变越软的趋势，而黄体在形成过程中越变越硬。

（二）羊的发情鉴定

母羊的发情期短，外部表现不太明显，特别是绵羊，又无法进行直肠检查，因此母羊的发情鉴定以试情为主，结合外部观察。

试情法多数是采用带试情布或结扎输精管的公羊进行群体试情。一般将试情公羊按一定比例(1∶40),每日1次或早晚各1次定时放入母羊群中进行试情。母羊发情时,往往被试情公羊尾随追逐,有时也主动靠近公羊。只有当接受爬跨时不动的母羊,才视为发情母羊,可将其隔离出来并打上标记,以备配种。试情公羊的腹部也可以采用标记装备或胸部涂上颜料,这样,如母羊发情时,公羊爬跨其上,便将颜料印在母羊臀部上,以便识别。

发情母羊的行为表现不明显,很少有爬跨其他母羊的行为。母羊发情时,其外阴部也发生肿胀,但不十分明显,只有少量黏液分泌,有的甚至见不到黏液而稍有湿润。此外,在母羊的发情鉴定中也可采取阴道检查,用开膣器打开阴道,可见少量黏液,子宫颈潮红、湿润但不开口,后期子宫颈口呈粉红色,颈口开张。如果用开膣器扩张阴道有干涩感觉,说明不宜配种。

(三)猪的发情鉴定

母猪发情时,外阴部变化和行为变化表现明显,因此母猪的发情鉴定主要采用外部观察法,同时结合试情法进行。

(1)可用公猪试情,根据接受爬跨安立程度判断其发情期的早晚。

(2)用手压其背部,若静立不动,即所谓"静立反射",表示母猪发情至高潮(图12-12)。

图12-12 猪的隔栏试情

(3)由于母猪对公猪气味异常敏感,故亦可用公猪尿液或其包皮囊冲洗液(内含外激素)进行喷雾。或用墩布蘸公猪的尿液或包皮囊液或精清,放入母猪圈内,观察母猪反应。

(4)发情母猪对叫声异常敏感,可利用公猪求偶叫声的录音来鉴定母猪的发情与否。

【实训操作】

实训12-3 牛的直肠检查

一、实训目的

通过实训,掌握牛的直肠检查要点,能通过直肠检查,找到卵巢,了解卵巢的位置、形态及大小,并了解卵巢上卵泡的发育状况。

二、实训器材

水盆、毛巾、保定架、保定绳、指甲剪、75%酒精棉球、1%～2%的来苏儿液、高锰酸钾、液体石蜡油、肥皂等。

三、实训内容

(一)检查前的准备

1. 检查人员的准备　指甲剪短、磨光,对手进行消毒,检查前涂上少量液体石蜡油。

2. 被检母畜的准备　清洗、消毒阴门、肛门及周围部位,清洗及消毒时,从阴门、肛门向四周清洗消毒;保定,排出宿便。

(二)检查方法

手伸入直肠后,手掌平伸,手心向下,在骨盆底部下压可摸到一个管状结构即为牛的子宫颈,沿子宫颈向前触摸,可摸到角间沟、子宫角大弯,沿大弯稍向下或两侧,可摸到杏核大小的结构,即为卵巢。牛的正常子宫角呈圆柱状弯曲,用手触压时蜷曲明显,角间沟清晰。牛的卵巢较小,如杏核样大小,触摸时弹性较好,呈半游离状态,发情时卵巢上有卵泡发育。找到卵巢后,仔细体会卵泡的发育情况。

四、注意事项

1. 家畜努责时,术者应停止动作,动作应轻。

2. 直肠检查时,要保定好母畜,注意人畜安全。检查者应以"丁字步"方式站在其后,防止被踢伤。检查时要注意观察母畜的反应,以便随时进行调整。

五、技能考核标准

考核内容		评分标准		考核方法
		分值	扣分依据	
牛的直肠检查	检查人员的准备、被检母畜的准备	20	每错一项或少一项扣5分	小组操作考核
	牛直肠检查操作和检查结果	50	每错一项或少一项扣5分	
	熟练程度	20	在教师指导下完成时扣5分	
	完成时间(时限40 min)	10	每超时1 min扣2分直至10分	

任务12-5　发情控制技术

认识雌性动物发情表现、鉴定发情状态、掌握发情规律是进行繁殖工作的基本要求。为提高雌性动物繁殖效能,使动物在非配种季节或哺乳乏情期发情,或使产单胎动物(如牛、绵羊)

产双胎，或让一群雌性动物在特定时间内同时发情等，为此需进行发情控制。

应用某些激素或药物以及畜牧管理措施，人工控制雌性动物个体或群体发情并排卵的技术，称为发情控制技术。诱导单个乏情动物发情并排卵的技术，称为诱发发情；使一群动物在同一时期内发情并排卵的技术，称为同期发情；使单个或多个动物发情并排出超过正常数量卵子的技术，称为超数排卵。

一、诱发发情

（一）诱发发情的概念

诱发发情是对于乏情状态（生理性或病理性乏情）的雌性动物，利用某些外源性生殖激素或其他手段，人工诱导雌性动物正常发情、排卵的技术。采用诱发发情技术可以使乏情状态的雌性动物发情、配种，缩短雌性动物的乏情期，使之比自然状态下提前配种，缩短雌性动物的繁殖周期（产仔间隔），增加胎次，提高雌性动物的繁殖率和利用率。

（二）诱发发情的原理

乏情的母畜主要有两种：一种是处于生理性乏情（季节性乏情、哺乳期乏情）的母畜，主要原因是垂体前叶 FSH 和 LH 的分泌量少，生物学活性低，不足以引起卵泡的发育和排卵，在此期间内，卵巢上既无卵泡发育，也无黄体存在；另一种是处于病理性乏情的母畜，有的是卵巢上有持久黄体，从而抑制卵泡的发育，造成母畜长期不发情，而有的是因卵巢萎缩、硬化和静止等造成卵巢功能下降而使母畜长期不发情。

母畜的繁殖活动始终是在内分泌和神经系统的共同调控下进行的，母畜发情周期受到下丘脑-垂体-性腺轴的调控及环境因素的影响，下丘脑分泌的 GnRH 作用于脑垂体，促进脑垂体分泌 FSH 和 LH，FSH 和 LH 作用于卵巢，促使卵泡发育、成熟和排卵。因此，对季节性乏情、哺乳期乏情的母畜利用外源性促性腺激素或者环境条件刺激（如光照时间的改变、异性刺激、断奶等）进行诱发发情；对于持久黄体性乏情，可用溶黄体激素（$PGF_{2\alpha}$）进行诱发发情；对于卵巢萎缩、硬化和静止等卵巢功能减退的病理性乏情，可通过改善环境条件，并配合促性腺激素进行辅助性治疗的方法，诱发其发情。

（三）诱发发情的方法

诱发发情中最直接最快引起效应的方法是激素处理；在神经刺激中，异性刺激所产生的效应最明显，在生产中采用的公畜效应表明了该方法的特殊作用。

1. 牛的诱发发情

（1）对产后泌乳的奶牛，在产后 14 d，采用 GnRH 类似物 $LRH\text{-}A_2$ 或 $LRH\text{-}A_3$ 肌内注射，每次 200～400 μg，连续 2～3 d 即可引起发情和排卵。

（2）对持久黄体或黄体囊肿性乏情的母牛，每头肌内注射 $PGF_{2\alpha}$ 或氯前列烯醇 0.2～0.4 μg，使黄体溶解消退，即可引起发情。如采用子宫内灌注前列腺素的方法，其剂量是肌内注射的 1/2。

（3）对产后长时间不发情或者是产后提前配种的奶牛及一般的乏情母牛，用 18-甲基炔诺酮，每头 15～25 mg 皮下埋植 12 d，在结束处理的当天注射 PMSG 800～1 000 IU，即可引起发情。对于哺乳期乏情的母牛，还要结合减少哺乳次数和断奶等措施。

(4)从母牛产后 2 周起，采用孕激素作预处理 10 d，在结束处理的当天再注射 PMSG 1 000 IU，即可诱发其发情。

2. 羊的诱发发情

(1)为达到 2 年 3 产，在母羊的乏情季节内，可连续 12～26 d 使用孕激素处理(阴道栓、皮下埋植)，在停药当天一次肌内注射 PMSG 750～1 000 IU，2～4 d 即可引起发情。

(2)在发情季节到来之前的数周，在母羊群中放入公羊，通过"公羊效应"能促使母羊提前发情，提早进入母羊的发情季节。另外，可以采用"补饲催情"的方法进行诱发发情，即在发情季节临近时，通过补饲精料、提高营养水平、加强管理来促进母羊发情。

3. 猪的诱发发情

(1)断奶后长期不发情的母猪，每头注射 PMSG 750～1 000 IU 或 HCG 500 IU，10 d 内将有 80%的母猪发情，其中有 90%可以受胎。

(2)现代化养猪生产中提高母猪繁殖力的重要方法之一是提早断奶，这种方法可以有效地诱发母猪提前发情配种。在中国一般采用哺乳期 1 个月左右(21～35 d)断奶，断奶后 3～7 d 即可发情，如果在断奶时注射 PMSG，可达到更好的发情效果。

(3)断奶后乏情的母猪，用公猪进行异性刺激或用公猪尿液及人工合成的外激素喷洒于乏情母猪的鼻端，均可诱导多数母猪出现发情。

二、同期发情

(一)同期发情的概念

利用某些激素制剂人为地控制并调整一群雌性动物个体发情周期的过程，使之在预定的时间内集中发情的方法叫同期发情。

(二)同期发情的意义

1. 有利于推广人工授精技术　采用同期发情技术，可以更广泛地应用冷冻精液，可以有计划地合理组织母畜的发情鉴定、配种，有利于人工授精技术的推广和应用。

2. 便于集约化、科学化地管理家畜的生产　对母畜进行同期发情处理，可使母畜群体在配种、妊娠、分娩、仔畜培育和断奶等生产环节达到同期化，便于组织集约化、科学化的家畜生产，又可合理调配人力、物力资源，节省劳动力和费用。

3. 同期发情是鲜胚移植技术的关键环节之一　在鲜胚移植时，供体和受体必须发情同期化，才能使移植后的胚胎正常发育。

(三)同期发情的原理

在母畜发情周期中，卵巢上的变化可分为卵泡期和黄体期。在卵泡期，卵巢上有卵泡的生长发育和成熟过程；而在黄体期，则有黄体的形成和退化。卵泡期结束即进入黄体期，黄体期结束即进入卵泡期。在母畜的一个发情周期中，黄体期约占整个发情周期时间的 70%，如牛的黄体期时间约为 15 d。黄体分泌的孕酮对卵泡发育成熟有很强的抑制作用，只有黄体消退后，孕酮的水平降至最低，卵泡才能发育至成熟阶段，母畜才能表现发情。因此控制母畜黄体的寿命，是控制母畜发情的关键。同期发情技术就是以体内分泌的激素在母畜发情周期中的作用为理论依据，应用外源性激素或其类似物直接或间接作用于卵巢，使卵巢的生殖功能处于相同的阶段，控制卵泡的发生和黄体的形成，使动物达到同期发情并排卵。

母畜同期发情的方法有两种：一种是延长黄体期法，对母畜使用孕激素，经过 12 d 后，同时停药，孕激素对卵泡生长发育成熟的抑制作用解除，即可引起母畜的同期发情；另一种是缩短黄体期法，利用 $PGF_{2\alpha}$ 及其类似物溶解黄体，使黄体消退，人为地中断黄体期，使孕酮停止分泌，从而促使垂体促性腺激素的释放，引起卵泡的发育成熟，达到母畜发情同期化的目的（图 12-13）。

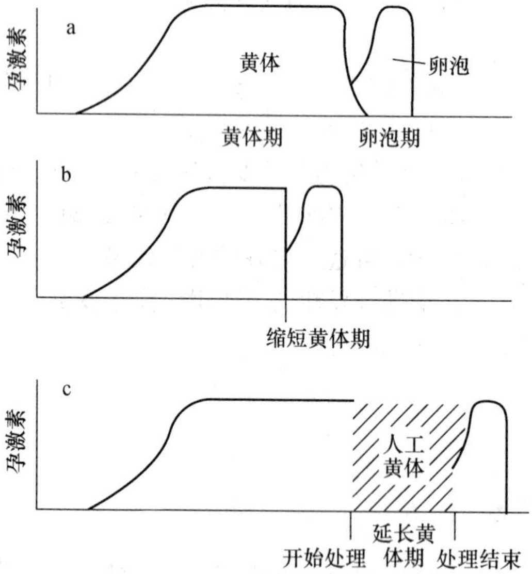

图 12-13　同期发情的两种方法比较

a. 自然发情　b. 缩短黄体期（前列腺素处理）　c. 延长黄体期（孕激素处理）

（四）同期发情的药物及使用方法

1. 抑制卵泡发育的激素制剂　延长黄体期法最常用的是孕激素。孕激素的种类很多，常用的有孕酮、甲孕酮、甲地孕酮、炔诺酮、氯地孕酮、18-甲基炔诺酮、16-次甲基甲地孕酮等，这些孕激素制剂能抑制垂体 FSH 的分泌，从而间接地抑制卵泡的发育和成熟，使母畜不能发情排卵而延长黄体期（图 12-14）。

抑制卵泡发育的孕激素制剂，其用药期通常相当于一个自然黄体期的持续时间，可分 9～12 d 的短期处理和 16～18 d 的长期处理两种方法。短期处理法的同期率较低，但受胎率接近或相当于正常水平。如在短期处理开始时，肌内注射 3～5 mg 的雌二醇（可促使黄体提前消退和抑制新黄体的形成）和 50～250 mg 的孕酮（可阻止即将发生的排卵），可提高同期发情率；长期处理的同期发情率较高，但受胎率较低，其原因是由于外源孕激素的作用时间较长，改变了母畜生殖道的环境，对受精和妊娠产生不利影响。

孕激素制剂的用药方式有如下几种：

（1）阴道栓塞法　将泡沫海绵栓或脱脂棉团经灭菌后，浸吸一定量和植物油混合的孕激素制剂，置于子宫颈外口（为防止海绵栓刺激阴道黏膜产生轻度炎症，可在海绵栓中添加适宜的

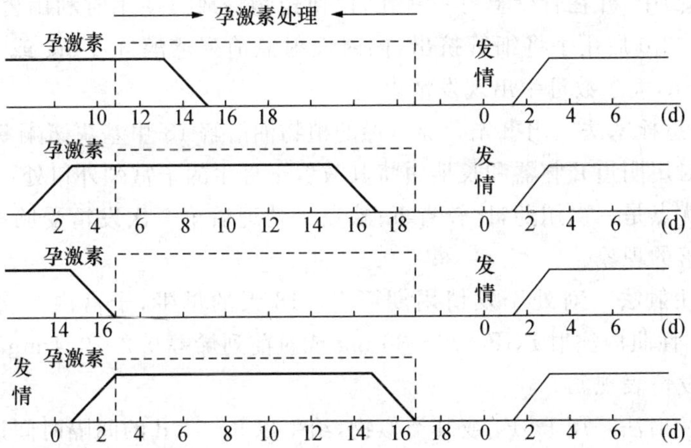

图 12-14 孕激素诱发母牛同期发情

杀菌、消炎药物)，使孕激素持续不断地被子宫黏膜吸收，用药结束后取出海绵栓，此方法适合于牛、羊。此法的优点是一次用药少，省事，缺点是第一情期受胎率较低，且容易发生海绵栓脱落的现象。目前，国外生产有两种商品化的孕激素阴道栓剂，即 PRID(硅胶环螺旋栓剂)和CIDR(T 形硅胶栓剂)。

(2)皮下埋植法 此法多用于牛，将 18-甲基炔诺酮及少量消炎粉装入带孔的塑料细管中，利用兽用套管针埋入耳背皮下，埋植期间药物缓慢释放、吸收，经 9～12 d 取出，取管后 2～5 d 多数动物即出现发情。此法用药量小，且不易丢失。

(3)注射法 每天将一定量的孕激素进行皮下、静脉或肌内注射，连续若干天后停药。此法孕激素剂量准确，但操作麻烦，适合易被消化道分解的孕激素制剂。

(4)口服法 每天将一定量的孕激素制剂均匀混合于饲料中，以个体的形式单独饲喂，经一定时间后同时停药。此法多用于舍饲母畜，但较费工时，用药剂量大，且个体吸收剂量不够准确。

2. 溶解黄体的制剂 在同期发情处理中，$PGF_{2\alpha}$具有明显溶解黄体的作用。此外，还有 15-甲基 $PGF_{2\alpha}$、$PGF_{1\alpha}$、13-去氢 $PGF_{2\alpha}$。和氯前列烯醇等。但新生黄体对前列腺素不敏感，所以只限于正处于黄体期的母畜。猪在发情周期的第 10～16 天，牛、山羊和马在发情周期的第 7～16 天，黄体对前列腺素敏感。经前列腺素处理的牛、山羊和马一般在注射后 2～4 d 有 75%左右的母畜集中出现发情(在群体中总有 25%左右的母畜正处于非黄体期和新生黄体期)。如果要提高全群同期发情效果，可在第一次使用 $PGF_{2\alpha}$注射后的 10～12 d，再用 $PGF_{2\alpha}$第二次注射，可获得较高的同期发情率和受胎率。

3. 促进卵泡发育、排卵的制剂 在使用孕激素和前列腺素进行同期发情的同时，如果配合使用促性腺激素，可以提高同期发情效果和发情率，并可促使卵泡更好地成熟和排卵。常用的促进卵泡发育、排卵的激素有 PMSG、HCG、FSH、LH、GnRH 等，可采用肌内注射法给药。

(五)各种动物的同期发情方法

1. 牛的同期发情方法

(1)孕激素埋植法 将 18-甲基炔诺酮 15～25 mg 及少量的消炎粉装入塑料细管(可用装

精液或胚胎的细管)中,并在管壁上打一些孔,以便药物释放。使用时利用兽医套管针将细管埋植于耳背皮下,12 d 后用手将细管挤出,同时注射氯前列烯醇 0.2 mg 或 PMSG 500～800 IU。取管后 2～5 d,大多数母牛出现发情表现。

(2)孕激素阴道栓塞法　用事先煮沸消毒的植物油溶解 18-甲基炔诺酮 50～100 mg,浸泡于海绵中。使用时用阴道开膣器和长柄钳将其放置于母牛的子宫颈外口处。经 9～12 d,取出海绵栓。此法的优点是一次用药,比较省事;缺点是处理后第一次发情受胎率低,且有时会发生阴道海绵栓脱落的现象。

(3)PG 一次注射法　对处于发情周期第 7～18 天的母牛,子宫内一次注入 $PGF_{2\alpha}$ 3～5 mg,也可以一次性肌内注射 $PGF_{2\alpha}$ 20～30 mg 或氯前列烯醇 0.2～0.4 mg。处理后 3～5 d,大多数母牛出现发情表现。

(4)PG 二次注射法　用 $PGF_{2\alpha}$或其类似物,给牛以 9～12 d 的间隔时间进行两次处理,在第二次处理后 3～5 d 大多数母牛出现发情表现(图 12-15)。

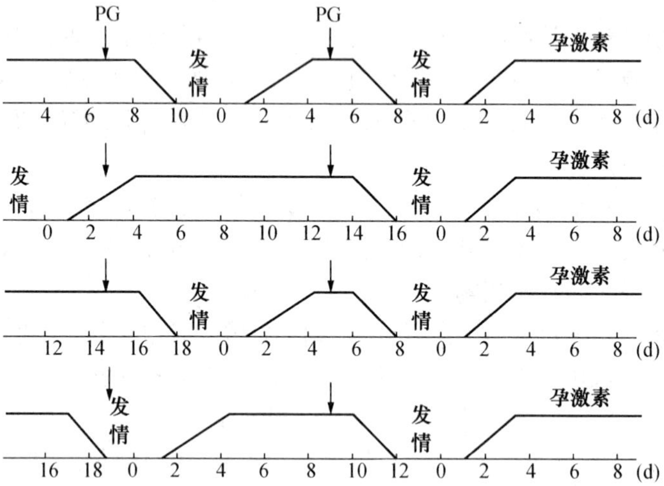

图 12-15　两次施用 PG 诱发母牛同期发情

(5)PG 结合孕激素　该方法是先用孕激素处理 7 d,结束时肌内注射 PG。该方法的原理是经过 7 d 孕激素的处理,处于排卵后 5 d 内的母牛卵巢上的黄体已经发展到对 PG 敏感的时期,处理结束后有较高的发情率和受胎率。

2. 羊的同期发情方法

(1)孕激素阴道栓塞法　与牛的处理方法大致相同,只是栓塞物较小(图 12-16 和图 12-17),孕激素用量也相应减少,相当于牛的 1/3,由于母羊发情周期比母牛短,处理时间也要短,长期处理为 14～16 d,短期处理为 7～8 d,取出栓塞物的当天注射 PMSG 350～750 IU。孕激素处埋结束后的 1～3 d,90%以上的母羊会有发情的表现。

(2)前列腺素注射法　在母羊发情季节开始后,用 $PGF_{2\alpha}$ 2 mg 或其类似物对母羊进行子宫注入或肌内注射,在第 2 天内肌内注射 PMSG 500 IU,处理后 30～50 h 母羊会有发情的表现。也可用 $PGF_{2\alpha}$或其类似物间隔 9～12 d 分两次处理的方法进行同期发情处理。

(3)PG 结合孕激素　先用孕激素处理 7～9 d,结束时肌内注射 $PGF_{2\alpha}$和 PMSG。此方法的同期发情率高,受胎率也较高,但较烦琐,费用偏高。

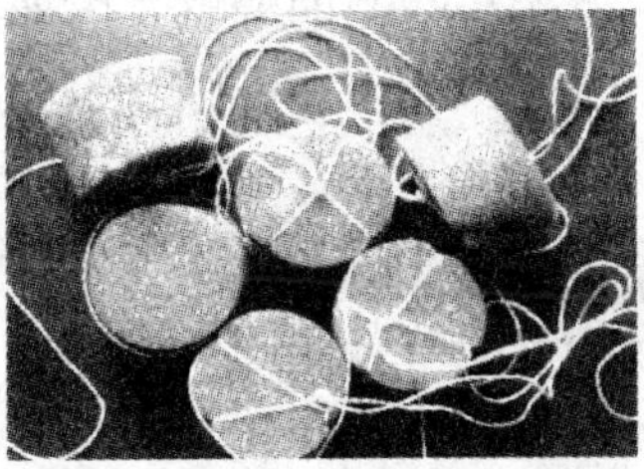

图 12-16　羊用孕酮海绵栓

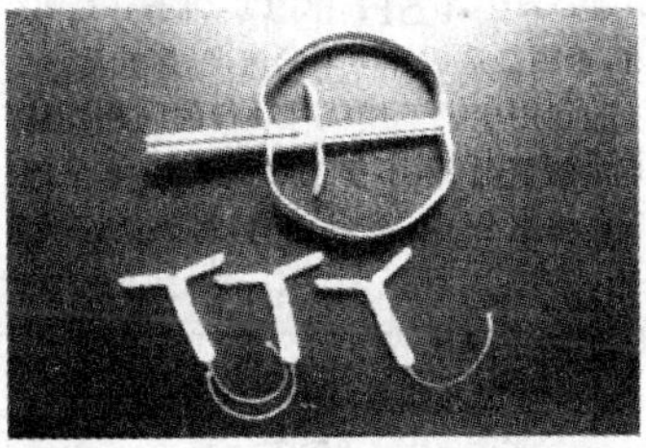

图 12-17　羊用孕酮硅橡胶阴道栓

3. 猪的同期发情方法　对哺乳母猪，采用同期断奶诱导其同期发情是一种切实可行的方法。母猪在哺乳期间垂体促性腺激素功能受到抑制，造成泌乳性乏情，母猪断奶后，垂体很快恢复周期性的生殖活动，3～7 d 出现发情并排卵。如果在断奶时配合注射 PMSG 750～1 000 IU和 HCG 500 IU，则可提高同期发情率和受胎率。孕激素和 PG 不适于母猪的同期发情，因为孕激素容易引起卵巢囊肿，而前列腺素不能溶解发情周期 13 d 以前的黄体。

三、超数排卵

（一）超数排卵的概念

超数排卵简称超排，是指在母畜发情周期的适当阶段（黄体消退期），用外源性促性腺激素进行处理，增进卵巢的生理活性，激发多个卵泡在一个发情周期中成熟排卵，使母畜比自然状态下排出更多的卵子，从而获得更多胚胎的技术。

（二）超数排卵的原理

在自然状态下，母畜卵巢上约有 99%的卵泡在发育中出现闭锁、退化现象，只有少量的卵泡能发育成熟并排卵。在卵泡发育过程中，具有发育优势的卵泡加速生长，几乎吸收利用了全部的促性腺激素而使其他的有腔卵泡发生闭锁、退化。因此，在母畜黄体消退期和卵泡开始发育的时机，给其补充一定量的外源性促性腺激素，可使将要发生闭锁的有腔卵泡继续发育，从而出现比正常情况下更多的卵泡发育成熟、排卵的情况。在家畜有腔卵泡发生闭锁前注射 FSH 或 PMSG，能使大量卵泡不发生闭锁而正常发育并排卵，在排卵前再注射 LH 或 HCG 可弥补内源性 LH 的不足，以保证这些卵泡发育成熟排卵。

（三）超数排卵的方法

1. 牛的超数排卵

(1)FSH＋前列腺素法（图 12 18）　在母牛发情后第 9～13 天，每天注射 FSH 2 次（间隔 12 h），连续 4 d（表 12-3）。在 FSH 开始注射后的第 3 天，肌内注射氯前列烯醇，若子宫内灌

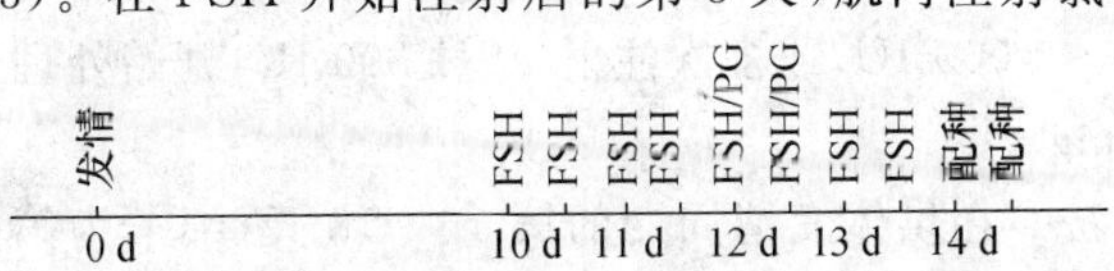

图 12-18　牛的 FSH 法超排

注，激素剂量可减半。FSH 的总剂量需按牛的体重、胎次作适当的调整。国外进口的 FSH，一般经产牛 300～400 mg，育成牛 200～300 mg，日递减差以 20 mg 为宜。国产纯化的 FSH，经产牛为 8～10 mg，育成牛 6～8 mg，日递减差以 2 mg 为宜。

表 12-3 母牛 FSH 的日用量 IU

时间	第 1 天	第 2 天	第 3 天	第 4 天
上午	60	50	40	30
下午	60	50	40	30

(2)FSH＋孕激素＋PG 法 在母牛发情周期的任何一天给供体牛阴道内放入阴道栓，记为 0 d，然后在 9～13 d 的任何一天开始肌内注射 FSH，递减法连续注射 4 d 共分 8 次，在第 7 次肌内注射 FSH 时取出阴道栓，同时肌内注射前列烯醇 0.4～0.6 mg，供体牛一般在取出阴道栓后的 24～48 h 发情。

(3)PMSG＋前列腺素法(图 12-19) 在供体牛发情周期的第 11～13 天的任何一天肌内注射 PMSG，PMSG 的总剂量按每千克体重 5 IU 左右确定，在使用 PMSG 处理后的 48 h 和 60 h，分别肌内注射 $PGF_{2\alpha}$或其类似物。牛的 $PGF_{2\alpha}$的用量为 0.4～0.6 mg，氯前列烯醇的用量为 50 μg。使用不同剂量的 PMSG，会影响母畜的排卵数(表 12-4)。

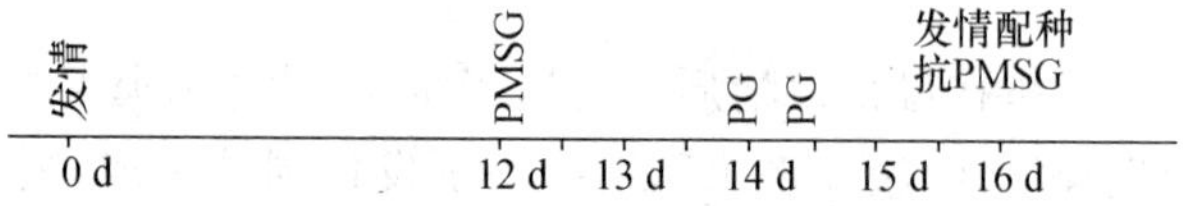

图 12-19 牛的 PMSG 法超排

表 12-4 母牛使用 PMSG 剂量和排卵数

PMSG 剂量/IU	排卵数/个	PMSG 剂量/IU	排卵数/个
1 000	1.5	4 000	8.9
1 500	3.0	5 000	9.3
2 000	10.5	6 000	9.1
2 500	11.5	7 000	10.3
3 000	14.1		

2. 羊的超数排卵

(1)孕激素＋PG 或 FSH 用甲地孕酮 60 mg 制成的阴道海绵栓处理绵羊 12～14 d，山羊 14～18 d，或者皮下埋植 18-甲基炔诺酮。在处理结束前的 1～2 d，一次肌内注射 PMSG 10～20 mg，或用 FSH 300 IU 或分 4 d 8 次肌内注射。

(2)$PGF_{2\alpha}$＋PMSG 或 FSH 在发情周期第 12～13 天(绵羊)或第 13～16 天(山羊)，一次肌内注射 PMSG 1 000～2 000 IU，或多次注射 FSH 300 IU，开始处理后的 48 h，肌内注射氯前列烯醇 0.15～0.25 mg。

(3)PMSG＋HCG 法 在供体发情周期的第 16～18 天(绵羊为第 12～13 天)，一次肌内注射 PMSG 800～2 500 IU，出现发情和配种当天肌内注射 HCG 500～750 IU。

3. 猪的超数排卵 在供体发情周期的第 15～16 天，一次肌内注射 PMSG 500～

1 500 IU，PMSG 注射后的 72～96 h 注射 HCG 500～750 IU。猪的超排处理一般不用 FSH。由于猪的黄体对 PG 不敏感，所以一般不用氯前列烯醇对供体的发情周期进行调整。

【拓展知识】

一、生殖激素对发情周期的调节

(一)对发情的调节作用

神经系统接受外界条件的刺激后，作用于丘脑下部，促使促性腺激素呈脉冲式释放，这些激素通过垂体门脉系统，作用于垂体前叶，调节促性腺激素 FSH、LH 的分泌，但这些激素不是同时分泌的，而是有先后顺序的，它们的分泌量也有不同。垂体前叶接受促性腺激素释放激素(GnRH)的刺激后，首先分泌 FSH 作用于卵巢刺激卵泡生长发育，同时垂体前叶分泌的少量 LH 与 FSH 协同，使卵泡进一步发育，并迅速长大。由于卵泡的发育，其内膜产生雌激素，使动物出现发情，同时它对下丘脑和垂体具有反馈作用。一方面，雌激素可作用于下丘脑某部，进一步刺激促性腺激素的分泌，即增加 LH 的释放，导致 LH 峰的出现，这是正反馈作用；另一方面，雌激素作用于下丘脑某部，控制促性腺激素的释放速度，主要使 FSH 分泌速度降低，这样 FSH、LH 二者比例关系发生改变，促进卵泡的成熟排卵。动物的发情也由强减弱，这是雌激素的负反馈作用。排卵后，在少量 LH 的作用下，使颗粒层细胞形成黄体并分泌孕酮。另外，雌激素还能引起 LTH 的释放，LTH 与 LH 共同促进和维持黄体分泌孕酮，孕酮对下丘脑和垂体前叶具有抑制作用(即负反馈)，抑制垂体前叶继续分泌促性腺激素，卵泡不再发育，使雌性动物停止发情。

(二)对性周期的调节作用

动物发情并排卵后，如果没有受精怀孕，由子宫内膜产生前列腺素 $PGF_{2\alpha}$ 通过子宫静脉进入卵巢动脉，对黄体发生溶解作用，并使之逐渐萎缩退化，从而使孕酮分泌量急剧下降，而孕酮对下丘脑的抑制作用消失，促性腺激素开始释放并不断增加，使卵巢上新发育的卵泡生长发育，分泌雌性激素，随之动物又出现发情，进入新的性周期。

如果动物发情排卵后受精怀孕，就抑制了 $PGF_{2\alpha}$ 产生，使黄体继续维持，成为妊娠黄体，它分泌的孕酮长期抑制垂体产生促性腺激素，使动物不再出现发情排卵，一直到怀孕结束，才会出现下一个性周期。

二、卵泡发生波

卵泡发育是动态过程，即在任何时期检查动物的卵巢，均可发现处于两种或两种以上不同发育阶段的卵泡。这种反映从原始卵泡发育至初级、次级、三级以至成熟卵泡动态变化过程所组成的图形，即为卵泡发生波。几乎所有哺乳动物在一个发情周期均可出现 2 个或 3 个卵泡发生波。

卵巢上的卵泡数量很多，每个卵泡均有同等发育潜力(表现为体积增大，雌激素分泌量增多)。但在每个发情周期，卵泡通过征集、选择和优势化三个阶段发育成熟(图 12-20)。通常，将那些相对于其他卵泡具有发育优势性的卵泡称为优势卵泡，其他卵泡则称为劣势卵泡或从属卵泡。优势卵泡有时不一定破裂排卵。但其直径必须是所有卵泡中最大的，且这种发育上的优势性必须持续 3～4 d。劣势卵泡的生长速度较慢，卵泡液中 17β-E_2 与孕酮含量的比值接近于 1，卵丘细胞发育较差。此外，优势卵泡中卵母细胞也与卵丘细胞一样，比劣势卵泡中的卵母细胞发育好。优势卵泡对劣势卵泡的生长发育具有抑制作用。

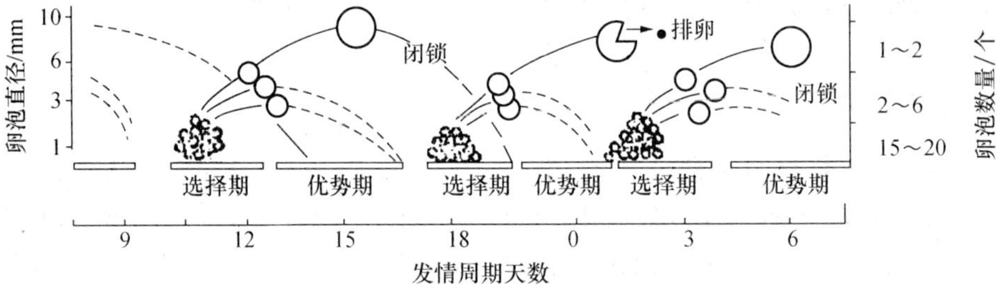

图 12-20　发情周期内牛卵泡发育规律模式图

三、乏情

乏情是指已达初情期的雌性家畜不发情，卵巢无周期性的功能活动而处于相对静止状态。它一般不是由于疾病引起的，属于一种生理现象，是生理性乏情，如家畜在妊娠、泌乳期间不发情，季节性发情的家畜在非发情季节期间不发情，营养不良、衰老等引起的暂时性或永久性卵巢活动降低以致不发情等。至于卵巢和子宫的一些病理状态引起的不发情，则属病理性乏情，如持久黄体、卵巢机能障碍等。

（一）泌乳性乏情

有些家畜在产后泌乳期间，由于卵巢周期性活动机能受到抑制而引起的不发情。泌乳性乏情的发生和持续时间，因畜种和品种不同而有很大差异。母猪在哺乳期间发情和排卵受到抑制，因此，在正常情况下母猪是在仔猪断奶后才发情。挤乳乳牛每天挤乳多次比每天挤乳两次的出现发情时间要延长。高产乳牛或哺乳仔数多的，乏情期一般较长。泌乳引起乏情的原因，是由于在泌乳期间过多泌乳刺激，如吮乳或挤乳的刺激而诱发外周血浆中促乳素浓度的升高，而促乳素对下丘脑产生负反馈作用，抑制了促性腺激素释放激素的释放，因而使垂体前叶促卵泡素分泌减少和促黄体素合成量降低，致使雌性家畜不发情。另外，泌乳过多会抑制卵巢周期性活动的恢复，因而影响发情。

（二）季节性乏情

家畜在进化过程中形成了适宜环境的季节繁殖现象。在非繁殖季节，卵巢卵泡无周期性活动而生殖道无周期性变化。对有繁殖季节的家畜，可以通过改变环境条件（如温度、光照等）使卵巢机能从静止状态转为活动状态，使发情季节提早到来。

（三）营养性乏情

日粮中营养水平对卵巢机能活动有明显的影响。因营养不良可以抑制发情，且对青年家畜的影响比对成年家畜更大。如能量水平过低，矿物质、微量元素和维生素缺乏都会引起哺乳母牛和断乳母猪乏情，缺磷引起放牧母牛和绵羊卵巢机能失调，饲料缺锰可导致青年母猪和母牛卵巢机能障碍，缺乏维生素 A 和维生素 E 会导致性周期不规则或不发情。

（四）衰老性乏情

家畜因衰老使下丘脑-垂体-性腺轴的功能减退，导致垂体促性腺激素分泌减少，激素应答能力降低，不能激发卵巢机能活动而表现不发情。

（五）应激性乏情

气候恶劣、畜群密集、使役过度、栏舍卫生不良、长途运输等应激因素都可抑制家畜发情、排卵及黄体功能，这些应激因素可使下丘脑-垂体-卵巢轴的机能活动转变为抑制状态。

（六）病理性乏情

卵巢和子宫异常、卵巢发育不全、生殖道为幼稚型的母畜往往不表现发情，可造成乏情期延长；子宫积脓、黏液蓄积、胎儿干尸化、流产等病理性因素也会引起家畜不发情。

【自测训练】

一、名词解释

发情　初情期　性成熟期　发情周期　产后发情　排卵　诱发发情　同期发情　超数排卵

二、填空题

1. 母猪的发情周期多为（　　）d。
2. 发情周期中，卵泡期比黄体期（　　）。
3. 中国南方的牛、猪等母畜，其初情期较北方的（　　）。
4. 一般来说，营养水平高的母畜初情期比营养水平低的（　　）。
5. 绵羊是（　　）日照发情动物。
6. 卵子成熟分裂产生的极体，存在于（　　）。
7. 发情季节为春季的家畜有（　　）；发情季节为秋季的家畜有（　　）。
8. 乳牛的适宜初配年龄是（　　）岁。
9. 发情周期长度受交配行为影响的动物是（　　）。
10. 发情母畜的“静立反应”出现在（　　）。
11. 同期发情时，供体、受体的发情时间，前后不宜超过（　　）d。
12. 同期发情的中心问题是控制（　　）寿命。
13. 用 $PGF_{2\alpha}$ 处理母畜的前提是卵巢上有（　　）。

三、问答题

1. 母畜生殖器官由哪些部分组成？卵巢、输卵管和子宫的结构有哪些主要特点？

2. 发情周期分为哪几个阶段？各阶段的特点有哪些？
3. 为什么家畜达到性成熟期时还不能进行配种？怎样确定各种家畜的初配年龄？
4. 常见家畜的初配年龄、发情周期、利用年限、排卵数是多少？
5. 母畜有哪些异常发情现象？主要是什么原因引起的？
6. 牛、羊、猪的排卵类型、排卵时间及排卵数如何？
7. 家畜的发情鉴定对畜牧业生产有什么重要作用？
8. 对雌性动物诱发发情和同期发情的方法有哪些？
9. 诱发发情与同期发情有什么区别？

项目 13　输精与受精

【知识目标】

1. 掌握雌性动物输精的基本要求；
2. 了解精子、卵子的运行和受精准备，掌握受精过程；
3. 掌握胚胎移植的概念和生理学基础；
4. 掌握胚胎移植的基本原则；
5. 了解体外受精、动物克隆、胚胎嵌合、胚胎性别鉴定、转基因动物的相关知识。

【能力目标】

1. 掌握各种动物输精时间的确定和输精方法；
2. 掌握胚胎移植的操作程序。

【学习任务】

配种是使雌性动物受孕的繁殖技术，包括自然交配与人工授精两种类型。

在动物生产中，有时限于条件，直接将种公畜与发情母畜交配，这种配种方式称为自然交配。自然交配有自由交配、分群交配、圈栏交配和人工辅助交配等几种方式。

人工授精(AI)是在人工条件下利用器械采集种公畜(禽)的精液，经过品质检查和稀释保存等适当的处理后，再用器械将精液输送到发情母畜(禽)生殖道内，使母畜(禽)受孕的配种方法。

人工授精的优点如下：

1. 最大限度地提高了优秀种公畜(禽)的利用率　运用人工授精技术，一头种公畜(禽)一次射精可配种的母畜(禽)数是自然交配的几十倍，甚至几百倍。

2. 加速品种改良　人工授精技术特别是冷冻精液的运用，极大限度地提高公畜(禽)的配种能力，因而使优秀种公畜(禽)的遗传基因迅速扩大，使其后代生产性能迅速提高，从而加速品种改良。

3. 大幅度减少种公畜(禽)的数量　采用人工授精技术后，由于大大提高了种公畜(禽)的利用率，所以只需保留极少数的优秀个体，即可满足繁殖需要，从而节省饲养大量公畜(禽)的饲料及管理费用。

4. 克服公、母畜(禽)体型悬殊而出现的交配困难　良种公畜(禽)一般体型较大，与本地小体型的母畜(禽)交配会有很多障碍，人工授精技术的运用可克服这方面的问题。

5. 控制疾病传播　人工授精由于避免了公、母畜(禽)的直接接触，因此可以防止与性交有关的传染性疾病及其他疾病的传播。

输精是人工授精的最后一个环节,也是最重要的技术之一,适时而准确地把精液输送到母畜生殖道的适当部位,是保证受胎的关键。

任务 13-1 输精前的准备和输精的基本要求

输精前应做好各方面的准备,确保输精的正常实施。

一、输精前的准备

(一)母畜的准备

母畜经发情鉴定后,确定已到输精时间,将其牵入保定栏内保定,尾巴拉向一侧,对外阴部进行清洗消毒。先用清水洗涤,再用消毒液涂擦消毒,然后用生理盐水冲洗,最后用灭菌布擦干。

(二)器械的准备

输精所用的器械均应彻底洗净并严格消毒,最好用稀释液或灭菌生理盐水冲洗后使用。每头母畜应准备一根输精管,但当输精管不够使用时,可用75%酒精棉球涂擦消毒外壁,待酒精气味挥发后,用稀释液冲洗外壁及管腔2～3次,才能再次使用。目前,一般使用一次性输精管,以防止母畜交叉感染。

(三)精液的准备

输精前要镜检观察精子活力。鲜精液输精时,精子活力不应低于0.7;常温保存的精液精子活力不低于0.5;低温保存的精液先缓慢升温至30℃左右,活力不低于0.5;冷冻精液解冻后活力不低于0.3。

(四)人员的准备

输精人员应穿好工作服,指甲剪短磨光,手洗净擦干后用75%酒精棉球消毒,如需手臂伸入阴道内,则应清洗消毒手臂并涂以灭菌稀释液。牛直肠把握输精时则应戴长臂手套并涂以润滑剂。

二、输精的基本要求

(一)输精时间

母畜输精后是否受胎,与能否掌握合适的输精时间密切相关。母畜输精时间要依据母畜的排卵时间、精子在母畜生殖道内保持受精能力的时间以及精子的获能时间等进行综合分析判断。

1. 牛的输精时间　奶牛的发情周期平均为21 d，发情时间较短，只有6～18 h，排卵一般发生在发情结束后10～16 h。因此，发现母牛发情后12～20 h可进行第一次输精，隔8～12 h进行第二次输精。生产中一般采用早上发情的母牛，当日下午或傍晚第一次输精，次日早上第二次输精；若下午或傍晚发情，次日早晨进行输精，次日下午或傍晚再输一次，效果较好。

初配母牛发情持续期稍长，输精过早受胎率不高，通常在发情后20 h左右开始输精。在第二次输精前，最好检查一下卵泡，如母牛已排卵，一般不必再输精。

2. 猪的输精时间　母猪发情外部表现特别明显，外阴长时间红肿，但通过外部观察难以确定准确的输精时间。一般在母猪发情后的20～30 h内输精2次，每次间隔8～12 h，也可在发情盛期过后仍出现"压背反射"时输一次精即可。

3. 羊的输精时间　母羊的输精时间应根据试情情况确定。每天一次试情时，在发情的当天及4 d后各输精一次；每天2次试情时，发现母羊发情后隔半日进行第一次输精，再隔半日进行第二次输精。

4. 马(驴)的输精时间

(1)根据母马(驴)的卵泡发育情况来判定　母马(驴)的卵泡发育分为6个时期，一般可按照"三期酌配、四期必配、排后灵活追配"的原则安排输精时间。所谓"酌配"，即根据卵泡发育的快慢，结合母马(驴)的体况以及环境的变化等进行综合判定。排卵后如黄体还没有生成，输精仍有一定的受胎率。

(2)根据发情时间推算　可在母马(驴)发情后的3～4 d开始输精，连日或隔日输精一次，但输精不超过3次。

5. 兔的输精时间　兔为诱发排卵的动物，适宜的输精时间应安排在诱发刺激后的2～6 h。也可根据试情表现确定，当母兔举尾迎合，有接受交配的表现时，即可输精，此时外阴部可视黏膜应为大红色。

(二)输精量及输入有效精子数

输精量和输入有效精子数应根据母畜种类、年龄、胎次、子宫大小等生理状况及精液类型而异。猪、马、驴的输精量比牛、羊、兔的多(表13-1)。体型大、经产、产后配种和子宫松弛的母畜，应适当增加输精量；液态精液的输精量一般比冷冻精液的输精量大；进行超数排卵处理的母畜应比非超数排卵处理母畜的输精量和有效精子数有所增加。为保证母畜有较高的受胎率，输入足够量的有效精子数是十分重要的。

表13-1　各种家畜的输精量和输入有效精子数

项目	牛、水牛		马、驴		猪		绵羊、山羊		家兔	
	液态	冷冻	液态	冷冻	液态	冷冻	液态	冷冻	液态	冷冻
输精量/mL	1～2	0.2～1	15～30	30～40	30～40	20～30	0.1	0.1～0.2	0.2～0.5	0.2～0.5
输入有效精子数/亿	0.3～0.5	0.1～0.2	2.5～5	1.5～3	20～50	10～20	0.5	0.3～0.5	0.2～0.3	0.15～0.3

采用2头或2头以上雄性动物的混合精液输精，可以提高受精率。

表13-2为各种家畜发情、排卵、输精基本情况比较。

表 13-2 各种家畜发情、排卵、输精基本情况比较

项目	牛	绵羊	山羊	猪	马	犬	兔
发情周期	21 d	16～17 d	20～21 d	21 d	21 d	每年发情	8～15 d
发情持续时间	18 h	24～36 h	40 h	40～60 h	5～7 d	9(4～12)d	几日至十余日
排卵期	发情停止后 4～16 h	发情结束时	发情结束后不久	发情开始后 16～48 h	发情停止前 24～48 h	发情盛期的第 2～3 天	交配后 10～12 h
排卵后卵子具有正常受精能力的时间	8～12 h	16～24 h	8～10 h	6～8 h	4～8 d		
精子在母畜生殖道内存活的时间	28 h	30～36 h	>24 h	5～6 d	80～100 h		
最适输精时间	发情开始后 9 h 至发情终止	发情开始后 10～20 h	发情开始后 12～36 h	发情开始后 15～30 h	发情第二天开始隔日一次至发情结束	接受交配后 2～3 d	诱发排卵后 2～6 h
最适输精部位	子宫和子宫颈深部	子宫颈内	子宫颈内	子宫内	子宫内	子宫颈或子宫内	子宫颈内

任务 13-2 各种动物的输精方法

一、母牛的输精

(一)阴道开膣器输精法

用开膣器将母牛的阴道扩大，借助一定的光源(手电筒、额镜、额灯等)找到子宫颈外口，把输精管插入子宫颈 1～2 cm 处，注入精液，随后取出输精管和开膣器。此法虽然简单、容易掌握，但输精部位浅，易感染，受胎率低。因此，目前很少采用。

(二)直肠把握输精法

牛的输精现普遍采用直肠把握子宫颈输精法(图 13-1)。一只手伸入直肠内把握住子宫颈，另一手持输精器，先向斜上方伸入阴道内 5～10 cm，避开尿道开口，然后再水平插入到子宫颈口，两手协同配合，把输精器插入到子宫颈的 3～4 个皱褶处或子宫体内，慢慢注入精液。在输精过程中，输精器不要握得太紧，要随着母牛的摆动而灵活伸入；保持子宫颈的水平状态，输精枪稍用力前伸，每过一个子宫颈皱褶都有一定的感觉，发出“咔咔”的响声。但要避免盲目用力插入，防止生殖道黏膜损伤或穿孔。

二、母猪的输精

母猪的阴道部和子宫颈结合处界限不明显，因此，输精器较容易插入。输精时，把输精胶

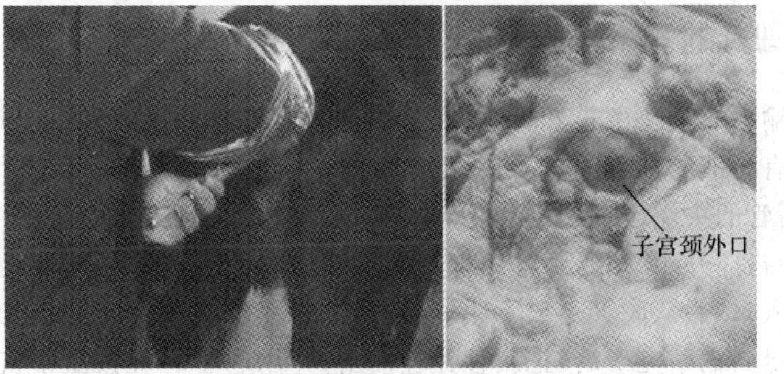

图 13-1　母牛直肠把握子宫颈输精

管涂以少量润滑剂，先斜上方 45°角插入阴道内，避开尿道口后再平直前进。当感觉有阻力时，顺时针缓慢旋转，同时前后移动，直到感觉输精管前端被子宫颈锁定(轻轻回拉不动)时，连接输精瓶(袋)，缓慢输入精液。在输精过程中，应不断抚摸母猪腹侧、乳房(外阴)或压背以刺激母猪，使其子宫收缩产生负压，将精液吸纳。输精时不要太快，一般需 3～5 min 输完。输精完毕后缓慢抽出输精管，并用手指按压母猪臀部使其安静片刻，以防精液倒流(图 13-2)。

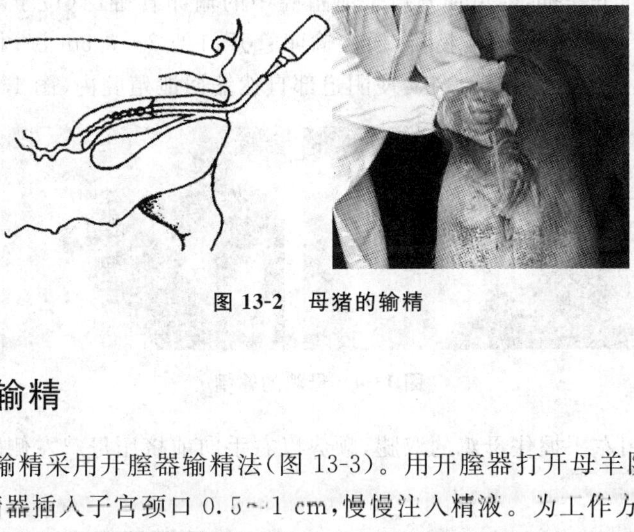

图 13-2　母猪的输精

三、母羊的输精

绵羊和山羊的输精采用开膣器输精法(图 13-3)。用开膣器打开母羊阴道，借助光源寻找到子宫颈口，将输精器插入子宫颈口 0.5～1 cm，慢慢注入精液。为工作方便，提高效率，可在输精架后设置一坑，或安装可升降的输精台架。有些地方，采用由助手抓住羊后肢，或将其后脚悬挂在高于羊体的横木上，使其倒立保定输精，也较方便。

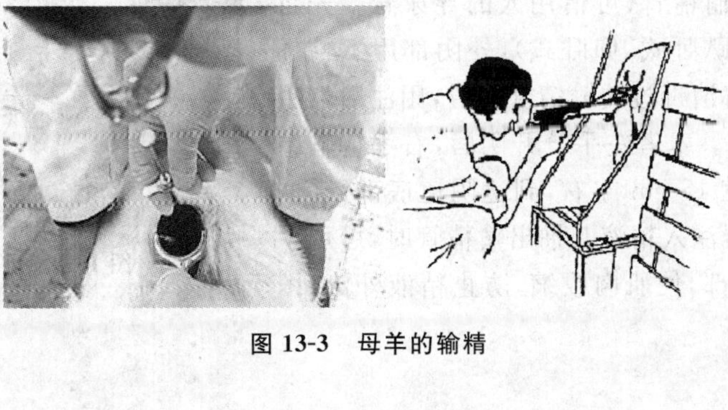

图 13-3　母羊的输精

四、母马(驴)的输精

母马(驴)的输精器由一条长 60 cm 左右、内径 2 mm 的橡胶管和一个注射器组成。首先在操作台上把吸有精液的注射器安装在输精管上,左手握住注射器与胶管的接合部,防止脱落,右手握住输精管的尖端,使胶管尖部隐藏在手掌内,伸入母马(驴)阴道内,找到子宫颈的阴道部,用食指和中指撑开子宫颈,将输精管导入子宫颈内 10～15 cm 处,抬起注射器,使精液自然流入或轻轻推入,然后从胶管上拔下注射器,再抽一段空气重新装在胶管上推入,使输精管内的精液全部排尽。输精完毕后,把胶管轻轻抽出,并用右手轻轻按压子宫颈使其合拢,防止精液倒流。

五、母鸡的输精

输精一般在下午 4 时后进行。助手用左手大拇指与食指、小指与无名指分别捏住母鸡的两腿,掌心紧贴鸡的胸部,随之将手直立,使母鸡背部紧贴自己的胸部,鸡头部向下,然后再将右手拇指和其余手指分开呈八字形,横跨于泄殖腔两侧柔软部分,轻轻地向下一压,同时用支撑母鸡胸部的左手向上一推,即可使开口于泄殖腔中的输卵管翻出(位于鸡体左侧)。输精者用吸有 0.025～0.05 mL 精液的输精器,插入输卵管开口处 2～3 cm 深,将精液输入,在输精的瞬间,助手压迫腹腔的手要稍微放松,使阴道部自然缩回泄殖腔内(图 13-4)。

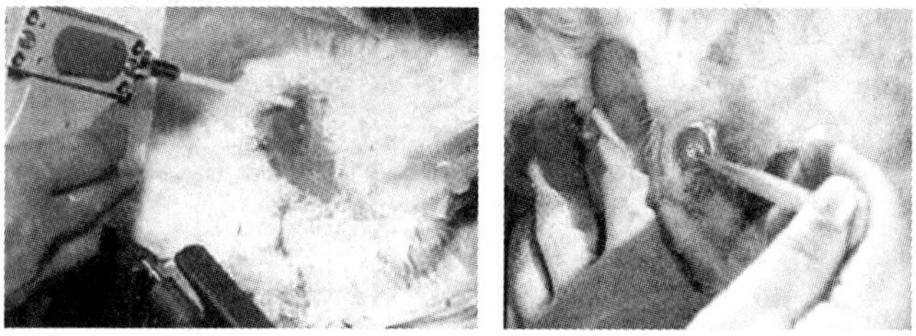

图 13-4　母鸡的输精

笼养鸡输精可用左手握住母鸡的双腿,顺势以右手向前挤压母鸡左侧腹部,即可将输卵管开口翻出进行输精。

六、母兔的输精

母兔无特制的输精管,可借用人的导尿管。先将母兔保定(倒夹式、趴卧式、仰卧式),外阴部用酒精棉球擦拭干净,然后将消毒过的输精管润滑,用注射器吸入 0.5～1 mL 精液。术者左手分开阴唇,右手持输精管,沿背侧插入阴道 15 cm 左右,到达阴道底部,来回抽动几次,用注射器注入精液。抽出输精管时,可用手轻轻拍下母兔的臀部,使肌肉收缩,防止精液外流(图 13-5)。

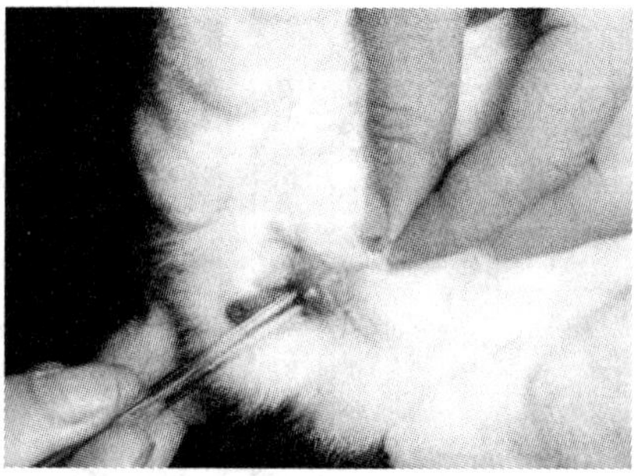

图 13-5　母兔的输精

【实训操作】

实训 13-1 各种家畜的输精技术

一、实训目的

了解各种动物的输精过程，掌握输精方法。

二、实训器材

母牛 3～5 头，母猪 2 头，母羊 2 头，各种家畜的精液，保定架，输精器，阴道开张器，显微镜，手电筒，反光镜或头镜，酒精灯，润滑剂(液体石蜡)，95％酒精，75％酒精棉球，0.9％ NaCl，0.1％新洁尔灭，精液稀释液，纱布，载玻片，玻璃棒，瓷盆。

三、实训内容

做好输精准备工作，教师或技术员现场示范，而后分组按要求进行操作。

(一)母牛的输精

1. 输精前的准备工作

(1)输精器可用干热或蒸汽消毒，再以消毒过的 0.9％ NaCl 溶液或精液稀释液冲洗 2～3 次。

(2)将牛保定在六柱栏内，把尾巴拉向一侧，先用温肥皂水洗净外阴部，再用 0.1％新洁尔灭清洗，最后用温水冲洗干净擦干。

(3)做好母牛的发情鉴定，检查有无生殖器官疾病。

(4)检查精液是否适于输精。

2. 直肠把握子宫颈输精法

(1)输精器插至子宫颈口。操作者戴上一次性手套，左手呈楔形插入母牛直肠，触摸子宫、卵巢、子宫颈的位置，并令母牛排出宿粪，然后消毒外阴部。为了保护输精器在插入阴道前不被污染，可使左手四指留在肛门口，向下压拉肛门下缘，同时用左手拇指压在阴唇上并向上提拉，使阴门张开。右手趁势将输精器向斜上方插入阴道。左手再进入直肠，把握住子宫颈尽量向前推送，以使阴道呈直筒状，右手随之将输精器向上、平插、转向下方，直至子宫颈口附近(图 13-6)。

(2)固定子宫颈的方法。

①左手插入直肠摸清子宫颈后，用食指和中指向下压即可固定子宫颈，用大拇指按住子宫颈外口上缘。

②左手心朝向右侧握住子宫颈，无名指平行握在子宫颈外口周围，以便插入输精器。

③当母牛努责难于用以上两种方法握住子宫颈时，可将手指并拢将子宫颈压于耻骨体上或骨盆腔侧壁使之固定，在遇到直肠呈罐状时，这种方法较妥。

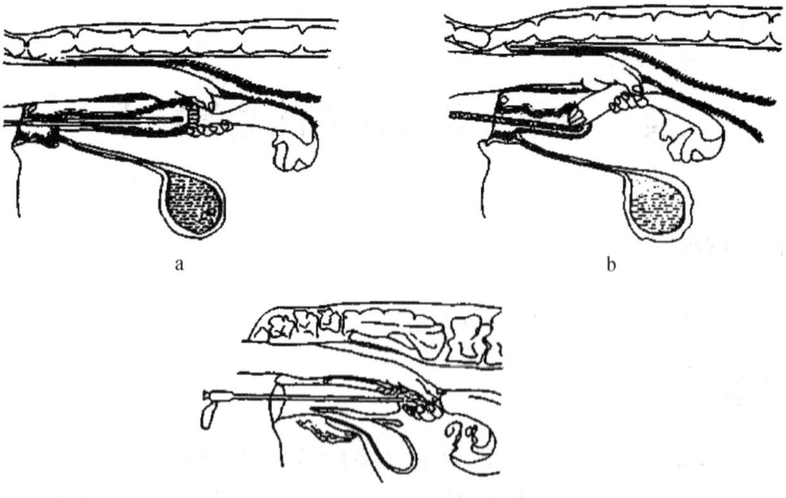

a　　　　b　　　　c

图 13-6　直肠把握子宫颈输精法示意图

a. 前推子宫颈然后持平　b. 错误操作　c. 输精器导入子宫颈

若母牛努责过甚，可采用喂给饲草、捏腰、拍打眼睛、按摩阴蒂等方法使之缓解，若母牛直肠呈罐状，可用手臂在直肠中前后抽动以促使松弛。

(3)将输精器插入子宫颈外口。

①左手把握好子宫颈，大拇指肚按压子宫颈外口上缘，右手持输精器通过阴道，探索抵达拇指肚，再导入子宫颈外口内。

②左手攥住子宫颈，右手持输精器沿左手臂，向左手心中探插，输精器即可进入子宫颈外口。

(4)输精器通过子宫颈管，抵达子宫体。进入子宫颈外口的输精器，才能通过子宫颈，因此成为输精操作最为困难的部位。操作时两手需做很好的配合，将输精器顺利地通过子宫颈管的几个皱襞，进入到子宫体部位。

具体方法是：左手攥住子宫颈，将其上下左右多处转换方向，右手持已进入子宫颈外口的输精器向前探插，同时用左手将子宫颈前段稍做抬高，并向输精器上套。输精器通过子宫颈管内的皱襞时，会有明显的感觉。输精器一旦越过子宫颈皱襞，立刻感到畅通无阻，这时即抵达子宫体处。当输精器处在子宫颈管内时，手指是摸不到的，输精器进入子宫体后，可清楚地触摸到输精器的前段。

(5)注入精液，取出输精器。当确认输精器进入子宫体时，应向后抽退一点，勿使子宫壁堵塞住输精器尖端出口处，然后缓慢地将精液注入，最后轻轻地抽出输精器。

3. 阴道开张器法　输精时，阴道开张器保持 25～30℃，并涂抹少量的润滑剂。打开阴道，利用光源找到子宫颈外口，将事先吸有精液的输精器尖端插入子宫颈口内 1～2 cm 处，徐徐注入精液，母牛输精量一般为 1 mL。输精结束后，先后取出输精器和开张器，为防止母牛拱背而使精液溢出，稍停片刻牵回牛舍。

输精结束后，各种用具用温碱水充分洗涤，最后以清水冲洗，经消毒后保存备用。

(二)母羊的输精

母羊输精前一定要保定,一般用保定架,数量少时亦可人力保定,即保定员的两腿夹住羊的颈部,倒提起羊的后腿。输精用具及外阴部的清洗消毒方法与牛相似。羊的输精多采用阴道开张器法。助手擦拭和消毒母羊外阴部,将尾向上拉起,输精员用开张器打开阴道,利用人工或自然光源找到子宫颈开口,将吸有精液的输精器,经过阴道开张器插入子宫颈管0.5~1.0 cm处,注入精液。母羊输精量一般为0.05~0.10 mL,不超过0.2 mL。输精后用具的处理与牛相同。

(三)母猪的输精

母猪外阴部与输精用具的清洗消毒方法与牛相似。做好母猪的发情鉴定,可让发情母猪接近公猪,性外激素刺激或接受试情公猪的求偶,使其静立。用注射器吸取精液,将注射器接上输精管,推出少量精液于母猪阴门作润滑剂,然后将输精管轻轻插入母猪阴道,沿阴道上壁向前推进,到达子宫颈口处,此时一般会受到子宫颈皱襞阻碍,可将输精管左右旋转、前后移动,轻轻用力即可将输精器插入子宫颈深部。将精液缓慢注入子宫内。输精温度不低于20℃,否则会引起子宫收缩,精液倒流。母猪输精量一般为30~40 mL,输精结束后,慢慢抽出输精器,在母猪背部用力一压,以减少努责。输精后用具的处理与牛相同。

四、技能考核标准

考核内容		评分标准		考核方法
		分值	扣分依据	
各种家畜的输精技术	输精前的准备	40	器械准备每少一项扣3分,母畜准备每错一步扣5分,精液准备每错一步扣5分,术者精神状态不佳扣5分	二人操作考核
	输精操作	40	每错一步扣10分	
	熟练程度	10	在教师指导下完成时扣5分	
	完成时间(时限30 min)	10	每超时1 min扣3分	

任务13-3　受精

受精是指精子和卵子结合形成合子的过程,受精的完成标志着新生命的开始。在受精过程中,两性遗传物质相结合,发育为一个既具有双亲特性,又与双亲不同的新个体。受精的实质是双亲遗传物质的结合。在自然条件下,受精过程是在母畜的生殖道内完成的。

一、动物射精类型

(一)子宫射精型动物

马、驴、猪和啮齿动物,在自然交配时,公畜能将精液射入发情母畜的子宫内,称子宫型射精。这类公畜一般射精量大;母畜发情时子宫颈开放程度大。

(二)阴道射精型动物

牛、羊、家兔、灵长类在自然交配时,雄性动物将精子释放在子宫颈外口周围,称阴道型射精。这类公畜的射精量小、精子密度大;母畜子宫颈肌肉发达,子宫颈内膜皱褶较多。

二、精子的运行和维持受精能力的时间

(一)精子在子宫颈中的运行(阴道射精型动物)

子宫颈是精子到达受精部位的第一道屏障。通过子宫颈进入子宫体的精子数会明显下降。如绵羊一次射出的精子总数为 30 亿,但进入子宫体的精子数不足 100 万(约 1/1 000)(图 13-7)。

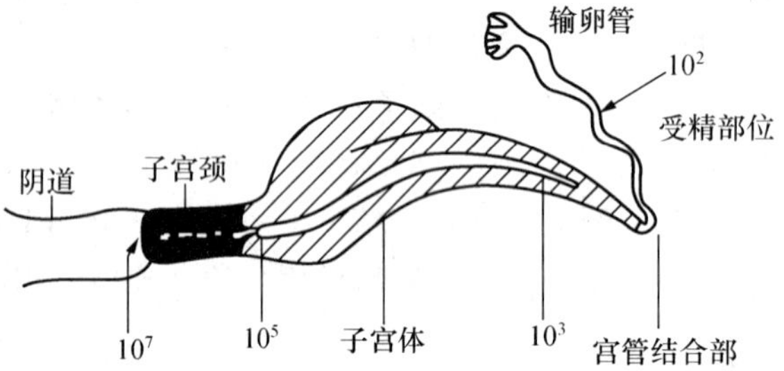

图 13-7 精子运行中的损耗

在生产实践中,用冷冻精液进行人工授精时,因有效精子总数一般在 1 000 万左右,因此,进行牛、羊子宫颈深部输精可有效提高母畜受胎率。

(二)精子在子宫中的运行

精子在子宫中运行的动力主要来自于阴道、子宫平滑肌由子宫颈向输卵管方向的收缩运动。收缩运动牵引子宫内膜表面液体连同精子一起流向输卵管方向。

(三)精子在输卵管中的运行

精子在输卵管峡部中运行的动力主要来自输卵管肌肉的收缩运动和输卵管上皮表面纤毛的摆动。输卵管环行肌有节律的收缩,改变了管腔构型,纤毛上皮摆动产生输卵管液流,精子随液流向壶腹部运行。

精子在母畜生殖道内维持受精能力的时间,对于确定配种时间,以保证具有受精能力的精子在受精部位等待卵子的到来而受精至关重要(表 13-3)。

表 13-3 精子在母畜生殖道内维持受精能力的时间 h

动物种类	时间	动物种类	时间
猪	24～72	兔	30～36
马	72～120	绵羊	30～48
牛	30～48		

精子由射精部位运行到壶腹部的时间牛为 2～13 min，羊为几分钟到几小时不等，马为 24 min，猪为 15～30 min（表 13-4）。

表 13-4　不同动物的射精量、精子总数和精子运行至受精部位的时间与精子数

动物种类	射精量/mL	一次射精的精子总数/亿	精子从射精部位运行到受精部位的最快时间/min	到达受精部位的精子数
牛	3～8	70	2～13	<5 000
绵羊	0.8～1	30	6	600～700
猪	100～300	400	15～30	1 000
马	50～150	100	24	—
兔	1	7	4～10	250～500
猫	0.1～0.3	—	—	40～120
犬	10	—	数分钟	50～100

三、卵子在输卵管中的运行

（一）卵子的接纳

在输卵管系膜和卵巢固有韧带的协同作用下，输卵管伞包围卵巢并对准卵巢囊的出口，借助输卵管伞部黏膜纤毛的摆动将排出的卵子纳入输卵管伞的喇叭口。牛、羊的伞部不能完全包围卵巢，有时排出的卵子落入腹腔。马、猪和狗等动物的伞部很发达，排出的卵子易被接受。

（二）卵子的运行和维持受精能力的时间

卵子自身没有运动能力，因此，它的运行必须依靠外部力量。外部力量主要有两个：由子宫向输卵管的管腔液流；漏斗部和壶腹部纤毛上皮向子宫方向的摆动，产生管腔逆流，使卵子滚动下行。卵子由漏斗部进入壶腹部是一快速运行过程，然后在壶峡连接部前停留 2～3 d，在这期间完成与精子的结合，由壶峡连接部进入峡部到达子宫是一个缓慢的过程，并受到神经和激素的控制，卵子在此滞留对正常受胎具有重要意义。卵子在母畜输卵管内维持受精能力的时间见表 13-5。

表 13-5　卵子在母畜输卵管内维持受精能力的时间　　h

动物种类	时间	动物种类	时间
猪	8～10	绵羊	16～24
马	6～8	兔	6～8
牛	8～12		

四、精子和卵子受精前的变化

（一）精子获能

精子获能指哺乳动物射出的精子在雌性生殖道或人工配制的介质中完成最后成熟，并完全具备受精能力的过程。在正常生理条件下，精子进入雌性生殖道后就开始获能，但主要在子宫和输卵管中完成。后来，人们又发现精子不仅可在同种动物的生殖道内，还可在异种动物生殖道内完成获能，并且还可以在体外的某些组织液，如血清、卵泡液和子宫内膜抽提液等中获能。随着体外受精（IVF）技术的发展，人们发现某些化学物质如肝素、溶血卵磷脂以及离心洗涤、体外培养等方法都可以使精子获能（表 13-6）。

表 13-6 常见动物精子获能时间 h

动物种类	时间	动物种类	时间
猪	3～6	家兔	5
羊	1.5	大鼠	2～3
牛	20	小鼠	<1

只有完成获能后，精子才能在接近卵母细胞透明带时发生顶体反应，具备与卵子受精的能力。顶体反应是指获能精子与卵子相遇后，在介质中 Ca^{2+} 的作用下，精子赤道段前部的质膜与顶体外膜融合形成泡状结构，并释放顶体内容物的过程。顶体内容物中含有活性很强的水解酶，主要有透明质酸酶和顶体酶，已发现的酶有多种。

顶体反应发生在获能之后，穿过透明带之前。顶体反应之后，精子头部仅赤道段和顶体后区的质膜保持完整性，顶体内膜和赤道段质膜暴露。由于发生顶体反应之后精子的头部完整性被破坏，因此顶体反应是不可逆的。

（二）卵子受精前的准备

刚排出的卵子在进入输卵管壶腹部前尚不具备受精能力，在卵子运行到达输卵管壶腹部的过程中，进一步达到了生理成熟阶段，同时可能存在卵子表面的某些物质与输卵管壶腹部分泌液中的某种物质发生反应的变化，1～3 h 后的卵子才具备被精子穿入的能力。卵子排出后维持受精能力的时间一般为 8～12 h，如果卵子运行到输卵管壶腹部没有受精，在继续运行的过程中，会逐渐衰老。同时，输卵管分泌物会在卵子表面形成一层蛋白膜，使精子不能再进入卵子内，从而使卵子丧失受精能力。

五、受精过程

（一）精子穿过放射冠

卵子从卵巢排出后，进入壶腹部时，在透明带的外面往往还包围着一堆颗粒状的卵丘细胞，而靠近透明带的卵丘细胞呈放射状排列，称为放射冠。放射冠是精子入卵的第一道屏障。精子通过顶体反应释放透明质酸酶和放射冠穿透酶溶解卵丘细脑和放射冠细胞间的基质，使精子穿越放射冠与透明带接触（图 13-8）。

动物排卵后几小时脱去卵丘细胞和放射冠，这种“裸卵”可正常受精与发育。因此对于这些动物来说，精子发生顶体反应所释放出酶的作用，似无实质意义。兔、犬和猫等动物卵子的放射冠，则必须由精子产生的透明质酸酶才能溶解，若在其悬浮液中加入透明质酸酶抑制剂，精子则不能穿过放射冠。

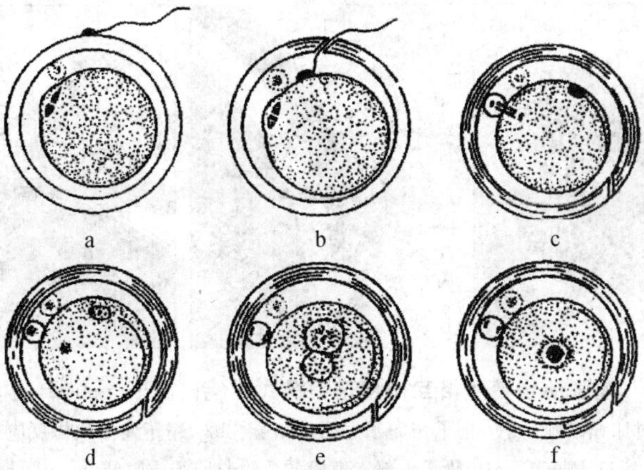

图 13-8　受精过程示意图

a. 精子发生顶体反应，并接触透明带　b. 精子释放顶体酶，水解透明带，进入卵黄周隙并接触卵黄膜　c、d. 精子进入卵黄，头部膨胀，并排出第二极体　e. 雌、雄原核形成　f. 原核融合

(二)精子穿过透明带

精子穿过放射冠后，以刚暴露的顶体内膜附着于透明带表面，这是精子穿过透明带的先决条件。这种附着只有获能和发生顶体反应的精子才能发生。

精子与透明带的附着，具有非常明显的种间特异性，异种动物的精子是不能附着和穿过透明带的。不同的精子其受精能力是不同的，这种受精选择性可能与透明带表面特异受体位点的存在有关。

精子与透明带最初接触部位是头部赤道段和核帽后。精子通常在附着透明带后 5～15 min 穿过透明带。因此顶体脱落可能发生在精子头接触透明带前后。

(三)精子进入卵黄

精子进入透明带后，到达卵周隙。此时精子仍能活动，不过活动时间很短。一旦接触卵黄膜，活动即停止，在与卵黄膜接触后 20 min，即与卵黄膜融合在一起。对大鼠研究发现，精子总是头的中部和后部质膜与卵黄膜相贴。卵黄膜表面的微绒毛抓住精子的头，与此同时卵黄发生旋转，此时精子尾部全部进入卵周隙内，接着两层质膜形成连续的膜，并将精子头部包起来而“拖入卵内”。

在精子头部与卵黄膜发生融合的同时，卵子被激活，并产生一系列防御性反应。

1. 皮质反应　当精子与卵黄膜接触时，在接触点膜电荷发生改变并向周围扩大，整个膜持续去极化数分钟，在卵黄膜下的皮质颗粒向卵子表面移动，以胞吐的形式将其内容物排入卵周隙，继而引起卵黄膜和透明带结构的变化。

2. 卵黄膜反应　由于皮质反应的结果，大部分原来的卵黄膜加了皮质颗粒膜而发生膜的改组。同时皮质颗粒所释放的黏多糖与卵黄膜表面紧密相粘，在卵子周围又形成一保护层，称透明膜，从而改变了卵子表面结构，阻止第二个精子入卵，避免产生多精子受精现象。当一个精子穿入卵黄膜时，卵黄立即紧缩，卵黄膜增厚，阻止其他精子的进入，这种变化称为卵黄膜反应或卵黄膜封闭作用(图 13-9)。

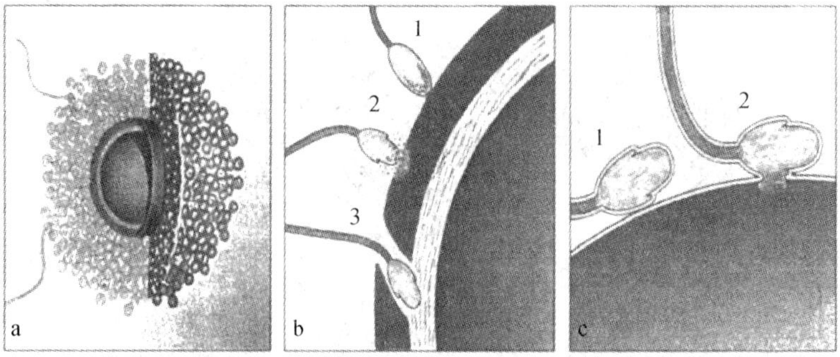

图 13-9 哺乳动物精卵相互作用过程模式图(引自 Prinmakoff 等,2002)

a. 精子正穿过卵丘细胞 b1. 精子与卵子透明带结合 b2. 精子发生顶体反应,释放顶体酶 b3. 精子正在穿过透明带 c1. 精子头部赤道段的质膜与卵子质膜结合 c2. 精卵质膜融合

3. 透明带反应 皮质颗粒内容物的释放,改变了透明带的性质,从而阻止了其他精子的穿入。这种反应相当迅速与有效,作用是阻止精子再穿过透明带,称为透明带反应。小鼠、大鼠和猪由于透明带反应比较慢,卵周隙内有时会看到几个甚至几十个精子,这些精子称为补充精子。兔的卵子没有透明带反应,然而有效的卵黄膜反应仅允许一个精子进入卵细胞内。

(四)原核形成

精子入卵后不久,头部开始膨大,核疏松,核膜消失,失去固有的形态,同时卵母细胞减数分裂恢复释放第二极体。在精核疏松的同时,核内碱性蛋白质以及与精子 DNA 密切相关的高浓度精氨酸也完全消失,最后在疏松的染色质外又形成新的核膜。很多畜种雄性染色质开始疏松增大的时间比雌性早,所以雄原核比雌原核大。猪的原核形成是在排卵后 6～18 h。雌原核的特点是染色质分布不均匀(图 13-10)。

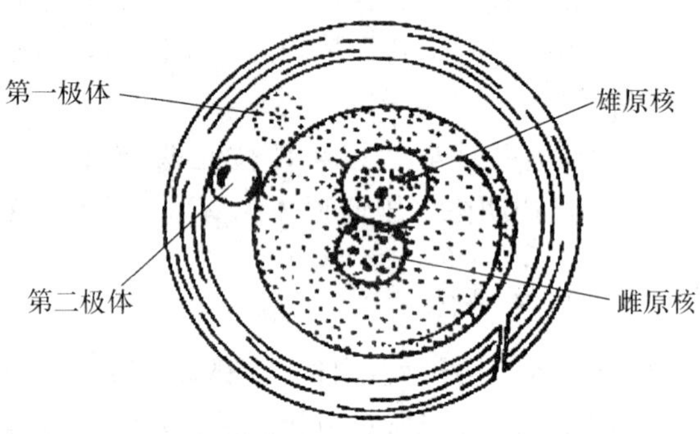

图 13-10 雌雄原核的形成

(五)配子配合

雄原核和雌原核经充分发育,逐渐相向移动。在卵子的中央,核仁和核膜消失,两原核紧密接触,然后迅速收缩,染色体重新组合,并准备进行第一次有丝分裂。至此受精最后阶段“配子配合”遂告完成,形成一个称为“合子”的单细胞胚胎。

受精卵形成后,就标志着新生命发育的开始。各种动物从精子进入卵母细胞到第一次卵裂的间隔时间为:牛 20～24 h,猪 12～14 h,绵羊 16～21 h,兔约 12 h,马约 24 h。

六、异常受精

哺乳动物的正常受精为单精子受精,形成合子发育成正常的新个体。由于人为或环境因素的影响,如配种延迟和生理、物理、化学刺激等,有时会出现非正常受精现象。

1. 多精子受精 多精子受精在鸟类多见，而哺乳动物在正常情况下的发生率不超过1%～2%。但由于配种延迟、卵母细胞衰老、阻止多精子受精的功能失常，会形成多倍体。如猪配种延迟时可引起15%的卵子被一个以上精子穿透。绵羊发情后36～48 h输精，异常受精卵中39%是多精子受精。

2. 双雌核受精 双雌核受精是由于卵母细胞某一次减数分裂时，未排出极体所致，如此形成有3个原核的二倍体。双雌核发育多见于猪，母猪发情36 h后配种，则20%以上的卵子是双雌核。

3. 雌核发育或雄核发育 在受精开始时是正常的，但受精后如有一方原核未能形成，即造成单倍体。

4. 孤雌生殖 孤雌生殖是指有性生殖的卵子不经过精子的受精作用而被激活，并开始无性生殖过程。孤雌生殖也可由实验方法刺激诱导而成。

异常受精形成的多倍体或单倍体胚胎均不能正常发育，而在发育早期死亡。

七、胚胎的早期发育

受精卵形成后不久，即开始有丝分裂过程，并逐渐向子宫移行，先后经过桑葚期、囊胚期、原肠期，最后在子宫完成胚胎的附植过程（图13-11）。

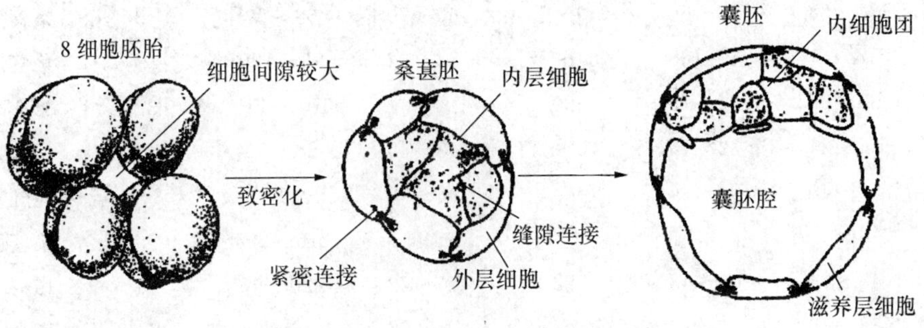

图13-11 哺乳动物胚胎细胞形态变化示意图

（一）桑葚期

受精卵在透明带内进行有丝分裂，卵裂球呈几何级数增加，但每个卵裂球并不一定同时进行分裂，故也可能瞬间出现奇数个卵裂球。透明带内早期胚胎细胞分裂至16～32个细胞期，卵裂球在透明带内形成致密细胞团，形似桑葚，称为桑葚胚。这一时期主要在输卵管内完成。据试验，对8个细胞的胚胎施行胚胎分割，每个细胞都有发育成新个体的潜力。

（二）囊胚期

桑葚胚形成后，卵裂球分泌的液体在细胞间隙积聚，最后在胚胎中央形成一个充满液体的腔——囊胚腔。随着囊胚腔的扩大，多数细胞被挤到腔的一边，称内细胞团，将来发育为胎儿；另一部分细胞构成囊胚腔的壁，称为滋养层，以后发育为胎膜和胎盘。囊胚后期从透明带脱出，称为扩张囊胚。

(三)原肠期

随着胚胎的继续发育,出现了内、外两个胚层,此时的胚胎称为原肠胚。以后在内胚层与滋养层间出现中胚层。外胚层最终发育为皮肤及衍生物、神经系统、感觉器官;中胚层发育为肌肉、结缔组织、泌尿生殖系统、淋巴及血液;内胚层发育为消化与呼吸器官、内分泌腺。

(四)早期胚胎的迁移

胚胎在脱出透明带之前,一直处于游离状态。胚胎发育所需要的营养,来自子宫内膜腺和子宫上皮所分泌的物质(子宫乳)。不同的物种,胚胎在子宫内迁移的现象均有发生。多胎动物,如猪胚胎可从排卵一侧子宫角游向子宫体,甚至对侧子宫角。一般胚胎在子宫内呈均匀分布。单胎动物胚胎子宫内迁移很少,牛排一个卵子时,胚胎总在排卵侧子宫角;若一侧卵巢排两个卵子时,其中一个卵子通过子宫体的只有10%;绵羊迁移现象略高些,一个卵巢排两个卵子时,有90%发生子宫内迁移。(表13-7)

表13-7 各种动物受精卵发育及进入子宫的时间

动物种类	受精卵发育/h					进入子宫	
	2细胞	4细胞	8细胞	16细胞	桑葚胚	时间/d	发生阶段
小鼠	24～38	38～50	50～60	60～70	68～80	3	桑葚胚
大鼠	37～61	57～85	64～87	84～92	96～120	4	桑葚胚
豚鼠	30～35	30～75	80		100～115	3.5	8细胞期
兔	26～24	32～26	40～32	48～40	68～50	3	囊胚期
猫	50～40	90～76		96～90	<150	8～4	囊胚期
犬	96		144	196	216～204	9～8.5	桑葚胚
山羊	48～24	60～48	72	96～72	120～96	4	16～10细胞期
绵羊	38～36	42	48	72～67	96	4～3	16细胞期
猪	51～21	66～51	72～66	110～90	114～110	2.5～2 h	6～4细胞期
马	24	36～30	60～50	72	106～98	6 h	囊胚期
牛	42～27	65～44	90～46	120～96	144～120	5～4 h	16～8细胞期

任务13-4 胚胎移植技术

一、胚胎移植的概念

胚胎移植也叫受精卵移植,是将一头良种母畜配种后的早期胚胎取出,或经克隆及其他手段而获得的胚胎,移植到另一头同种的生理状态相同的母畜的输卵管或子宫内,使其继续发育直至分娩的技术,所以也有人通俗地叫作人工受胎或借腹怀胎。提供胚胎的母畜称为供体,而接受胚胎的母畜称为受体。胚胎移植实际上是产生胚胎的供体和养育胚胎的受体分工合作共同繁殖后代的过程(图 13-12)。

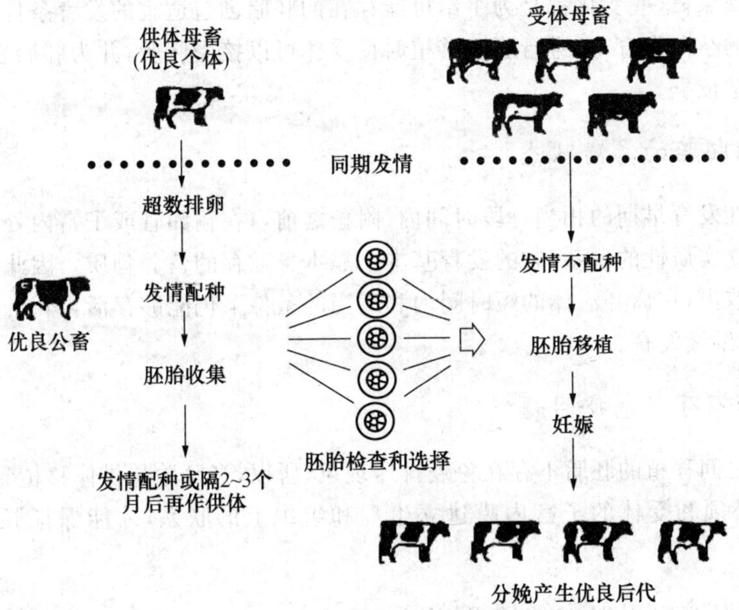

图 13-12　牛的胚胎移植操作程序

二、胚胎移植的意义

1. 促进品种改良　这一技术可以使一头良种母畜比平时多生产几倍到几十倍的胚胎，把这些胚胎移植给普通的受体母畜，就可以在短时间内获得大批的良种后代，从而促进家畜良种化。

2. 引进良种家畜的有效途径　胚胎移植技术和冷冻胚胎技术的结合，使世界范围内的家畜良种引进过程大为简便易行。胚胎的冷冻保存可使胚胎的移植不受时间和空间的限制，通过胚胎的运输代替种畜的进出口，节约购买和运输种畜的费用。

3. 遗传资源保存上的应用　利用胚胎及胚胎冷冻保存技术来大量保存一些国家或地区特有的家畜或动物遗传资源，建立动物遗传资源保存库，可以防止因大规模杂交改良而造成地方良种资源消亡丧失，为品种资源的长期保存开辟了新的途径。

4. 加快动物育种和繁殖　利用胚胎移植技术不仅可以加快育种速度，而且可以促进特种家畜和动物品种的繁殖。

5. 作为生物学的研究手段，促进相关科学的发展　胚胎移植是研究受精生物学、遗传学、胚胎学、细胞学、动物育种学、免疫学及繁殖生理学等理论问题的一种很好的手段，也是研究胚胎生物工程技术如胚胎分割、胚胎嵌合、体外受精、性别鉴定、核移植、转基因动物等技术的必不可少的基础环节。

三、胚胎移植的生理学基础

(一)母畜发情后生殖器官的孕向发育

大多数自发排卵的动物，发情后不论是否配种，或配种后是否受精，生殖器官都会发生一系列变化，如卵巢中黄体的形成，孕酮的分泌及其高水平的维持，子宫内膜的组织增生和分泌功能的增强等现象，这些变化都是为了给可能存在的胚胎创造适宜的发育条件。所以，母畜发情后生殖器官的孕向发育，是进行胚胎移植时使受体可以接受胚胎，并为胚胎发育提供各种条件的主要生理学依据。

（二）早期胚胎的游离状态

家畜胚胎在发育早期的相当一段时间内（附植之前），在输卵管或子宫内处于游离状态，和子宫还没有建立实质性的联系，它的发育基本上靠本身贮存的营养物质。因此，在这个时期可以从供体体内取出，在离开活体的短时间内和适当的条件下仍能够存活，当放回到与供体相同的环境中，能够继续发育。

（三）胚胎不存在免疫问题

同一物种之间移植的胚胎不存在免疫排斥现象，所以，当胚胎从供体移植到受体时可以存活下来，胚胎必须和受体的子宫内膜建立生理和组织上的联系，才能保证胚胎以后的正常发育。

（四）胚胎的遗传特性不受受体影响

受体对胚胎并不产生遗传上的影响，不会改变新生个体的遗传特性或减弱其固有的优良性状。

四、胚胎移植的基本原则

（一）胚胎移植前后所处环境的一致性

是指胚胎移植后的生活环境与胚胎的发育阶段相适应，它包括以下几个方面。

1. 供体和受体种属上的一致性　供体和受体在动物分类学上应是同一物种，移植才有成功的可能性。亲缘关系远的动物间，由于胚胎的组织结构、胚胎发育所需要的条件和发育速度差异较大，供体和受体的胚胎移植不能成功或胚胎只能存活数日。

2. 生理上的一致性　供体和受体母畜在发情时间上应具备同期性，也就是说移植的胚胎与受体在生理上是一致的。在胚胎移植实践中，一般供体和受体发情同步差不能超过 24 h，否则胚胎移植成功率显著下降。

3. 解剖位置上的一致性　解剖位置上的一致性是指移植后的胚胎与移植前的胚胎所处空间环境的相似性。在胚胎的发育阶段，胚胎与输卵管、子宫相对位置发生变化，但胚胎与受体生殖道位置应保持一致，才能使移植后的胚胎继续发育。如果胚胎移植空间位置上发生变化，就意味着两者之间相互关系的破坏，往往导致胚胎的死亡。

（二）胚胎发育的期限

胚胎收集和移植的期限（胚胎的日龄）不能超过周期黄体的寿命，最迟要在周期黄体退化之前数日进行移植。因此，通常是在供体发情配种后 3～7 d 收集和移植胚胎（图 13-13）。

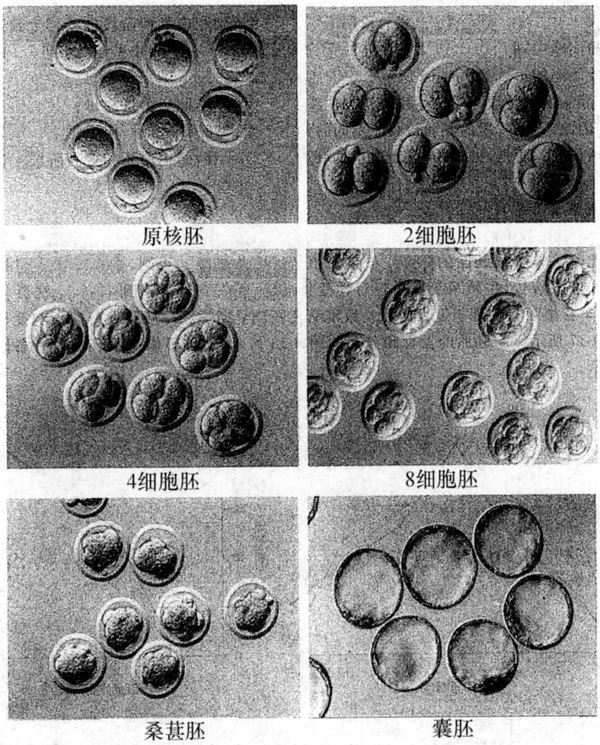

图 13-13　显微镜下胚胎发育各阶段

（三）胚胎的质量

移植的胚胎必须经过鉴定，证明是发育正常者。在全部操作过程中，胚胎不应受到任何不良因素（物理的、化学的、微生物的）影响而危及生命力。开展胚胎移植必须有充足的胚胎来源，具备优秀品种基因的胚胎必须有保证。

按照上述原则，胚胎移植只是胚胎生存空间位置上的变化，而不是生理环境的变化。这种空间位置上的变化不会影响胚胎的生长发育，所以将胚胎从一头供体母畜体内直接转移到受体，可以存活并正常发育，直到分娩。

五、胚胎移植的操作程序

胚胎移植的主要技术程序包括：供、受体选择，供、受体同期发情处理，供体的超数排卵、配种，胚胎采集，胚胎鉴定与保存，胚胎移植。

（一）供体和受体的选择

选择的供体应该符合本品种的标准，不仅要具备较高的遗传育种价值，而且应该有良好的繁殖功能和生产性能，易配易孕，没有遗传缺陷，分娩顺利正常无难产，特别是无繁殖疾病和传染性疾病，营养良好，体质健壮，发情周期正常，发情征象明显，对超排反应良好。此外，年龄、胎次、产后间隔、子宫环境、对 FSH 的敏感性及内分泌的稳定性对超排都有影响，在选择超排的供体牛时应考虑。

每头供体需准备数头受体，受体可以是一般的非优良品种，但必须是无生殖器官疾病的适繁个体，抗病性好，哺乳能力强，体格较大。在拥有大量母畜的情况下，可选择与供体发情时间相同的自然发情个体作受体，两者发情时间最好相同或相近，前后不宜超过 24 h。由于一般情况下不易找到足够量的合适母畜作为受体，所以常采用同期发情来获得足够数量的受体母畜。

供体和受体选择后，应有专人负责，加强饲养管理，使其达到理想的生理状态，以提高胚胎移植的效果。

（二）供体和受体的同期发情

胚胎移植时，必须进行同期发情处理，使受体和供体母畜的发情同期化，其发情时间最好控制在±12 h，若超过±24 h，则胚胎移植受胎率急剧下降。

（三）供体的超数排卵

供体超数排卵有 PMSG 一次注射法和 FSH 多次减量注射法。目前在 4 d 内以 FSH 共 8 次减量注射法超排效果较好。

1. 用 PMSG 超排　在母牛发情周期的第 11～13 天中的任意一天肌内注射即可，按每千克体重 5 IU 确定 PMSG 总剂量，在注射 PMSG 后 48 h 及 60 h 分别肌内注射 $PGF_{2\alpha}$一次，每次 2～4 mg。母牛出现发情后 12 h 再肌内注射 PMSG，剂量每千克体重 5 IU。

2. 用 FSH 超排　在母牛发情的第 9～13 天中的任何一天开始肌内注射 FSH。以递减剂量连续注射 4 d，每天注射 2 次（间隔 12 h），剂量按牛体重、胎次作适当调整，总剂量为 300～400 大鼠单位。在第一次注射 FSH 后 48 h 及 60 h 各肌内注射一次 $PGF_{2\alpha}$，每次 2～4 mg。若采用子宫灌注剂量可减半。

（四）供体的发情鉴定与配种

超数排卵处理后，要密切观察供体的发情表现，每天早、中、晚至少观察 3 次。母畜发情后，为了得到更多发育正常的胚胎，应使用活力高、密度大的优良公畜的精液，而且可以适当地增加输精剂量及人工授精的次数，授精间隔时间为 8～12 h。

（五）胚胎的采集

在供体配种或人工授精后的适当时间，利用冲胚液将胚胎从供体生殖道内冲出，收集在一定的器皿中，以便移植给受体的过程即为胚胎的采集，简称采胚。

1. 胚胎采集前的准备

（1）冲胚液、培养液的配制　冲胚液、培养液现多用杜氏磷酸盐缓冲液（PBS）（表 13-8）。在使用前都要加入血清白蛋白，含量一般为 0.1%～3.2%，也可用犊牛血清代替，但需加热（56℃水浴 30 min）灭活其中的补体，以利于胚胎存活。冲胚液血清含量一般为 3%（1%～5%），培养液血清含量为 20%（10%～50%）。冲胚液、培养液用前放入 37℃的水浴或恒温箱中预热、备用。

表 13-8　杜氏磷酸盐缓冲液成分　mg/L

NaCl	KCl	$CaCl_2$	$MgCl_2 \cdot H_2O$	Na_2HPO_4	KH_2PO_4	葡萄糖	丙酮酸钠
8 000	200	100	100	1 150	200	1 000	36

(2)胚胎收集器械　主要有二路式采胚管、采胚管钢芯、扩宫管、连接管、集胚皿和集卵杯等,此外还有常规外科手术器械及药品。

2. 胚胎采集的时间　一般在配种后的 3～8 d,发育到 4 细胞期以上。当采集的胚胎用于胚胎冷冻或胚胎分割时,胚胎采集时间可适当延长,但不能超过配种后的 7 d。

采胚的具体时间应根据配种时间、发生排卵的大致时间、胚胎的运行速度、胚胎的发育阶段、畜种、胚胎所处部位、采胚方法等因素来确定。

3. 胚胎采集的方法　有手术法和非手术法。前者可用于各种家畜胚胎的收集,此法具有胚胎回收率高的特点;后者仅适合牛、马等大家畜,且只能在胚胎进入子宫角后收集。

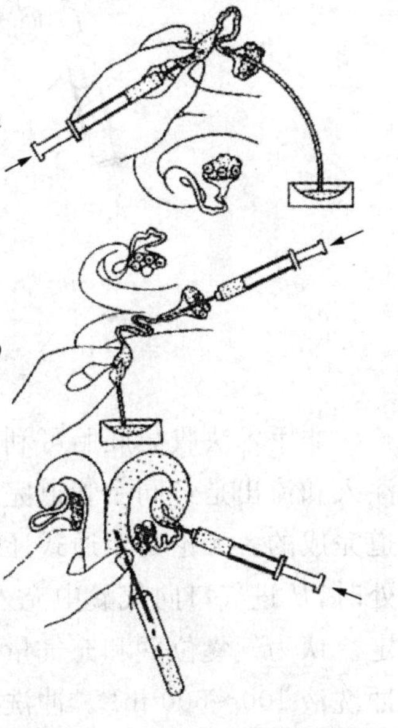

图 13-14　手术法采胚操作图

(1)手术法收集胚胎　根据畜种的不同及外科手术的要求,在腹中线或腹侧作一切口,先将一侧输卵管及子宫角移出腹腔,用注射器吸取冲卵液注入输卵管或子宫角内进行冲洗,并观察卵巢上的排卵情况。然后将该侧送回腹腔,并移出另一侧,用同样方法进行冲洗。手术法冲洗胚胎有以下两种方式:

①输卵管冲洗法　由子宫角向输卵管伞部冲洗(上行法)(图 13-14a)。用注射器的磨钝针头刺入子宫角顶端,注入冲洗液,然后在输卵管的伞部接取冲卵液,这种方式适用于牛、羊、兔等。

由输卵管伞向宫管结合部冲洗(下行法)(图 13-14b)。冲洗的方向是由伞部注入冲洗液,在子宫角上端接取。猪和马的宫管结合部有一活塞结构,用第一种方式,冲洗液不易通过,因此多采用第二种方式。

输卵管冲洗法只有当胚胎还处于输卵管时才可采用,其优点是采胚率高,冲洗液用量少,检胚快。缺点是从输卵管插入细管或冲洗,容易造成输卵管及伞部损伤。

②子宫角冲洗　自家畜腹中线切口引出子宫角后,用拇指和食指或止血钳夹住子宫角基部,并在子宫角基部用一钝形针穿刺子宫壁,取一塑料管沿着针孔插进子宫腔,然后用注射器将 30～50 mL 冲洗液从子宫角顶端向子宫角基部方向注入,胚胎随冲洗液由细管流入集卵器皿(图 13-14c),或者从子宫角基部向子宫角顶端方向注入。这种方式适合于各种家畜。优点是手术过程只需拉出子宫角,缺点是因子宫腔大,冲洗液用量大,采胚率偏低。

冲胚操作要求迅速准确,以防止对伤口、生殖器官和冲卵液的污染,力求避免给动物带来刺激和对生殖器官造成损伤。一般来说,术后生殖器官容易发生不同程度的粘连,严重时会造成不孕,这是手术法收集胚胎最大的缺点。冲洗之后,应立即缝合伤口,母畜应单独饲养,并随时观察其伤口的愈合情况。

(2)非手术法收集胚胎　牛、马也可采用非手术法收集胚胎,由于这种采集方法比手术法简单易行，而且对生殖器官的伤害程度较小，因此在生产中较多采用(图 13-15)。

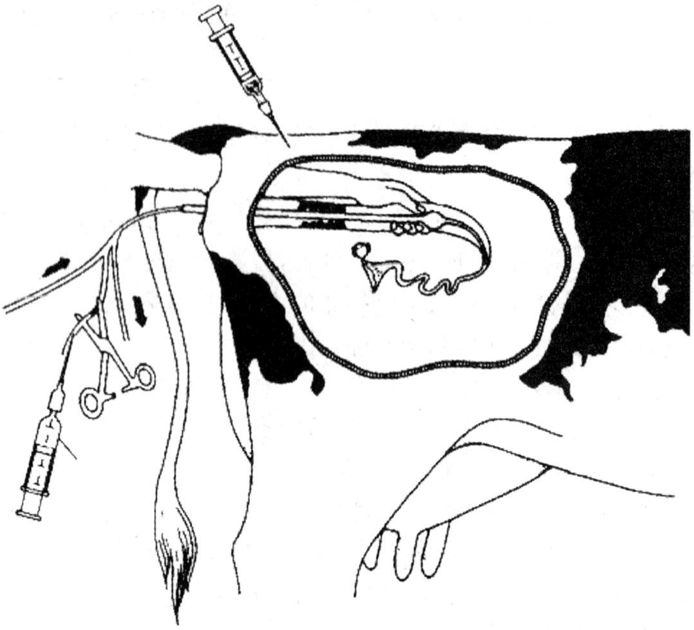

图 13-15 非手术法采胚操作图

非手术法收集胚胎可利用双通式或三通式导管采卵器，其差别在于双通式采卵器冲卵液注入和流出是经同一管道完成的，而三通式采卵器冲卵液的注入和流出是经过两个不同的管道完成的。无论是双通式还是三通式，其外管前端均连接一气囊。当采卵器插入子宫角大弯处时，从进气口向气囊中充入气体，充气量的多少依子宫角粗细以及导管插入子宫角的深浅而定。认为气囊位置和充气量合适时抽出全部不锈钢钎，由进出水孔注入冲洗液，每侧子宫角需冲洗液 100～500 mL。冲洗液的导出应顺畅迅速，并尽可能将冲洗液全部收回。为此，冲胚时最好用手在直肠内将子宫角提高并略加按压，以利于冲洗液流出。胚胎的回收率与冲洗液回收的完全程度呈正相关。

应用非手术法收集胚胎时，只有当胚胎都进入子宫角后方可进行。显然，这种方法无法收集停留在输卵管内的胚胎，因此，用非手术法收集牛的胚胎时，一般在配种后的 6～8 d 进行。

(六)胚胎的检查

胚胎的检查包括两个过程，一是检胚，二是胚胎鉴定。检胚是指在体视镜下，从冲洗液中寻找胚胎。胚胎的鉴定则是将检查的胚胎应用各种手段对其质量和活力进行评定(或等级分类)。

1. 检胚　为了减少体外不利因素对胚胎造成的影响，从母畜生殖道内冲出的冲洗液应保持在 37℃环境中，冲胚结束后将冲洗液置于 30℃的无菌箱中，最好在箱内检查，如果条件不具备，可在 20～25℃的无菌操作室内检查。为了缩短检胚时间，最好用 2～3 台体视镜同时检查。因冲洗液量比较大(几百毫升)，全部检查花费时间太多，故采取两种方法，既不让胚胎丢失又要节省时间。一种方法是静置法，即把盛冲洗液的容器在无菌室内静置 20～30 min，胚胎下沉到容器底部，吸出上面的冲洗液，剩下几十毫升即可，然后将这些冲洗液倒入平皿或表面皿，在体视镜下进行检查，为防止胚胎粘在容器上，要用冲洗液冲洗容器，这部分单独倒入平皿检查。另一种方法是将冲洗液倒入带有网格(直径小于胚胎直径)的过滤器中，由上往下吸出冲洗液，最后剩下几十毫升即可。为防止胚胎吸附在过滤器上，用冲洗液反复冲洗过滤器。在体视镜下进行观察，牛和绵羊早期胚胎的直径为150 μm左右。检查出的胚胎用吸卵器移入含有20%犊牛血清的PBS培养液中进行鉴定。

2. 胚胎鉴定　胚胎移植前正确鉴定胚胎的质量，是移植能否成功的关键之一。目前鉴定胚胎质量和活力的途径主要有以下几种。

(1)形态学法　这是目前鉴定哺乳动物胚胎最广泛、最实用的方法。一般是在30～60倍的实体显微镜下或120～160倍的生物显微镜下对胚胎进行评定，评定的内容包括：①卵子是否受精(未受精卵的特点是透明带内有分布均匀的颗粒，无卵裂球)。②透明带形状、厚度，有无破损等。③卵裂球的致密程度，细胞大小是否有差异，卵黄周隙内是否有游离细胞或细胞碎片。④胚胎的发育程度是否与胚龄一致，胚胎的透明度，胚胎的可见结构是否完整等。

根据胚胎的形态特征将胚胎分为A(优)、B(良)、C(中)、D(劣)4个等级。

A级：胚胎发育阶段与胚龄一致，胚胎形态完整，轮廓清晰，呈球形，分裂球大小均匀，结构紧凑，色调和透明度适中，无游离的细胞和液泡(或很少)，变性细胞比例<10%。

B级：胚胎发育阶段与胚龄基本一致，轮廓清晰，分裂球大小基本一致，色调和透明度及细胞密度良好，可见到一些游离的细胞和液泡，变性细胞占10%～30%。

C级：胚胎发育阶段与胚龄不太一致，轮廓不清晰，色调变暗，结构较松散，游离的细胞或液泡较多，变性细胞达30%～50%。

D级：有碎片的胚胎，细胞无组织结构，变性细胞占胚胎大部分，约75%。

A、B、C级胚胎为可用胚胎，D级为不可用胚胎。

(2)荧光活体染色法　将二醋酸荧光素(FDA)加入待鉴定的胚胎中，培养3～6 min，活胚胎显示荧光，死胚胎无荧光。这种方法比较简单，而且可验证上述形态学对胚胎做出的分类结果，因此，在生产上应用得也比较多。

(3)测定代谢活性法　即通过测定胚胎的代谢活性，鉴定胚胎的活力。其方法是将待鉴定的胚胎放入含有葡萄糖的培养液中，培养1 h后，测定葡萄糖的消耗量，每培养1 h消耗葡萄糖2～5 μg或以上者为活胚胎。

(七)胚胎保存

胚胎的保存是将胚胎在体内或体外正常发育温度下，暂时储存起来而不使其失去活力，或者是将其保存于低温或超低温情况下，使细胞新陈代谢和分裂速度减慢或停止，即使其发育基本处于暂时停顿状态，一旦恢复正常发育温度时，又能再继续发育。目前，哺乳动物胚胎的保存方法有常温保存、低温保存和超低温冷冻保存。

1. 常温保存　常温保存是指胚胎在15～25℃温度下于培养液中保存。这种温度下胚胎能保存24 h，随时间的延长其活力下降。此方法只能做短暂的保存和运输。

2. 低温保存　低温保存是指胚胎在0～10℃温度下保存，此时，胚胎卵裂暂停，代谢速度显著减慢，但尚未停止。这种方法使细胞的某些成分特别是酶处于不稳定状态，保存时间较短。但低温保存操作简便，设备简单，适宜野外应用。

不同动物的胚胎对温度的反应不同，小鼠、家兔和羊的胚胎冷却到0℃仍能存活，而猪胚胎抗低温能力较差。目前认为，低温保存一般以5～10℃较好。几种哺乳动物适宜保存胚胎的参考温度分别是：小鼠5～10℃，家兔10℃，绵羊10℃，山羊5～10℃，牛0～6℃。而猪胚胎对低温较敏感，在15℃以下易受低温打击而影响活力，所以猪胚胎保存一般以15～20℃为宜。

保存液直接影响胚胎的活力。用于胚胎低温保存的保存液种类很多，近年来，各种动物胚胎的低温保存广泛采用Whittingham(1971)配制的修正磷酸盐缓冲液(mPBS)。

3. 冷冻保存　胚胎冷冻保存就是将胚胎置于超低温(－196℃)环境中保存，其新陈代谢及发育完全停止，但仍具有活力，一旦解冻、移植即可产生后代。其最大的优点是胚胎可以长期保存，而对其活力无影响。

胚胎冷冻的方法很多，有缓慢降温法、快速冷冻法和玻璃化冷冻法3种。

(1)缓慢降温法　加入保护剂后，以0.2～0.8℃/min的速率降至－196℃后投入液氮。同样解冻也需要缓慢升温。此法冷冻解冻过程耗时太长，现采用不多。

(2)快速冷冻法　需要专门的冷冻仪，但胚胎解冻后存活率及移植成功率较高，目前生产中最常用。

①胚胎采集和洗涤　用手术法或非手术法采集胚胎后，选择形态正常的桑葚胚或囊胚在含20%犊牛血清的PBS中洗涤两次。

②加入冷冻液　洗涤过的胚胎在室温条件下加入含1.4 mol/L甘油的冷冻液中平衡20 min。

③装管和标记　将胚胎和冷冻液装入0.25 mL细管中(图13-16)，封口，并在细管上标记供体号、胚胎数量、等级、冷冻日期等。

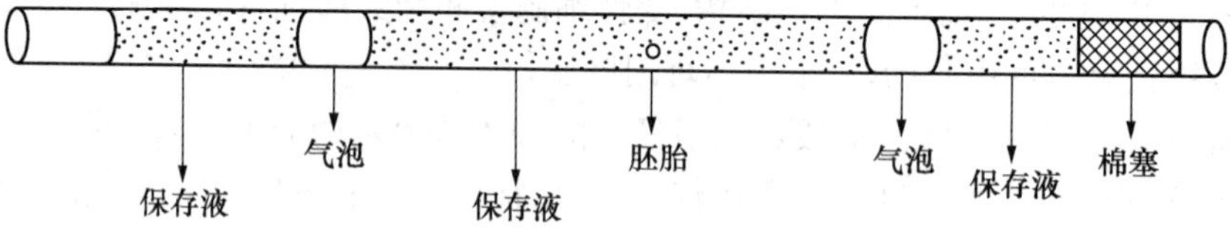

图13-16　胚胎吸入细管的程序

④冷冻和诱发结晶(植冰)　将装入细管中的胚胎放入冷冻仪中，在0℃平衡10 min，以1℃/min速度降至－6～－7℃，在此温度下诱发结晶，并平衡10 min。然后以0.3℃/min的速度降温至－35～－38℃，投入液氮中保存。

⑤解冻和脱除保护剂　从液氮中取出装胚胎的细管，立即投入37℃水浴中，并轻轻摆动，1 min后取出即完成解冻过程。然后用0.2～0.5 mol/L蔗糖PBS液分两步或一步法脱除冷冻保护剂使胚胎复水，最后移入PBS培养液中准备移植。

(3)玻璃化冷冻法　采用25%的甘油、25%的丙二醇、25%的乙二醇中的任何两种保护剂组成高浓度的玻璃化液。胚胎先移入低浓度的保护剂中，停留片刻后再移入高浓度的保护剂中，再装入细管并在4℃温度下平衡10 min，然后直接投入液氮。解冻后可分两步脱去保护剂。此法操作简单，不需要专门的冷冻仪，为将来发展的方向，但成功率还有待提高。

(八)胚胎的移植

胚胎移植也有手术法和非手术法两种方式，前者适用于各种家畜，后者仅适用于牛、马等大家畜。用作受体的母畜应具有明显的发情征象，发情时间与供体母畜一致。

1. 手术法　受体母畜应和供体母畜同时做好术前准备，在进行胚胎检查的同时或之后，立即在受体腹部作一切口，找到排卵侧的卵巢并观察黄体发育情况，根据胚胎的发育阶段，用注射器或移植管将胚胎注入排卵卵巢同侧子宫角上端或输卵管壶腹部内（图 13-17），然后迅速复位、缝合。

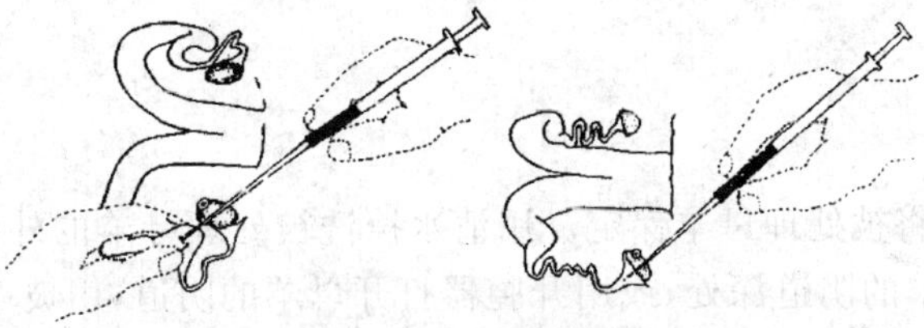

图 13-17　手术法移植胚胎

2. 非手术法　牛的非手术移植法是将一只手伸入直肠，先检查黄体位于哪一侧卵巢及其发育情况，然后类似于人工授精技术，用手把握住子宫颈，另一只手将胚胎移植枪插入与黄体同侧的子宫角内，注入胚胎（图 13-18）。

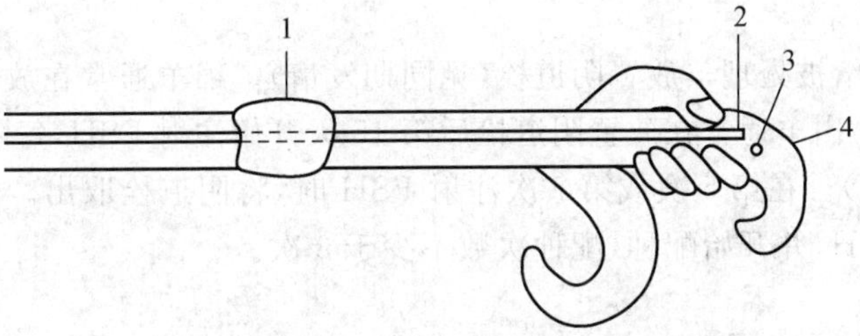

图 13-18　非手术法移植胚胎

1. 子宫颈　2. 胚胎移植器　3. 胚胎　4. 子宫角大弯

移植时动作要迅速准确，避免对组织造成损伤。黄体发育不良的母畜最好不用作受体，以免影响受胎率。

【实训操作】

实训 13-2　羊的手术法胚胎移植

一、实训目的

通过实训，掌握母羊手术法胚胎移植的程序、主要技术环节、操作要领。

二、实训器材

1. 实验动物　健康符合试验条件的母羊。

2. 药品与试剂　氯前列烯醇、消毒液、孕酮阴道栓(CIDR)、土霉素粉、高锰酸钾、维生素A、维生素D、维生素E、促卵泡素(FSH)、促黄体素(LH)、75%的酒精等。

3. 器械　玻璃棒、开膣器、脸盆、水桶、毛巾、CIDR枪、注射器、冲卵管、冲卵液、集卵皿、手术器械、手术架、移植器械、棉球及乳胶手套等。

三、实训内容

(一)同期发情

1. 放置阴道栓　将被处理母羊保定。用清水擦洗被处理母羊的外阴部,并进行消毒。用放栓枪将阴道栓放到羊的阴道深处,或用开膣器打开母羊的阴道,用玻璃棒将阴道栓缓缓顶到阴道深部的子宫颈口处。8～12 d时,再次保定被处理母羊,用手拉住暴露在阴道外的细绳直到阴道栓出来。取栓后2～4 d,仔细观察母羊发情情况,并做好记录。

2. 注射PG　将被处理母羊保定,注射氯前列烯醇0.1～0.2 mg。2～4 d内仔细观察母羊发情情况,并做好记录。

(二)超数排卵

1. 操作方法　给被处理羊放置阴道栓(见同期发情)。绵羊通常在放置阴道栓后第12天开始肌内注射FSH,山羊通常在放置阴道栓后第15天开始注射FSH,每隔12 h注射1次,连续注射6次(或8次)。在第5次或第7次注射FSH时,将阴道栓取出。仔细观察处理母羊,发现发情羊,注射LH,并开始配种,配种次数不少于3次。

2. 注意事项

(1)FSH的注射剂量　因生产厂家和羊只个体大小不同而异。澳大利亚、新西兰、美国生产的FSH,规格是40 mg/支,每只羊注射总量约为20 mg;宁波激素厂生产的FSH,规格为100 IU/支,每只羊注射总量在150 IU左右。

(2)LH的注射剂量　肌内注射每只羊约为150 IU。

(三)手术法收集胚胎

手术前对羊进行24 h禁食。为了节省手术时间,减少手术室的环境污染,手术的羊只提前在室外剃毛。麻醉,保定后对手术部位消毒。一般多采用腹中线旁切口,由后向前平行腹白线切开长为2～5 cm的切口。寻找及显露子宫、输卵管及卵巢,观察并记录两侧卵巢表面的黄体大小、数量,卵泡数量等。向子宫角内匀速注入37℃冲卵液,一般30～50 mL,冲卵液经子宫角、二通管的接出管回收到集卵皿中。一侧子宫角冲洗完毕后,抽出注射器针头,将固定气囊放气,拔出冲卵管,用同样方法冲洗另一侧子宫角。冲胚完成后,将装有回收液的表面皿迅速送到检胚室,镜检。对子宫表面血迹用灭菌纱布进行彻底擦拭,并用生理盐水清洗整个子宫后送回腹腔进行缝合。

(四)胚胎移植

1. 羊手术法胚胎移植　受体羊的手术,同羊的胚胎收集方法。切开腹壁后,将子宫角引出切口外,用钝形针头在有黄体的一侧子宫角上部1/3处扎小孔,刺透子宫壁后,迅速拔下穿刺针。将装有胚胎的移植器沿针孔插入子宫腔内约 1 cm,将胚胎和少量的培养液一起注入子宫腔内。移植后检查移植器中是否有胚胎遗留,确认移植器内没有胚胎,开始缝合切口。做好术后羊的护理和妊娠观察、诊断工作。

2. 羊腹腔内窥镜法胚胎移植 在乳房前方腹中线两侧各切开一个 1 cm 长的小孔,一侧插入打孔器和腹腔镜,另一侧插入肠钳。观察卵巢黄体,选择有黄体且黄体发育良好的子宫角进行移植,移植部位与供体羊采胚部位相同。

四、技能考核标准

考核内容		评分标准		考核方法
		分值	扣分依据	
羊的手术法胚胎移植	同期发情和超排	20	每少一项扣 3 分	小组考核
	胚胎的采集	30	每错一步扣 3 分	
	胚胎的检查	10	每错一步扣 5 分	
	胚胎的移植	20	每错一步扣 5 分	
	熟练程度	10	在教师指导下完成时扣 5 分	
	完成时间(时限 50 min)	10	每超时 1 min 扣 3 分	

任务 13-5 配子与胚胎生物工程技术

一、体外受精

(一)体外受精的概念

体外受精(in vitro fertilization,IVF)是指哺乳动物的精子和卵子在体外人工控制的环境中完成受精过程的技术(图 13-19)。在生物学中,把体外受精胚胎移植到母体后获得的动物称为试管动物。自从 1951 年 Chang 和 Austin 分别发现哺乳动物精子获能现象之后,体外受精技术的研究得到了飞速的发展,现已日趋成熟而成为一项重要而常规的动物繁殖生物技术。哺乳动物的体外受精技术是继人工授精、胚胎移植技术之后,家畜繁殖领域的又一次革命。体外受精技术是由卵母细胞的体外成熟、体外受精、受精卵的体外培养和胚胎移植等程序组成的完整系统。

(二)体外受精的意义

(1)体外受精技术的确立,为进一步研究精子和卵子体外受精机制和调控条件提供可能。

(2)体外受精技术还是动物克隆、动物转基因工程、胚胎干细胞等现代生物技术不可缺少的组成部分。

(3)体外受精技术的发展为体外工厂化生产优质低廉的胚胎提供了可能,并为广泛开展胚胎移植提供了条件。

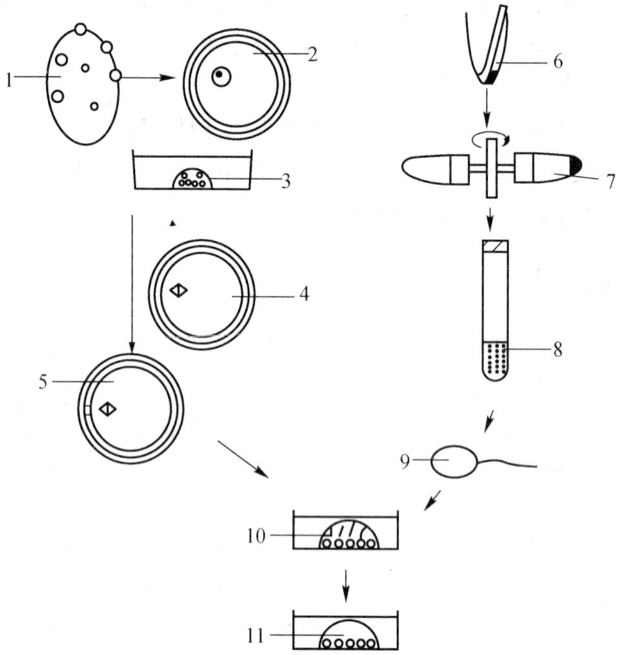

图 13-19 哺乳动物体外受精示意图

1. 卵巢 2. 生发泡（germinal vesicle，GV）期卵母细胞 3. 卵母细胞成熟培养
4. M(metaphase，中期)Ⅰ期卵母细胞 5. MⅡ期卵母细胞 6. 精液解冻 7. 精子离心洗涤 8. 精子获能处理
9. 获能精子 10. 体外受精 11. 胚胎培养

(4)体外受精结合胚胎移植技术是治疗某些不孕症和克服性连锁病的重要措施之一。

(三)体外受精技术的基本操作程序

1. 卵母细胞的采集　季节不同，家畜的卵巢机能活动不同。卵母细胞的采集一般应在家畜繁殖季节进行，因为此时卵巢的机能活动最为活跃，卵泡生长良好，卵母细胞质量较好，体外成熟率高。卵母细胞的采集方法通常有三种：

(1)超数排卵　雌性动物(母畜)用 FSH 和 LH 处理后，从输卵管中冲取成熟卵子并与获能精子受精。该技术的关键是掌握卵子进入输卵管和卵子在输卵管维持受精能力的时间，一般要求在卵子具有旺盛受精能力之前。超数排卵能提高家畜的利用率，同时可控制体外受精的卵子发育阶段，从而提高体外受精的效率。

(2)从活体卵巢中采集母畜卵母细胞　Snyder 和 Dukelow 在 1974 年首次利用内窥镜或腹腔镜从绵羊的 21 个卵泡抽吸到 6 个卵母细胞。该方法借助超声波探测仪、腹腔镜直接从活体动物的卵巢中吸取卵母细胞。在小家畜(如绵羊和猪)中，常用腹腔镜取卵，在大家畜(如牛和马)常用超声波探测仪辅助取卵。在家畜中，活体采集的卵母细胞一般要经过成熟培养后才能与精子受精。

(3)从屠宰后母畜卵巢上采集卵母细胞　从刚屠宰母畜体内摘出卵巢，经洗涤、保温(30～37℃)后，快速运到实验室，在无菌条件下用注射器或真空泵抽吸卵巢表面一定直径卵泡中的卵母细胞，也可对卵巢进行切片，收集卵母细胞。用此方法获得的卵母细胞多数处于生发泡期(GV 期)，需要在体外培养成熟后才能与精子受精。该方法的关键是注意卵巢的保温和防止细菌污染。最大优点是材料来源丰富，成本低廉，但确定母畜的系谱困难，且受季节影响较大。

2. 卵母细胞的选择 采集到的卵母细胞一般与卵丘细胞形成卵丘卵母细胞复合体（cumulus oocyte complex，COC）。采集到的 COC 要求卵母细胞形态规则，细胞质均匀，外围有多层卵丘细胞紧密包围。根据对家畜体外受精多年的研究，可将未成熟的卵母细胞分为 A、B、C 和 D 共 4 个等级：A 级卵母细胞要求有 3 层以上卵丘细胞紧密包围，而且 A 级的颗粒层细胞扩张充分；B 级要求卵母细胞质均匀，卵丘细胞低于 3 层或部分包围卵母细胞；C 级是没有卵丘细胞包围的裸露卵母细胞；D 级是死亡或退化的卵母细胞。一般选择 A、B 级卵母细胞进行成熟培养。

3. 卵母细胞的成熟培养 由超数排卵采集的家畜卵母细胞在体内已发育成熟，无须培养可直接与精子受精，而未成熟卵母细胞需在体外进行成熟培养。培养时，先将采集的卵母细胞在实体显微镜下经过挑选和洗涤后，放入培养液中培养。卵母细胞成熟培养液为基础成熟液添加血清和激素。目前卵母细胞的成熟培养液一般采用 TCM199 添加孕牛血清、促性腺激素、雌激素和抗生素成分，采用微滴培养法。

4. 体外受精

（1）精子的获能处理 精子的获能现象最早由张明觉和 Austin 在 1951 年提出。精子在离开雄性生殖器时，虽有完整的形态和独立运动能力，但不能立刻与卵子受精，须在雌性生殖道或在体外的特定介质中进行最后成熟，即“获能”，才能与同种动物的卵子受精，这是受精过程最基本的一步，也是体外受精技术中最关键的一步。哺乳动物精子的获能方法有培养和化学诱导两种方法。常用于获能的物质有肝素、钙离子载体和血清白蛋白等。精子获能过程是一个依赖于钙离子的过程。

（2）受精 体外受精即获能精子与成熟卵子的共培养，除钙离子载体诱导获能外，精子和卵子一般在获能液中完成受精过程。受精培养时间与获能方法有关，在 BO 液中一般为 6～8 h，而用 TALP 或 SOF 液作受精液时可培养 18～24 h。精子和卵子常在小滴中共培养，受精时精子密度为 $(1\sim9)\times10^6$/mL，每 10 μL 精液中放入 1～2 枚卵子，小滴体积一般为 50～200 μL。

5. 胚胎培养 精子和卵子结合后，受精卵需要在培养液中继续培养以观察受精卵的发育潜力，质量较好的胚胎方可进行胚胎移植或者进行冷冻保藏。提高受精卵发育率的关键是要选择理想的培养体系，在家畜中，最常用的是 TCM199、B2 和 F10。用它们培养胚胎时，要采用体细胞共培养体系，即体细胞与胚胎在微滴中共同培养，利用体细胞生长过程中分泌的有益因子，促进胚胎发育，克服发育阻断。共培养体系成分复杂，很难确定早期胚胎发育的真正营养需要；化学培养液一般成分简单而明确，培养胚胎时不需添加血清和体细胞，因而易于研究早期胚胎的营养特点，对研究哺乳动物早期胚胎发育机理，提高胚胎体外生产效率有重要价值。常用的成分明确培养液有 CZB、SOF、CRlaa、KSOM 和 mKRB 等。

体外受精卵的培养广泛采用微滴法，胚胎与培养液的比例为一枚胚胎用 3～10 μL 微滴进行培养；一般 5～10 枚胚胎在一个小滴中培养以利用胚胎在生长过程中分泌的活性因子，相互促进发育。当胚胎发育到一定阶段时可进行胚胎移植或冷冻保存，牛、羊受精卵通常培养到致密桑葚胚或囊胚时进行移植或冷冻保存，猪的 IVF 胚胎抗冻能力差，要求在发育早期移入受体内继续发育。在临床医学上，人的 IVF 胚胎一般在 4 细胞阶段移入受体子宫内。

二、动物克隆

“克隆”一词是英文 clone 的音译，源于希腊中 clonos，意为“twig”即嫩枝，clonizo 是动词砍下嫩枝的意思。之前曾有一个意译名——无性繁殖，指由单一细胞或共同祖先经有丝分裂得到的细胞群体；当作动词时，它表达的是形成无性繁殖的过程或方法。

动物克隆是指不经有性生殖而直接获得与亲本具有相同遗传物质的多个后代的过程。生产克隆动物的方法主要有两种：胚胎分割和细胞核移植。在哺乳动物中，细胞核移植是产生克隆动物最为有效的方法，目前受到人们广泛关注的克隆技术就是指细胞核移植技术。

(一)胚胎分割

1. 胚胎分割的概念　胚胎分割是运用显微操作系统将哺乳动物附植前的胚胎分为若干个具有继续发育潜力部分的生物技术，运用胚胎分割可获得同卵孪生后代。

2. 胚胎分割的意义

(1)增加可用胚胎数，提高胚胎移植的总妊娠率　胚胎分割和胚胎移植相结合可以有效地降低胚胎移植的成本，提高优良种畜的繁殖率。

(2)生产同卵双胎或多卵后代　将家畜胚胎分割为半胚、四分胚或多分胚进行移植，可以得到同卵双胎或多卵，增加产仔数，在牛上还可以避免异性孪生不育。

(3)便于性别鉴定的推广应用　通过胚胎分割，可在移植前对胚胎进行性别鉴定，进而根据生产目的不同繁殖不同性别的后代。对奶牛而言，可减少受体牛头数，有目的地快速扩繁高产奶牛群，增加经济效益。

(4)提供有效的遗传育种试验材料　使用同卵双生后代作为遗传育种试验材料，可减少遗传性状差异带来的影响。

(5)增加和保存珍贵家畜及濒危动物的种质资源　通过胚胎分割技术可增加优秀种畜、濒危珍稀动物以及有价值的转基因动物的数量。

3. 胚胎分割的基本程序

(1)切割器具的准备　胚胎分割需要的器械有体式显微镜、倒置显微镜和显微操作仪。进行胚胎分割之前需要制作胚胎固定管和切割针，胚胎固定管要求末端钝圆，内径一般为 20～30 μm，外径与所固定胚胎直径接近。切割针目前有玻璃针和微刀两种，玻璃针一般用实心玻璃棒拉成，微刀用锋利的金属刀片与微细玻璃棒粘在一起制成(图 13-20)。

(2)胚胎预处理　为了减少胚胎切割损伤，胚胎在切割之前一般先用链霉蛋白酶进行短时间处理，使透明带软化并变薄或去除透明带。

(3)胚胎分割　在进行胚胎分割时，先将发育良好的胚胎移入含有操作液的培养皿中，操作液常用杜氏磷酸盐缓冲液，然后在显微镜下用切割针把胚胎一分为二，不同阶段的胚胎，切割方法略有差异。

桑葚胚之前的胚胎因为卵裂球较大，直接切割对卵裂球的损伤较大。常用的办法是用微针切开透明带，用微管吸取单个或部分卵裂球，放入另一个空透明带内(空透明带来自未受精卵或退化的胚胎)。

对于桑葚胚和囊胚阶段的胚胎，通常用直接切割法，操作时，用切割针由胚胎上方缓缓下降，轻压透明带以固定胚胎，然后继续下切，直至胚胎一分为二，再把裸露半胚移入事先准备好

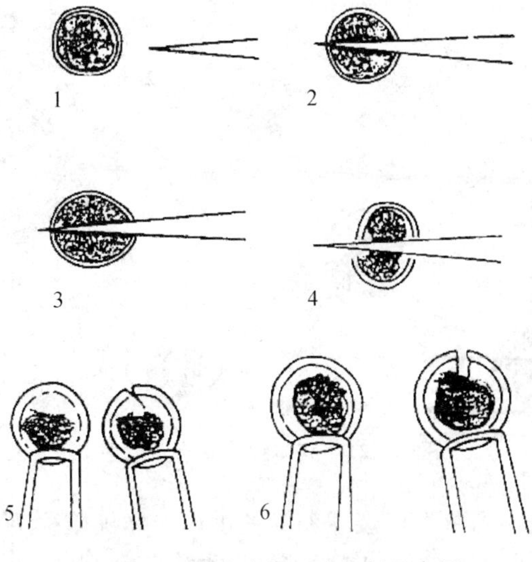

图 13-20　哺乳动物胚胎分割示意图

1. 胚胎(囊胚)　2～4. 胚胎切割　5. 半胚放入空透明带内　6. 经培养发育成囊胚

的空透明带内,或直接移植给受体。

(4)分割胚的培养　为提高半胚移植的妊娠率和胚胎使用率,分割后的半胚需放入空透明带内或用琼脂包埋移入中间受体或直接在体外培养,发育良好的胚胎可移植到受体内继续发育或进行再分割。

(5)分割胚胎的保存和移植　胚胎分割后可以直接移植给受体,也可以进行超低温冷冻保存。为了提高冷冻胚胎移植后的受胎率,分割的胚胎需要在体内或体外培养到桑葚胚或囊胚阶段,再进行冷冻保存。由于分割胚的细胞数少,耐冻性较全胚差,解冻后的受胎率低于全胚。

4. 胚胎分割存在的问题和发展方向

(1)遗传一致性　在理论上,同一胚胎分割后获得的后代,遗传信息应该完全一致。但人们研究发现 6～7 日龄牛胚胎分割后,同卵双生犊牛的毛色和斑纹并不完全相同,而在 2 细胞阶段分割,却表现出遗传一致性。其可能原因是胚胎在发育过程中,细胞不断增殖分化,造成分割胚胎的细胞之间出现差异。但目前对不同发育阶段胚胎细胞的分化时间和发育潜力了解很少,需进一步深入研究。

(2)同卵多胎的局限性　从目前的研究来看,由一枚胚胎通过胚胎分割方式获得的后代数很有限,因此,通过胚胎分割技术生产大量克隆动物目前难以取得进展。

(二)细胞核移植

细胞核移植(cell nuclear transfer)是采用显微操作技术将一种动物的细胞核移入同种或异种动物的去核成熟卵细胞内的技术,是动物克隆技术的一种。细胞核移植动物培育是用特定发育阶段的核供体及相应的核受体(去核的卵子)体外构建重组胚,通过胚胎移植达到扩繁种群的日的。细胞核移植的基本操作程序包括:供体细胞的准备、受体细胞的准备、细胞核移植、细胞融合、细胞激活、重构胚的培养和胚胎移植等(图 13-21)。

1. 供体细胞的准备　早期胚胎细胞、体细胞和干细胞可作为细胞核移植的供体细胞。

对于早期胚胎细胞,先用 1%蛋白酶或 pH 2.5 的酸性台氏液预处理,溶去胚胎透明带。

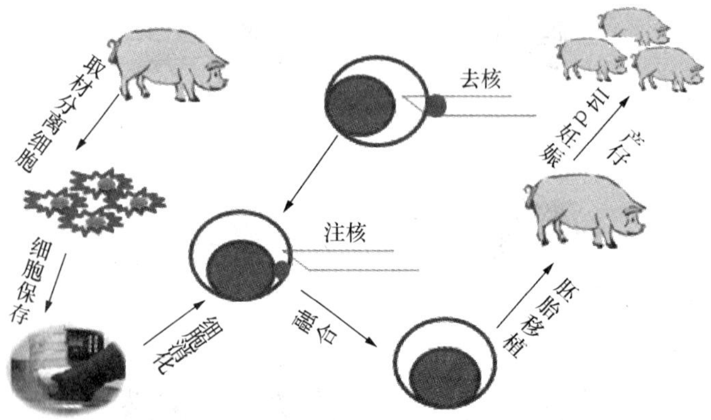

图 13-21 猪体细胞克隆示意图

再用机械吹打或酶消化法得到单个卵裂球作为核供体。体细胞作为供体时，需经 0.25%的胰蛋白酶消化后，将细胞接种培养于 DMEM/F12 的培养基中，之后放入 5%的二氧化碳培养箱中培养，待细胞长至 70%～80%时进行传代。传 3～8 代的细胞用于核移植。核移植前 3～5 d，将培养基中的血清浓度降至 0.5%进行饥饿培养，以调控细胞周期处于 G_0 期。Wilmut 认为 G_0 期的细胞有利于移核胚发育，而 Cibelli 等认为血清饥饿并非必需，他们成功地利用未经血清饥饿牛胎儿成纤维细胞得到克隆牛。

2. 受体细胞的准备　在哺乳动物的核移植研究中，用作核移植的受体细胞主要有三类，即去核的成熟卵母细胞、受精卵及 2 细胞胚胎。大量实验证明，MⅡ期卵母细胞适用于所有的供体核，目前普遍采用去核的 MⅡ期卵母细胞作为受体胞质。卵母细胞的去核方法有多种。

(1)盲吸法　用微细玻璃管在第一极体下盲吸，吸除第一极体及处于分裂中期的染色体和周围的部分细胞质。

(2)荧光引导去核法　先用 Hoechst33342(2～8 μg/mL)对卵母细胞染色 10～15 min 后，在荧光显微镜下确定核的位置，去核后再观察吸去的细胞质，以保证去核成功率。

(3)半卵法　将卵母细胞切成两半，去掉含有极体的一半，然后用不含极体的一半进行核移植。

(4)末期去核法　Bordignoh 等提出，把卵母细胞激活后使之处于 MⅡ期，在排出第二极体时，就可移去其下方附近的染色质和周围的少量细胞质。

此外还有离心去核法、时间控制去核法、切割去核法、化学去核法、2.5%蔗糖处理去核法、功能性去核法等多种方法。

3. 细胞核移植　根据供体核移入部位的不同，核移植可分为带下移植和胞质内注射两类。

(1)带下移植　将核供体卵裂球放在操作液滴中，用一直径接近卵裂球大小的斜口玻璃针吸取一枚分离出的单个完整卵裂球或细胞，从去核时留在透明带上的切口插入，然后反吸一点细胞质，将细胞和细胞质一起注射到卵周隙并使供体细胞与卵质膜接触。

(2)胞质内注射　用注射针(内径 5～8 μm)将细胞核直接注入卵质内，一般沿去核时留下的口进入。

操作的环境温度为 17℃左右，带下和胞质内注射后需进行激活处理。

4. 细胞融合 经带下移植操作的卵母细胞，由于微吸管破坏了卵膜和一部分细胞质，同时移入的细胞核未与供体细胞质膜发生紧密联系，若直接移植，成功率很低，需进行融合处理，使供体核进入到受体细胞质中，形成重构卵。

目前，细胞融合包括化学融合、病毒融合和电融合。化学方法进行细胞融合时对细胞有毒；病毒融合法对胚胎发育有不良影响，易发生污染，且对牛等动物无效。所以这两种方法都很少使用。电融合法不仅可使供体细胞与受体卵母细胞的质膜有效融合，电刺激还可同时引起卵母细胞的激活，是目前动物核移植的最佳融合方法。

电融合的原理是外加脉冲电场能够改变细胞膜的通透性，促进膜内外物质的交换。当细胞之间存在紧密接触，电击可使膜接触区融合。常用的电融合液有 0.27 mol/L 蔗糖液、甘露醇溶液（100 mL 中含甘露醇 5 470 mg，$MgSO_4 \cdot 7H_2O$ 0.246 mg，$CaCl_2$ 0.549 mg）和 Zimmermann 液。电融合时将待融合卵先经融合液处理，3～5 min 后移入电融合槽中，用交流电使待融合卵定位。电刺激后，尽快把重构卵移出，于新鲜培养液中冲洗 3 次后，培养 20～30 min检查融合情况。电融合时若只在两电极间冲灌电融合液，则每给 5～6 次电脉冲后就需用新鲜的电融合液清洗电融合槽，然后再加入新鲜的电融合液。若加入大量（1 mL 左右）的电融合液并覆盖两电极及周围部分，则可在处理完 20～30 个核移植卵后，再更换新的电融合液。

5. 细胞激活 一般而言，电融合完成后，卵子也因电刺激而受到激活，但有的核移植重构卵（如小鼠、大鼠和牛）还需进一步充分激活才能发育。其方法有化学激活和电激活两类。

(1)化学激活 化学激活即利用化学激活剂对卵子进行激活。在核移植中应用较多的化学激活剂及使用方法如下：

①7%乙醇 把需激活的重构卵放入含 7%乙醇的培养液中，在 37℃ CO_2 培养箱中处理 5 min或室温下处理 7 min，洗净后进行培养。

②离子霉素（Ionomycin） 可快速升高细胞质内的 Ca^{2+} 浓度。用 DMSO 将离子霉素溶解，－20℃保存，浓度为 5 μmol/L，处理时间 4～5 min。

③钙离子载体（IA23187） 可快速升高细胞质的 Ca^{2+} 浓度。使用浓度为 5 μmol/L，处理时间为 5 min。

此外使用的化学激活剂还包括 6-DMAP（6-二甲氨基吡啶）、Staurosporine（蛋白激酶抑制剂）、$SrCl_2$。

(2)电激活 根据其在核移植前后进行而分为前激活、融合激活和后激活。根据卵母细胞的发育与 MPF（促成熟因子）的关系，用前激活处理来降低去核卵母细胞的 MPF 的水平，可使卵母细胞接受处于细胞周期各个阶段的供体核，这样可大大改善一些动物，如牛和羊重构卵的卵裂率和发育率。其原理是细胞在短暂高压直流电脉冲的作用下，细胞膜穿孔，使细胞内外的离子和大分子发生短暂流动，引起 Ca^{2+} 内流而激活了细胞。电激活一般采用强度 100 V/mm、持续时间 50～80 μs 的一个直流脉冲。融合激活是在电融合时给予融合电压脉冲的同时也激活了重构卵。如兔子卵母细胞的核移植。后激活是对已融合的重构卵再次给予刺激，使重构卵充分激活，小鼠卵母细胞作核移植时常采用这种激活方式。

6. 重构胚的培养 重构胚的培养方法主要有体内和体外培养两种，由于前者操作复杂、成本高，因此一般采用体外培养法。移核后的重构卵需要在体外培养一段时间以观察发育能力，再决定可否移植到受体。不同动物的培养条件有所不同，胚胎的体外培养近年来倾向于使用合成培养液，如在牛、羊等动物上，使用 SOF、CRlaa，在猪上使用 NCSU-23，在小鼠上多用 CZB。这些合成培养液中一般不使用葡萄糖，而以戊糖作为胚胎发育的能量供应物质，这与胚胎早期发育的能量代谢型相符。

7. 胚胎移植　根据动物的种类不同，在胚胎发育的不同阶段采取手术移植或非手术移植。一般选用自然发情或激素处理后的受体动物进行移植。将重构胚移入输卵管或子宫，以期产生克隆动物。输卵管移植一般适用于 1～8 细胞期胚胎，其移植方式有两种，一是经喇叭口移植，二是经膨大部移植；子宫内移植适用于从 8 细胞或桑葚胚到囊胚期阶段的胚胎。另外在胚胎移植时，应避免带入多余的培养液或气泡。胚胎移植后应注意受体状况，做好受体动物的饲养和管理，及时检查妊娠情况，使其顺利产生克隆动物。

三、性别控制与性别鉴定

性别控制和性别鉴定是两个不同的概念，前者一般是指在胚胎受精前控制其性别的形成，而后者则是指对已经发育到一定阶段的胚胎性别进行确认。从基础理论研究方面讲，这两种技术都是探讨生命发生过程中性别发生、分化的手段；从实际生产方面看，两者都是人为控制家畜的性别、提高生产效益的技术。

（一）性别控制

动物生产的许多重要经济性状如肉、蛋、乳、毛、茸、麝香等的生产都与性别有关，都需要特定性别的动物进行生产，因此，动物性别控制技术的应用必将给动物生产乃至人类社会带来巨大的经济效益。

动物性别控制（sex control 或 sexing technology）是利用现代生物技术有目的地按照生产要求，控制动物后代的性别比例，是一项能显著提高畜牧业经济效益的生物工程技术。动物性别控制的方法主要有三种，即 X、Y 精子分离法、环境因素控制法和早期胚胎性别鉴定法。目前在生产实践中易于推广应用和较为成熟的方法是早期胚胎性别鉴定法。

1. 精子分离技术　哺乳动物包含两类精子，一类携带 X 染色体（X 精子），一类携带 Y 染色体（Y 精子）。这两类精子在比重、体积、表面电荷、表面抗原等方面略有差异。根据这些差异，研究人员设计了诸如免疫精子分离法、流式细胞法、密度梯度离心法、沉降法、过滤法、电泳法等分离方法，试图将两类精子分开，以达到控制后代性别比例的目的。

（1）免疫精子分离法　只有 Y 精子才能表达 H-Y 抗原，因而，利用 H-Y 抗体检测精子质膜上存在的 H-Y 抗原，再通过一定的分离程序，就能将 $H\text{-}Y^{+}$（Y 精子）和 $H\text{-}Y^{-}$（X 精子）精子分离。将所需性别的精子进行人工授精，即可获得预期性别的后代。这种分离精子的方法依赖于 H-Y 抗血清的制备，尤其是抗血清的质量。H-Y 抗血清的制备方法主要有免疫亲和柱层析法、H-Y 抗血清直接输入法和免疫磁珠等技术。

（2）流式细胞法　流式细胞仪（图 13-22）在分离两类精子上显示出较大的优势。这种方法的分离原理是 X、Y 两种精子 DNA 含量不同（Y 精子的 DNA 含量高于 X 精子）。以荧光染色后的荧光强度差异结合激光信息判定，最后在电极偏向系统中将 X、Y 两种精子分开，达到分离目的。目前此种方法被认为是最有效的性控产业化技术之一，已在多个国家的家畜性控繁育中推广应用。

（3）密度梯度离心法　十几年前，利用 Percoll 密度梯度离心法成功分离出了人类精子，并通过人工授精的方法控制胎儿性别取得了成功。然而，当用此种方法对家畜精子进行分离时，未得到理想的效果，不能有效地分离X和Y精子，重复性较低，结果不稳定，尚有待研究。

2. 环境因素控制法——性控胶囊　近几年国内几家研究机构和生物技术公司相继推出了提高奶牛母犊出生率的“奶牛性控胶囊”、“多母液”、“生母神液”。这类产品的原理是使用中草药提取物来改变配种母牛子宫的内环境，提高X精子活力来增加母犊的出生率。尽管这类产品的价格低，但是性能不稳定，操作比常规人工授精方法烦琐，很难在将来推广使用。

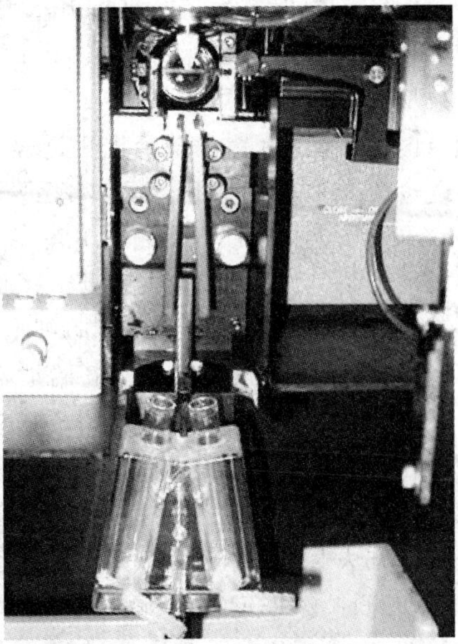
图13-22　流式细胞仪

3. 早期胚胎性别鉴定法　如果对早期胚胎进行性别鉴定(embryo sexing)和控制后代的性别，可以根据雌雄家畜的生产性能进行选择生产，有效地利用珍贵的遗传资源。早期胚胎的性别鉴定技术是另一角度的性控途径，依据胚胎中存在的染色体类型、胚胎中X染色体相关酶的活性、雄性胚胎中存在的H-Y抗原及SRY基因等特征对附植前胚胎进行性别鉴定，再结合胚胎移植技术，选择移植所需性别的胚胎，或将所需性别的胚胎作为核移植的供体细胞，进行克隆以无性繁殖的方式生产相应性别的胚胎，使母畜按照人们的愿望繁殖所需性别的后代，是动物生物技术中一项重要的高新技术。

(二)性别鉴定

胚胎性别鉴定方法主要包括：染色体检查法、H-Y抗原检查法、原位分子杂交法、聚合酶链反应法(PCR法)和X、Y分离精子的体外受精或显微受精法。其中聚合酶链反应法是目前常用的胚胎鉴定方法。

1. 细胞遗传学方法　细胞遗传学方法是经典的胚胎性别鉴定法，通过核型分析来鉴定胚胎性别，最早用于兔、羊、牛胚胎性别鉴定。操作过程如下：先取少量的胚胎细胞，在含有秋水仙素的培养液中培养，使细胞的有丝分裂停留在中期；用低渗溶液使细胞膨胀，细胞膜破裂释放染色体，然后固定，用姬姆萨染色后在显微镜下观察。由于有丝分裂被阻滞在中期，故染色体缩短，形状规则，并有特异的带型。通过核型分析，确定其性染色体类型属XX还是XY型。这种方法鉴定胚胎性别的准确率几乎是100%，但对胚胎有损伤，且操作过程比较烦琐，得到中期分裂象的难度很大，对胚胎浪费较大，同时也费时费功，不宜用于生产实际，但可用来验证其他性别鉴定技术。

2. 生物化学微量分析法　生物化学微量分析法是通过测定与X染色体相关的酶活性来鉴定雌性胚胎的一种方法。哺乳动物雌性个体有两条X染色体，其中一条在发育早期失活，而雄性只有一条X染色体。因此，雌性胚胎中与X染色体相关酶的细胞内浓度及活性是雄性胚胎的2倍，测量酶活性应该在X染色体失活之前进行。但这种方法对致密桑葚胚阶段的胚胎应用有困难，且对于X染色体失活的确切时间还不清楚，如果有些雌性胚胎的X染色体提前失活，就很容易将雌性胚胎误判为雄性。

3. H-Y 抗原测定法　这种方法主要是利用 H-Y 抗体或 H-Y 单克隆抗体，检测胚胎上是否存在 H-Y 抗原的免疫学原理，进行胚胎性别鉴定的一种方法。目前已能利用高灵敏度的放射免疫测定和酶联免疫吸附法(ELISA)检测 H-Y 抗原，做到了批量鉴定胚胎的性别。现已证明，H-Y 抗原被保留在整个进化过程中，除了某些过渡品种外，在所有雄性的体细胞中均发现 H-Y 抗原的存在。在哺乳动物，已发现小鼠、大鼠、兔、牛、绵羊精子上 H-Y 抗原的表达。此外，在小鼠、大鼠、兔、猪、绵羊、山羊和马的早期胚胎上亦发现 H-Y 抗原的存在，并以此进行了附植前胚胎的性别鉴定；通过测定胚胎上 H-Y 抗原的存在与否就能对胚胎的性别做出鉴定。目前，这类方法包含三类，即胚胎细胞毒性分析、间接免疫荧光分析法和囊胚形成抑制法。

(1)胚胎细胞毒性分析　胚胎细胞毒性分析的原理是，在补体(豚鼠血清)存在的情况下，H-Y 抗体可以与 $H\text{-}Y^+$ 胚胎结合并使其中一个或更多的卵裂球溶解，或使卵裂球呈现不规则的体积和形状，阻滞了胚胎的发育。这类受影响的胚胎即为雄性胚胎，而仍能正常发育者为雌性胚胎。将经培养后发育正常的雌性胚胎进行移植，即可达到使母畜只生雌性后代的目的。但这种方法对雄性胚胎有损伤性，故已很少使用。

(2)间接免疫荧光分析法　间接免疫荧光分析法是以 H-Y 抗体作为一抗，以 FITC(异硫氰酸荧光素)标记的羊抗鼠 γ 球蛋白作为二抗，将上述两种抗体依次与胚胎共同培养时，雄性胚胎的抗体与一抗结合，一抗再与二抗结合，通过洗涤将未结合到胚胎的二抗洗去，在荧光显微镜下观察有无特殊荧光。该法是一种无损害性胚胎性别鉴定法，其优点是不损伤胚胎且有较高的鉴别准确率；缺点是对荧光的估算具有一定人为主观性，致使结果不稳定。

(3)囊胚形成抑制法　利用 H-Y 抗体能可逆性抑制胚胎形成的原理，将 H-Y 抗体与桑葚胚共同培养，形成囊胚者为雌性胚，未形成囊胚者为雄性胚，这类雄性胚在除去 H-Y 抗体后数小时还可形成囊胚。这种方法简便有效，不足之处是只能检测桑葚胚及以前的胚胎，且容易将一部分发育迟缓的雌性胚胎误判为雄性胚胎。

4. 分子生物学方法

(1)同位素核酸探针法　从胚胎取下少量细胞，将其 DNA 与根据 *SRY* 基因序列合成的特异性探针杂交，用放射性或非放射性同位素标记探针。杂交结果为阳性，则胚胎视为雄性，反之为雌性。需要的胚胎细胞较多，对胚胎损伤大，操作烦琐，存在同位素污染等限制了该法的应用。

(2)PCR 法性别鉴定　用聚合酶链反应(PCR)扩增 Y 染色体 *SRY* 基因，阳性胚胎为雄性，阴性胚胎是雌性，准确率可达 100%。这种方法可大大增加灵敏度，提高性别鉴定的准确率。这种方法是与胚胎分割等技术结合起来，先将胚胎分割，一半用于 PCR 鉴定，另一半用于鉴定后的移植。这种方法准确简单，便于广泛应用。目前，一些较为实用的改进的 PCR 新技术被应用到鉴定中，增强了检测的灵敏度和结果的准确性，主要有：巢式 PCR(nested PCR)、复合 PCR(multiplex PCR)、荧光 PCR(fluorescent PCR)、全基因组法(whole genome amplification)等。

四、胚胎嵌合

胚胎嵌合又称胚胎融合，是近年来继胚胎分割后发展的一种新的生物技术。动物胚胎嵌合不但对品种改良及新品种培育具有重大意义，而且为不同品种间的杂交改良开辟了新的渠道，对分析胚胎的发生机制和基因表现机制以及了解性别分化或免疫机理等均具有极为广泛的利用价值。将两枚胚胎细胞(同种或异种动物胚胎)融合共同发育成为一个胚胎即为嵌合胚胎。将该胚胎移植给受体,妊娠产仔,如该仔畜具有以上两种动物胚胎的细胞则称为嵌合体动物。

(一)胚胎嵌合制作方法

根据融合方式的不同,动物早期胚胎嵌合的制作方法有早期胚胎聚合法、分裂球聚合法、囊胚注入法和囊胚重组法。

1. 早期胚胎聚合法 早期胚胎聚合法的操作步骤为:

(1)采集胚胎 从宫管结合部采集早期胚胎。

(2)除去透明带 用物理方法、酶处理法或酸处理法(Tyrode 氏 HCl 液,pH 2.5)除去胚胎的透明带。

(3)胚胎的聚合 将除去透明带的胚胎用培养液洗涤几次,分别进行配对,将配对后的胚胎移到含有钙离子的 37℃培养液中,使之聚合。

(4)聚合胚胎的培养 聚合后的胚胎用培养液洗 2 次,用布林斯特(Brinst)液、改良 PBS 液或 Witten 氏液等培养 20～24 h,使之发育到囊胚。

(5)嵌合胚的移植 用常规方法将发育为囊胚的嵌合胚移植给同步化处理的受体。

(6)嵌合体的鉴定 根据标记判定嵌合体。到目前为止,人们所采用的标记方法分为人工标记和遗传标记。人工标记的主要标记物有活性染色素或油滴,此外还有放射性物质(主要是3H-脱氧腺嘧啶核苷)、荧光胶质金、黑色素颗粒等。

2. 分裂球聚合法 这种方法一般是在 1 个透明带中,将发育阶段不同的分裂球或将分裂球与特殊的细胞(如肿瘤细胞)聚合在一起。从 2～16 细胞期至桑葚胚后期的分裂球都可以采用这种方法培育出嵌合体。

3. 囊胚注入法 是用显微操作技术将目的细胞或细胞团注入囊胚腔,使注入的细胞与内细胞团结合共同发育,以获得嵌合体个体。

囊胚注入法是最经典的嵌合体动物制作方法,通过显微操作仪将全能性细胞注射到囊胚腔中,培养至囊胚腔恢复,移植到假孕雌性动物的子宫,在出生的幼仔中筛选嵌合体动物。囊胚注入法嵌合体获得率最高,适用范围广,种间、种内均可,供、受体的发育阶段同步与否皆可,在基因打靶研究中绝大多数研究者采用此方法。

4. 囊胚重组法 囊胚的重组是指从受体囊胚中去掉原有的内细胞团后,导入目的胚胎的内细胞团,从而培养出新的囊胚。主要用于研究动物胚胎内细胞团细胞的发育能力与具有不同基因型胚胎的滋养层细胞在个体发育中的相互关系。

(二)嵌合体动物的鉴定

制备嵌合体动物成功的关键是鉴定嵌合体动物体内是否存在不同遗传性状的细胞。目前,人工嵌合体动物的鉴定主要通过外观表型、遗传标记和基因及其表达产物分析来进行。

1. 外观表型 人们通常会选择不同遗传表型来源的细胞或胚胎进行嵌合,从表型就可以很明显地判别是否是嵌合体动物,如毛色、肤色、色素、荧光等。常选用供体细胞和受体胚胎来源品系有显著的毛色或肤色差异,最后获得的动物通过毛色或肤色就能判别是否是嵌合体。而且根据毛色或肤色的掺杂程度来估计嵌合效率。

2. 遗传标记　在构建嵌合体动物前，通过基因打靶的方式将相应的目的基因构建到供体细胞中，这样制备的嵌合体动物带有相应的报告基因及其表达产物，可非常方便地检测嵌合体动物。常用的目的基因有绿色荧光蛋白（green fluorescent protein，GFP）基因，β-半乳糖苷酶（LacZ）基因，氯霉素乙酰转移酶（CAT）基因等。

3. 基因及其表达产物分析　针对构成嵌合体动物的细胞来源不同的特点，利用不同的方法进行检测，通常有 PCR 法、定量 PCR 法、Southern 杂交、Northern 杂交、原位杂交、Westblot 分析等。

（三）嵌合体动物的应用

胚胎嵌合是哺乳动物胚胎工程的重要组成部分，作为一种特殊的研究手段，在发育生物学、细胞生物学、胚胎学、病理学、免疫学、医学以及动物生产等领域都有着重要的作用。

1. 在哺乳动物发生机制上的应用　嵌合体作为一种手段，广泛用于哺乳动物发生机制及细胞生物学的研究：主要用于卵裂球的分化能力分析；研究胚胎分化规律及其性分化机理；染色体及基因分析；单性生殖等。

2. 在免疫学与医学方面的运用　主要用于免疫功能的分析，即通过分析嵌合体中白细胞的免疫应答，揭示正常的免疫防御机理，建立遗传病动物模型等。

3. 在动物生产中的应用　可以用于种间嵌合体和杂种制备；作为家畜或野生动物，特别是濒危野生动物的繁殖方法而加以有效利用；也可用于种间移植，分析胎儿与母体的相互关系，如将斑马的受精卵，移植到马体内生产斑马（拯救珍稀濒危动物）；人工制备有特殊经济价值的动物；作为外源基因导入动物的方法和生产移植器官等。

五、转基因动物

（一）转基因动物的概念

转基因动物（transgenic animal）是指通过显微注射、电穿孔、粒子轰击、细胞转化、病毒导入等基因操作技术，将外源片段导入受体或定向改造受体基因得到的用于农业生产或者农产品加工的动物及其产品，包括畜禽、水生动物和节肢动物等。转基因动物研究的基本特征是有目的、有计划、有根据、有预见地改变动物遗传结构，从而改变动物遗传组成，赋予转基因动物新的表型特征，是最有发展前途的生物技术研究领域之一。

在制备转基因动物时，外源基因可能只整合入动物部分组织细胞的基因组，也可能整合进动物所有细胞的基因组中，因而其遗传的稳定性就会有所不同。把只有部分组织细胞整合有外源基因的动物称为嵌合体动物（chimera，mosaic animal），而把所有组织细胞均整合有外源基因的动物称为转基因动物（图 13-23）。

（二）转基因动物生产技术

生产转基因动物的常用方法有：原核期胚胎显微注射法、精子载体法、慢病毒载体法、胚胎干细胞介导法、体细胞克隆介导法、人工染色体介导的基因转移法等（图 13-24）。

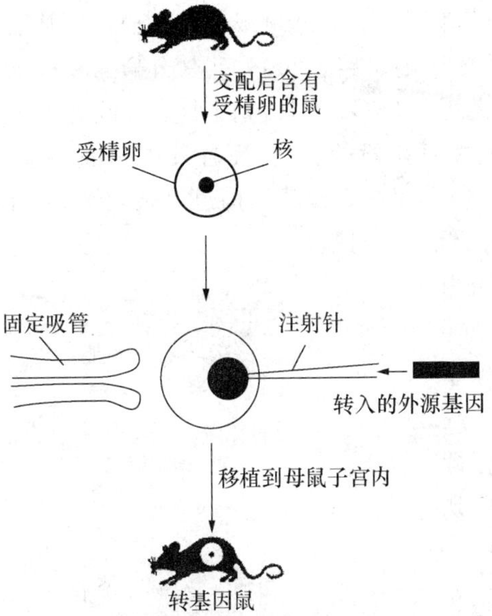

图 13-23　转基因鼠生产示意图

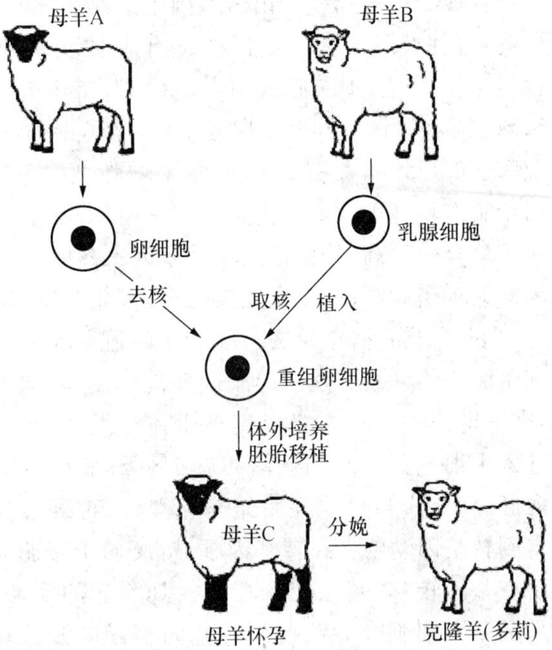

图 13-24　克隆羊生产示意图

1. 原核期胚胎显微注射法　原核内显微注射是由美国人 Gordon 发明的，是目前应用最广泛、发展最早的方法之一。这种方法的优点是外源基因易整合入染色体，导入的基因大，可使用任何载体承载基因片段，也可注射无载体的基因片段，外源基因的长度可达 100 kb，实验周期相对比较短。但其不足之处是：由于基因整体进入染色体的随机性，使外源基因整合位点和拷贝数无法控制，外源基因随机整合到基因组内常导致宿主 DNA 中的染色体序列丢失、重排、插入、突变，有的甚至造成严重生理缺陷，而且设备昂贵、操作复杂。该方法的外源基因转移整合率小鼠为 6%～10%，猪和羊分别为 0.98%和 1%，鱼类通常可达 10%～15%。

2. 精子载体法　精子载体法是利用动物精子具有自发结合和内化转运外源 DNA 能力的特点，使其在受精时导入卵母细胞，获得转基因动物。1989 年 Lavitrano 等首次报道把 PSV2-CAT 质粒与小鼠的附睾精子共育后进行体外受精，移植后获得了阳性鼠。目前利用精子载体法已获得了猪、牛、羊、兔、小鼠以及鱼等转基因动物后代，其中小鼠、猪、兔都建立了表达外源基因的转基因体系。以精子作载体的最大优点是克服了人为机械操作给胚胎造成的损伤，且简单、易行，不需昂贵的显微操作设施及复杂的操作技巧，该方法在转基因家畜生产中具有技术和效率上的优势；主要缺点是实验结果不稳定，可重复性差。其中进入精子核内的 DNA 结构是否完整、DNA 进入核内的精子比例有多少、DNA 进入核内的精子受精能力怎样以及其受精后能否成功嵌入胚胎染色体中等，是精子介导基因转移技术能够取得长足发展的最为敏感而又必须解答的问题。

3. 慢病毒载体法　慢病毒能够感染分裂细胞和非分裂细胞，因而被发展成为重要的转基因载体。慢病毒感染宿主细胞后，病毒 RNA 反转录为 DNA 后可以整合到宿主细胞的染色体上并长期稳定表达。1987 年 Salter 等用鸡白血病病毒作载体生产转基因鸡。1989 年 Bosselman 等用网状内皮组织增生病毒作载体将 *GH* 基因导入牛胚胎。1995 年 Biery 等以劳氏肉瘤病毒(RSV)为载体生产出转基因牛。2003 年 Hofmann 等利用慢病毒载体法首次成功制备绿色荧光蛋白转基因猪,又于 2005 年制成转基因牛。2006 年 Michael 等使用慢病毒载体法制备能够发荧光的转基因山羊。2007 年 Ryu 等提议利用慢病毒载体感染精原干细胞(SSCS),再将其注射到大鼠睾丸中;拓宽了慢病毒载体法的思路。2008 年中国第三军医大学基础医学部以慢病毒为载体,制备了增强型绿色荧光蛋白(EGFP)转基因小鼠。慢病毒载体法用于制作转基因动物的优点是方法简单,不受胚胎发育阶段的影响,而且外源基因多位点,单拷贝整合效率高,特别适用于转基因家禽的生产。但是存在病毒载体构建复杂,转入的外源基因的大小受到限制,安全性需提高,可能会造成基因沉默等问题。

4. 胚胎干细胞介导法　胚胎干细胞是早期胚胎内的细胞团经体外培养建立起来的多能细胞系,具有全能性,在一定条件下可发育成完整个体。因此,把外源基因导入干细胞后,经过选择,再把阳性细胞注入另一胚胎囊胚腔中,或与另一胚胎卵裂球聚合,再经过选育即可得到转基因动物。在转基因领域,胚胎干细胞是公认的研究基因转移、基因定点整合极具前途的实验材料。利用胚胎干细胞介导法制作转基因小鼠的阳性率接近100%,遗憾的是第一代一般是嵌合体,要通过杂交繁育才能得到纯合目的基因的个体。截至目前,只有小鼠干细胞的建系方法比较成熟(图 13-25)。

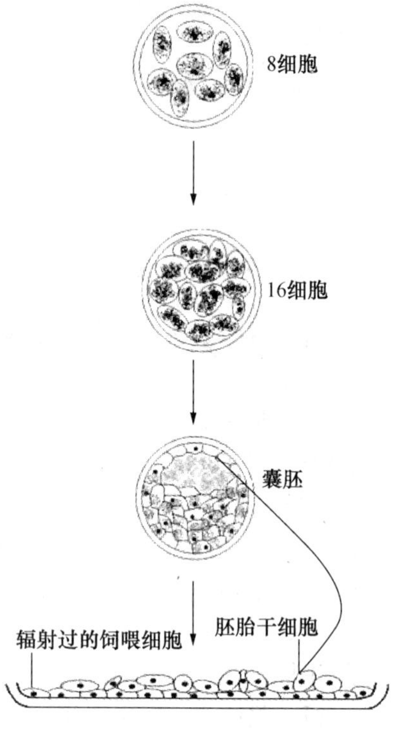

图 13-25　胚胎干细胞介导转基因动物生产模式图

5. 体细胞克隆介导法　体细胞克隆介导法首先要筛选出已整合了目标基因的细胞,建立转基因细胞系,然后再用去核卵母细胞作受体,用转基因细胞系的细胞核作供体,通过核移植产生重组胚胎。Wilmut 研究小组在取得克隆绵羊"多莉"(Dolly)后,同年 12 月又获得了能表达治疗人血友病的凝血因子Ⅸ的转基因克隆羊"波利"(Polly)。利用体细胞核移植制备转基因动物,虽然胎儿的死亡率高,但其得到转基因动物的总效率高于原核显微注射法。其产生的转基因后代遗传背景及遗传稳定性一致,不需选配就可建立转基因群体(图 13-26)。

6. 人工染色体介导的基因转移法　酵母人工染色体(YAC)载体是近年发展起来的新型载体,具有克隆百万碱基对(Mb)大片段外源基因的能力,可以保证巨大基因的完整性,保证所有顺式作用因子的完整并与结构基因的位置关系不变,从而提高较长外源片段在转基因动物中的整合率。其技术途径有二:一是 ES 细胞转染 YAC 后体外筛选,阳性 ES 细胞囊胚腔注射;二是 YAC 的原核显微注射。1996 年 Berm 通过此法获得转基因兔。1997 年,Fujiwara 等建立了 210 kb 人类乳清蛋白 YAC DNA 转基因小鼠。2008 年,中国农业大学的李宁等利用细菌人工染色体(BAC)生产出能够大量表达人体乳铁蛋白的转基因奶牛。

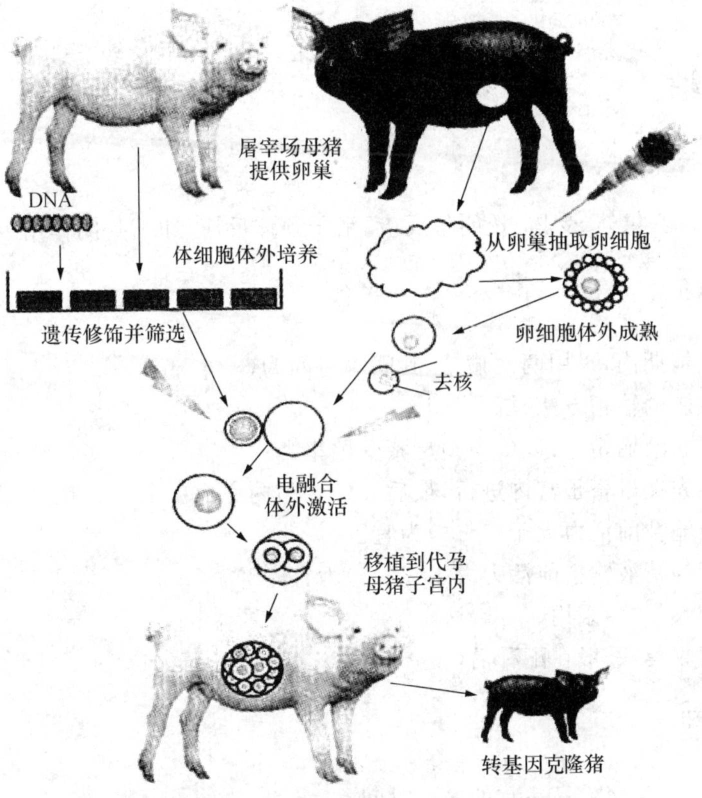

图 13-26 体细胞克隆介导法生产转基因猪

(三)转基因动物的应用前景

转基因动物作为一项只有三十几年研究历史的生物高新技术成果,涉及农牧业、生物医学和药物产业等诸多方面,显示出广阔的应用前景与重大的应用价值,将对环境、健康等影响21世纪人类生存的重大问题的最终解决发挥不可估量的作用。目前转基因动物的应用研究主要有以下几个方面:①利用转基因改良动物品种;②建立诊断及治疗人类疾病的动物模型;③利用转基因动物作为生物反应器;④利用转基因动物作为人体器官移植供体。比如转基因育种,即通过转基因技术将外源基因导入动物受精卵内组成一个新的融合基因,使外源基因在动物体内整合与表达,产生具有新遗传特性的动物。转基因技术育种可以避开物种间杂交不育的生殖隔离,在较短时期内培育出常规方法不能育成或难以育成的动物品种,从而加快动物改良进程,使选择效率提高,改良机会增多,因而极具研究和应用价值。

虽然转基因动物至今还没有真正进入产业化和市场化,但随着理论和技术的不断完善,转基因动物及其相关产品必将对人们的健康和社会发展产生巨大的影响。从目前的发展趋势可以看出,转基因动物的研究和应用将是21世纪生物工程技术领域最活跃、最具有实践应用价值的技术之一。随着相关法规的出台,无疑会加速和正确引导转基因工程产品的研究和开发,相信在不久的将来,转基因动物生产将会成为生产行业中的一项新兴产业。因此,充分利用转基因技术的潜在价值,实现转基因技术实用化、商业化、转基因动物的产业化,是21世纪生物科学工作者努力的目标。

【自测训练】

一、名词解释

受精 精子获能 供体 受体 透明带反应 精子顶体反应 卵黄封闭作用

二、填空题

1. 猪在一个情期内,采用两次输精,其间隔时间为(　　)h。
2. 母牛最常用的输精方法是(　　)。
3. 采用混合精液输精,可以(　　)母猪受胎率。
4. 精子获能先在母畜子宫内进行,最后在(　　)内完成。
5. 冷冻精液输精前活力大于(　　)为宜。
6. 液态保存的精液输精前活力大于(　　)为宜。
7. 牛胚胎的收集,多采用(　　)法。
8. 牛胚胎的收集,一般在配种后(　　)d。

三、问答题

1. 如何确定牛、羊、猪、马适宜的输精时间?
2. 牛、羊、猪、马、兔输精的技术要点是什么?
3. 输精前要做好哪些准备工作?
4. 精子获能在什么部位进行?
5. 胚胎移植的基本原理是什么? 基本程序有哪些?
6. 供体与受体选择有什么不同?
7. 胚胎鉴定分级的依据是什么?
8. 透明带反应和卵黄封闭作用在动物繁殖上有什么意义?

项目 14　妊娠与妊娠诊断技术

【知识目标】

1. 了解胚泡附植的规律和胎膜、胎盘的结构特点；
2. 掌握妊娠母畜的生理变化特点；
3. 掌握母畜妊娠诊断的操作要领。

【能力目标】

1. 能推算母畜的预产期；
2. 能用外部观察法、阴道检查法和仪器检查法判断母畜是否妊娠；
3. 能够通过直肠检查判定母畜妊娠时期。

【学习任务】

任务 14-1　胚胎附植

一、妊娠的识别与建立

精子与卵子在母畜的输卵管结合后形成受精卵。受精卵进一步发育(卵裂)形成游离的早期胚胎。早期胚胎存活于子宫内,与母体交互发生极为复杂的联系。

妊娠初期,孕体(胎儿、胎膜和胎水构成的综合体)产生的激素传感给母体,母体随即产生一定的反应,从而识别胎儿的存在,由此孕体和母体之间建立起密切的联系。此过程即妊娠的识别。

孕体与母体之间产生信息传递和反应后,双方的联系和相互作用通过激素的媒介和其他生理因素而固定下来,从而确定开始妊娠。此过程即妊娠的建立。

妊娠的识别和建立是密切相关的。先有孕体的信号,母体产生反应(识别),继而开始相互联系和相互作用,并将此联系固定下来。

二、胚胎附植

早期胚胎在子宫内游离一段时间后,由于体积越来越大,其活动逐渐受到限制,位置慢慢固定下来，同时胚胎的滋养层逐渐与子宫内膜发生组织和生理联系，该过程称胚胎附植或着床。

(一)附植时间

胚胎的滋养层与子宫内膜发生紧密联系的时间大体为：牛受精后 45～60 d，马 90～100 d，猪 20～30 d，绵羊 10～20 d。胚胎附植后，胎盘系统逐渐形成，胎儿与母体通过胎盘进行营养及代谢物质交换。

(二)附植部位

胚胎的附植部位是最有利于胚胎发育即子宫血管稠密的地方。

牛羊当排一个卵受精时，胚泡常在排卵侧子宫角下 1/3 处进行附植，排两个卵都受精时则均匀分配到两个子宫角内附植。猪的多个胚胎平均等距离分布在两个子宫角内附植。马产单胎时，胚泡常在子宫角基部附植，产后发情配种(配血驹)受胎时，胚泡往往在上次妊娠空角的基部附植。

在附植前，胚胎进行卵裂和囊胚形成的同时，子宫也发生变化为附植做准备。如子宫肌肉的活动和紧张度减弱，子宫上皮的血液供应增加，子宫液的氨基酸和蛋白质的含量改变等，有助于囊胚在子宫内存留。有些蛋白仅在此期出现于子宫液中，如在兔检出的促囊胚蛋白、子宫球蛋白，对胚胎有营养作用。

附植前的胚胎很容易流产，奶牛在一次配种或受精后卵子受精率为 90%，但只有 55%产犊，35%受精卵损失，其中 28%发生在受精后 25 d 内，尤其是 8～17 d。

在此期间要特别加强母畜的饲养管理和防流保胎工作。

三、各种家畜的妊娠期及预产期的推算

妊娠期是指母畜妊娠全过程所经历的时间。妊娠期的长短可因畜种、品种、年龄、胎儿因素、环境条件等的不同而异(表 14-1)。

表 14-1　各种母畜的妊娠期　　d

动物种类	平均	范围	动物种类	平均	范围
牛	282	270～285	猪	114	102～140
水牛	307	300～320	兔	30	27～33
马	337	317～369	鹿	235	220～240
驴	360	340～380	犬	62	59～65
绵羊	150	146～157	猫	58	55～60
山羊	152	146～161			

预产期的推算方法是：

牛：配种月份减 3，配种日数加 6。

水牛：配种月份减 2，配种日数加 9。

马：配种月份减 1，配种日数加 1。

羊:配种月份加5,配种日数减2。

猪:配种月份加4,配种日数减6。也可按"3、3、3"法,即3月、3周加3 d来推算。

任务14-2　胎膜和胎盘

一、胎膜

胎儿的附属膜称胎膜,是胎儿本身以外包被着胎儿的卵黄囊、羊膜、尿膜、绒毛膜的总称。其作用是与母体子宫黏膜之间交换养分、气体、代谢产物,以满足胎儿的生长发育,所以对胚胎和胎儿发育极为重要。胎膜是临时性器官,胎儿出生后胎膜即被摒弃(图14-1和图14-2)。

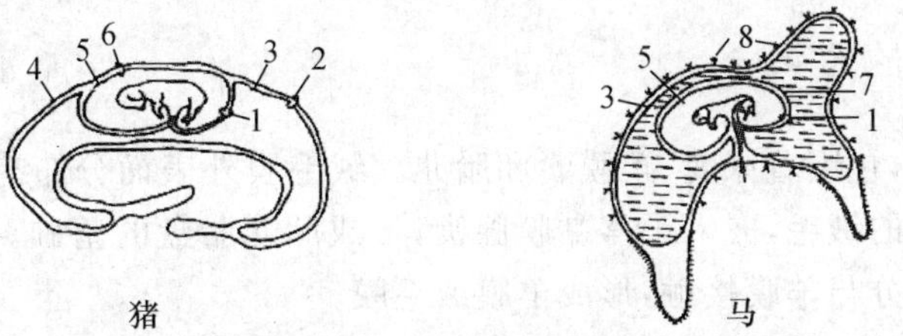

图14-1　猪、马胎膜切面

1. 尿膜羊膜　2. 尿膜绒毛膜　3. 尿膜外层　4. 绒毛膜　5. 羊膜　6. 羊膜绒毛膜　7. 尿膜内层　8. 绒毛

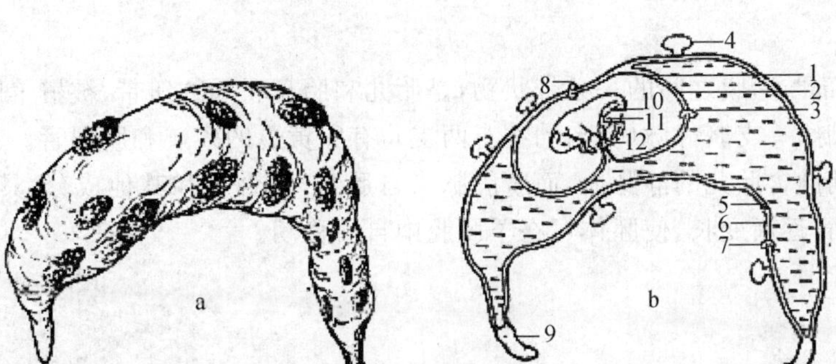

图14-2　牛的胎膜囊

a. 胎膜外观(示子叶型胎盘)　b. 胎膜切面(示详细构造和各层关系)

1. 羊膜　2. 尿膜内层　3. 尿膜羊膜　4. 子叶　5. 尿膜外层　6. 绒毛膜　7. 尿膜绒毛膜

8. 羊膜绒毛膜　9. 绒毛膜坏死端　10. 膀胱　11. 脐尿管　12. 脐带

(一)卵黄囊

胚胎发育初期从子宫中吸收养分和排出废物的原始胎盘。卵黄囊随着尿囊的发育逐渐萎缩退化,最后在脐带中留下一点痕迹。

(二)羊膜

包裹在胎儿外的最内一层透明薄膜,在胎儿脐孔处与胎儿皮肤相连。胎儿和羊膜之间有充满液体(羊水)的羊膜腔。羊水的作用是保护胎儿免受震荡和压力的损伤,同时为胚胎提供各方面自由生长的条件。

羊膜能自动收缩,使处于羊水中的胚胎略微摇摆,从而促进胚胎的血液循环。分娩时羊膜破裂,羊水流出,能够润滑产道。羊膜上分布着来自尿膜内层的许多血管,随着尿囊的发育逐渐萎缩退化。

(三)尿膜

构成尿囊的薄膜。位于羊膜之外,分内外两层:内层与羊膜粘连称尿膜羊膜,外层与绒毛膜粘连称尿膜绒毛膜。内外两层之间构成尿囊,尿囊通过脐带中的脐尿管与胎儿膀胱相连,尿囊中充满尿水,其作用相当于胚胎体外的临时膀胱并对胎儿的发育起缓冲保护作用。

尿膜上分布有大量来自脐动脉、脐静脉的血管。牛、羊、猪的尿囊在胎儿的腹侧和两侧包围着羊膜囊,马、驴、兔的尿囊则包围着整个羊膜囊。

(四)绒毛膜

胚胎的最外层膜,包围着尿囊、羊膜囊和胎儿。绒毛膜外表面分布有大量弥散型(马、驴、猪)或子叶型(牛、羊)的绒毛,嵌入子宫黏膜腺窝,形成胎儿胎盘的基础。除马、驴、兔外,其他动物的绒毛膜均有部分与羊膜接触,形成羊膜绒毛膜。

马的绒毛膜填充整个子宫腔,因而发育成两角一体。反刍动物形成双角的盲囊,孕角较为发达。猪的绒毛膜呈圆筒状,两端萎缩成为憩室。

(五)脐带

连接胎儿腹部与胎膜之间的一条带状物,是胎儿和胎盘联系的纽带,被覆羊膜和尿膜。脐带中有两支脐动脉、一支脐静脉(反刍动物有两支),有卵黄囊的残迹和脐尿管。其血管系统和肺循环相似,脐动脉含胎儿的静脉血,而脐静脉来自胎盘,富含氧和其他成分,具动脉血特征。脐带随胚胎的发育逐渐变长,使胚体可在羊膜腔中自由移动。

二、胎盘

胎盘是指尿膜绒毛膜和子宫黏膜发生联系共同构成的组织,其中尿膜绒毛膜部分称胎儿胎盘(图 14-3),而子宫黏膜部分称母体胎盘。哺乳动物胚胎通过胎盘从母体器官吸取营养。因此,对胎儿来说,胎盘是一个具有很多功能并和母体有联系但又相对独立的暂时性器官。

(一)胎盘的类型

根据绒毛膜表面绒毛的分布一般分为 4 种类型,即弥散型胎盘、子叶型胎盘、带状胎盘和盘状胎盘(图 14-4)。

1. 弥散型胎盘　胎盘绒毛膜上的绒毛分散而均匀地分布在整个绒毛表面,绒毛上部都有动脉、静脉和毛细血管分布。与绒毛相对应的子宫黏膜上皮向深部凹入形成腺窝,绒毛即插入此腺窝中。这种胎盘构造简单,绒毛易从腺窝中脱出,因此,分娩时胎儿胎盘与母体胎盘分离较快,互不受损。马、驴、猪的胎盘属弥散型胎盘。

2. 子叶型胎盘　胎盘绒毛膜上的绒毛分别集中形成绒毛丛称胎儿子叶,与其对应母体了

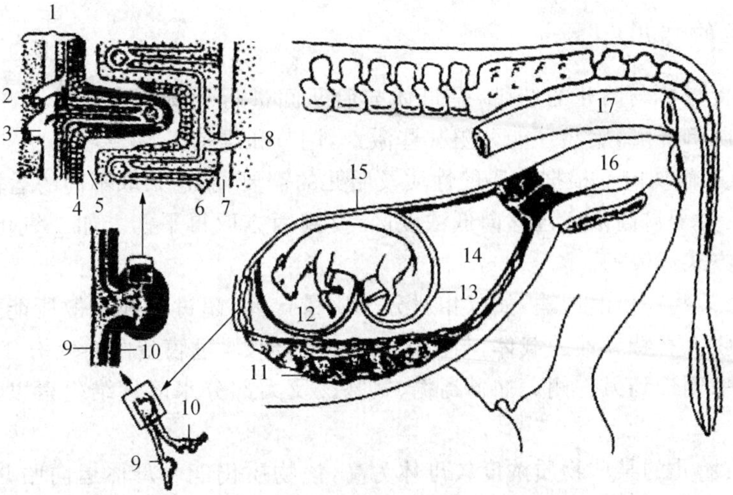

图 14-3　牛的胎膜和胎盘

1. 尿膜绒毛膜　2. 胎儿静脉　3. 胎儿动脉　4. 细胞滋养层　5. 子宫腔　6. 基质　7. 母体动脉　8. 母体静脉　9. 子宫壁　10. 尿膜绒毛膜　11. 子叶　12. 羊膜腔及羊水　13. 尿膜羊膜　14. 尿膜腔及尿水　15. 羊膜绒毛膜　16. 阴道　17. 直肠

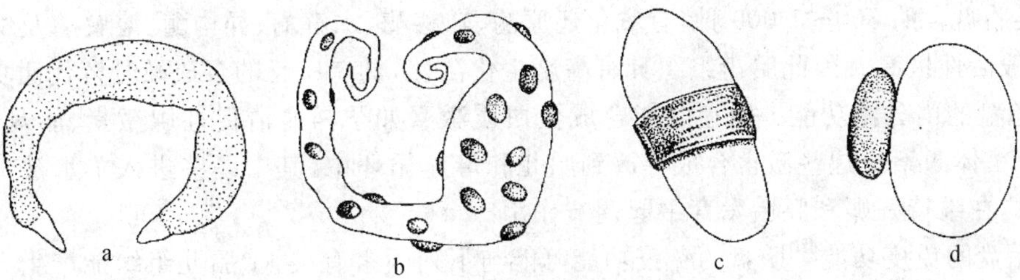

图 14-4　哺乳动物的胎盘类型

a. 弥散型胎盘　b. 子叶型胎盘　c. 带状胎盘　d. 盘状胎盘

宫黏膜形成子宫阜称母体子叶。胎儿子叶上绒毛以其侵蚀性嵌入母体子叶的腺窝中，并与母体子叶的结缔组织相接触。此类型的胎盘，胎儿胎盘与母体胎盘结合得紧密，分娩时不易分离，且出现母体胎盘的损伤。

牛的子宫阜凸出，而胎儿子叶凹陷，称子包母。羊的子宫阜凹入，而胎儿子叶凸起，称母包子。不论牛、羊，胎儿子叶上的绒毛都嵌入母体子叶凹下的腺窝内。

牛的子宫阜数目为 70～120 个，环绕着胎儿发育，羊的子宫阜数目为 90～100 个，平均分布在妊娠和未妊娠子宫角内。在妊娠时子宫阜比原来的直径增加几倍，位于孕角内的子宫阜比终末端的发育要大。

3. 带状胎盘　以肉食类为代表，猫、犬胎盘均属此类。其绒毛膜上的绒毛聚集在绒毛膜的中央，形成环带状，故称带状胎盘。绒毛膜在此区域与母体子宫黏膜接触附着，而其余部分光滑。由于绒毛膜上皮细胞与子宫黏膜深处的血管内皮相接触，分娩时母体胎盘组织脱落、血管破裂，故有出血现象。

4. 盘状胎盘　胎盘呈圆形或椭圆形，绒毛膜上的绒毛在发育过程中逐渐集中，局限于一圆形区域，绒毛直接侵入子宫黏膜下方血窦内。人和灵长类胎盘属此类型。

（二）胎盘的作用

胎盘是连接母体与胎儿的纽带，是母体与胎儿间进行气体、营养、代谢产物交换的接口。胎盘是胎儿的防御屏障，胎盘还能分泌某些激素，调节和维持妊娠。

1. 胎盘的运输功能　根据物质的性质及胎儿的需要，胎盘采取不同的运输方式。

单纯弥散：分子自高浓度区移向低浓度区，直到两方取得平衡。如二氧化碳、氧、水、电解质等都是以此方式运输的。

加速弥散：某些物质的运输，如以相对分子质量计算，超过单纯弥散所能达到的速度。估计可能是细胞膜上有特异性的载体，与一定的物质结合，通过膜蛋白的变构，以极快的速度，将结合物从膜的一侧带到另一侧。如葡萄糖、氨基酸及大部分水溶性维生素以加速弥散的方式运输。

主动运输：胎儿的某些物质浓度较母体为高，该物质仍能由母体运向胎儿方面，估计可能是胎盘细胞膜内酶的作用，使该物质穿越胎盘膜。如氨基酸、无机磷酸盐、铁、钙及维生素 D_1、维生素 B_1、维生素 C 等以此方式运输。

胞饮作用：极少量的大分子物质，如免疫活性物质及免疫过程中极为重要的球蛋白可能借这一作用而通过胎盘。

2. 胎盘的代谢功能　胎盘组织内酶系统极为丰富，所有已知的酶类在胎盘中均有发现。已知人类胎盘含酶 800～1 000 种，有氧化还原酶、转移酶、水解酶、异构酶、溶解酶及综合酶六大类，一般活性极高。因此胎盘组织具有高度生化活性，具有广泛的合成及分解代谢功能。

3. 胎盘的内分泌功能　胎盘既能合成蛋白质激素如孕马血清促性腺激素、胎盘促乳素，又能合成甾体激素。这些激素合成释放到胎儿和母体循环中，其中一些进入羊水被母体或胎儿重吸收，在维持妊娠和胚胎发育中起调节作用。

4. 胎盘的免疫功能　胎盘的免疫功能可能与下列因素有关：①胎儿组织能产生大量组氨酸，可以防止血管的局部缺血所伴发的移植排除；②孕酮可抑制母体胎盘对来自父本的组织相容性抗原的免疫排斥；③胎盘滋养层组织的抗原性很弱，不足以引起母体的排斥反应；④妊娠所引起雌性动物的内分泌系统变化，可有效地抑制母体对胎儿的免疫排斥。

任务 14-3　妊娠母畜的生理变化

母畜妊娠后，由于胎儿、胎盘及黄体的存在，使整个机体出现形态、生理和内分泌的变化，尤其是生殖器官表现得更为明显。这些变化可给妊娠诊断提供依据。

一、全身的变化

妊娠后，母体的新陈代谢旺盛，食欲增加，消化能力提高，所以在妊娠前半期营养状况得到改善，膘情转好。后期由于胎儿迅速发育，所需营养增多，尽管食欲增大，母体积蓄的营养也要受到消耗，所以膘情下降。如果矿物质尤其是 Ca、P 补充不足，后肢易发生跛行。牙齿也易受到缺钙的影响而磨损较快。

妊娠母畜血液容量增加，心脏负担加重，并出现生理性肥大（主要是左心室）。

妊娠后组织内水分增加，并出现水分分布不匀的变化，尤其是在妊娠后半期，常可发现腹下和四肢出现水肿，马多见。

随着胎儿逐渐增大，腹压增高，而内脏器官的容积减小。因而孕畜排粪尿次数增多，但每次的量不多。由于膈肌受到压迫和胎儿需氧增多，所以呼吸次数增加，并且呼吸方式由胸腹式变为胸式。妊娠后半期（马、牛5个月，羊3、4个月，猪2个月以后），孕畜腹部膨大，轮廓发生变化。孕畜行动谨慎，容易疲劳和出汗。

二、卵巢的变化

母畜妊娠后，卵巢上的妊娠黄体质地较硬，比周期黄体略大，持续存在于整个妊娠期，分泌较多孕酮，以维持妊娠。但马属动物的妊娠黄体一般在妊娠160 d之后便开始退化，7个月后仅剩遗迹，此时靠胎盘分泌孕酮维持妊娠。

妊娠期间，卵巢上有时会有卵泡发育，虽然有的已接近排卵，但最终变为闭锁卵泡，不能成熟排卵。

随胎儿体积增大，妊娠子宫逐渐沉入腹腔，卵巢也随之下沉，并且两侧卵巢距离靠近。

三、子宫的变化

随着妊娠的进展，子宫体积逐渐增大以容胚胎伸展。子宫的扩大是由孕角和子宫体开始的。在整个妊娠期，孕角的增长扩大比空角大得多（图14-5），因此动物怀单胎时孕角和空角始终不对称。妊娠前半期，子宫体积增大主要是子宫肌纤维的增长，后半期由于胎儿的增大使子宫壁扩张，子宫壁变薄。妊娠末期，牛、羊扩大的子宫占据腹腔的右半部，并超过中线达到左侧，瘤胃被挤向前。马扩大的子宫占据腹腔的左半部。猪扩大的子宫角最长可达1.5～3 m，曲折地位于腹腔底部，使腹壁下垂。

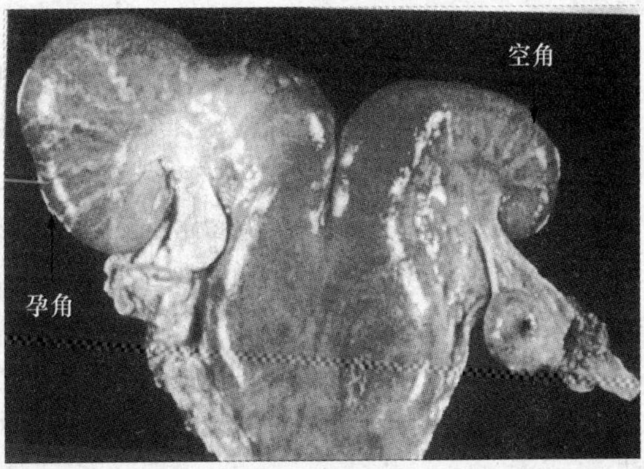

图14-5 怀孕牛的子宫

子宫颈收缩很紧，质地较硬；牛的子宫颈往往变扁，马的细圆。子宫颈内膜腺体数目增多，分泌浓稠的黏液填充于子宫颈管内称子宫颈栓。因此子宫颈口完全封闭起来，以防外物侵入，保护胎儿的生长发育。子宫颈栓受到破坏后，可发生流产。牛的子宫颈栓每月更换一次，排出的黏液常附着于阴门下角。马属动物的子宫颈栓几乎不更换。妊娠中后期，由于子宫重量增加沉向腹腔，所以子宫颈口往往被牵引而稍微偏向一侧。

由于胎儿发育所需营养增多，子宫动脉血量增加。因此血管分支增多，而且变粗。在妊娠末期，牛、马的子宫动脉粗如食指或拇指。同时由于动脉内膜的皱襞变高，而且因它与肌肉层的联系疏松，所以在血液流过时所造成的脉搏从原来清楚的搏动变为间隔不明显的流水样颤动，称为怀孕脉搏。此脉搏在妊娠后一定时期（3个月）出现。孕角子宫中动脉的变化比空角要显著。

四、阴道的变化

妊娠初期，阴唇收缩，阴门紧闭。随着妊娠期的进展，阴唇水肿程度增加，后期出现明显的水肿。猪、牛表现尤为突出。妊娠后期，阴道黏膜的颜色变得苍白，黏膜上有从子宫颈分泌的浓稠黏液，比较干涩，插入开膣器较为困难。妊娠末期，阴唇、阴道变得水肿而柔软。

任务 14-4　妊娠诊断技术

一、妊娠诊断的意义

配种后，如能尽早进行妊娠诊断，对于保胎、减少空怀、提高母畜繁殖率具有十分重要的意义。通过检查诊断，确定已经怀孕时，要按孕畜对待，加强饲养管理，对役畜要小心使役，维持母畜健康，避免流产；对确诊未孕母畜，要查明原因，以便在下次配种时作必要的改进或及时治疗；如果没有怀孕又不发情，应及早治疗或淘汰。

二、妊娠诊断的方法

妊娠诊断的方法很多，大体可概括为 3 类。

外部检查法：包括观察配种后母畜的外部表现（视诊）、腹壁触摸（触诊）、腹壁听音（听诊）。

内部检查法：包括检查母畜子宫形态及质地变化、胚泡或胎儿的有无、子宫动脉妊娠搏动的存在、阴道黏膜及子宫颈外口的变化。

实验室检查法：包括检查与妊娠有关的激素（尿液雄激素、乳汁孕酮或孕马血清促性腺激素）水平的变化，检查子宫颈阴道黏液的理化性状，超声波诊断，放射学诊断，活体组织检查，免疫学诊断，等等。

在临床应用时应根据畜种、妊娠期阶段及饲养管理方式等来决定采取的方法。但须指出，一般不是孤立采用某种方法，而是把某一种或几种作为主要诊断方法，其他的则作为辅助诊断方法。

（一）外部检查法

1. 观察发情　母畜配种（受精）一个性周期后，应注意观察母畜是否再次发情。如果连续 1～2 个周期不发情，则可能已妊娠。这种方法对发情规律比较正常的母畜有着一定的实用价值，其准确率一般可达 80%以上。但是当母畜饲养管理或利用不当、生殖器官不健康、激素分泌紊乱以及有其他疾病发生时，虽未怀孕，也可能不表现发情。此外，有的母畜虽已怀孕，却会出现发情，这种情况多见于马、驴，少数牛也时有发生。

母畜妊娠后一般表现为食欲增加，毛色润泽，膘情良好，体重增加，性情温顺，到一定时期（牛、马、驴 4～5 个月，羊 3～4 个月，猪 2 个月）后，腹围增大，腹壁向一侧突出（马、驴多向左侧突出，牛、羊多向右侧突出，而母猪则腹部向下垂），两侧腹壁不对称，回避公畜，并拒绝公畜爬跨。群牧的母畜则有离群、行动谨慎、怕拥挤、防踢等行为表现。

已妊娠母畜外阴部干燥收缩紧闭，有皱纹出现，阴道黏膜苍白、干燥，无分泌物。妊娠后期，母畜乳房增大，尻部下塌较深，阴户出现充血、膨大、松弛等表现。

这种方法的缺点是：不易做出早期妊娠诊断，对少数生理异常的母畜易出现误诊，因此常作为妊娠诊断的辅助方法。

2. 听胎儿心音　利用听诊器在母畜外腹壁距子宫最近的部位检查有无胎儿心音，这种方法只适用于妊娠中后期，胎龄越长准确率越高。

3. 触诊　对母牛触诊可用手掌压迫其右腹壁，对马、驴则压迫其左腹壁，如为妊娠中后期，当手掌压迫腹壁时可明显地感觉到有胎儿的反射性撞击。触诊母羊时，检查人员面向羊尾端，用两腿夹住母羊的颈部，使母羊不能前后移动。双手紧贴下腹部，前后滑动触摸，检查子宫内有无硬块，有时可摸到黄豆大小的子叶。触诊母猪时先使母猪侧卧，然后用一只手或双手在最后2对乳头的上腹壁由前向后滑动，触摸有无硬块，如母猪已孕，可摸到若干个大小相似的硬块。

（二）内部检查法

内部检查法主要指阴道检查法和直肠检查法。

1. 阴道检查法　阴道检查法是大家畜配合直肠检查进行的辅助诊断方法，是小家畜妊娠检查的诊断方法之一。此法是用阴道开膣器插入母畜阴道，观察其阴道黏膜的颜色、干湿状况，黏液的浓稠度、透明度和分泌量，子宫颈的形状、位置及开口处的黏液状况等（图14-6）。母畜妊娠后，阴道黏膜苍白，表面干燥、无光泽、干涩，插入开膣器时阻力较大。子宫颈口关闭，有子宫栓存在。随着胎儿的发育，子宫重量的增加，子宫颈往往向一侧偏斜。此法的不足点是：当母畜患有持久黄体，子宫颈及阴道有炎症时，易造成误诊，不能做出早期妊娠诊断；如操作不当易造成流产。此法只能作为妊娠诊断的辅助方法。

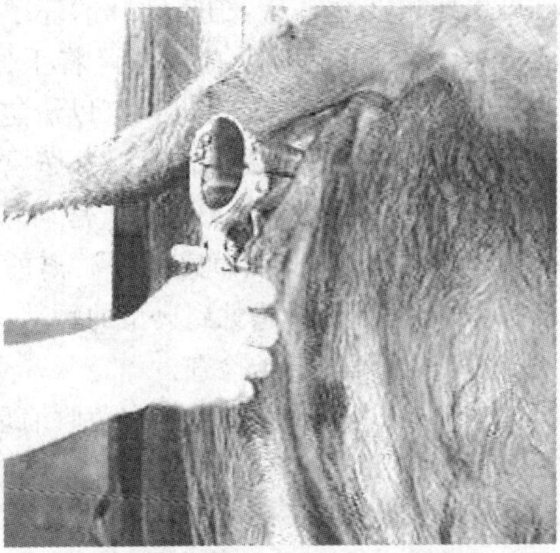
图14-6　牛阴道检查

2. 直肠检查法　直肠检查法是判断大家畜（牛、马）是否怀孕的最基本而可靠的方法。通过用手隔着直肠壁触摸卵巢、子宫、子宫动脉的状况及子宫内有无胎儿存在来进行妊娠诊断（图14-7、图14-8）。其优点是：准确率高，在整个妊娠期均可用。但在触诊胚泡或胎儿时，动作要轻，以免造成流产。

（1）妊娠母牛的直肠检查

配种后18～25 d，如果母牛仍未出现发情，子宫角变化不明显，一侧卵巢上有黄体存在，可初步诊断为妊娠。

妊娠30 d，两侧子宫角不对称，孕角比空角略粗大，松软，有波动感，收缩反应不敏感，空角较厚且有弹性。

妊娠60 d，子宫角和卵巢下沉，孕角比空角约大2倍，孕角波动感明显，角间沟稍平坦，此时一般可确诊。

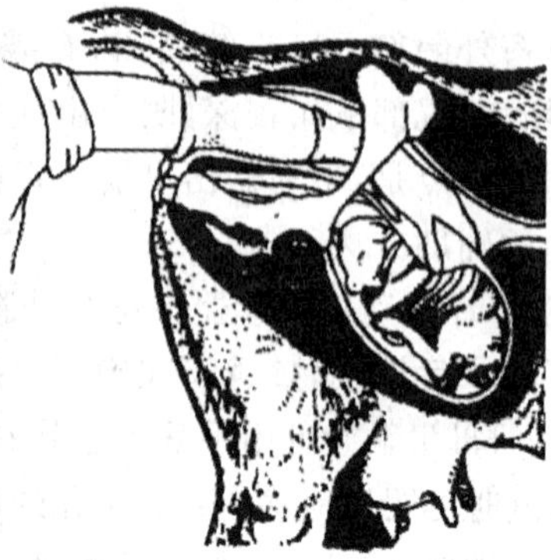

图 14-7　母牛的妊娠诊断

妊娠 90 d,孕角大如排球,波动明显,子宫开始沉入腹腔(初产母牛下沉时间稍晚),偶尔可摸到胎儿,孕角子宫动脉根部开始可以感到微弱的妊娠脉搏。

妊娠 120 d,子宫全部沉入腹腔,只能摸到子宫的背侧及该处的子叶,形如蚕豆状,妊娠脉搏明显。

母牛妊娠 3 个月后,子宫动脉的怀孕脉搏即可作为诊断的重要标志。寻找子宫动脉的方法是将手伸入直肠后,手掌贴着骨盆顶向前滑动,越过岬部以后,可以清楚地摸到腹主动脉最后一对粗大的分支,即左、右髂内动脉。子宫动脉和脐动脉共同起于髂内动脉的起点处(图 14-9)。子宫动脉从髂内动脉分出后不远即进入阔韧带,所以触摸感觉是游离的。用双指轻轻捏住子宫动脉,压紧一半就可感觉到典型的颤动。

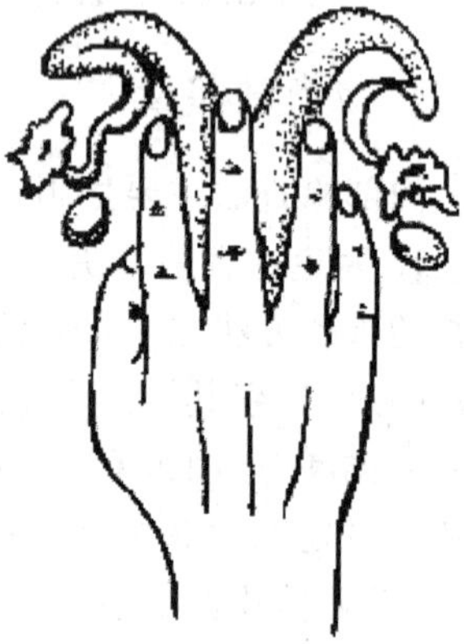

图 14-8　直肠检查
触摸子宫方法

(2)妊娠母马的直肠检查

妊娠 14～16 d,少数马的子宫角收缩呈圆柱状,子宫角壁增厚,用手触摸有硬化感觉,一侧卵巢有黄体存在。

妊娠 17～25 d,子宫角硬化更明显,轻捏尖端捏不扁,实心感较强,在子宫的基部,胚泡向下突出。胚泡明显,如鸽子蛋大小。空角弯曲增大,一般只有一个弯曲,此时胚泡有波动感。

妊娠 26～35 d,孕角变粗缩短,空角稍细而弯曲,子宫角坚实,胚泡大如鸡蛋,柔软有波动,此时可确诊。

妊娠 36～45 d,胚泡增长速度较快,如拳头大,波动感明显。

妊娠 46～55 d,胚泡直径达 10～12 cm,孕角由于重量增加而开始向腹腔下沉。

妊娠 60～70 d,胚泡快速增长,大如排球。

妊娠 80～90 d,胚泡大如篮球,两子宫角几乎全部被胎儿所占据,以后胚泡继续增大下沉,4 个月左右只能摸到胚泡的后部,有时可摸到胎儿。

(3)妊娠母羊的直肠检查　羊的直肠检查现多用探诊棒进行。检查时,将停食一夜的被检母羊仰卧保定,向盲肠灌入 30 mL 左右的温肥皂水,排出盲肠内宿粪,将涂有润滑剂的探诊棒插入肛门,贴近脊柱,向直肠插入 30～35 cm,然后一只手将探诊棒的外端轻轻压下,直肠内一端稍微挑起,以托起胎胞,同时另一只手在腹壁触摸,如触到块状实体,说明母羊已妊娠,如反

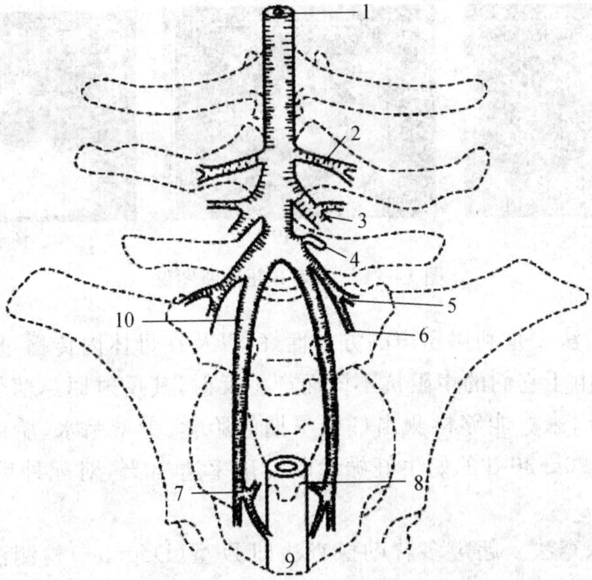

图 14-9　母牛子宫动脉的解剖位置

1. 腹主动脉　2. 卵巢动脉　3. 髂外动脉　4. 肠系膜后动脉　5. 脐动脉　6. 子宫动脉　7. 尿生殖动脉　8. 尿生殖动脉子宫支　9. 阴道　10. 髂内动脉

复诊断均只能摸到探诊棒，说明未孕。此法适用于配种 60～85 d 的孕羊检查，配种已达 115 d 时要慎用。

（三）实验室检查法

1. 超声波诊断法　超声波诊断是把超声波的物理特点和动物组织结构的声学特点密切结合的一种物理学诊断方法。它是以高频声波对动物的子宫进行探查，碰到母畜子宫不同组织结构出现不同的反射，然后将其回波放大后以不同的形式转化成不同的信号显示出来，以探知胚胎的存在。此法适用于马、牛、羊、猪（图 14-10 和图 14-11）。目前应用的诊断仪主要有 A 型超声诊断仪、B 型超声诊断仪和超声多普勒检测仪 3 种。

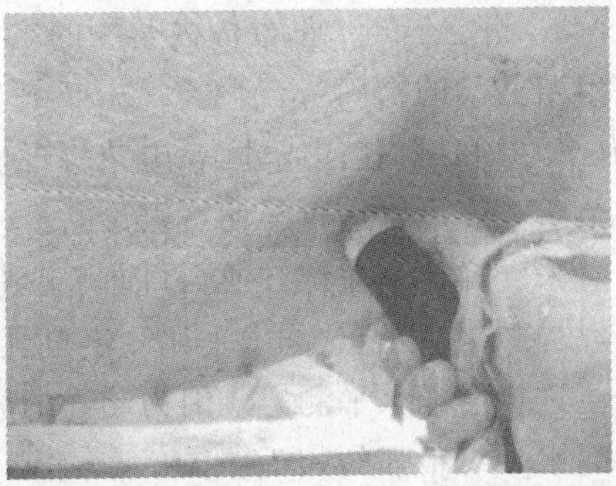

图 14-10　猪 B 型超声诊断仪检查位置

(1)B 型超声诊断法　将回声信号以光点明暗的形式显示出来。回声强，光点就亮；回声弱，光点就暗。光点反映组织内各界面反射强弱及声波衰减的规律，这样由点到线到面构成一幅被扫描部位组织或脏器的二维断层图像，称为声像图。超声波在家畜体内传播时，穿透子宫、胚泡或胎儿等，由于脏器或组织的声阻抗不同，界面形态不同，以及脏器间密度较低的间隙，造成各脏器不同的反射规律，形成各脏器各具特点的声像图。

用于动物妊娠诊断的超声显像仪型号虽多，但都属于线阵（方形图像）或者是扇形（扇面形图像）两类中的一种。B 型超声诊断仪对配种后 28～30 d 的奶牛妊娠诊断准确率达 98.3%，对配种后 25 d 的母猪妊娠诊断准确率达 99.75%。

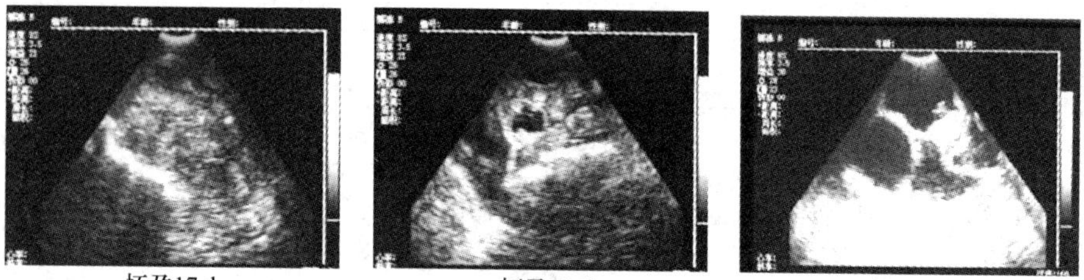

怀孕17 d　　怀孕19 d　　怀孕30 d

图 14-11　母猪 B 超诊断图像

(2)A 型超声诊断法　是利用超声的方向性好,以及在母体内传播过程中当遇到腹壁、子宫壁、胎水和胎儿等,由于它们的声阻抗不同而产生反射,其反射回声信号在示波屏上以波的形式(妊娠波型)显示出来。能够检测出妊娠早期的胎囊、少量胎水、胎体及胎心搏动。A 型超声诊断仪对配种后 20～30 d 的奶牛妊娠诊断准确率达 90%,对配种后 30～60 d 的母猪妊娠诊断准确率达 99%。

(3)超声多普勒探查法　超声多普勒探查法即 D 型(Doppler)检测法。此法是应用多普勒效应的原理,即超声探头和反射体之间做相对运动时,其回声频率就会发生改变,此种频率的改变称为频移。频移的程度与相对运动速度成正比,当两者作对向运动时,频率就会增加,其频率增减的数字即频差可用检波器检出,再经低频放大,功率放大而推动扬声器发出多普勒信号音。利用超声多普勒检测仪探查妊娠动物,当发射的超声遇到搏动的母体子宫动脉、胎儿心脏和胎动时,就会产生各种特征性多普勒信号,从而进行妊娠诊断。超声波胎儿心跳测定仪,由主机和探触器组成。将探触器贴在猪腹部(右侧倒数第二个乳头)体表发射超声波,根据胎儿心跳感应信号或脐带多普勒信号音判断是否妊娠。用超声多普勒检测仪探查妊娠动物,对配种后 20～30 d 各种家畜妊娠诊断准确率分别为奶牛 90%～100%,黄牛 97.9%,母猪 84.4%。

2. 测定孕酮　母畜体内孕酮的主要来源是黄体,因此体内孕酮水平的变化可作为监测母畜生殖活动的精确"指示剂"。由于妊娠黄体的存在,在相当于下一个情期到来的时间,其血(血浆)中和奶(乳汁或乳脂)中孕酮含量要远远高于未孕母畜。因此,测定母畜血浆或乳汁中的孕酮浓度可以进行早期妊娠诊断。

采乳样比采血样方便,目前测定乳中孕酮水平的较多,而乳中孕酮水平受乳脂含量的影响,故测定脱脂乳孕酮水平比测定全乳更准确。对于非乳用母畜,可以采集尿液、唾液、被毛或粪便进行孕酮水平测定。因为动物的尿液、唾液、被毛和粪便中的孕酮水平与血样或乳样中的孕酮水平有很强的相关性。

3. 测定硫酸雌酮　硫酸雌酮是母畜胚泡分泌雌酮的代谢物在子宫内膜中转化而来,硫酸雌酮进入血液循环,在妊娠早期达到可测水平。母猪配种后 15～30 d 时,妊娠母猪血清和尿中硫酸雌酮含量明显上升,而未孕猪含量一直保持低水平。以母猪血浆中硫酸雌酮含量 1 ng/mL 为判断是否妊娠的标准。此外,硫酸雌酮的含量与母猪的产仔数呈正相关,可初步预测产仔数的高低。因此,测定血清和尿液中的硫酸雌酮浓度可进行早期妊娠诊断。测定硫酸雌酮的浓度常用酶免疫测定法,其灵敏度和特异性很高。

4. 测定早孕因子　家畜妊娠时,垂体释放催乳素而作用于黄体,产生了一种特殊的糖蛋白即早孕因子(EPF)。早孕因子可以由血小板激活因子诱导产生。它通过抑制母体的细胞免疫使胎儿免受免疫排斥，得以在母体内存活。所以，早孕因子被认为是与早期妊娠相关的物质。小鼠配种后 6 h 即可发现多种免疫抑制性早孕因子，母牛在受精后 24～48 h 可检测出血清中的早孕因子，从而对母畜进行超早期妊娠诊断。早孕因子的出现和持续存在能够特异性地代表受精和孕体发育，在胚胎死亡或移去的短时间内消失。测定早孕因子可用 EIA 和 RIA 法，还可用 $CuSO_4$ 溶液使血中早孕因子发生凝集，定性地分析出血中是否存在早孕因子，以达到确定妊娠的目的。

【实训操作】

实训 14-1　母畜的妊娠诊断

一、实训目的

掌握母畜外部检查的妊娠诊断方法，能通过对母畜阴道的观察结合直肠检查正确判断母畜是否妊娠，初步了解其他各种妊娠诊断方法。

二、实训器材

1. 母畜　妊娠后期的母牛，妊娠 2.5 个月以上的母羊、母猪，未孕母牛、母羊、母猪。

2. 器械　保定架、听诊器、绳索、鼻捻棒、尾绷带、开膣器、额灯或手电筒、脸盆、肥皂、石蜡油、毛巾。

3. 药品　95%酒精、酒精棉球。

三、实训内容

（一）外部检查

外部检查包括视诊、触诊。

1. 视诊　怀孕家畜，可以看到腹围增大，肷部凹陷，乳房增大，出现胎动。但不到怀孕末期难以确诊。

（1）牛　由于母牛左后腹腔为瘤胃所占据，检查者站于妊娠母牛后侧观察时，可发现右腹壁突出。

（2）羊　在妊娠后半期右腹壁表现下垂而突出。

（3）猪　妊娠后半期，腹部显著增大下垂（在胎儿很少时则不明显），乳房皮肤发红，逐渐增大，乳头也增大。

2. 触诊　常用于猪、羊。

（1）猪　触诊时，使母猪向左侧卧下，然后细心地触摸腹壁。妊娠 3 个月时，在乳房的上方与最后两对乳头平行处触摸可发现胎儿。消瘦的母猪在妊娠后期才比较容易摸到。

（2）羊　检查者在羊体右侧并列而立，或两腿夹于羊的颈部，以左手从左侧围住腹部，右手从右侧抱之，如此用两手在腰椎下方压缩腹壁，然后用力压左侧腹壁，即可将子宫转向右腹壁，而右手则施以微弱压力进行触摸，感觉胎儿好似硬物漂浮在腹腔中，营养较差、被毛较少的母羊有时可以摸到子宫，甚至可以摸到胎盘。

（二）阴道检查

1. 准备工作

（1）保定　母畜保定在保定架内，用绷带缠扎尾部并拉向一侧。如无保定架也可用三角绊保定。

（2）消毒　检查用具先用清水洗净后，再以火焰消毒或用消毒液浸泡消毒，之后必须用开水或蒸馏水将消毒液冲净。

母畜阴唇及肛门附近先用温水洗净，最后用酒精棉球涂擦。如需将手伸入阴道进行检查，消毒手的方法与手术前手的准备相同，但最后必须用温开水或蒸馏水将残留于手上的消毒液冲净。

2. 检查阴道的变化

（1）检查方法　给已消毒过的开膣器前端约 5 cm 处向后涂以润滑剂（石蜡油等），并用消毒纱布覆盖备用。检查者站于母畜左侧的侧后方，右手持开膣器，左手的拇指和食指将阴唇分开，将开膣器合拢呈侧向，并使其前端略微向上缓缓送入阴道，待完全进入后，轻轻转动开膣器，使其两片呈扁平状态，最后压紧两柄使其完全张开，观察阴道和子宫颈变化（图 14-6）。检查完毕，将开膣器恢复如送入时状态，然后再缓慢抽出，抽出时别将开膣器闭合，否则易于损伤阴道黏膜。检查完毕将开膣器进行清洗消毒。

（2）阴道黏膜及子宫颈变化　妊娠时阴道黏膜变为苍白、干燥、无光泽（妊娠末期除外），至妊娠后半期，感觉阴道肥厚。子宫颈的位置改变，向前移（随时间不同而异），而且往往偏于一侧，子宫颈口紧闭，外有浓稠黏液，在妊娠后半期黏液量逐渐增加，非常黏稠（牛在妊娠末期则变为滑润）。附着于开膣器上的黏液呈条纹状或块状，灰白色，在马妊娠后半期稍带红色，以石蕊试纸检查呈酸性反应。

3. 阴道检查时的注意事项　对于妊娠母畜开张阴道是一种不良刺激，因此，阴道检查动作要轻缓，以免造成妊娠中断。

（三）直肠检查

1. 准备工作

（1）母畜保定　以六柱栏保定较为方便，左右后肢应分别以足夹套固定于栏柱下端，以防后踢；为防止卧下及跳跃，要加腹带及压绳；尾部向上或向一侧吊起。

（2）灌肠　一般可先用温水 1 000～2 000 mL 灌肠，以缓解直肠的紧张度并排出粪便，便于直检。

（3）术者准备　术者剪短指甲并磨光，充分露出手臂并涂以润滑油类，必要时用乳胶手套。

2. 检查步骤和方法　手呈锥形从肛门进入直肠。当手腕伸入肛门时，手向下轻压直肠肠壁，即可触摸到棒状坚实纵向的子宫颈。将食指、中指、无名指分开沿着子宫向前摸索，在子宫体前，中指可摸到一纵行子宫角间沟（图 14-9），再向前探摸，食指和无名指可摸到类似圆柱状的两侧子宫角。沿子宫角的大弯向外侧下行，即可触到呈扁卵圆形、柔软、有弹性的卵巢。触摸过程中如摸不到子宫角和卵巢，应再从子宫颈开始向前逐渐触摸。母牛妊娠诊断时须触摸：子宫角的大小、形状、对称程度、质地、位置及角间沟是否消失；在子宫体、子宫角可否摸到胚泡，胚泡大小，子宫颈粗细、位置及牵引感觉；有无漂浮的胎儿及胎儿活动状况；子宫内液体性状；子宫动脉粗细及妊娠脉搏的有无，子叶的大小。

四、技能考核标准

<table>
<tr><th colspan="2" rowspan="2">考核内容</th><th colspan="2">评分标准</th><th rowspan="2">考核方法</th></tr>
<tr><th>分值</th><th>扣分依据</th></tr>
<tr><td rowspan="5">母畜的妊娠诊断</td><td>外部检查法的操作</td><td>20</td><td>每错一步或少一步扣5分</td><td rowspan="5">小组操作考核</td></tr>
<tr><td>阴道检查法的操作</td><td>20</td><td>每错一步或少一步扣5分</td></tr>
<tr><td>直肠检查法的操作</td><td>40</td><td>每错一步或少一步扣5分</td></tr>
<tr><td>熟练程度</td><td>10</td><td>在教师指导下完成时扣5分</td></tr>
<tr><td>完成时间(时限40 min)</td><td>10</td><td>每超时1 min扣2分直至10分</td></tr>
</table>

【自测训练】

一、名词解释

妊娠识别 胚胎附植 胎膜 胎水 胎盘

二、填空题

1. 妊娠识别的实质是(　　)。
2. 除(　　)之外，其他家畜的黄体，在整个妊娠期都必须存在。
3. 牛的胎盘属于(　　)。
4.(　　　)是广泛应用于牛、马和驴等大家畜早期妊娠诊断最可靠的方法。
5. 猪的胎盘属于(　　)。
6.(　　　)是判断大家畜是否怀孕的最基本而可靠的方法。
7.(　　)胎盘，结构比较简单，分娩时胎衣脱落较快。

三、问答题

1. 试述各种动物胚胎附植的部位和时间。
2. 妊娠母畜有哪些生理变化?
3. 各种动物的胎盘结构什么特点?
4. 胎盘有哪些功能? 牛(羊)、猪(马)、猫(犬)的胎盘各有什么特点?
5. 妊娠诊断的常用方法有哪些? 简述牛直肠检查法进行妊娠诊断的要点。

项目 15　分娩与助产技术

【知识目标】

1. 了解母畜分娩的预兆和分娩过程；
2. 了解决定母畜分娩的因素；
3. 掌握胎向、胎位和胎势的概念；
4. 掌握难产时助产的原则。

【能力目标】

1. 掌握母畜正常分娩的助产方法；
2. 学会难产的救助方法和难产的预防方法；
3. 掌握诱发母畜分娩的技术；
4. 掌握母畜产后护理和新生仔畜护理的方法。

【学习任务】

任务 15-1　分娩预兆与分娩过程

分娩是母体怀孕期满，胎儿发育成熟，母体将胎儿及附属物从子宫排出体外的生理过程。

一、分娩预兆

随着胎儿的发育成熟和分娩的临近，母畜的生殖器官、骨盆、行为都要发生一系列的生理变化，以适应排出胎儿和哺育幼仔的需要，这些变化通常叫母畜分娩预兆。

(一)乳房变化

分娩前迅速发育，膨胀增大，有的还出现乳房浮肿。牛的乳房变化最明显，分娩前乳房迅速胀大、水肿发亮。约产前 10 d 乳头表面有蜡状光泽。产前 2～3 d 充满初乳，若乳汁由乳白色稀薄变得黄色而浓稠时，就快分娩了；当出现漏乳现象后数小时至 1 d 左右即分娩。

猪在临产前 15 d 左右，乳房基部与腹壁之间出现明显界限，产前 3 d 左右，可在中部两对乳头挤出少量清亮的液体，在分娩前 0.5～1 d，可在前、后部乳头挤出初乳，有的则有漏乳现象。

马分娩前2个月，左右乳房发育迅速，并在乳房基部出现浮肿，在分娩前数小时，乳头变粗，并出现漏乳现象。

(二)阴部变化

分娩前数天到1周左右，阴唇逐渐变松软、肿胀、发亮，阴唇皮肤皱褶展平，从阴道流出黏液由浓稠变稀薄，以牛、羊最明显。猪阴唇肿大开始于产前3～5 d。只有母马和奶山羊的阴唇变化较晚，在分娩前数小时到十多小时才出现显著变化。

(三)骨盆变化

临产前数天骨盆韧带松软，牛骨盆韧带于分娩前1～2周开始软化，分娩前1 d荐坐韧带后缘很软，尾根两侧下陷，称“尾根塌陷”，另外，荐髂韧带同样也很软。

(四)行为变化

动物在分娩前都有较明显的精神状态变化，出现食欲不振、精神抑郁、来回不安或离群寻找安静地点的现象。

猪在分娩前6～12 h有衔草做窝的现象。牛产前会不安鸣叫。马、驴产前会起卧不安，时常举尾、顾后或踢腹。兔产前数小时开始扯咬胸部被毛和衔草做窝。羊产前数小时精神不安，前蹄刨地，喜欢接近其他羔羊。

(五)体温变化

乳牛的体温从产前1～2个月就开始逐渐上升，可缓慢地提高到39～39.5℃，临产前12 h左右，体温则下降0.4～1.2℃，在分娩过程和产后又逐渐恢复到产前的正常体温。这种体温变化规律只有做系统观察才能发现。其他家畜分娩前后的体温变化也有类似的规律。

二、分娩过程

母畜的整个分娩过程从子宫肌和腹肌出现阵缩开始，至胎儿和附属物排出为止。它分为开口期、胎儿产出期和胎衣排出期三个阶段。

(一)开口期

从子宫出现有规则的阵缩开始，到子宫颈口完全开张，子宫颈与阴道之间的界限消失为止。这一期的特点是仅有阵缩而无努责；经产母畜较安静，等待分娩；初产母畜则食欲减退，起卧不安，举尾徘徊，频频排尿。

在开口期的初期，子宫阵缩较弱，约15 min出现一次，持续15～30 s，随后收缩频率、强度不断加大，持续时间不断加长，使胎儿的姿势由屈曲变为伸直，使胎水和胎儿前置部分向子宫颈方向移动，并逐渐使胎儿的前置部分进入子宫颈管和阴道。在开口期末期，牛、羊有时有胎膜囊露出阴门外，猪则有大量黏液从阴门流出。

(二)胎儿产出期

是指由子宫颈口充分开张至胎儿全部排出为止的时期。在这一时期，母畜的阵缩和努责共同发生作用,其中努责是排出胎儿的主要力量(图 15-1)。

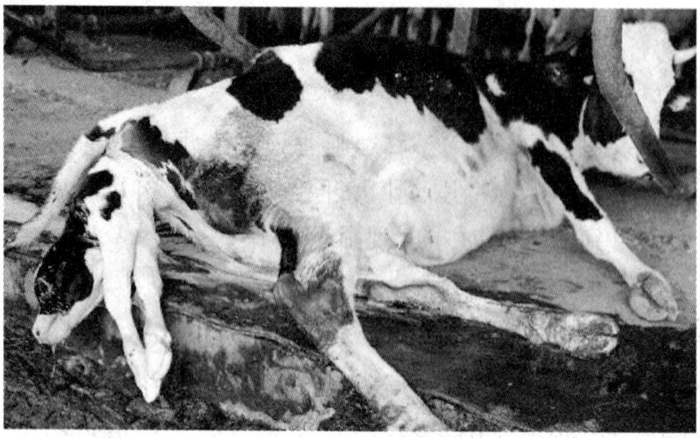

图 15-1 胎儿产出期

在这一期,母体的临床共同表现是极度不安、起卧频繁、前蹄刨地、后肢踢腹、回顾腹部、拱背努责、嗳气。然后胎儿前置部分以侧卧胎势通过骨盆及其出口,此时,母体四肢伸直,努责的强度和频率都达到了极点,努责数次后,休息片刻,又继续努责。

在胎儿产出期中,胎儿最宽部分的排出需要较长的时间,特别是头部,当胎儿通过骨盆腔时,母体努责表现最为强烈。正生胎向时,当胎头露出阴门外之后,产畜稍微休息,继而将胎胸部排出,然后努责缓和,其余部分随之迅速被排出,仅把胎衣留于子宫内。此时,不再努责,休息片刻后,母体就能站起来照顾新生幼仔。

牛的产出期为 6 h,猪为 3～4 h,绵羊为 4～5 h,山羊为 6～7 h。

(三)胎衣排出期

是指从胎儿被排出开始至胎衣完全排出的持续时间。胎衣是胎膜的总称,包括部分断离的脐带。胎儿被排出之后,母体就开始安静下来,几分钟之后,子宫再次出现轻微的阵缩及微弱的努责而使胎衣排出(图 15-2)。

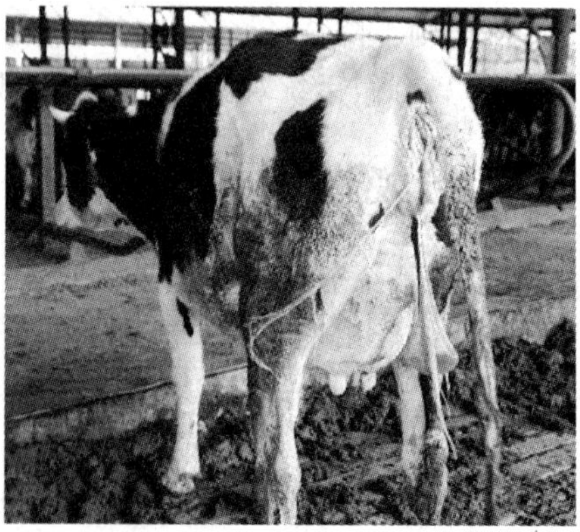

图 15-2 排出胎衣

胎衣的排出,主要是由于子宫的强烈收缩,从胎儿胎盘和母体胎盘中排出大量血液,减轻了绒毛和子宫黏膜腺窝的张力。当胎儿排出后,胎儿胎盘血液循环即告停止,绒毛体积缩小,与此同时母体胎盘需血量减少,血液循环减弱,子宫黏膜腺窝的紧张性降低,使两者间的间隙扩大,再借露在体外的胎膜牵引,绒毛便易从腺窝脱出而分离。因绒毛从腺窝中脱落时,母体胎盘的血管不受到破坏,因此,各种家畜在排出胎衣时都不会出现流血现象。

各种家畜分娩各阶段所需时间见表 15-1。

牛、羊在怀双胎时,胎衣往往是在两个胎儿出生后才被排出。怀双胎的山羊,胎衣是在全部胎儿排出之后,一次或分多次被排出。多胎家畜的猪,胎衣排出比较特殊,通常胎衣分两批翻着被排出。第一批是在一侧子宫角的胎儿产完或连续产出的期间被排出;第二批胎衣是在胎儿全部产出之后被排出。

表 15-1 动物分娩各期所需时间*

动物种类	开口期	胎儿产出期	胎儿产出间隔	胎衣排出期
牛	2～8(0.5～24) h	3～4 (0.5～6) h	20～120 min	4～6 (<12) h
水牛	19 min	4～5 h	—	—
绵羊	4～5 (3～7) h	1.5(0.25～2.5) h	15(5～60) min	0.5～4 h
山羊	6～7 (4～8) h	3(0.5～4) h	5～15 min	0.5～2 h
猪	2～12 h	—	2～3(1～10) min（中国猪种） 11～17(10～30) min（引进猪种）	30 min 10～60 min
马	10～30 min	10～20 min	20～60 min	5～90 min
犬	6～12 h	3～4 h	10～30 min	5～15 min/仔

*平均值范围(变动范围)。

【实训操作】

实训 15-1 母牛分娩接产技术

一、实训目的

通过观察母牛分娩与接产的全过程，掌握母牛分娩接产的各项准备工作，熟悉和了解母牛的临产预兆，掌握接产方法。

二、实训内容

1. 产房的准备 妊娠母牛在产前 2 周进入产房。产房应预先打扫干净，用 20%石灰水或 5%石炭酸溶液消毒，铺上干净而柔软的垫草。产房夏季应防暑，冬季应防寒、防贼风。

2. 药品及器材的准备

(1)药品 消毒药液如甲酚皂、新洁尔灭、碘伏、10%碘酒、75%酒精，经消毒的石蜡油或食用油，催产剂.止血剂及局部止血药等。

(2)器材 产科器械一套，产科绳数根，止血钳，听诊器，注射器械，注射针等。此外，还有一般用具，如毛巾、纱布、药棉、剪刀、肥皂、水桶、橡胶或塑料围裙等。

3. 临产母牛的准备 母牛在进入产房前，先去尾毛，用温水洗净母牛外阴、尾巴、尾根、肛门及臀部两侧的污物。用纱布绷带或软棉绳把尾巴系于一侧，用消毒药水消毒外阴部。

4. 接产人员的准备 接产人员应穿戴工作服、帽、长筒胶靴，系围裙，洗净并消毒手臂。

5. 接产的步骤和方法

(1)产出期到来时，接产员迅速穿好工作服，清洗及消毒手臂。准备或者进行产道内诊，以清楚胎位、胎势、胎向、产道通畅情况及产力状态。

(2)注意观察产程的阶段,正确选定助产时机,给产畜以恰当协助。在开口期之后,产畜表现为极度不安,起卧不定,回视腹部,嗳气或呻吟,阵缩与努责变得强而有力、发作频繁、间歇短促。随着时间的推移,球样胎水囊泡出现于阴道前庭或露出阴门之外,并随同产力的发作与休止时隐时现,进退不定,但胎水囊泡越来越大,隔着胎膜可以看到胎儿的前置部位。

正产时,胎儿在产出期的姿势大多数情况为正生,两前肢伸入产道,颈部伸展,头部位于两前肢之间之上;少数情况为倒生,两后肢伸入产道(图 15-3、图 15-4)。

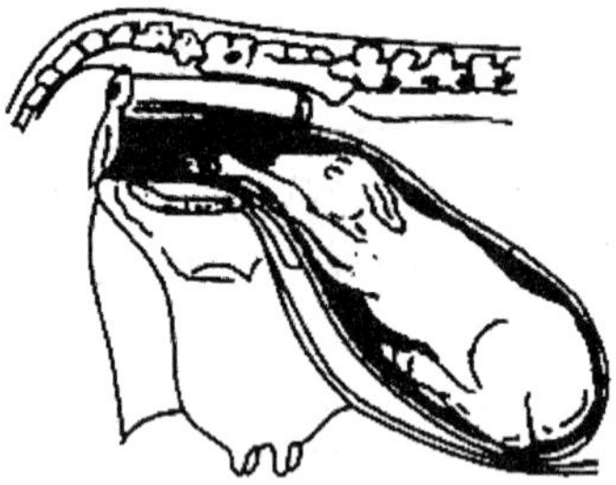

图 15-3 头位正常娩出姿势(正生)

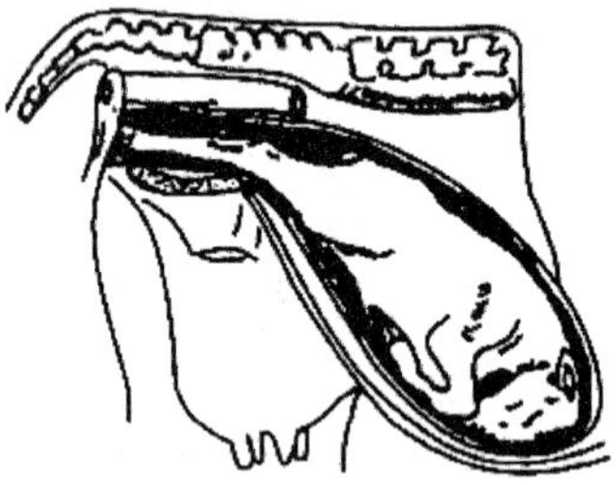

图 15-4 尾位正常娩出姿势(倒生)

当胎儿的口唇部或头部及两蹄尖已经露到阴门之外,羊膜囊尚未破裂时,要及时撕破胎膜,清除胎儿口鼻黏液,稍做牵引,抽出胎儿。当遇到胎位不正,两后肢伸进产道或伸露到阴门之外时(此时蹄底向上,与跟腱和前肢区别),一定要积极进行助产,以免由于脐带被挤压于母体骨盆前缘或者胎体与骨盆之间,而造成胎儿血液循环障碍,供氧不足或者再反射性引起吞咽活动,误咽胎水,最后导致胎儿的窒息和死亡。如果遇到产力微弱,母畜无力娩出胎儿;胎儿过大或骨盆狭窄;胎头通过阴门困难,分娩迟迟无进展;由于某种原因而有难产趋势时(此时需稍加整复),都必须及时牵引抽出胎儿。抽出胎儿时按下列要求进行:

在产力发作的同时进行牵引;沿着母体骨盆轴的方向,胎儿的肩或髋部通过产道时,以交互牵引两前肢的方法抽出;胎儿的较宽部位通过阴门时,助手要用双手捂住阴门,以防阴门撕裂。如果胎儿的腹部已经露到阴门之外,助产人员要在减缓抽出速度的同时,保护(握住)脐带,防止脐带过早和过短断裂。

三、实训作业

结合实训的实际情况及学生个人的实习经历,写出实训体会,主要总结实训中出现的问题及处置方案。

四、技能考核标准

<table>
<tr><th colspan="2" rowspan="2">考核内容</th><th colspan="2">评分标准</th><th rowspan="2">考核方法</th></tr>
<tr><th>分值</th><th>扣分依据</th></tr>
<tr><td rowspan="2">母牛分娩接产技术</td><td>产房准备、物品和用具消毒</td><td>30</td><td>每错一步或少一步扣 3 分</td><td rowspan="2">小组操作考核</td></tr>
<tr><td>母牛临产征象观察、接产操作</td><td>70</td><td>每错一项或少一项扣 5 分</td></tr>
</table>

任务 15-2 决定分娩的因素

分娩时,排出胎儿的动力子宫肌和腹肌的强烈收缩,但分娩的顺利与否,主要取决于产力、产道和胎儿。

一、产力

产力是指将胎儿从子宫中排出的力量,是由子宫肌和腹肌有节律的收缩共同形成的。阵缩是子宫肌有节律的收缩,是分娩过程中的主要动力。努责由腹肌、膈肌的收缩引起,是分娩的辅助动力,当母畜横卧分娩时更为明显。

分娩时,阵缩由弱到强,由无规律到有规律,子宫肌呈间歇性收缩,使胎盘血液循环和氧气供应不会因子宫肌持续收缩而发生障碍造成胎儿窒息。在分娩时母体所发生的阵缩和努责密切配合,共同协作产生强大的收缩力使胎儿顺利排出。

二、产道

产道是分娩时胎儿由子宫内排出通路,可分为软产道和硬产道。

(一)软产道

包括子宫颈、阴道、前庭及阴门这些由软组织构成的通道;分娩时软产道变得柔软、松弛,以适应胎儿的产出。

(二)硬产道

即骨盆,由荐骨、前三个尾椎、髂骨及荐坐韧带构成。骨盆可分为以下四个部分:

1. 入口　是骨盆的腹腔面,斜向前下方,由上方的荐骨基部、两侧的髂骨及下方的耻骨前缘围成。骨盆入口的形状、大小和倾斜度与分娩时胎儿通过的难易有很大关系。入口较大而倾斜,形状宽而圆阔,则胎儿容易通过。

2. 出口　由上方的前三个尾椎、两侧的荐坐韧带后缘和坐骨弓围成。

3. 骨盆腔　是骨盆入口和出口之间的腔体,它的大小决定于骨盆腔的垂直径和横径。

4. 骨盆轴　是通过骨盆中心的一条假想线,它代表胎儿通过骨盆腔时所走的路线,骨盆轴越短越直,胎儿通过越容易(图 15-5、表 15-2)。

表 15-2　几种主要家畜骨盆的结构特点

项目	牛	马	猪	羊
入口	竖长椭圆形	圆形	近乎圆形	椭圆形
出口	较小	大	很大	大
倾斜度	较小	大	很大	很大
骨盆轴	曲线形	浅弧形	较直	弧形
分娩难易度	较难	易	很容易	易

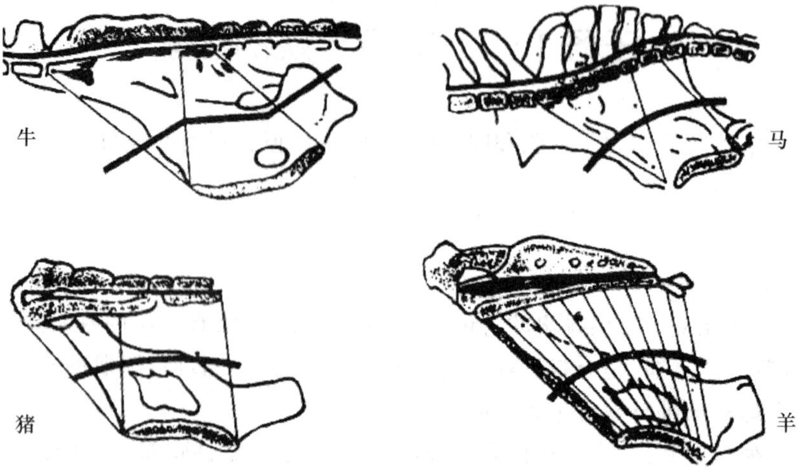

图 15-5　几种主要家畜骨盆轴的位置与形状

三、胎儿

胎儿因素包括胎儿与母体产道之间、胎儿本身各部位之间的相互关系以及胎儿的大小。

(一)胎向

指胎儿纵轴与母体纵轴的关系(图 15-6、图 15-7),有以下三种情况:

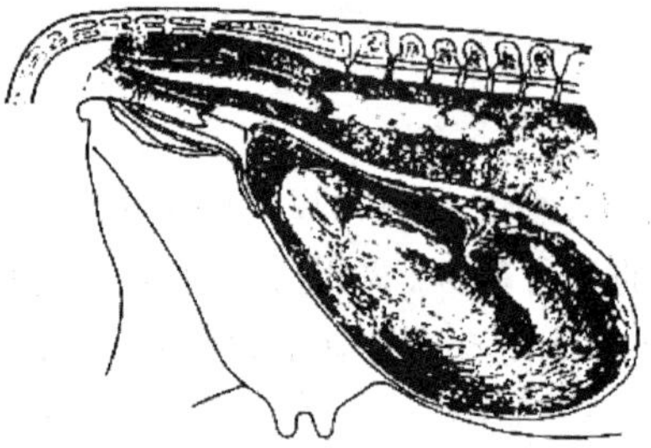

图 15-6　分娩前牛胎儿在子宫内的情况

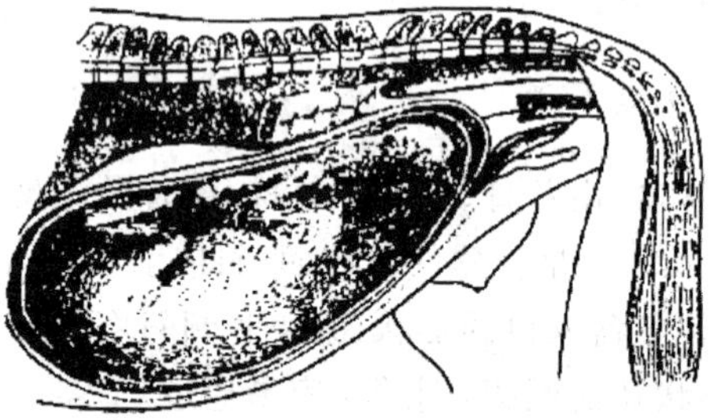

图 15-7　分娩前马胎儿在子宫内的情况

1. 纵向　胎儿的纵轴与母体纵轴互相平行。正生时,胎儿方向与母体方向相反,头和前肢先进入骨盆腔;倒生时,胎儿的方向与母体的方向相同,胎儿的后肢和臀部先进入骨盆腔。

2. 横向　胎儿横卧在母体子宫内,胎儿的纵轴与母体的纵轴呈水平交叉,又可分背部向产道或腹部向产道两种。背部向着产道的称为背部前置横向(背横向),腹部向着产道的称为腹部前置横向(腹横向)。

3. 竖向　胎儿的纵轴与母体的纵轴呈上下垂直状态,胎儿的背部向着产道的,称为背竖向,胎儿的腹部向着产道的称为腹竖向。

(二)胎位

即胎儿在母体子宫内的位置,也就是胎儿的背部与母体背部或腹部的关系。上位是正常的，下位和侧位是反常的。

1. 上位（背荐位）　胎儿伏卧在母体子宫内，胎儿的背部在上，向着母体的背部和荐部。

2. 下位（背耻位）　胎儿仰卧在母体子宫内，胎儿的背部在下，向着母体的腹部和耻骨（图15-8、图15-9）。

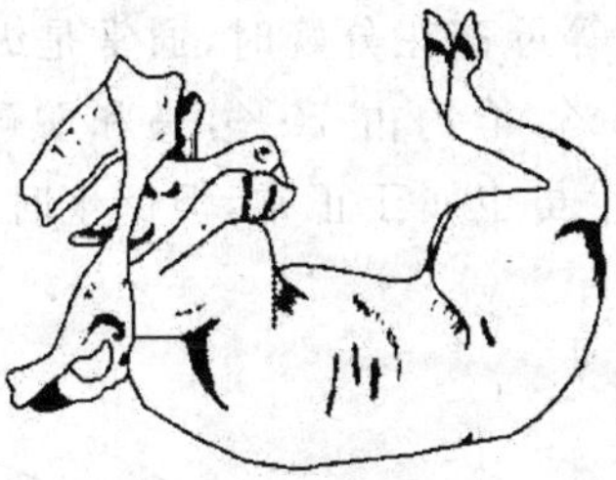

图 15-8　正生下位

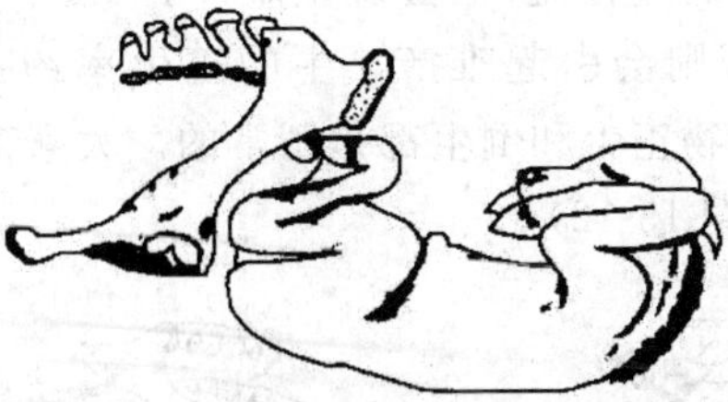

图 15-9　倒生下位

3. 侧位（背髂位）　胎儿侧卧在母体子宫内，胎儿的背部偏于一侧，朝向母体左侧或右侧腹壁或髂骨。看侧转程度，一般小于90°，可以通过子宫收缩时的矫正及进入产道时的位置改变，转为上位；大于90°，则难于矫正。

四、胎势

是指胎儿在母体子宫内的姿势以及胎儿各部分屈伸（弯曲或伸展）的程度。通常，胎儿在子宫内体躯微弯，四肢屈曲，头部向着腹部俯缩。在分娩前牛的胎向是纵向，近似侧位，全身弯曲呈长椭圆形。山羊、绵羊和牛相似，怀双胎时两子宫角各一胎儿；马的胎儿多数呈正生，但也有极个别是倒生，胎势如同牛；猪是多胎动物，胎位、胎向稍有变动，但胎势与其他家畜相似，多为上位。母畜分娩时胎向不变，但胎位和胎势必须改变后才能产出。由于子宫收缩或因胎儿窒息所引起的反射性挣扎，可使胎儿由下位或侧位转为上位，胎势也由弯曲变为伸展（图15-10）。

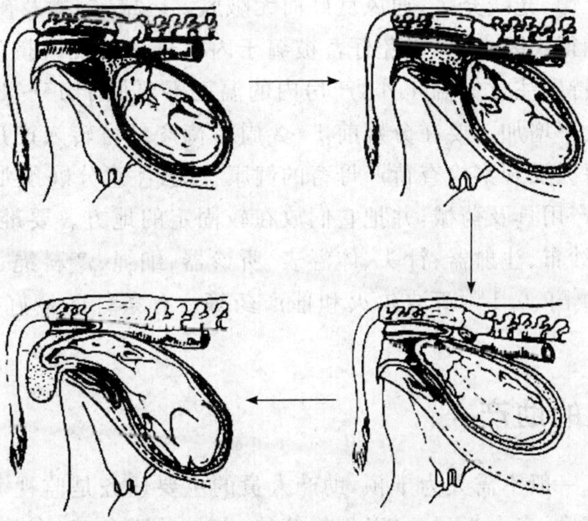

图 15-10　正常分娩过程中胎位变化示意图

五、前置

又称先露，是指胎儿先进入产道的部分。如正生时称头前置或前躯前置，倒生时称后躯前置。正常的胎势是，在正生时两前肢和头颈伸直，头颈放在两前肢上面；倒生时，两后腿伸直。这种胎势容易通过骨盆，不会发生难产。牛、羊和马等母畜在分娩时，通常是纵向的，头呈前置，为正生，否则会引起难产。牛的正生率约占95%，羊约占70%，马和驴可高达98%～99%。多胎动物正生和倒生都是正常的。大家畜倒生虽也属于正常，但倒生时难产发生率较高(图15-11、图15-12)。

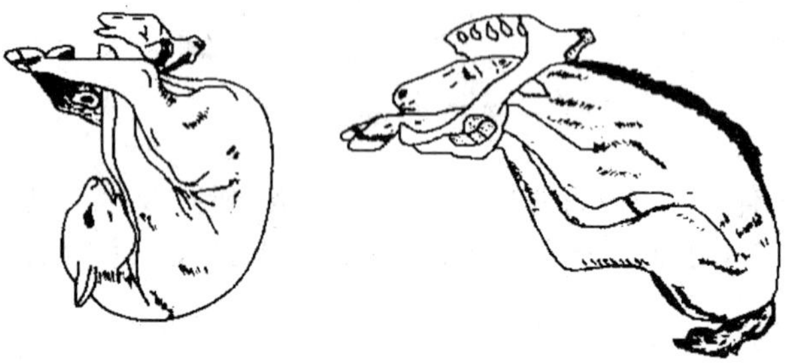

图 15-11　腹部前置

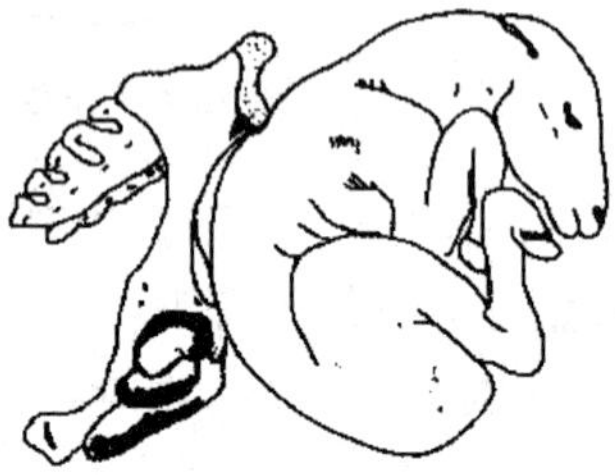

图 15-12　背部前置

任务 15-3　分娩助产技术

一、助产前的准备

农牧场应根据现有条件和经济能力准备好产房或分娩栏，小动物应备好分娩箱(或窝)。产房要求宽敞，清洁干燥，光线充足，通风良好而无贼风。墙壁、饲槽及褥草要经常消毒。产房内的褥草不宜过长，铺得不要太厚，以免仔畜被缠于内被母畜压死或挤死。褥草要经常更换。早春和晚秋分娩时要特别注意保温工作，产房内的温度不要低于15～18℃，否则会延长母畜的分娩时间，仔畜死亡率增加。要在分娩前1～2周将待产母畜转入产房，以便让母畜熟悉环境，安定母畜情绪。每天要观察检查待产母畜的健康状况，注意分娩预兆。

产房内准备好接产用具及药械，并把它们放在较固定的地方。要准备的用具和药械有肥皂、毛巾、刷子、棉花、纱布、注射器、针头、体温表、听诊器、细绳、产科绳、大塑料布、照明设备、70%酒精、3%～5%碘酊、0.1%新洁尔灭和催产药等。有条件的最好准备一套常用的产科器械。

二、正常分娩的助产

母畜正常分娩时，一般不需人为干预，助产人员的主要任务是监视分娩状况和护理仔畜。如果胎膜未破，姿势正常，产力尚可，可以稍加等待；若是胎膜已破，姿势异常，产力不佳，均应尽快助产。

（一）消毒和检查

助产人员穿好工作服及胶围裙和胶靴，消毒手臂，临产时，将孕畜外阴部清洗干净，消毒，并对其进行健康检查（呼吸、心跳、体温），若有异常，先处理以防虚脱。

（二）校正胎儿

为防止难产，当胎儿前置部分进入产道时，可将事先消毒好的手臂伸入产道检查，以确定胎儿的胎向、胎位和胎势是否正常，以便对胎儿的反常胎势做出早期诊断，及早发现，尽早矫正，这不仅能避免难产，甚至还可急救胎儿。正生时，胎儿的三件（唇和二蹄）俱全，则可等其自然产出。

（三）撕破羊膜

当头或唇部露出阴门外，若还覆盖羊膜，应撕开，尤其倒产时，应马上撕开，若绒毛膜没破，则不急于扯破羊膜。

如在分娩时羊水已流出，而胎儿尚未排出，母体的阵缩和努责又较微弱，助产人员抓住胎头和两前肢的腕部，随着母体的努责频率，沿着骨盆轴的方向缓缓拉出胎儿，切不可强行拉出，以免带出子宫，造成子宫脱出。如发现胎儿两蹄先露出，蹄叉朝上，即为倒生，要迅速拉出胎儿，因为倒生，胎儿脐带可能被挤压在胎儿和骨盆之间妨碍脐带内的血液流通，供氧中断，使胎儿出现反射性呼吸，吸入羊水而使胎儿窒息。

如果发现母体努责及阵缩微弱，无力产出胎儿，或产道狭窄，或胎儿过大通过阴门困难等情况，使胎儿产出缓慢时，要迅速拉出胎儿。

（四）断脐

胎儿产出后，要迅速擦去口、鼻内的黏液，而后进行断脐。如脐带被自行挣断，一般可不结扎，但须用3%～5%碘酊溶液或5%碳酸溶液浸泡脐带消毒，以防感染或发生破伤风。马、驴脐带较长，产出后脐带不断，为了使胎盘血液更多地流入幼驹体内，可消毒后用左手或右手向幼驹腹部挤压脐带，使脐带血管的血液尽可能多地流入幼驹体内，这对增进幼驹健康有好处，然后距脐带基部5～10 cm处结扎脐带并剪断，用3%～5%碘酊浸泡消毒。

（五）擦干

新生幼仔断脐消毒后，将幼仔放在产畜前面让其舔干幼仔身上的黏液（羊水），产畜舔入羊水可增强子宫肌的收缩力，以利胎衣排出。

母猪若产出时间过长，在两胎儿之间努责后，下一个胎儿仍不排出，助产人员应将胎儿拉出。如无阵缩力，可皮下注射垂体后叶素2～3 mL。动物分娩后要及时供给足够的温盐水或温麸皮水，排出的胎衣，要立即拿走，防止母畜吞食胎衣引起消化紊乱。特别要防止母猪产后吞食胎衣现象发生，否则会产生吞食仔猪的恶癖。产畜产后要观察数小时，看是否出现强烈的努责现象，如果在产后仍有强烈的努责，则有可能引起子宫脱出，要采取相应的措施加以预防。

三、难产及其助产

(一)难产的分类

由于发生的原因不同,常见的难产可分为产力性难产、产道性难产和胎儿性难产三大类,前两类是由于母体异常引起的,后一类是由于胎儿的异常造成的。

1. 产力性难产　包括子宫阵缩及努责微弱,阵缩及破水过早和子宫疝气等引起的产力不足而导致的难产。

2. 产道性难产　包括子宫捻转,子宫颈、阴道及骨盆狭窄,产道肿瘤等引起的难产。

3. 胎儿性难产　包括胎儿过大或过多、胎势不正(头、前后肢不正)、胎位不正(侧位或下位)、胎向不正(横向或竖向)等引起的难产(图 15-13、图 15-14)。

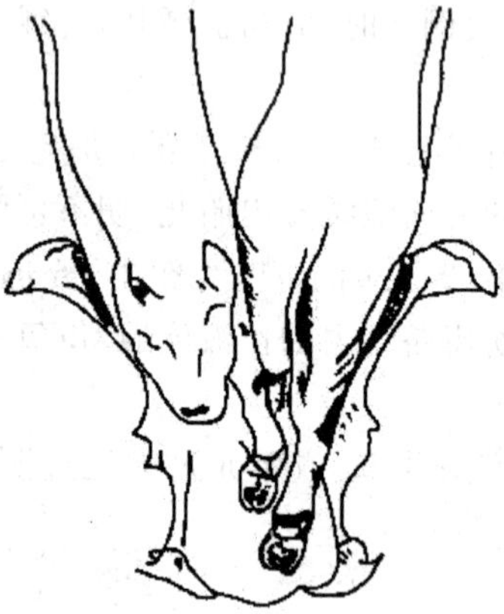

图 15-13　双胎难产

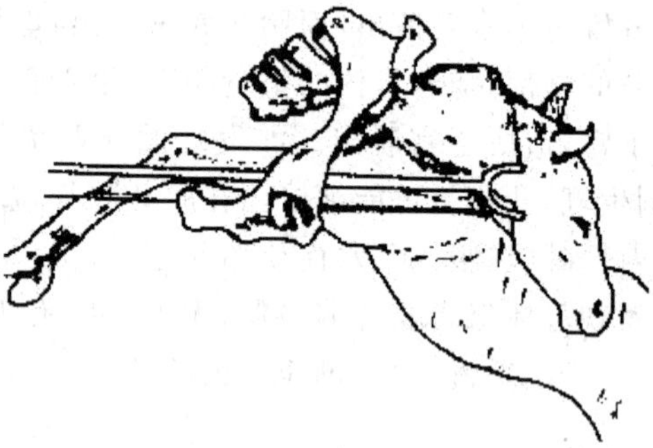

图 15-14　头颈侧弯

在上述 3 种难产中,以胎儿性难产最为多见,在牛的难产中约占 75%,在马、驴的难产中可达 80%。在胎儿性难产中,由于马、牛、羊胎儿的头颈及四肢较长,容易发生胎势不正,其中主要是胎头和前肢姿势反常。而在猪中,因头颈短,发生胎势不正者较少,多为胎儿过大引起的难产。

在临床上,难产的出现往往并不是由单一因素引起的,如子宫颈狭窄伴以胎势反常;前肢和头部姿势可能同时发生不正等。在各种动物中,由于牛的骨盆比较狭窄,骨盆轴不像马那么直而短,分娩时不利于胎儿通过,所以难产要比马多见。

(二)难产的检查

为了判明难产的原因,除了检查母畜全身状况外,必须重点对产道及胎儿进行检查。

1. 产道检查　主要检查产道是否干燥,有无损伤、水肿或狭窄,子宫颈开张程度,硬产道有无畸形、肿瘤,并注意产道内液体的颜色和气味。

2. 胎儿检查　不仅要了解胎儿进入产道的程度,是正生还是倒生,胎势、胎位、胎向是否正常,还要判定胎儿是否存活。

如胎膜未破切忌人为撕破胎膜,可隔着胎膜触诊胎儿。如胎膜已破,应将手伸入胎膜内进行触摸。鉴别胎儿死活的方法是：正生时，可将手伸入胎儿口腔，轻拉舌头、轻压眼部或牵扯刺激前肢，注意有无生理反应，如口吮吸、舌收缩、眼转动、肢伸缩等，也可触诊颌下动脉或心区有无搏动。倒生时，最好触到脐带查明有无搏动；或将手伸入肛门，或牵拉后肢，注意有无收缩反应。

（三）难产时助产原则

难产的助产目的，不仅要保全母畜性命，救活胎儿，而且还要注意保持母畜的繁殖机能，避免产道感染和损伤，必要时可舍仔保母。实践中，动物难产的种类较多也很复杂，所以助产时应根据具体情况因势利导。但不论采取何种方法，必须遵守一定的操作原则。发现母畜难产时，应首先查明难产的原因和种类，然后进行对症救助(图 15-15)。

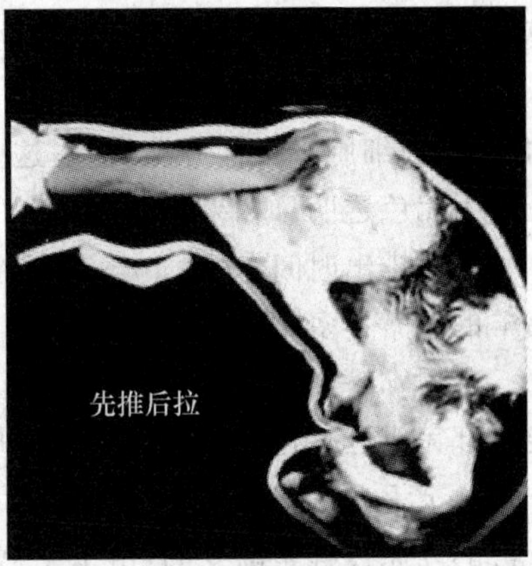

图 15-15　助产示意图

产力不足引起的难产，可注射催产素催产或拉出胎儿的前置部分，将胎儿拉出体外。

硬产道狭窄、子宫颈有瘢痕、胎儿过大引起的难产，可实行剖腹产术；软产道轻度狭窄造成的难产，可向产道内灌注石蜡油，然后缓慢拉出胎儿，并注意保护会阴防止撕裂。

胎儿过大引起的难产，可随母畜的努责，强行拉出胎儿，如拉不出来可实行剖腹产，如胎儿死亡，可施行截肢手术。

胎向、胎位、胎势异常造成的难产，应先矫正然后拉出胎儿。矫正胎儿的反常姿势应尽量将胎儿推回子宫内进行，矫正困难时可实行剖腹产术或截胎术。

（四）难产预防

难产虽不是常见的疾病，但极易引起仔畜死亡，而且若处理不当，使子宫和软产道受到损伤或感染，轻者影响生育，重者危及生命。因此积极预防难产，对动物的繁殖具有重要的意义。

(1)切忌母畜配种过早，否则由于母畜尚未发育成熟，分娩时容易发生骨盆狭窄，造成难产。

(2)妊娠期间，对母畜合理饲养，给予完善的营养，以保证胎儿的生长和维持母畜的健康，减少分娩时发生难产的可能性。怀孕末期，适当减少蛋白质饲料，以免胎儿过大。

(3)安排适当的使役和运动，提高母畜对营养物质的利用；使全身及子宫肌的紧张性提高，有利于分娩时胎儿的转位、防止胎衣不下及子宫复位不全等。

(4)做好临产检查，对分娩正常与否做出早期诊断。检查时间：牛，从开始努责到羊膜绒毛膜露出或排出胎水这段时间。马、驴，尿膜囊破裂，尿水排出之后，胎儿的前置部分进入骨盆腔时。检查方法：将手臂及母畜的外阴部消毒，手伸入阴门隔着羊膜触诊胎儿，如羊膜已破可将手伸入羊膜内进行触诊。如果摸到胎儿是正生，前置部分正常，可任其自然排出。如有异常应及时进行矫正，因为此时胎儿的躯体尚未进入骨盆腔，难产程度不大，胎水还没流尽，子宫内润滑，矫正比较容易。如马、牛的胎头侧弯是较常见的，在产出期开始时，这种反常只是头稍为偏斜，尚未达到严重程度，此时稍加扳动，即可将胎头拉直，继而把胎儿拉出，即可避免难产的发生。

四、产后期母畜及新生仔畜的护理

（一）产后期

产后期是指胎衣排出到母体生殖器官恢复原状的持续时间。在此期间最重要的是子宫内膜的再生、子宫的恢复和重新出现性周期。

1. 子宫内膜的再生　母畜分娩后，子宫内排出一些变性脱落的母体胎盘、部分血液、残留的胎水、白细胞和子宫分泌物等，这些混合物称为恶露。恶露最初呈红褐色，以后变为淡黄色，最后为无色透明。如果恶露排出时间延长，则说明子宫内可能有病理变化。

恶露排出时间，牛为 10～12 d，如果超过 3 周仍有分泌物排出，则视为病态；马为 2～3 d；绵羊的恶露不多，5～6 d 即停止；山羊较多，约 2 周；猪恶露也很少，2～3 d 便停止排出。

产后 12～14 d，牛子宫阜表面上皮组织开始增殖再生。多数正常牛在产后 1 个月左右才能全部完成这一过程。猪的子宫上皮再生过程是于产后第 1 周开始，第 3 周完成。

2. 产后子宫的复原　胎儿和胎盘娩出以后，母畜子宫复原到未孕时的大小即子宫复原。子宫的复原过程是渐变的，由于子宫肌纤维的回缩，在产后前几天子宫壁由薄变厚，容积逐渐恢复原状。

母牛子宫的复原一般需 30～45 d，羊的子宫基本复原是在产后 17～20 d，猪子宫复原要在产后 25～28 d。

3. 卵巢机能的恢复　母牛卵巢中的黄体在分娩后才被吸收，产后第一次发情较晚，奶牛产后发情一般在 40～60 d。产后母牛哺喂犊牛时，或增加挤奶次数，发情周期的恢复更为延长，将母牛和犊牛分开时则时间缩短。母猪分娩后黄体很快退化，产后 3～6 d 便可出现无排卵发情，绝大多数母猪在哺乳期间，发情及排卵都受到抑制。母猪在产后 35～40 d 表现发情，即仔猪断奶后 3～7 d 出现发情。母羊多在产后的 2～3 个月即羔羊断奶后发情。

（二）产后母畜的护理

分娩后母畜生殖器官发生了很大变化。分娩过程中母畜产道还可能受到损伤，以致降低机体的抵抗力；分娩后子宫内沉积大量恶露，易引起病原微生物的侵入和繁衍。因此，要加强产后母畜的护理。

（1）母畜分娩时由于脱水严重，一般都发生口渴现象。因此，产后应及时供给足够的温盐水或温麸皮盐水，以增强母畜体质，有利于恢复健康。

（2）分娩后要注意观察胎衣及恶露排出情况，注意防止阴道、子宫脱出。

（3）母畜产后最初几天，要喂一些品质好、易消化的饲料，满足机体营养需要。

（4）对奶牛，产后最初几天，要控制挤奶量，防止产后瘫痪的发生；在乳房水肿严重时，限制青绿多汁饲料的喂量。

（5）在高温季节，为防止母畜子宫、产道发生炎症，最好在母畜产后立即注射抗生素。对个别炎症严重的个体可用高锰酸钾、呋喃西林、青链霉素等药物进行灌洗子宫的处理。

(三)新生仔畜的护理

新生仔畜是指断脐至脐带干缩脱落这个阶段的幼畜。

1. 注意观察脐带 新生仔畜断脐后，通常1周左右脐带就干缩脱落，仔猪生后24 h左右脐带即干缩。在脐带干缩脱落的前后，要注意观察脐带的变化状况，遇有滴血或流尿现象，要及时进行结扎，这是脐带血管闭锁不全引起的现象。在此期间勿使仔畜互相舔吮脐带，以防脐带感染发炎。

2. 保温 新生仔畜的体温中枢尚未发育完全，皮肤的调温机能也很差，体内能源物质储备少，对极端温度反应敏感。尤其在冬季，应密切注意防寒保温，如采用红外线保姆箱(伞)、火炕(墙、炉)、暖气片或空调等，确保产房温度适宜。

3. 早吃初乳 初乳不仅含有丰富的营养(大量的维生素A有利于防止下痢；大量的蛋白质无须经过消化，可直接吸收)及较多的镁盐(软化和促进胎粪排出)，而且含有大量抗体，可增强抵抗力。因此，应让幼畜尽早吃上初乳。对猪、兔等多胎动物，要帮助幼畜固定乳头，防止个别个体吃不到初乳。

4. 预防疾病 由于新生仔畜本身抵抗力弱，加之环境、营养、免疫、遗传和难产等因素的影响，常常容易在出生后不久便出现一些病理现象。如孱弱、便秘、拉稀、脐带不能闭合、溶血病、腹痛、仔猪低血糖症等，为此应采取积极的防治措施。

(四)假死胎儿的急救

胎儿在母体内生长发育正常，但在出生后，身体柔软，不呼吸或呼吸缓慢，有的张嘴出气，气管及肺有啰音，脐带基部和心脏仍在跳动，这种现象称之为“假死”或窒息。此时如不采取措施进行急救，往往会引起真死。新生仔畜假死的急救可采用以下措施：

1. 折动急救 先掏除和擦净口腔内和鼻部的黏液，然后，一只手托住仔猪臀部，一只手托住肩部，将仔猪轻轻折动，做人工呼吸，直到恢复呼吸为止(图15-16)。

2. 提后腿急救 对猪、羊等假死小动物，可倒提后肢抖动，并轻轻拍打胸腹部，使呼吸道黏液排出，至出现呼吸(图15-17)。

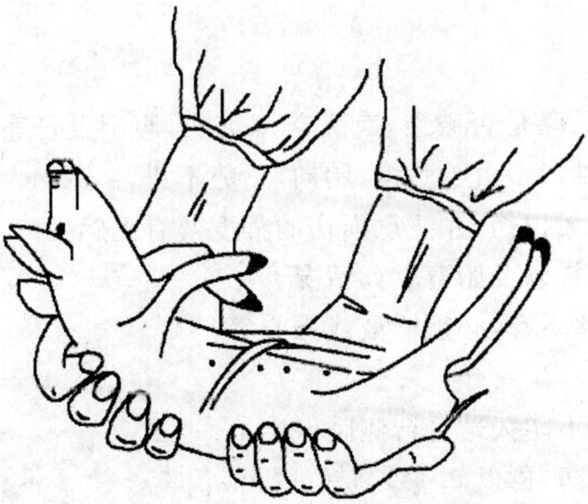

图15-16 折动急救假死仔猪

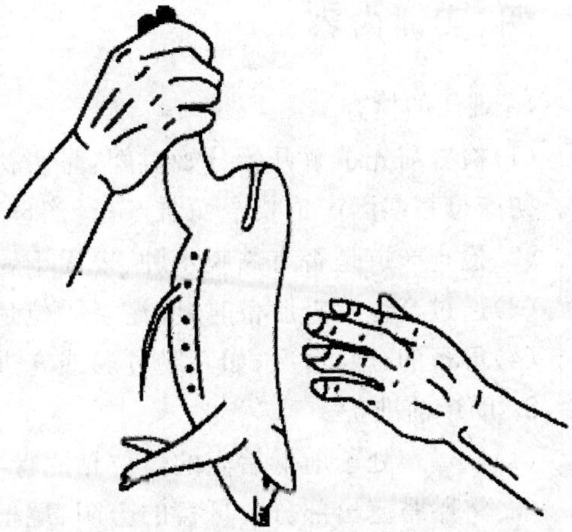

图15-17 提后腿急救假死仔猪

3. 温水法　擦净仔畜口、鼻及呼吸道中的黏液和羊水后，将胎体放入40～60℃温水中，右侧卧，头外露，左手托颈，胎儿背向自己，右手有节奏地沿胸廓由上而下按摩，至出现正常呼吸为止。可用于各种动物。

4. 按摩胸部急救法　使胎儿右侧卧，右手以60～80次/min的速度有节奏地按压胸部，至心跳出现为止，适用于大动物。

在采取上述急救措施的同时，可配合使用刺激呼吸中枢的药物，如皮下或肌内注射1%山梗菜碱0.5～1 mL或25%尼可刹米1.5 mL，也可酌情使用其他强心剂。

【实训操作】

实训15-2　母畜的难产助产技术

一、实训目的

了解难产的分类，掌握难产助产的方法。

二、实训器材

临产母畜、消毒药物（酒精、碘酊、来苏儿等）、石蜡油、肥皂、绷带、毛巾、剪刀、产科绳等产科器械。

三、实训方法

根据分娩母畜的种类和数量，将学生分为相应的小组，由教师带领边讲解，边观察，边操作。

四、实训内容

1. 难产的检查

(1)检查前先了解开始分娩时间，是否初产，胎膜是否破裂，有无羊水流出，腹围及母畜大小。初产母畜多因产道狭窄而难产；经产母畜的难产多由于胎位、胎向、胎势不正。

(2)检查产道是否有黏膜水肿、表面干燥和有无损伤，并注意损伤的程度及有无感染。

(3)通过产道检查胎畜时，应注意胎位是否正常以及胎畜生死情况。

(4)母畜的全身情况，如心跳过弱或亢进，节律不齐，必须输液或强心等。

2. 助产前准备

(1)使母畜处于前低后高的体位站立保定，如不能久站可行侧卧保定。

(2)将胎畜露出部分及母畜的会阴、尾根处洗净，再以0.1%高锰酸钾液消毒。

(3)所需器械应做好消毒，并备有2～3条长约3 m、直径约0.8 cm的柔软坚韧棉绳作牵拉胎畜用。

3. 难产助产的注意事项

(1)先将胎畜送回产道或子宫腔内,再矫正胎畜的方向、位置、姿势。

(2)强行牵拉胎畜时,术者要配合母畜努责的节律告诉并指导助手牵拉胎畜的力量、方向和时间,以免损伤产道。

(3)为了润滑产道和保护黏膜,对难产母畜的产道可注入消毒的石蜡油。

(4)矫正胎位无望以及子宫颈狭窄、骨盆狭窄,应及时进行剖腹取胎手术,对胎畜已死且拉出确有困难,可用隐刃刀或绞胎器肢解分块取出。

4. 难产的助产

(1)产力性难产的助产　术者将手伸入产道,按照上述注意事项,强行将胎畜拉出。或用催产办法,注射催产素注射液,牛 8～10 mL,羊 1～5 mL,必要时 20～30 min 后可重复注射一次。

(2)胎势不正的助产　头颈侧弯、胎畜前腿已伸出产道,而头颈弯向一侧,不能产出,术者将手伸入产道检查即可摸到,如果胎小,产道润滑扭转不难时,可用手将其头扳正,反之,胎大,产道干燥,扭转严重,先将已伸出的两肢推回,同时将弯向一侧的头颈扳正。头颈下弯,头颈弯于两前肢之间或侧面,不能顺利产出,助产时,将伸出产道的胎肢送回子宫后,术者的手沿着胎畜的腹侧伸入,至胎畜嘴唇端时以手兜着胎畜嘴唇和下颌,然后用助产叉顶住胎畜的肩部,此时,术者的手在将胎头拉出伸直的同时,另一手用助产叉将胎畜躯干推回子宫,使作用力相反,才能扳正胎头。头向后仰或头颈扭转造成的难产,如胎头稍偏,用手握住唇部将头拉正位即可。如胎头后仰或扭转严重,先将胎畜推进子宫,并进行矫正后,再以正位拉入产道。前肢以腕关节屈曲伸向产道引起难产时,将胎畜推回子宫,术者手伸入产道,握住不正前肢的蹄子,尽力向上抬,再将蹄子拉入骨盆腔内,就可拉直前肢。后肢姿势不正,多发于倒生胎畜的后腿髋关节屈曲,伸向前方,称坐生,此时,和前肢的矫正方法相同,如果胎畜不大,可不矫正,强行拉出,但不要拉尾巴,最好拉大腿根。当上述各种不正胎位、姿势矫正后,再慢慢将胎畜拖出,如一人拉出有困难,可用消毒的产科绳套住胎畜的某一部位,令助手顺产道方向牵拉。

5. 助产后的护理

(1)预防感染。拉出胎畜后,用 0.1% 新洁尔灭溶液或高锰酸钾溶液冲洗产道及阴户周围,还可用青霉素粉或土霉素粉撒入产道。

(2)如有出血,可肌内注射麦角新碱或止血剂。

(3)桃仁 64 g,芒硝、大黄各 130 g,桂皮、甘草各 32 g,水煎一次灌服,可防止产后子宫痉挛性疝痛。

(4)胎衣滞留时,应按胎衣不下治疗。

(5)产后多喂给易消化、营养丰富的饲料。

五、实训作业

写出母畜难产助产的心得体会。

六、技能考核标准

<table>
<tr><th rowspan="2" colspan="2">考核内容</th><th colspan="2">评分标准</th><th rowspan="2">考核方法</th></tr>
<tr><th>分值</th><th>扣分依据</th></tr>
<tr><td rowspan="6">母牛的难产助产技术</td><td>难产检查的内容和操作</td><td>20</td><td>每错一项或少一项扣 5 分</td><td rowspan="6">小组操作考核</td></tr>
<tr><td>母畜保定、消毒、器械准备</td><td>15</td><td>每错一项或少一项扣 5 分</td></tr>
<tr><td>助产</td><td>30</td><td>每错一项或少一项扣 5 分</td></tr>
<tr><td>护理的内容和方法</td><td>15</td><td>每错一项或少一项扣 5 分</td></tr>
<tr><td>熟练程度</td><td>10</td><td>在教师指导下完成时扣 5 分</td></tr>
<tr><td>完成时间(时限 50 min)</td><td>10</td><td>每超时 1 min 扣 2 分直至 10 分</td></tr>
</table>

任务 15-4　诱发分娩技术

一、诱发分娩的意义

诱发分娩或引产，是在妊娠末期的一定时间内，采用外源激素处理，诱发孕畜在比较确定的时间内提前分娩，产出正常的仔畜的技术。

根据配种日期和临产表现，很难准确预测孕畜分娩开始的时间。采用诱发分娩技术，可使大多数孕畜分娩发生在预定的日期和白天，减少护理分娩母畜的劳力和时间；做好护理准备，减少或避免新生仔畜和孕畜伤亡。在实施同期发情和配种的情况下，诱发分娩可使孕畜同期分娩，为新生仔畜的寄养提供更多机会。

胎儿在妊娠后期的生长速度很快，对肉用猪和牛采取诱发分娩可减少因胎儿过大引起的难产，在羔皮用羊，为取得花纹更美观的羔羊裘皮，或兽医防疫要求生产无特定病原畜群时，也可实施诱发分娩。

但诱发分娩技术也有其局限性，如使用不当会造成产死胎，新生仔畜死亡、成活率低、体重降低，胎衣不下发病率增加，母畜泌乳力下降、生殖机能恢复延迟等不良反应。

诱发分娩技术控制分娩的时间，也只能使被处理动物集中在投药后 20～50 h 内分娩，而很难控制在更严格的时间范围内。

二、诱发分娩的机理

诱发分娩是根据妊娠和分娩机理，通过激素处理来终止妊娠和启动分娩，从而达到控制分娩的目的。常用的激素有促肾上腺皮质激素(ACTH)、糖皮质激素和前列腺素。

使用 ACTH 时应注意动物所处的妊娠阶段和胎儿质量。如使用过早或胎儿已经死亡，都不能引起胎儿肾上腺皮质的应答，而使诱发分娩失败。一般不单独或大剂量使用雌激素，否则会使子宫和产道过分浮肿而发生难产。一般也不建议牛、羊使用 OXT，特别是子宫颈没开张时，应用 OXT 会导致子宫破裂。

三、诱发分娩的方法

(一)猪的诱发分娩

根据母猪分娩机理,有4类激素可被用来进行诱发分娩。促肾上腺皮质激素作用于胎儿;对胎儿或母体施用皮质激素类似物;向母体施用 $PGF_{2\alpha}$ 及其类似物;临产前12 h向母体注射催产素。由于猪的有效诱发分娩处理时间不能早于妊娠的111～112 d之前,因此预产期只提前1～2 d。

诱导母猪分娩可在妊娠112～113 d,在母猪颈部肌内注射前列腺素类似物——氯前列烯醇200 μg(上海生产),30 h内多数母猪分娩。从注射到产仔间隔时间为(23.94±4.4)h,窝平均产仔数及产死仔数与对照组差异不显著。肌内注射15-甲基 $PGF_{2\alpha}$ 5～10 mg可取得同样效果;另一种控制分娩时间的方法是在妊娠112 d时注射氯前列烯醇,次日再注射催产素50 IU,数小时后即可分娩。

(二)牛的诱发分娩

在妊娠200 d前,牛黄体为孕激素的主要来源。如果在此阶段注射 $PGF_{2\alpha}$,母牛很快发生流产。妊娠65～95 d之前是结束不必要或不理想妊娠的好时机。在150～250 d之间,孕牛对 $PGF_{2\alpha}$ 相对不敏感,注射后母牛不一定流产。此后越接近分娩期,母牛对 $PGF_{2\alpha}$ 的敏感性越高,到275 d时注射 $PGF_{2\alpha}$,2～3 d即可分娩。从妊娠265～270 d起,一次肌内注射20 mg地塞米松,母牛一般在处理后30～60 h分娩。

(三)羊的诱发分娩

绵羊胎盘从妊娠中期开始产生孕激素,从而对 $PGF_{2\alpha}$ 变得不敏感,用 $PGF_{2\alpha}$ 诱发分娩的成功率不高,如果用量过大则会引起大出血和急性子宫内膜炎等并发症。因而,难以广泛应用 $PGF_{2\alpha}$ 诱发分娩。在妊娠141～144 d,注射15 mg $PGF_{2\alpha}$ 能使母羊在3～5 d内产羔。妊娠144 d时,注射12～16 mg地塞米松或倍他米松,可使多数母绵羊在40～60 h内产羔。

山羊在整个妊娠期都依赖黄体产生孕激素。因此,给妊娠山羊注射1.2 mg 15-甲基 $PGF_{2\alpha}$,母羊会在1.5～3 d内流产或分娩。

(四)马的诱发分娩

马在妊娠的不同阶段孕激素产生的部位有很大的差异。妊娠40 d之前由妊娠黄体产生;40～170 d由妊娠黄体和副黄体共同产生;170 d后由胎盘产生。因而母马在妊娠各个阶段对 $PGF_{2\alpha}$ 的敏感性有很大差异。在妊娠30 d内对 $PGF_{2\alpha}$ 非常敏感,处理后很快发生流产并且发情,此后则需注射4次或更多次数才能流产。妊娠末期时,马对 $PGF_{2\alpha}$ 再度变得敏感。用 $PGF_{2\alpha}$ 诱发分娩的可靠方法,是每间隔12 h注射2.5 mg $PGF_{2\alpha}$,直到分娩为止。

如果胎儿的前置、胎势和胎位都正常,注射40 IU OXT后约30 min可使母马产驹。更为安全的给药方案是间隔15 min注射5 IU OXT,注射3次之后将用药量增加到每次10 IU,直到分娩开始为止。当马子宫颈没有“成熟”时,可先注射雌激素,12～24 h后再注射OXT。从妊娠 321～324 d 起，连续 5 d 每天注射 100 mg 地塞米松，可使母马在 3～7 d 后分娩。

【拓展知识】

分娩发动的机理

分娩的发动不是由单一特殊因素所致，而是由机械扩张、激素、神经等多种因素相互联系、协调而引起的。其中胎儿的下丘脑-垂体-肾上腺轴对发动分娩起着重要作用。

一、机械因素

在妊娠后期，胎儿迅速生长，子宫肌高度紧张，一方面导致子宫肌对缩宫素（催产素）、雌激素的敏感性增强；另一方面由于子宫壁扩张后，胎盘血液循环受阻，胎儿所需氧气和营养得不到满足，产生窒息性刺激，引起胎儿强烈反射性活动，导致分娩。如单胎动物怀双胎时妊娠期缩短，胎儿发育不良时妊娠期延长。

二、内分泌因素

内分泌因素包括雌激素、前列腺素、孕酮、催产素、松弛素等。

（一）雌激素

在妊娠期间，胎盘所产生的雌激素刺激子宫肌肉的生长及肌动球蛋白的合成，为提高子宫肌肉的收缩能力创造了条件。到妊娠末期，胎盘产生的雌激素会逐渐增加，使子宫、阴道、外阴和骨盆韧带变为松弛，直至分娩前（牛）或分娩开始时（羊）达到最高峰。在分娩时，雌激素能增强子宫肌肉的自发性收缩，这可能是由于雌激素克服孕酮的抑制作用，或者促使子宫平滑肌对催产素敏感性增强所致，或者是刺激前列腺素合成和释放的结果。

（二）前列腺素

前列腺素出现于子宫卵巢静脉血中，起着溶解黄体的作用，而且还是刺激子宫肌收缩的主要物质，来源于母体胎盘。绵羊和山羊在临产前 24 h 内子宫静脉的前列腺素含量急剧增加，与雌激素的增加规律相似，其他家畜也发生同样明显的变化。

前列腺素在动物分娩过程中至少产生 3 种作用：①对妊娠黄体有强烈的溶解作用，以消除孕酮对雌激素的抑制；②对子宫肌有直接的刺激作用使其发生收缩；③刺激垂体后叶释放催产素。

（三）孕酮

孕酮与雌激素在分娩前后的变化情况对分娩启动有着重要影响。在妊娠期间的黄体（牛、山羊和猪）及胎盘（绵羊和马）产生的孕酮对维持母畜的妊娠起着主导作用。孕酮能够抑制子宫肌肉收缩，这种抑制作用一旦被解除，就会成为调动分娩发生的一种重要诱因。在家畜中由于胎儿糖皮质类固醇上升刺激母体子宫合成前列腺素，削弱孕酮对子宫兴奋的抑制作用，使母畜临产前血浆中孕酮含量降至最低水平，从而有利于分娩。

（四）催产素

催产素能使子宫发生强烈阵缩。在分娩的开始阶段，血液中催产素的含量变化很小，但胎儿排出时达到高峰，随后又降低。体内生理状况不同，催产素的释放及其对子宫的作用存在差异，如怀孕子宫，在未分娩时，对大剂量的催产素不发生作用，只有当分娩时，孕酮水平下降，雌激素分泌量升高，才可激发垂体后叶释放催产素并增强子宫对催产素的敏感性，启动分娩。

（五）松弛素

松弛素是由卵巢和胎盘分泌的，能使雌性动物在妊娠末期的骨盆结构及子宫颈发生松弛现象，以利于胎儿顺利产出。

松弛素可促进子宫颈发生显著的变化，如用松弛素处理临产绵羊，可使子宫颈由硬固变得软化，从而免除由此引起的难产。

三、神经系统

神经系统对分娩并不是完全必需的，但对分娩过程具有协调作用。当胎儿前置部分进入产道时，对子宫颈、阴道产生刺激，通过神经传导使垂体后叶释放 OXT。

此外，多数分娩发生在夜间，这时外界的光线及干扰少，中枢神经易接受来自子宫、软产道的冲动信号，说明外界因素可以通过神经系统对分娩发生作用。

四、胎儿因素

胎儿的下丘脑-垂体-肾上腺轴，特别是在牛和羊，对于启动分娩起着决定性的作用。胎儿发育成熟后，其中枢神经系统通过下丘脑使垂体前叶分泌促肾上腺皮质激素，并使它作用于胎儿的肾上腺皮质，使之分泌皮质激素。动物在分娩前皮质激素分泌突然增加，并通过胎儿血液循环到达胎盘，皮质激素进入胎盘后改变胎盘内相应的酶活性，使胎盘合成的孕酮进一步转化为雌激素，这样就使母畜在分娩前 2～3 d 胎盘和血液中的孕酮水平急速下降，而雌激素水平急速上升，这两种变化则诱发胎盘与子宫大量合成前列腺素，并在催产素的协同下启动分娩（图 15-18）。

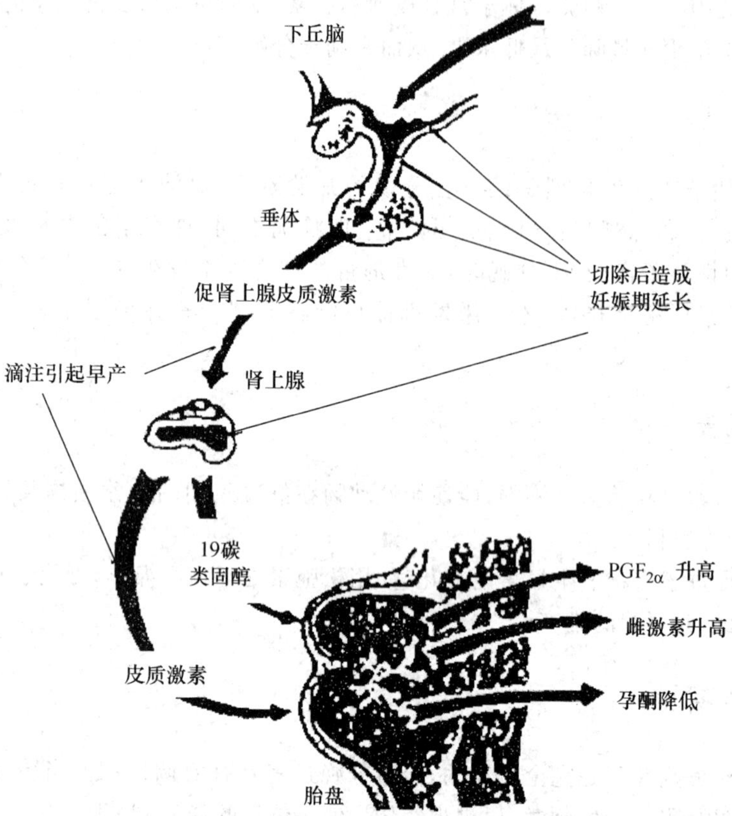

图 15-18　绵羊胎儿调节分娩机理示意图

（引自 Hafez. Reproduction in farm animals. Lea & Febiger，1980）

（胎儿通过下丘脑-垂体-肾上腺轴，促进肾上腺皮质产生的类固醇和糖皮质激素的增加，引起胎盘释放雌激素，子宫释放 $PGF_{2\alpha}$。分娩前 $PGF_{2\alpha}$ 抑制孕酮产生，雌激素促进子宫敏感、收缩。垂体后叶释放的催产素单独或与 $PGF_{2\alpha}$ 共同引起分娩）

【自测训练】

一、名词解释

分娩　分娩预兆　产力　骨盆轴　胎向　胎位　胎势　前置　恶露　子宫复原　努责

二、填空题

1. 分娩较难的家畜是（　　）。
2. 分娩母猪恶露排出大约需（　　）d。
3. （　　）是正常胎向。
4. 猪产后子宫复原至少要（　　）d。
5. 母畜产后 1～3 d 排出的乳汁称（　　）。
6. 恶露排出时间过长，表明子宫有（　　）。
7. 分娩开口期的主要力量是（　　）。

8. 分娩胎儿排出期的主要力量是(　　)。

9. 家畜分娩后排出的恶露,最初为(　　)色。

10. 初乳中的(　　),可促使新生仔畜排胎粪。

11. 产后卵巢上卵泡发育最快的家畜是(　　)。

三、问答题

1. 正常分娩的胎儿胎位、胎势、胎向如何?

2. 简述助产前要做的准备。

3. 简述难产时的助产原则。

4. 简述预防母畜难产可采取的措施。

5. 产后母畜及新生仔畜如何护理?

6. 什么家畜最容易发生胎衣不下? 应如何预防?

7. 何谓新生仔畜假死? 出现新生仔畜假死时,应如何处理?

8. 如何实现母猪白天分娩和集中分娩?

9. 有个商品猪场,经常发生初产仔猪因胎儿过大,分娩时难产而造成仔猪死亡,试问可从哪些方面解决?

项目 16　畜禽繁殖管理

【知识目标】

1. 掌握动物繁殖力的概念；
2. 掌握常用繁殖指标的含义及统计方法；
3. 了解动物正常繁殖力指标；
4. 了解动物繁殖障碍的种类，明确雌性动物不孕症的原因；
5. 了解影响繁殖力的因素，掌握提高动物繁殖力的措施。

【能力目标】

1. 能正确判断动物不孕的原因和类型，掌握动物常见不孕症的治疗方法；
2. 正确运用常用的繁殖力评价指标；
3. 能运用所学的知识和技能，制订综合方案，提高动物的繁殖力。

【学习任务】

任务 16-1　动物繁殖力及其评价

一、繁殖力的概念

所谓繁殖力是指动物维持正常繁殖机能生育后代的能力，也是雌雄两性动物的生殖力。对种畜来说，繁殖力就是生产力，它直接影响生产水平的高低。

对雄性动物而言，表现为每次配种能排出一定数量且富有活动力精子的精液，能充分发挥其受精的能力，所以也可称为受精力。雌性动物的繁殖力是一个综合性的概念，表现在性成熟的早晚，繁殖周期的长短，每次发情排卵数量的多少（尤其是多胎动物），卵子受精能力的大小及妊娠情况（胚胎发育、流产等）。概括起来，集中表现在一生或一段时间（一年或一个季节）内繁殖后代多少的能力。

二、评定繁殖力的主要指标

(一)评定哺乳动物繁殖力的指标

雌性动物的繁殖力是以繁殖率来表示的。达到适配年龄后一直到丧失繁殖能力的雌性动物称为适繁母畜。畜群繁殖率是指本年度内出生断奶成活的仔畜数占上年度末存栏适繁母畜数的百分比。

根据母畜繁殖过程的各个环节,繁殖率应该是受配率、受胎率、分娩率、产仔率和仔畜成活率5个方面内容的综合反映。因此繁殖率又可用下列公式表示:

$$繁殖率=受配率\times受胎率\times分娩率\times产仔率\times仔畜成活率$$

1. 受配率　指本年度内参加配种的母畜数(不包括因妊娠、哺乳及各种卵巢疾病等原因造成空怀的母畜)占畜群内适繁母畜数的百分比。受配率主要反映畜群内适繁母畜发情配种的情况。

$$受配率=\frac{配种母畜数}{适繁母畜数}\times100\%$$

2. 受胎率　指妊娠母畜数占参加配种母畜数的百分比。在受胎率统计中又分为总受胎率、情期受胎率、不返情率。

(1)总受胎率　指本年度末受胎母畜数(不包括配种未孕的空怀母畜)占本年度内参加配种母畜数的百分比。其大小主要反映畜群质量和全年配种技术水平的高低。

$$总受胎率=\frac{本年度末受胎母畜数}{本年度内参加配种母畜数}\times100\%$$

(2)情期受胎率　是某一时段或全年妊娠母畜头数占配种情期数的百分比。能及时反映畜群质量和配种水平,能较快地发现畜群的繁殖问题。就同一群体而言,情期受胎率通常低于总受胎率。

$$情期受胎率=\frac{妊娠母畜头数}{配种情期数}\times100\%$$

情期受胎率又分为第一情期受胎率和总情期受胎率。

第一情期受胎率:第一情期配种的受胎母畜数占第一情期配种母畜数的百分比。

$$第一情期受胎率=\frac{第一情期受胎母畜数}{第一情期配种母畜数}\times100\%$$

总情期受胎率:配种后最终妊娠母畜数占总配种母畜情期数(包括历次复配情期数)的百分比。

$$总情期受胎率=\frac{最终妊娠母畜数}{总配种母畜情期数}\times100\%$$

(3)不返情率　指在一定时间内,配种后再未出现发情的母畜数占本期内参加配种母畜数的百分比。不返情率又可分为 30 d、60 d、90 d 和 120 d 不返情率。30～60 d 的不返情率，一般大于实际受胎率 7%左右。随着配种时间的延长，不返情率逐渐接近于实际受胎率。

$$X\text{天不返情率}=\frac{\text{配种后}X\text{天未返情母畜数}}{\text{配种母畜数}}\times100\%$$

3. 分娩率　指本年度内分娩母畜数（不包括流产母畜数）占妊娠母畜数的百分比。其大小反映母畜妊娠质量的高低和保胎效果。

$$\text{分娩率}=\frac{\text{分娩母畜数}}{\text{妊娠母畜数}}\times100\%$$

4. 产仔率　指母畜的产仔（包括死胎）数占分娩母畜数的百分比。

$$\text{产仔率}=\frac{\text{产出仔畜数}}{\text{分娩母畜数}}\times100\%$$

单胎动物如牛、马、驴、绵羊等因 1 个母体通常 1 次只产 1 头仔畜，产仔率一般不会超过 100%，因此单胎动物的分娩率和产仔率可看作是同一概念，多使用分娩率，而不用产仔率。多胎动物如猪、山羊、犬、兔等 1 胎可产出多头仔畜，产仔率均会超过 100%，因此，多胎动物母体的产仔率不能反映分娩母畜数，所以对于多胎动物应同时使用分娩率和产仔率这两个指标。

5. 仔畜成活率　指本年度内断奶成活的仔畜数占本年度产出活仔畜数的百分比。其大小反映仔畜的培育情况。

$$\text{仔畜成活率}=\frac{\text{成活仔畜数}}{\text{产出活仔畜数}}\times100\%$$

（二）评定家禽繁殖力的指标

反映家禽繁殖力的指标有产蛋量、受精率、孵化率和育雏率。

1. 产蛋量　指家禽 1 年内平均产蛋枚数。

$$\text{全年平均产蛋量（枚）}=\frac{\text{全年产蛋总数}}{\text{总饲养日}/365}$$

2. 受精率　种蛋孵化后，第一次照蛋确定的受精蛋数占入孵蛋数的百分比。

$$\text{受精率}=\frac{\text{受精蛋数}}{\text{入孵蛋数}}\times100\%$$

3. 孵化率　可分为受精蛋孵化率和入孵蛋孵化率两种。分别用出雏数占受精蛋数或入孵蛋数的百分比来表示。

$$\text{受精蛋孵化率}=\frac{\text{出雏数}}{\text{受精蛋数}}\times100\%$$

$$\text{入孵蛋孵化率}=\frac{\text{出雏数}}{\text{入孵蛋数}}\times100\%$$

4. 育雏率　指在育雏期末，成活雏禽数占入舍雏禽数的百分比。

$$育雏率=\frac{育雏期成活雏禽数}{入舍雏禽数}\times 100\%$$

三、动物正常的繁殖力

(一)牛的正常繁殖力

中国奶牛的繁殖水平，一般成年母牛的情期受胎率为40%～60%，年总受胎率75%～95%，分娩率93%～97%，年繁殖率70%～90%，母牛产犊间隔为13～14个月，双胎率为3%～4%，母牛繁殖年限在4个泌乳期左右。黄牛受配率在60%左右，受胎率为70%左右，分娩率和犊牛成活率在90%左右，因此，年繁殖率在35%～45%。

(二)羊的正常繁殖力

绵羊一般产单羔，但在饲养环境较好的地区，母羊常产双胎或更多，其中湖羊繁殖率最强，其次是小尾寒羊，除初产母羊产单羔较多外，平均每胎产羔2只以上，最多可达7～8只，2年可产3胎或1年产2胎。山羊的繁殖率比绵羊高，多为双羔或3羔。羊的正常繁殖率因品种和饲养管理条件而异，在气候和饲养条件不良的高纬度和高原地区繁殖率较低。一般说来，羊的年受胎率在90%以上，情期受胎率为70%左右，繁殖年限为8～10年。

(三)猪的正常繁殖力

猪的繁殖力很高，中国猪种一般窝产仔10～12头，太湖猪平均14～17头，个别可以产25头以上，年平均产仔窝数为1.8～2.2窝。母猪正常情期受胎率为75%～80%，总受胎率为85%～95%，繁殖年限8～10年。

(四)马、驴的正常繁殖力

马的情期受胎率一般为50%～60%，全年受胎率在80%左右。马和驴的繁殖率为60%左右。马繁殖年限为15岁，驴为16～18岁。

(五)兔的正常繁殖力

兔性成熟早，妊娠期短，受胎率一般春季较高，夏季较低。1年可繁殖3～5胎，每胎产仔6～8只，高的可达14～16只，断奶成活率为60%～80%。

(六)家禽的正常繁殖力

家禽因品种不同差异较大。蛋用鸡的产蛋量最高，一般为250～300枚；肉用鸡的产蛋量最低，一般为150～180枚；蛋肉兼用鸡的产蛋量居于二者之间。蛋用鸭产蛋量为200～250枚，肉用鸭为100～150枚。鹅为30～90枚。

蛋的受精率一般在90%以上，受精蛋孵化率在80%以上，入孵蛋孵化率在65%以上。育雏率一般达到80%～90%。

四、影响繁殖力的因素

(一)遗传因素

遗传因素对动物繁殖力的影响较为明显,不同的畜禽、同种畜禽的不同品种及个体的繁殖力均存在差异。如牛、马属单胎动物,在一个发情周期中只排一个卵,排两个卵以上者极少。母猪排卵数较多,存在显著的种间差异,一般来说中国地方品种猪的繁殖性能明显高于外国品种猪,就国内品种猪来说,繁殖力也存在差异。

(二)环境因素

日照长度的改变对季节性发情的动物影响很大。长日照动物如马、驴其繁殖季节一般从春季开始,春季日照逐渐加长,促使母马发情,公马的精液量也上升。短日照动物如绵羊,其繁殖季节则从秋季日照逐渐缩短时开始。这些情况对于高寒地区和放牧的动物尤为明显。

温度对动物的繁殖力影响也很大。高温能降低公畜禽的精液品质和性欲,可使母畜的发情受到抑制,降低受精卵和胚胎存活率。在妊娠后期,高温可使死胎增多、窝重减小等。

(三)营养因素

营养也是影响动物繁殖力的重要因素。饲料中各种营养物质如蛋白质、维生素 A、维生素 E 和矿物质中的钙、磷、铜、锰、硒等均会影响繁殖力。蛋白质长期缺乏,会使母畜卵巢和子宫发育受阻,不表现发情征象,胎衣不下、难产等产科疾病发病率提高,泌乳力下降。公畜蛋白质缺乏(特别是在配种季节,精液消耗量很大时),会使精液品质显著下降,精子密度、活力降低。维生素 E 缺乏,会导致公畜睾丸萎缩,精子异常;母畜卵巢功能下降,不孕、流产或死胎增多。钙缺乏易出现产后瘫痪。公猪缺硒,可使睾丸曲精细管发育不良,精子减少,明显影响繁殖性能。

饲料中能量水平过高,畜禽过于肥胖也会影响繁殖力。公畜肥胖会致精液品质下降,性欲及交配能力低下;母畜肥胖会使卵泡发育受阻,影响排卵和受精,受胎率明显下降,胚胎死亡率增高,护仔性减弱。

饲料中的有毒有害物质,会影响精液品质和胚胎发育。如棉籽饼中的游离棉酚可使精细管发育受阻而引起公畜不育,导致母畜受胎率和胚胎成活率降低。

(四)疾病

动物的某些先天性疾病如隐睾症、睾丸发育不良、阴囊疝、生殖器官畸形以及染色体嵌合等均会引起不育和不孕。某些传染病如布氏杆菌病,生殖器官感染如子宫内膜炎、阴道炎、睾丸炎等也是影响繁殖力的重要原因。

(五)管理因素

随着畜牧业的发展,现代畜禽养殖采用集约化、标准化、专业化的生产模式,不但影响畜禽的健康,还会影响生产和繁殖性能。如发情鉴定不准、配种时机不当、妊娠母畜管理不善(惊吓、跌倒、饲喂冰冻饲料等)、分娩时护理不及时等情况均会降低繁殖力。因此,良好的管理是保证动物繁殖力充分发挥的前提,而利用繁殖新技术提高动物繁殖率则是畜牧业生产中极为重要的一环,现代繁殖育种技术与饲养管理技术、饲料营养技术、畜禽环境科学、兽医防疫技术等一起构成现代畜禽养殖技术体系。

【实训操作】

实训16-1 猪场母猪繁殖力统计计算

一、实训目的

熟悉母猪的繁殖力指标及其统计计算方法。

二、实训器材

猪场母猪存栏、发情、配种、受胎、产仔、断奶仔猪转群记录。

三、实训内容

1. 根据母猪的发情、配种和受胎记录资料计算猪场的情期受胎率和第一情期受胎率。

2. 根据母猪的产仔记录,计算母猪群平均窝产仔数、窝产活仔数,比较1、2胎母猪的平均产仔数与3、4胎母猪平均产仔数的差异。

3. 根据资料,计算猪场母猪的生产力。

四、实训作业

1. 分析不同胎次母猪平均窝产仔数和窝产活仔数的变化规律。

2. 分析猪场的繁殖力与正常指标、理想指标的差距。

五、技能考核标准

考核内容		评分标准		考核方法
		分值	扣分依据	
猪场母猪繁殖力统计计算	情期受胎率和第一情期受胎率计算	30	每错一项或少一项扣5分	操作考核
	母猪群平均窝产仔数、窝产活仔数计算	30	每错一项或少一项扣5分	
	母猪生产力计算	20	每错一项或少一项扣5分	
	熟练程度	10	在教师指导下完成时扣5分	
	完成时间(时限30 min)	10	每超时1 min扣2分直至10分	

任务 16-2 动物的繁殖障碍

动物的繁殖障碍是指动物生殖机能紊乱和生殖器官畸形以及由此引起的生殖活动异常现象，如公畜性无能、精液品质低下或无精，母畜乏情、不排卵、胚胎死亡、流产和难产等。繁殖障碍可以降低动物的繁殖力，甚至引起不育或不孕，在生产中必须充分重视并认真解决。不育一般泛指公母畜的不繁殖现象，不孕则专指母畜。有些繁殖障碍是可逆的，通过改善饲养管理或采取相应的治疗措施可以恢复繁殖机能；有些繁殖障碍则是永久性的，无法治愈或恢复。

一、雄性动物的繁殖障碍

（一）生精机能障碍

1. 隐睾　在胚胎发育的一定时期，雄性动物的睾丸通过腹股沟管降入阴囊内，由于胚胎期腹股沟管狭窄或闭合，睾丸未能沉入阴囊，即形成隐睾，不能产生正常精子。单侧隐睾尚有一定的生育能力，双侧隐睾则完全丧失繁殖力。凡隐睾的公畜都不能作为种用。

2. 睾丸炎　睾丸炎是由布氏杆菌、结核杆菌及放线菌等感染所致，还可能因外伤等引起。雄性动物患睾丸炎时常表现睾丸肿胀、发热或充血，影响精子生成，精液品质下降，严重时会出现生精障碍。临床上可采取冷敷、封闭、注射抗生素或磺胺药物等方法进行治疗，但对病情严重久治不愈者应及时淘汰。

（二）副性腺机能障碍

雄性动物常患精囊腺炎，多由布氏杆菌感染所致。病症较轻时，临床表现不明显，重症者会出现发烧、弓背、不爱走动，排粪或排精时有痛感。牛患精囊腺炎时，可见精液中混有絮状物，常伴有出血现象。精囊腺炎可用大量抗生素治疗，如具有传染性，应立即淘汰。

（三）性欲不强

性欲不强是雄性动物常见的繁殖障碍，表现为性欲不旺盛，采精时阴茎久而不能勃起、性反应冷淡等。实践证明，环境的突然改变、饲养场所和饲养员的更换、饲料中严重缺乏蛋白质和维生素、采精技术不佳、对公畜粗暴或鞭打、过于肥胖等，都会引起性欲不强。猪和马较为常见。

（四）精液品质不良

雄性动物的精液达不到输精要求，视为品质不良。主要表现为无精、少精、畸形精子超标、精子活力过低、精液中混有异物（如血、尿、脓汁）等。造成精液品质不良的因素很多，如饲养管理不当，饲料中缺乏蛋白质和维生素，运动不足，性腺及副性器官疾病，采精技术不当，采精频率过大等。

二、雌性动物的繁殖障碍

(一)先天性不育

1. 生殖器官幼稚　雌性动物到了初情期后,一直无发情表现,有时虽出现发情,但屡配不孕。生殖器官幼稚主要表现在子宫角纤细,阴道和阴门狭小,卵巢发育不良。通过激素、物理疗法处理后,仍不能正常发情的母畜应及时淘汰。

2. 雌雄间性　分为真雌雄间性和假雌雄间性。真雌雄间性是性腺一侧为卵巢,另一侧为睾丸,常见于猪和山羊。假雌雄间性的性腺可能都是卵巢或睾丸,而外生殖器官则属另一性别。雌雄间性的动物不能繁殖后代。

3. 异性孪生　异性孪生不育主要发生于牛。母牛产异性双胎时,其中的母犊约有94%不育,公犊正常。异性孪生的母犊到了性成熟后,仍无发情表现,阴门狭小,阴道短,阴蒂长,子宫发育不良或畸形,卵巢如黄豆粒或玉米粒大小,貌似公牛,乳房几乎不发育。

4. 种间杂交的后代　一些亲缘关系较近的种间杂交虽能产生后代,但由于生物学上的某种缺陷或遗传因素,多无繁殖能力。如马和驴的杂交后代为骡,虽有生育的报道,但为数极少;黄牛和牦牛的杂交后代为犏牛,其雄性个体无繁殖能力或生殖能力较低,雌性个体则能生育。

(二)管理利用性不育

管理利用性不育多由于过度使役如长途运输、耕种等,或泌乳过多、断乳过迟、促乳素水平过高而引起母畜生殖机能减退或停止。以马、驴和牛多见,而且多伴有饲料不足和营养不良。

对管理性不育的预防主要是减轻使役强度,对哺乳母畜应及时断乳,加强乳用母畜的产后管理,给予营养平衡的日粮,保证母畜的营养平衡。

(三)繁殖技术性不育

繁殖技术性不育主要因母畜发情鉴定经验不足或不及时,造成漏配;精液处理不当或人工授精技术水平低、妊娠诊断失误等;自然交配时公畜交配过度等引起。这种现象在技术力量薄弱的牧场和农村更严重。

(四)营养性不育

由于饲料营养不当而使生殖功能衰退或受到破坏而引起的繁殖障碍在母畜后天性不育中占很大比例。如饲料不足、营养不良;饲料营养单纯,缺乏维生素或微量元素;饲料品质不良,腐败变质等。营养不当对育成期、产后期、老年母畜比较敏感,常造成初情期或产后发情延迟、繁殖功能提前终止,或发情表现不明显、卵泡发育不良等而造成不育。

防治措施是饲料原料要多样化,合理搭配日粮,保证饲料质量,适当补充维生素和微量元素,满足动物营养需要。对已经出现营养性不育的,需在调整日粮营养的同时,根据不同表现,应用促性腺激素等促其发情、配种。

(五)卵巢功能障碍

卵巢功能障碍是由于营养、气候、疾病等各种因素引起卵巢卵泡发育、排卵、黄体形成、退化功能失调而致繁殖障碍的总称。

1. 卵巢功能减退　卵巢功能减退是指卵巢功能受到扰乱，处于静止状态，不出现周期性活动。包括育成母畜卵巢发育不全、经产母畜卵巢静止以及老龄母畜卵巢萎缩、硬化等病症。

(1)病因　卵巢功能减退多由营养不良或维生素与微量元素缺乏、全身的严重疾病、利用不当(如过劳、哺乳过度等)、产奶量高(奶牛)等引起。其中的卵巢萎缩、硬化还可由卵巢炎引起。

(2)症状及诊断　卵巢功能减退母畜主要表现为长期不发情或有发情但外表征象不明显，直肠检查发现卵巢较松软或偏小而实，无明显卵泡或黄体发育。

(3)治疗

改善饲养管理：改善饲料质量，补充适量维生素和微量元素，增加运动和日照时间，减少使役，及时断乳等。

利用公畜催情：对公、母分群饲养的动物，可利用公畜的异性刺激，促进母畜发情。

激素疗法：对育成母畜，初期可用雌激素配合少量孕激素促进发情表现，也可用 HCG、LRH 等促进卵泡排卵和发情；对经产母畜则可注射 PMSG，马、牛 1 000～1 500 IU，猪 1 000 IU，羊 200～400 IU。或马、牛、猪注射 FSH 100～200 U。也可注射 HCG、LRH，或阴道放置。

提早断乳：如需要母猪提早发情配种，可将仔猪提前断奶。断奶后 1 周内多数母猪可发情。

2. 持久黄体　持久黄体指子宫内无孕体，而卵巢上有一个或数个存在时间超过 30 d 的功能黄体。多见于母牛。

(1)病因　原发性的持久黄体不多，多由子宫疾病，如产后子宫复旧不全、子宫内膜炎、子宫积液、死胎等引起。

此外，饲料单纯，缺乏维生素和矿物质，运动不足，也可能使黄体 OXT 分泌不足而干扰 $PGF_{2\alpha}$ 产生，使卵巢黄体不能溶解。

(2)症状及诊断　主要特征是发情周期停止，母畜不发情，直肠检查可发现有一侧(有时两侧)卵巢增大，有圆而凸起的黄体，间隔 10～14 d 检查，在卵巢同一部位触到同样的黄体。但必须认真检查子宫，确定没有孕体，才能确诊。

(3)治疗　治疗持久黄体首先要改善饲养管理，同时治疗子宫疾病，才能取得较好效果。理想治疗药物为 $PGF_{2\alpha}$，目前多用合成制剂氯前列烯醇，牛肌内注射 0.4～0.6 mg，疗效满意。也可肌内注射 PMSG、FSH 治疗。

3. 卵巢囊肿　卵巢囊肿多见于奶牛和猪，马也可发生，分卵泡囊肿和黄体囊肿，是母畜排卵的障碍。卵巢上持续存在大卵泡，不能正常排卵或黄体化(图 16-1)。

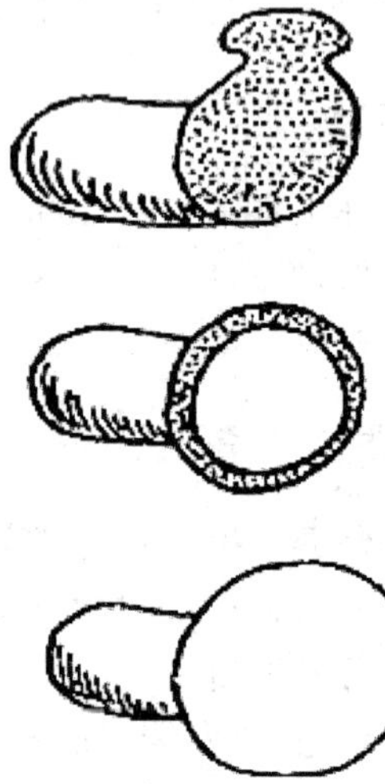

图 16-1　卵泡囊肿和黄体囊肿

(1)病因　多发生于产后第一次发情前。确切原因目前还不清楚，一般认为与饲料中缺乏维生素 A 或雌激素含量过高，饲喂精料过多而又缺乏运动有关。同时垂体、其他内分泌腺功能失调或激素制剂使用不当，如 FSH 过量，也可引起。另外生殖道炎症继发卵巢疾病，使排卵受到扰乱，也可发生。

(2)症状及诊断　卵泡囊肿表现为发情期延长或持续发情，阴户红肿，直肠检查卵巢上有一个或数个直径>2.5 cm 的卵泡，不能正常排卵。卵泡囊肿母牛经常追逐爬跨其他母牛，荐坐韧带松弛，臀部肌肉塌陷，表现慕雄狂症状。

后期或经促排卵治疗后常因卵泡壁上皮细胞黄体化而转变为黄体囊肿，表现不发情，直肠检查卵巢上有一个或数个卵泡膜增厚、不那么紧张的黄体化卵泡。猪的囊肿常为许多大的黄体化卵泡。

(3)治疗　卵巢囊肿治疗后容易复发。首先应加强饲养管理，改善母畜的生活环境，防治生殖道的炎症。

激素疗法：卵泡囊肿可用促排卵类激素治疗。如肌内注射 LH，牛 200～600 IU；肌内注射 LRH-A_3，牛、马 50～100 μg；静脉注射 HCG，牛、马 1 000～1 500 U。以上激素治疗后，间隔 4～7 d检查，囊肿没破裂的再注射一次，连续 2～3 次。也可隔日一次肌内注射黄体酮，牛 200～300 mg，连续 5～7 次。

手术治疗：包括挤破、穿刺囊肿。目前多用穿刺法，即一手通过直肠抓住囊肿卵巢，另一手通过阴道把有套管的长注射针送到子宫颈阴道穹隆处，露出针头，穿过阴道壁，双手协同刺破囊肿卵泡。但囊肿被穿刺后，仍要配合肌内注射促排卵类激素，才能取得较好效果。

对部分经促排卵治疗无效而转变为黄体囊肿的，可先用氯前列烯醇溶解黄体，促进发情明显后，间隔 72 h 再用促排卵激素如 LH 促排卵治疗可取得意想不到的效果。

(六)疾病性不育

1. 子宫内膜炎　子宫内膜炎是动物在产后不同阶段所发生的急性或慢性子宫炎症，包括产后早期恶露排放阶段发生的急性炎症、治疗延误引起的慢性子宫内膜炎、发情周期恢复后的子宫积脓或隐性子宫内膜炎等。临床上以慢性子宫内膜炎多见，动物中以奶牛发病率最高。

(1)病因　多由分娩助产感染、继发胎衣不下、子宫外翻、流产等引起。也有因人工授精操作不规范感染所致。栏舍不卫生、营养不良时更严重。

引起子宫内膜炎的病原菌主要是化脓性链球菌、葡萄球菌、大肠埃希菌。

(2)症状及诊断　根据临床症状及病理变化可分为卡他性子宫内膜炎和脓性子宫内膜炎。

卡他性子宫内膜炎属子宫黏膜的浅层炎症，病理变化较轻，一般无全身症状。发病时母牛发情周期一般正常，但发情持续期延长。发情时外部表现较明显，黏液流出量较多，常混有絮状物，特别是在趴卧时流出量更大，屡配不孕。直肠检查感到子宫角略肥大、松软、弹性减弱，收缩反应不敏感。

脓性子宫内膜炎的病理变化较重，有轻度的全身反应，如体温升高、精神不振、食欲减退等。发情周期紊乱，可见灰白色、黄褐色的脓性分泌物由阴门流出，附于尾根、坐骨结节及臀部形成结痂。阴道检查时发现阴道黏膜充血，子宫颈口开张，有脓汁蓄积或流出。直肠检查时感觉子宫角肿大、下沉，角壁肥厚且不平整，触压有波动，收缩反应消失。

(3)治疗　临床上治疗子宫内膜炎多采用子宫冲洗结合灌注抗生素的方法。

卡他性子宫内膜炎可用无刺激药物即生理盐水、5%葡萄糖溶液冲洗子宫(图 16-2)。一般用量牛为 1 000 mL 左右，马 1 500～2 000 mL，加热至 40℃，边注入边排出。待冲洗液充分排净后，向子宫内注入抗生素。

脓性子宫内膜炎一般选用 5%盐水、0.1%高锰酸钾、0.05%呋喃西林、0.5%米苏儿等药物冲洗子宫，药液排尽后再用生理盐水冲洗，直至回流液清亮。之后取青霉素 100 万 IU，链霉素 200 万 IU，溶解后灌入子宫内。

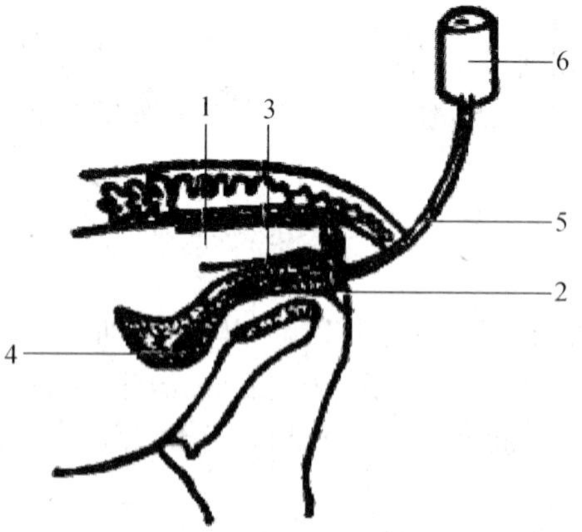

图 16-2 子宫冲洗

a. 将冲洗液灌入子宫 b. 导出冲洗液

1. 直肠 2. 阴门 3. 阴道 4. 子宫 5. 冲洗管 6. 冲洗漏斗 7. 烧杯

2. 子宫积水和子宫积脓

(1)病因 子宫积水和子宫积脓一般由子宫内膜炎继发。子宫积水多发生于卡他性子宫内膜炎之后,由于治疗不及时,炎性分泌物蓄积而致。子宫积脓常发生于脓性子宫内膜炎之后,多见于牛。

(2)症状及诊断 患畜表现长期不发情,定期排出分泌物。阴道检查可见子宫颈外口脓肿、开张,有分泌物附着或流出。直肠检查发现子宫显著增大,与妊娠 2～3 个月的状态相似,收缩反应消失,但摸不到子叶,隔数日复查,症状如初可诊断。

(3)治疗 首先应尽力排出子宫内的蓄积物,可注射催产素、前列腺素或雌激素等药物促进子宫开张、收缩,然后按脓性子宫内膜炎的治疗方法处理。

子宫积水和子宫积脓往往会诱发持久黄体,可用前列腺素消除。

任务 16-3 提高繁殖率的措施

动物繁殖力是畜牧生产的重要经济指标。提高动物繁殖力,首先要做到保证动物的正常繁殖力,并积极采取先进的繁殖技术,充分挖掘优良公、母畜的繁殖潜力,争取达到或接近最高繁殖力。

一、加强选种

选择繁殖性能优良的种畜是提高繁殖力的前提。对种公畜应进行严格的繁殖力检查,选拔健壮、性欲旺盛、交配能力强、精液品质好、对母畜受胎率高和无繁殖疾病的种公畜留作种用,淘汰不合格公畜。选择母畜应注意产犊间隔时间、性成熟的早晚、发情表现强弱、受胎能力大小、母性强弱等。对多胎动物如母猪应注重选择产仔窝数和窝产仔数,这是母猪的重要繁殖力指标。应该指出的是,在选择种母畜时,某些繁殖力指标不应过分追求,如产仔数特别多的母猪产出的仔猪往往个体体重较小、抗病能力弱、生长缓慢，因此，选种时应对各种繁殖力指标进行综合考虑。

二、保证优良品质的精液

优良品质的精液是获得理想繁殖力的重要条件。因此，在生产中应严格注意种公畜的选留、饲养管理及使用。在选留种公畜时，除应了解其遗传性能、繁殖历史及一般生理状况外，对其睾丸的形状、大小、质地，其精液量、密度、活率等均应严格检查。对优良种公畜应加强饲养管理并合理使用，这样才能保证获得质优量足的精液。

目前在全世界范围内牛的人工授精已普遍采用冷冻精液。输精时采用的冷冻精液必须符合国家标准，严禁使用不符合标准的冷冻精液。

三、做好发情鉴定，适时配种或输精

准确的发情鉴定是做到适时配种和输精以及提高受胎率的保证。在发情期，母畜生殖器官和行为会发生一系列的变化，只有准确掌握各种动物在发情期的内部、外部变化和表现，及时鉴别出处于发情期的母畜，并适时配种或输精，才能提高受胎率。母牛的发情持续期较其他动物短，且外部表现明显，发情鉴定多以外部观察为主，阴道检查为辅，必要时也可进行直肠检查。母猪发情鉴定以观察为主，并结合压背试验，凡有静立反射的母猪即可进行配种或输精。马以直肠检查法为主，羊则常用试情法。

四、减少胚胎死亡和流产

胚胎死亡和流产可能发生于妊娠的任何阶段。早期胚胎死亡常发生在附植前后，死亡的胚胎大多被子宫吸收，之后母畜再发情，因此不易被发现。牛、羊、猪的早期胚胎死亡率相当高，可达20%～40%。胚胎死亡的原因很复杂，可能是由于精子、卵子异常，内分泌失调，子宫疾病，饲养管理不当及某些传染病等引起。应全面细致分析，找出原因，及时采取措施。一般认为，适当的营养水平和良好的饲养管理条件，可减少胚胎早期死亡和流产。

五、推广繁殖新技术

随着科学研究的深入和现代畜牧业的发展，动物繁殖技术已进入繁殖控制技术阶段，可以人为地改变和控制动物的繁殖过程，调整其繁殖规律，以充分发挥动物的繁殖潜力。人工授精技术已全面推广使用，特别是奶牛冷冻精液的应用大大提高了优良种公畜的繁殖效率，使奶牛的数量及质量大大提高。另外，发情控制、胚胎移植、诱发分娩、早期断奶技术等也已逐渐应用于生产中。

六、消除动物的繁殖障碍

加强饲养管理，尽量减少不孕症的出现。确认动物患不孕症后，要认真分析原因，并采取相应的措施，及时调整或治疗，使动物尽快恢复繁殖力。

对于遗传性、永久性和衰老性不育的动物应尽早淘汰。对于营养性和利用性不育，应通过改善饲养管理和合理利用加以克服。对于传染性疾病引起的不育,应加强防疫,及时隔离和淘汰。对于一般性不育,应采取积极的治疗措施,以便尽快地恢复种畜的繁殖能力。

七、做好繁殖组织和管理工作

提高繁殖力不单纯是技术问题,而是技术工作和组织管理工作相互配合的结合工作,所以必须有严密的组织措施相配合。

首先,要建立一支有事业心的技术队伍,定期培训、及时交流经验,做好各种繁殖记录。其次,加强对流产母畜的检查和治疗,对于配种后的母畜,要进行早期妊娠检查,以便及时补配。对已妊娠的要做好保胎工作。第三,要做好动物的接产工作,特别注意母畜产道的保护和产后子宫的处理。第四,应保持合理的畜群结构,不同生产类型基础母畜占畜群的比例有所不同,一般情况下适繁母畜占畜群数量的50%～70%比较合理。

【实训操作】

实训 16-2　猪场或牛场繁殖管理调查

一、实训目的

通过对某一猪场或牛场的繁殖管理调查,了解影响动物繁殖率的各种因素及应采取的措施,增强对牧场繁殖管理的感性认识,了解牧场繁殖管理的现状和存在的问题。

二、实训方法

1. 观察牧场生产情况并询问技术人员,了解牧场饲养管理和繁殖管理情况,分析各项管理措施是否完善。

2. 调查统计可繁殖母畜发情、输精、妊娠、分娩、产仔情况,计算相关繁殖指标。

三、实训内容

1. 调查了解饲养管理情况,包括精饲料组成、青饲料供应以及饲喂制度。

2. 调查后备母畜初次发情及初次输精、经产母畜产后发情时间及产后输精情况,了解受胎率。

3. 调查了解妊娠、分娩情况,分析存在的问题。

4. 调查统计繁殖率,分析影响牧场繁殖率的主要因素和应采取的措施。

四、实训作业

1. 被调查牧场受胎率和繁殖率是多少?

2. 该牧场繁殖管理中有哪些优点?存在哪些不足?要进一步提高该牧场繁殖率应从哪些方面采取措施?

五、技能考核标准

考核内容		评分标准		考核方法
		分值	扣分依据	
猪场或牛场繁殖管理调查	饲养管理的调查	20	每错一项或少一项扣5分	操作考核
	配种、受胎的调查	20	每错一项或少一项扣5分	
	妊娠、分娩的调查	20	每错一项或少一项扣5分	
	影响牧场繁殖率因素分析和应对措施	20	每错一项或少一项扣5分	
	熟练程度	10	在教师指导下完成时扣5分	
	完成时间(时限30 min)	10	每超时1 min扣2分直至10分	

【自测训练】

一、名词解释

家畜繁殖力 情期受胎率 总受胎率 产犊间隔 窝产仔数 持久黄体 子宫内膜炎 不育不孕

二、问答题

1. 简述母畜繁殖障碍的种类。
2. 简述提高动物繁殖力的途径与方法。
3. 简述情期受胎率、总受胎率、产仔间隔、窝产仔数与产仔窝数、产羔率的计算方法。
4. 简述影响产仔间隔的因素与缩短产仔间隔的措施。
5. 牛、羊和猪正常的繁殖力指标是多少?
6. 雌性动物的繁殖障碍主要有哪些类型?
7. 叙述卵巢和子宫性疾病的临床症状、诊断方法及防治方法。

三、计算题

1. 某畜牧场上年度终成年母羊存栏数为2 800只,已知该场母羊的繁殖率为140%,计算该畜牧场本年度内出生的羔羊数。

2. 某养猪场在本年度有基础母猪380头,春、秋两季参加配种母猪780头,其中由于某种原因有15头未妊娠,春、秋两季产仔母猪为758头。求该猪场母猪的分娩率。

3. 某乳牛饲养场本年度内饲养适龄母牛158头,经查发情配种记录累计发情母牛157头。求该养牛场母牛的发情率。

4. 已知某畜群产仔母畜数为561头,受胎母畜数为568头,试计算该畜群的分娩率。

5. 某种羊场,秋季繁殖母羊共540只,据统计,至11月底受配母羊为496只,计算该场秋季配种率。

6. 畜牧场上年度终成年母羊存栏数为5 600只,本年度内出生羔羊数为7 560只,计算该畜牧场羊的繁殖力。

附　　录

相关网站

1.《畜禽繁育》数字化资源网　http://i. wgdcsb. com
2. 中国畜牧兽医学会动物繁殖学分会　http://www. dwfz. org. cn/
3. 中国奶牛网　http://www. chinesemilk. cn/s_index_0. htm
4. 中国养猪网　http://www. zhuwang. cc/
5. 中国畜牧业信息网　http://www. cav. net. cn/
6. 养殖行业网　http://www. yzhyw. com/
7.《动物遗传育种学》精品课程网　http://dkx. rcswu. cq. cn/jpkc/index. asp
8.《家畜繁殖》精品课程网　http://y. wgdcsb. com/
9.《畜禽繁育》精品课程网　http://net. lnnzy. ln. cn/kczx/xuqinfanyu/index. ht mL
10.《畜禽繁殖与改良》精品课程网　http://cqfzygl. nczy. com/
11.《动物繁殖技术》精品课程网　http://58. 222. 253. 142/2007/fanzhi/
12.《遗传学》精品课程网　http://61. 163. 83. 43/jpkc_yichuan/
13.《动物繁殖》精品课程网　http://xn. sdmyxy. cn:8062/
14.《家畜育种学》精品课程网　http://nhjy. hzau. edu. cn/kech/jcyzx/

参考文献

[1]王锋．动物繁殖学[M]．北京:中国农业大学出版社,2012.

[2]周虚．动物繁殖学[M]．北京:科学出版社,2015.

[3]李来平．动物繁殖技术[M]．北京:中国农业大学出版社,2015.

[4]杨利国．动物繁殖学实验实习教程[M]．北京:中国农业出版社,2015.

[5]杨利国．家畜繁殖学[M]．北京:中国农业出版社,2014.

[6]付静涛．家畜繁殖[M]．4 版．北京:中国农业大学出版社,2013.

[7]苏玉虹．动物遗传育种技术[M]．北京:中国农业科技出版社,2012.

[8]吴常信．动物遗传学[M]．北京:高等教育出版社,2009.

[9]李宁．动物遗传学[M]．北京:中国农业大学出版社,2011.

[10]李婉涛．动物遗传育种[M]．北京:中国农业大学出版社,2013.

[11]张劳．动物遗传育种学[M]．北京:中央广播电视大学出版社,2003.

[12]陈斌．动物遗传育种[M]．重庆:重庆大学出版社,2007.

[13]李青旺．畜禽繁殖与改良[M]．北京:高等教育出版社,2009.

[14]丁芳,李华,于辉,等．鸭羽色基因研究进展[J]．中国家禽,2011,33(24):45-48.

[15]王建,庞春英,邓廷贤,等．影响 Fat-1 转基因水牛胚胎发育因素的研究[J]．中国畜牧兽医,2112,39(12):121-124.

[16] 李聪,孙东晓,姜力,等．奶牛重要经济性状全基因组关联分析研究进展[J]．遗传,2012,34(5):545-550.

[17] 徐振军,刘黎明,刘冰,等．低温保存对绵羊精子质膜完整性的影响[J]．黑龙江畜牧兽医,2012,3:48-50.

[18] 马梦婷,蔡武,魏武军,等．牛超低剂量性控分选冷冻精液人工授精试验[J]．中国草食动物科学,2014(2):22-23.

[19] 赵娜,甄林青,胡启蒙,等．超低温冷冻过程引起猪精子产生“似凋亡”变化[J]．畜牧兽医学报,2013,44(11):1766-1774.

[20] 杨海,胡建宏,李青旺．哺乳动物性别决定与性别控制研究进展[J]．广东农业科学,2012,39(18):144-147.

[21] 张大伟,字向东,黄磊,等．牦牛胚胎性别鉴定 PCR 反应体系的建立[J]．畜牧兽医学报,2011,42(1):141-144.